无人驾驶航空器系统工程高精尖学科丛书

主编 张新国　　　执行主编 王英勋

U0168361

系统工程原理与实践
（第 2 版）

〔美〕　Alexander Kossiakoff　　William N. Sweet
　　　　Samuel J. Seymour　　　Steven M. Biemer　　著

王英勋　蔡志浩　赵　江　译

北京航空航天大学出版社

图书在版编目(CIP)数据

系统工程原理与实践 /（美）亚历山大·科西亚科夫
(Alexander Kossiakoff)等著；王英勋，蔡志浩，赵江
译. -- 2版. -- 北京：北京航空航天大学出版社，
2021.9

书名原文：Systems Engineering Principles and
Practice，2nd

ISBN 978 - 7 - 5124 - 3336 - 6

Ⅰ.①系… Ⅱ.①亚… ②王… ③蔡… ④赵… Ⅲ.
①系统工程 Ⅳ.①N945

中国版本图书馆 CIP 数据核字(2020)第 162847 号

系统工程原理与实践(第2版)

[美] Alexander Kossiakoff　　William N. Sweet
　　　Samuel J. Seymour　　Steven M. Biemer　　著

王英勋　蔡志浩　赵　江　译
策划编辑　董宜斌　　责任编辑　张冀青

*

北京航空航天大学出版社出版发行

北京市海淀区学院路 37 号（邮编 100191）　http://www.buaapress.com.cn
发行部电话：(010)82317024　传真：(010)82328026
读者信箱：copyrights@buaacm.com.cn　邮购电话：(010)82316936
三河市华骏印务包装有限公司印装　各地书店经销

*

开本：710×1 000　1/16　印张：26.5　字数：596 千字
2021 年 11 月第 2 版　2023 年 2 月第 2 次印刷
ISBN 978 - 7 - 5124 - 3336 - 6　定价：169.00 元

本书中文简体字版由 John Wiley & Sons, Inc. 授权北京航空航天大学出版社在全球独家出版发行。版权所有。

北京市版权局著作权合同登记号 图字:01‐2020‐0083 号

无人驾驶航空器系统工程高精尖学科丛书简介

无人驾驶航空器在军、民用及融合领域的应用需求与日俱增,在设计、制造、系统综合与产业应用方面发展迅速,其系统架构日趋复杂,多学科专业与无人驾驶航空器系统学科结合更加紧密;在无人驾驶航空器系统设计、运用、适航和管理等方面,需要大量无人驾驶航空器系统工程综合性专业人才。为此,应加强无人驾驶航空器系统工程专业建设,加快培养无人机系统设计、运用和指挥人才,以及核心关键技术研究人员。有必要围绕无人驾驶航空器系统和复杂系统工程两方面,为人才培养、科学研究和实践提供教科书或参考书,系统地阐述系统工程理论与实践,以期将无人驾驶航空器系统工程打造为高精尖学科专业。

2018 年,教育部设立了无人驾驶航空器系统工程专业,旨在以无人驾驶航空器行业需求为牵引,培养具有系统思维、创新意识与领军潜质的专门人才。北京航空航天大学有幸成为首批设立此专业的学校。

本丛书包括两大板块:系统工程理论基础与工程应用方法、无人驾驶航空器系统技术。第一板块由《系统工程原理与实践(第 2 版)》《需求工程基础》《面向无人驾驶航空器的 SysML 实践基础》《基于模型的系统工程有效方法》《人与系统集成工程》《系统工程中的实践创造与创新》构成,主要介绍系统工程相关概念、原理、方法、语言等;第二板块由《无人驾驶航空器气动控制一体化设计》《无人驾驶航空器系统分析与设计》《高动态无人机感知与控制》《事件驱动神经形态系统》构成,主要介绍基于系统思维与系统工程的方法,凸显无人驾驶航空器系统设计、开发、试验、运行和维护等方面发挥的作用和优势。

希望本丛书的出版能够帮助无人驾驶航空器系统工程专业学生夯实理论基础,增强系统思维及创新意识,增加系统工程与专业知识储备,为成为无人驾驶航空器及相关专业领域的优秀人才打下坚实的基础。

本丛书可作为无人驾驶航空器系统工程专业在读本科生与研究生的教材和参考书,也可为无人驾驶航空器系统研发人员、设计与应用领域相关专业的从业者提供有益的参考。

无人驾驶航空器系统工程高精尖学科丛书编委会

丛书主编简介

　　张新国,工学博士,管理学博士;清华大学特聘教授、复杂系统工程研究中心主任,北京航空航天大学兼职教授、无人系统研究院学术委员会主任;中国航空研究院首席科学家,中国企业联合会智慧企业推进委员会副主任,中国航空学会副理事长;国际航空科学理事会(ICAS)执行委员会委员,国际系统工程协会(INCOSE)北京分会主席,国际系统工程协会(INCOSE)系统工程资深专家,国际开放组织杰出架构大师,美国航空航天学会(AIAA)Fellow,英国皇家航空学会(RAeS)Fellow。

　　曾任中国航空工业集团公司副总经理、首席信息官,中国航空研究院院长,在复杂系统工程和复杂组织体工程的理论、方法和应用等方面有深入研究和大规模工业实践,是航空工业及国防工业践行系统工程转型和工业系统正向创新的主要领导者和推动者。

　　有多篇论文在国内外重点刊物上发表,并著有《电传飞行控制系统》《国防装备系统工程中的成熟度理论与应用》《新科学管理——面向复杂性的现代管理理论方法》,译著有《系统工程手册——系统生命周期流程和活动指南 3.2.2 版》《基于模型的系统工程(MBSE)方法论综述》《TOGAF 标准 9.1 版》《系统工程手册——系统生命周期流程和活动指南 4.0 版》等书。

　　曾荣获国际系统工程协会(INCOSE)2018 年度系统工程"奠基人"奖,"国家留学回国人员成就奖""全国先进工作者""全国五一劳动奖章",国家科技进步特等奖、一等奖和二等奖;享受国务院政府特殊津贴。

译者序

国际系统工程协会(INCOSE)推行基于模型的系统工程流程、方法和工具,在航空、航天、船舶工业等大型复杂系统的设计、研制、试验和运行过程中得到了广泛应用。由 Wiley 出版社出版的系统工程系列图书,内容丰富,体系清晰,符合当前主流系统工程方法和流程。其中《Systems Engineering Principles and Practice》一书的原作者——美国约翰斯·霍普金斯大学教授 Alexander Kossiakoff,曾任美国航空航天局(NASA)应用物理实验室(APL)主任和首席科学家,从业 60 余年,领导开发多型军事和航空先进系统,这本书是他智慧和经历的结晶。

该书第 1 版由西安交通大学知名学者胡保生教授翻译;本书为第 2 版,由 Alexander Kossiakoff 的学生和同事 Samuel J. Seymour、Steven M. Biemer 修订,并顺应系统工程理论和实践的发展,增加了基于模型的系统工程(MBSE)、系统工程语言(SysML)、软件系统工程等内容,使综合案例更加丰富,知识点更加凝练,尤其关注了系统工程师的职业、系统边界、系统复杂性、系统架构、软件系统工程等领域的知识和应用,阐述了如何将系统工程理论和方法应用到复杂系统的设计和研制流程中,使内容更加直观且易于理解。

本书可作为航空、航天系统工程领域的本科生、研究生教材,也可作为该领域从业者掌握系统工程原理和方法的基础读物。

本书在翻译过程中得到了北京航空航天大学出版社、北京航空航天大学飞行学院,以及无人系统研究院的支持和帮助,特别感谢北京航空航天大学云南创新研究院的武瑞霞、吴伟靖、杨昕文、张海祥、高旗彬、关帅、易学飞等多位同事的大力支持和帮助,在此致以诚挚的谢意。

译 者

2020 年 8 月 15 日

To Alexander Kossiakoff,

who never took "no" for an answer and refused to believe that anything was impossible. He was an extraordinary problem solver, instructor, mentor, and friend.

Samuel J. Seymour

Steven M. Biemer

致亚历山大·科西亚科夫，
如果一个人从不用"不"来回答问题，也从不相信任何事情都是不可能的，
那么他一定是一个非凡的解惑者、讲师、导师和朋友。

塞缪尔·J·西摩
史蒂文·M·比默

第 2 版前言

跟随一位对历史进程和系统工程领域有着深远影响的人的脚步,这是令人难以置信的荣耀和荣幸。自本书第 1 版出版以来,系统工程领域取得了重大进展,包括对学科的认识也有了显著的提高,这从有关这一主题的会议、专题研讨会、期刊、文章和书籍的数量上就可以体现出来。显然,该领域已达到很高的成熟度,并有望继续提高。不幸的是,这一领域也遭遇了令人悲伤的损失,其中包括原著作者之一 Alexander Kossiakoff,他在该书出版两年后就去世了。他的远见、创新、激情和毅力感染了和他一起工作的所有人,业界也怀念他。幸运的是,他的远见依然存在,并将继续成为这本书的推动力。我们非常自豪地将第 2 版作为其不朽的遗产献给 Alexander Ivanovitch Kossiakoff。

Alexander Kossiakoff(1914—2005)

Alexander Kossiakoff 被亲切地称为 Kossy,他在 1969—1980 年担任约翰斯·霍普金斯大学应用物理实验室主任,为该实验室确立了目标和方向。他的工作有助于保卫国家,增强国家的军事实力,推动科学研究朝着新技术和令人兴奋的方向发展,并使新人意识到系统工程的独特挑战和机遇。1980 年,在意识到需要改进技术专业人员的培训和教育后,他在约翰斯·霍普金斯大学开设了技术管理专业理学硕士学位课程,并将其扩展到系统工程领域,这是首批此类课程之一。

今天,他创立的系统工程课程已成为美国最大的非全日制研究生课程,来自世界各地的学生在教室、远程和机构场所就读;随着该领域的不断扩展和教学场所新技术的引入,他为系统工程研究生课程设定了标准。这本书的第 1 版就是面向全球大学系统工程的基础教科书。

第 2 版的目标

传统的工程学科并没有为确保一个大型、复杂的系统项目从开始开发到成功使用提供必要的培训、教育和实践。本书的主要目标是倡导实践者从系统工程的视角审视和像系统工程师一样思考。

1

　　《系统工程原理与实践（第2版）》将继续作为研究生的教科书，介绍有关系统工程领域的知识和实践。我们延续了利用模型来帮助学生掌握书中抽象概念的传统。保留了第1版的五个基本模型，仅作了少量的修改以反映当前的思想。此外，始终将重点放在应用和实践上，并引导学生追求其教育与职业生涯并重。本书没有对数学和其他技术领域的问题（即使这些内容可能让更大范围的学生受益）进行深入、详细探讨，也没有提供传统工程学科的详细内容，这将超出本书的预期范围。

　　第2版的更新和增补围绕着自第1版出版以来在系统工程领域发生的变化。特别关注到以下主题：

- 系统工程师的职业。对系统工程师的职业生涯作了进一步的探讨。近年来，系统工程作为一个独立的领域被许多公司和组织所认可，"系统工程师"的职位已经正式确立。因此，我们提出了系统工程师的职业生涯模型，以帮助指导未来的专业人士。

- 系统工程概览。在第2版中引入的唯一新的章节：系统工程概览，便是以此命名的，其加强了系统工程视角的概念，并对系统工程视角的含义进行了扩展讨论。

- 系统边界。引入了新材料，定义并扩展了系统边界概念。通过在研究生教育中使用该书，作者发现学生对这一概念存在固有的误解，一般来说，学生无法识别系统与其环境之间的边界。这些知识在第2版书中都得到了加强。

- 系统复杂性。系统复杂性领域的重要研究和解决方案已经完成。将系统之系统工程、复杂系统管理和系统工程组织等概念作为一个复杂性的递阶层次介绍给学生，其中系统工程是基础。

- 系统架构。自第1版出版以来，系统架构领域大大扩展，并且这个领域的工具、技术和实践被纳入概念探索和定义章节。在系统架构中，介绍了传统结构分析和面向对象分析技术的新模型和框架，并给出了示例，包括对统一建模语言和系统建模语言的描述；还介绍了这些新方法的扩展和基于模型的系统工程。

- 决策和支持。这一章是对原"系统工程决策工具"一章的更新和扩展，向系统工程的学生介绍了该领域所需的各种决策方法，以及可使用的现代流程、工具和技术。这一章也是移自第1版中特殊专题部分。

- 软件系统工程。对原"软件系统工程"一章进行了大幅修改，使其包含了现代软件工程技术、原理和概念；扩展了现代软件开发生命周期模型(如敏捷开发模型),以反映当前的实践。此外,对能力成熟度模型的章节进行了更新,以反映当前的集成模型,本章也已从原专题部分中删除,作为高级开发和工程设计的完整组成部分加以介绍。

除了上面提到的主题外,为了便于理解,还对各章小结进行了重新编排,对习题和扩展阅读进行了更新。最后,对措辞或表达方式不明确或不清楚的地方,采纳了研究生的反馈意见和建议。

内容说明

本书继续用于约翰斯·霍普金斯大学系统工程理学硕士课程的核心课程,现在本书已经成为美国和其他几个国家/地区使用的主要教科书。许多程序已经拓展到在线或远程教学;第 2 版在编写时考虑到了远程教学,并提供了更多的案例。

相较第 1 版,本书的篇幅也增加了,更新的内容和新的材料反映了这一领域本身的扩展。

第 2 版包括四个部分:

- 第一部分系统工程基础,包括第 1~5 章,描述了现代系统的起源、架构,系统工程的当前领域,复杂系统的架构开发流程以及系统开发项目的组织。
- 第二部分概念开发阶段,包括第 6~9 章,描述了系统生命周期的早期阶段。在这个阶段,确认新系统的要求,识别需求,开发备选方案,做出关键流程和技术决策。
- 第三部分工程开发阶段,包括第 10~13 章,描述了系统生命周期的后期阶段。在这个阶段,对系统构建块进行了设计(包括软件和硬件子系统),进行整个系统集成并在运行环境中评估。
- 第四部分后开发阶段,包括第 14~15 章,描述了系统在整个生命周期的生产、运行和支持阶段中的任务使命,以及系统工程师在这些阶段应该掌握哪些领域的知识。

本书每章包含小结、习题和扩展阅读。

致　谢

　　本书第 2 版的作者对 Kossiakoff 博士和 William 先生的家人表示感谢，感谢他们对第 2 版的鼓励和支持。与第 1 版一样，作者感谢约翰斯·霍普金斯大学系统工程研究生课程的教师（现在的和过去的）做出的许多贡献。他们对第 1 版的精辟见解和改进建议对构建第 2 版非常宝贵。特别感谢 E. A. Smyth 对手稿的深刻评论。

　　最后，感谢我们的家人——Judy Seymour、Michele 和 August Biemer，感谢他们的鼓励、耐心和始终如一的支持，即使他们不断被要求做出牺牲而结局似乎永远遥不可及。

　　本书的大部分准备工作作为约翰斯·霍普金斯大学应用物理实验室的教育任务的一部分得到了支持。

Samuel J. Seymour

Steven M. Biemer

2010 年

第1版前言

学习如何成为一名成功的系统工程师与学习如何在传统工程学科中脱颖而出完全不同。它需要拓展以特殊方式思考的能力，获得"系统工程的视角"，使系统成为整体，并以成功完成任务作为中心目标。系统工程师需要面临三个方面的问题：系统用户的要求和关注点、项目经理的经费和进度约束，以及开发和构建系统元素的工程专家的能力和雄心。这就需要系统工程师对三个方面的语言表达和基本原则都有足够的了解，以理解它们的要求，并就各方都能接受的平衡解决办法进行协商。跨学科的领导能力是其对系统工程的重要贡献和面临的主要挑战，对现代复杂系统的成功开发是至关重要的。

1.1　目　标

《系统工程原理与实践》是一本帮助学生学会像系统工程师一样思考的教科书。在掌握了传统的工程学科之后，想要学习系统工程的学生往往会发现这个学科非常抽象和模糊。为了使系统工程更具体、更容易掌握，本书提供了几种模型：(1)复杂系统的层次模型，显示它们由一组常见的构建块或部件组成；(2)从现有模型派生的系统生命周期模型，但是更明确地与不断发展的工程活动和参与者相关；(3)系统工程方法中的步骤模型及其在生命周期每个阶段的迭代应用；(4)一个"实例化"概念，表示一个抽象概念向经过设计的、集成的、确认的系统逐步演化；(5)反复强调系统工程师在系统生命周期中的具体职责，以及他们必须掌握的有效执行这些职责的知识范围。本书的显著不同的方法是为了补充现有的几本优秀的教科书，而这些教科书侧重于系统工程的定量和分析方面。

本书特别关注作为专业人士的系统工程师，他们的职责是系统开发项目的一部分，以及他们为取得成功必须获得的知识、技能和系统思维。这本书强调，他们应具有创新精神、灵活性、系统性和纪律性；相较于系统分析师、设计专家、测试工程师、项目经理和系统开发团队其他成员，系统工程师有其特殊功能和职责。这本书描述了系统工程师必须了解和执行的必要流程，更强调了成功所需的领导力、解决问题的能力和创新的能力。

1

这里定义的系统工程的功能是"指导复杂系统的工程实现"。学习如何成为一名好的指导者，需要多年的实践，并且需要知道"路径"，得到更有经验的指导者的帮助和建议。这本书的目的就是通过作者和其他贡献者的集体经验提供重要的帮助和建议。

本书适用于那些即将成为工程师或科学家，以及渴望或已经从事系统工程、项目管理或工程管理职业的研究生，其主要受众是在单一学科（硬件或软件）中受过教育的工程师，他们希望拓宽知识面以解决系统问题。本书涉及的数学知识和专业术语较少，因此也适用于技术项目或组织的管理人员以及高年级的本科生。

1.2　来源和内容

在过去 5 年里这本书的主要部分一直被用于约翰斯·霍普金斯大学系统工程理学硕士课程的五门核心课程中，并经过了全面的课堂测试。它也被成功地用作远程课程的教材。此外，这本书非常适合支持短期课程和内部培训。

这本书由 14 章组成，分为五个部分：

- 第一部分：系统工程基础，包括第 1～4 章，描述了现代系统的起源和结构、复杂系统的逐步发展过程，以及系统开发项目的组织。
- 第二部分：概念开发，包括第 5～7 章，描述了系统生命周期的第一阶段。在这个阶段，新系统的要求得到了验证，开发了系统需求，并选择了特定的首选实现概念。
- 第三部分：工程开发，包括第 8～10 章，描述了系统生命周期的第二阶段。在这个阶段，工程实现了系统构建块，集成了全系统，并在运行环境中进行了评估。
- 第四部分：后开发，包括第 11～12 章，描述了系统工程在系统生命周期的生产、运行和支持阶段中的作用，以及系统工程师应掌握的系统生命周期中这些阶段的领域知识。
- 第五部分：特殊专题，包括第 13～14 章。第 13 章描述了软件在整个系统开发中的普遍作用，第 14 章讨论了建模、仿真和权衡分析作为系统工程决策工具的应用。

本书每章包含小结、习题和扩展阅读，以及重要术语的词汇表。各章小结的格式便于在课堂中使用。

致　谢

作者非常感谢约翰斯·霍普金斯大学系统工程硕士学位课程的教师们（现在和过去的）所做的贡献。特别感谢 S. M. Biemer、J. B. Chism、R. S. Grossman、D. C. Mitchell、J. W. Schneider、R. M. Schulmeyer、T. P. Sleight、G. D. Smith、R. J. Thompson 和 S. P. Yanek，感谢他们对那些可能是我们心中珍爱但需要修改的段落的敏锐批评。

我们还欠 Ben E. Amster 一个更大的人情，他是约翰斯·霍普金斯大学系统工程课程的发起人和最初的教员之一。尽管他没有直接参与到最初的写作中，但他通过添加许多自己的见解增强了文本和图表的可读性，并对整个文本的含义和清晰度进行了微调，他 30 年的系统工程师经验给了我们极大的帮助。

我们尤其要感谢 H. J. Gravagna，感谢她在打字和编辑手稿时对无数次改写所表现出的出色的专业知识和无比的耐心。随着这本书在过去 3 年中的不断发展，本书被分发给了连续几届的系统工程专业学生，正是她把重点放在了最终出版上，并为这部作品的出版提供了宝贵的帮助。

最后，我们永远感谢我们的妻子——Arabelle 和 Kathleen，感谢她们的鼓励、耐心和始终如一的支持，尤其是当书写的文字变得艰难，结局似乎遥不可及时。

这本书的大部分准备工作作为约翰斯·霍普金斯大学应用物理实验室的教育任务的一部分得到了支持。

Alexander Kossiakoff

William N. Sweet

2002 年

目　　录

第一部分　系统工程基础

第二部分 概念开发阶段

第三部分 工程开发阶段

第四部分　后开发阶段

第一部分　系统工程基础

第一部分提供了一个多维框架,该框架将系统工程的基本原则相互关联,并有助于把该学科所需掌握的知识领域组织起来。这个框架的维度包括:

(1) 复杂系统架构的层级模型;

(2) 一组常见的功能和物理系统的构建块;

(3) 系统工程生命周期,集成美国国防部,ISO/IEC、IEEE、NSPE 模型的特征;

(4) 在每个生命周期阶段进行迭代的四个系统工程方法的基本步骤;

(5) 区分项目管理、设计专业化和系统工程的三种能力;

(6) 科学家、数学家和工程师的三种不同技术方向,以及它们如何结合到系统工程师的方向上;

(7) "实例化"的概念,它衡量了系统元素从需求到实现成为部分实际系统的转化程度。

第 1 章介绍了现代复杂系统和系统工程作为一个专业的起源和特点。

第 2 章定义了"系统工程视角",以及它与技术专家和项目经理的视角的区别。系统工程视角的概念被扩展到用于描述系统工程学科的范畴、领域和方法。

第 3 章建立了复杂系统的层级模型,并给出了构成复杂系统的关键模块。该框架用于从系统层次结构上定义系统工程师知识领域的广度和深度。

第 4 章提出了系统工程生命周期的概念,为复杂系统从获取需求到运行,再到退役的演化过程建立了框架。该框架系统地应用于本书的第二至第四部分,每一部分都阐述了系统工程在生命周期相应阶段的关键作用。

第 5 章介绍了系统工程在系统开发项目管理中所起的关键作用。它定义了一个系统开发项目的基本组织和计划文件,主要强调了对项目风险的管理。

第 1 章 系统工程与现代系统世界

1.1 什么是系统工程

定义系统工程有很多方法。在本书中,我们将使用以下定义:

系统工程的功能是对复杂系统设计制造的指引(系统工程的功能是指引复杂系统的工程实现)。

本定义中的词语按其常规含义使用,如下所述。

"指引"的定义是"带领、管理或指导,通常基于某一已有课程导师的卓越经验"和"指明方向"。该特征强调从许多可能的课程中选择供他人遵循的路径的过程,这是系统工程的一个主要功能。字典中对工程的定义是"将科学原理用于最终实践来设计、建造和运行高效的、经济的构造、设备和系统"。在这个定义中,"高效的"和"经济的"两个词语是好的系统工程所提供的特殊贡献。

"系统"这个词,就像大多数常见的英语单词一样,有着非常广泛的含义。系统的常用定义是:一组相互关联的部件面向某个共同的目标一起工作。这个定义意味着多个相互作用的部分共同执行一个重要的功能。"complex"一词将此定义限制在元素多样且彼此之间有复杂关系的系统中。因此,像洗衣机这样的家用电器不会被认为有足够的多样性和复杂性,即使需要系统工程,可能也是一些现代化的自动化附件。另一方面,工程系统的背景排除了诸如活的有机体和生态系统这样的复杂系统。将"系统"一词限定为复杂的工程系统,使其更明确地适用于通常理解的系统工程的功能。需要系统工程进行开发的系统示例将在后续章节中列出。

上述对"系统工程"和"系统"的定义并没有表现出独特或优于其他教科书中的定义,只是每一种定义都有所不同。为了避免任何误解,本书中使用的这些术语,含义在一开始就被定义了,然后才涉及到系统工程的职责、问题、活动和工具等更重要的主题。

系统工程与传统工程学科

从上述定义可以看出,系统工程与机械、电气和其他工程学科有所不同,主要体现在以下几个方面:

(1) 系统工程强调系统的整体运作。无论从外部看还是从内部看系统,都是它与其他系统和环境的交互。它不仅与系统的工程设计有关,而且与外部因素有关,这些因素对系统的设计有很大的约束作用。其中包括确定客户需求、系统运行环境、接口系统、后勤保障需求、操作人员的能力,且必须正确地反映在系统需求文件中并纳入系统的其他因素。

（2）虽然系统工程的主要目的是指引，但这并不意味着系统工程师在系统设计中不起关键作用。相反，他们负责领导一个新系统开发的形成（概念开发）阶段，最终实现反映用户需求的系统功能设计。在这个阶段，重要的设计决策不能完全基于定量知识，因为它们是针对传统工程学科的，但往往必须依靠定性判断来平衡各种不协调的定量和利用各种科学的经验，特别是在处理新技术时。

（3）系统工程是传统工程学科的桥梁。复杂系统中元素的多样性要求不同的工程学科参与其设计和开发。若要系统正确运行，每个系统元素就必须与一个或多个其他系统元素一起正常工作。这些相互关联的功能的实现依赖于单独设计的元素之间复杂的物理和功能交互。因此，不同的元素不应彼此独立设计，然后简单地组装成一个工作系统。相反，系统工程师必须指引和协调每个单独元素的设计，以确保系统元素之间的交互和接口是兼容和相互支持的。当各个系统元素由不同的组织设计、测试和提供时，这样的协作尤其重要。

系统工程与项目管理

一个新的复杂系统的工程通常是从探索阶段开始的。在这个阶段中，一个新的系统概念可能是为了满足一个公认的需求或利用一个技术机会而发展起来的。当决定将新概念工程转化为一个可运行的系统时，由此产生的工作本质上相当于一个大型组织体的工作，这通常需要许多不同技能的人员投入多年的努力，才能将系统从概念应用转化为实际应用。

设计新系统的工作量巨大且复杂，需要一个专门的团队来领导并协调其执行。由项目经理指导，员工协助的行动计划被称为"项目"。系统工程是项目管理的一个固有部分，该部分涉及指导工程工作本身——确定其目标，指导其执行，评估其结果，并规定必要的纠正措施以保持其正常进行。项目财务、合同和客户关系的计划以及控制方面的管理由系统工程支持，但通常不被视为系统工程功能的一部分。第5章将更详细地阐述这个主题。

项目的每个参与者都认识到系统工程的重要性，这对于系统工程的有效实施至关重要。要做到这一点，通过正式指定系统工程小组的领导，使其担任项目内公认的技术责任和权威，通常是有用的。

1.2　系统工程的起源

系统工程的起源没有特定的日期。自金字塔建造以来（甚至可能在此之前），在某种程度上系统工程原理就已经得到了实践。（圣经记载的诺亚方舟是按照系统规范建造的。）

承认系统工程是一项独特的活动，常被认为与第二次世界大战的影响有关，特别是在 20 世纪 50 年代和 60 年代,当时出版了一些教科书,首次将系统工程确定为一门独立的学科,并确定了它在工程体系中的地位。普遍认为,系统工程是一项独特的活动,这是技术迅速发展及其在 20 世纪下半叶主要军事和商业行动中应用的必然结果。

第二次世界大战推动了技术的进步,目的是为一方或另一方赢得军事优势。例如高性能飞机、军用雷达、近炸引信、德国 V1 和 V2 导弹,特别是原子弹的发展,使能源、材料和信息应用方面取得了革命性的进展。这些系统是复杂的,结合了多个技术学科,它们的发展带来的工程挑战远远超出了传统的、前辈们提出的挑战。此外,由于战时的需求,开发时间被压缩,因此需要在项目规划、技术协调和工程管理中采用新方法提升组织效率水平。正如我们今天所知,系统工程是为应对这些挑战而发展起来的。

在 20 世纪 50—70 年代,军事需求继续推动喷气推进、控制系统和材料技术的发展。然而,另一个发展——固态电子学的发展,对技术增长产生了更深远的影响。这在很大程度上使仍在发展中的"信息时代"成为可能,在这个时代,计算、网络和通信使得系统的能力和覆盖范围远远超出它们以前的极限。在这方面尤为重要的是数字计算机及其相关软件技术的发展,它正日益导致人类对系统的控制被自动化所取代。计算机控制极大地增加了系统的复杂性,应在系统工程中加以特别关注。

现代系统工程与其起源的关系可以从三个方面(因素)来理解:

(1) 先进的技术为提高系统能力提供了机会,但也带来了需求系统工程管理的开发风险。在自动化领域,这一点最为明显。人机界面、机器人技术和软件技术的进步,使这一特定领域成为影响系统设计的发展最快的技术之一。

(2) 竞争,其各种形式要求通过在各种替代方法之间使用系统级权衡来寻求更优(和更先进)的系统解决方案。

(3) 专业化,它要求将系统划分为与特定产品类型相对应的构建块,这些产品类型可以由专家设计和构建,并严格管理它们的接口和交互。

以下段落将讨论这些因素。

技术进步:风险

20 世纪下半叶到 21 世纪,技术的爆炸性增长是系统工程作为复杂的、系统的工程必要组成部分出现的最大因素。先进的技术不仅大大扩展了早期系统(如飞机、电信和发电厂)的能力,而且还创造了全新的系统,如基于喷气推进、卫星通信和导航的系统,以及一系列基于计算机的系统。用于制造、金融、运输、娱乐、保健以及其他产品和服务的系统。技术的进步不仅影响了产品的性质,而且从根本上改变了产品的设计、生产和操作方式。如第 7 章"概念探索"所述,这些在系统开发的早期阶段尤为重要。

现代技术对工程方法产生了深远的影响。传统上,工程学以将已知的原理应用于实际为目的。然而,创新会产生新的材料、设备和工艺,而其特性尚未被完全度量或理解。将它们应用于新系统的工程中,增加了引入非预期属性和影响的风险,这些风险可能会影响系统性能,并可能导致费用增加和项目延期。

然而,未能将最新技术应用于系统开发也会带来风险。这些都是产生劣质系统的风险,因为劣质系统可能在成熟之前就过时了。如果一个竞争对手成功地抵御了在使用先进技术时可能遇到的问题,那么这种竞争方法可能会更优越。因此,成功的创业组织将承担精心选择的技术风险,并通过熟练的设计、系统工程和项目管理来抵御这些风险。

早期,应用新技术的系统工程方法体现在"风险管理"的实践中,而风险管理是通过分析、开发、测试和工程监督来处理计算出的风险的过程。第5章和第9章分别对其进行了更全面的描述。

处理风险是系统工程的重要任务之一,其需要对整个系统及其关键要素有广泛的了解。特别是,系统工程是决定如何实现风险的最佳平衡的核心,也就是说,哪些系统元素最应该利用新技术,哪些是应该采用验证过的部件,以及如何通过开发和测试来降低所产生的风险。

前面提到的数字计算机和软件技术的发展值得特别关注。这一发展使工厂、办公室、医院乃至整个社会各种控制功能的自动化程度大大提高。自动化是现代系统工程中发展最快、影响最大的一项技术,它主要涉及信息处理硬件和软件,其姊妹技术——自主性,也增强了指挥和控制能力。

自动化程度的提高对操作系统的人产生了巨大的影响:人员数量减少了,但对更高技能的需求增加了,因此需要特殊的培训。人机界面和人与系统交互是系统工程特别关注的问题。

软件仍然是一种不断增长的工程媒介,其强大的功能和多样性使得它在实现越来越多的系统功能时,优先于硬件。因此,现代系统的性能越来越依赖于软件部件的正确设计和维护。因此,越来越多的系统工程工作不得不转向软件设计及其应用的控制。

竞争:权衡

系统开发过程中的竞争压力出现在几个不同的层次上。就防御系统而言,主要驱动力来自潜在对手日益增强的军事能力,这相当于旨在击败对方系统的有效性降低了。这些压力最终迫使一个发展计划的产生,那就是用一个新的和更有能力的系统或一个现有系统的重大升级来实现新的军事平衡。

另一个竞争来源于利用竞争性合同开发新的系统的能力。在整个竞争期内(可能会持续到新系统的初始设计阶段),每个承包商都试图设计出最具成本效益的方案,以提供优质的产品。

在开发商业产品时,总是会有其他公司在同一市场上竞争。在这种情况下,目标是开发一个新的市场,或者在申请之前生产一个优秀的产品来获得更大的市场份额,其优势将在数年内保持领先地位。上述方法几乎都是应用最新的技术来获得竞争优势。

为开发一个新的复杂系统,需要筹集大笔资金,而且会涉及不同层面的竞争。特别是,政府机构和工业公司对资源的需求远远超出它们所能容纳的范围,因此必须仔细权衡拟议方案的相对收益。这是要求在新系统开发工作中采用分阶段方法的一个主要原因,通过要求证明理由的充分并获正式批准,以进行越来越昂贵的后期阶段。重大开发的每个阶段的结果必须使决策者相信,最终目标极有可能在预计的成本和时间表内实现。

在不同的基础上,系统本质特征之间的竞争始终是其发展的主要考虑因素。例如,性能、成本和进度之间总是存在矛盾,不可能同时优化这三个方面。许多项目的失败是因为要努力达到经费上承担不起的性能水平。类似的,车辆的各种性能参数,例如速度和里程,也不是相互独立的,大多数车辆的效率及其行驶里程会在高速行驶时降低。因此,有必要检查允许这些特性变化的备选方案,并选择为了用户的利益而最好地平衡其值的组合。

所有形式的竞争都对系统开发过程施加压力,以便在尽可能短的时间内生产出性能最佳、价格最合理的系统。选择最理想方法的过程需要检查许多潜在的备选方案,并运用只有经验丰富的系统工程师才能拥有的广泛的技术知识和判断力。这通常被称为"权衡分析",是系统工程的基本实践之一。

专业化:接口

执行许多不同功能的复杂系统必须以这样的方式进行配置,即每个主要功能都体现在一个单独的部件中,该部件能够作为单独的实体进行指定、开发、构建和测试。这样的细分利用了专门从事特定类型产品的组织的专业知识,因此能够以最低的成本设计和生产最高质量的部件。第 3 章描述了构成大多数现代系统的功能和物理构造块。

工程知识的广度和多样性不断增长,这使得有必要将工程教育和实践划分为机械、电气、航空等多个专业。要想在这些领域中任何一个领域获得必要的知识深度,就需要进一步的专业化,进入机器人学、数字设计和流体动力学等子领域。因此,工程专业化是工程和制造领域的主导条件,必须被视为系统开发过程中的基本条件。

每个工程专业都开发了一套专用工具和设施,以协助其相关产品的设计和制造。大型和小型公司已经组织了一个或多个工程团队来开发和制造设备,以满足商业市场或面向系统的行业需求。可互换零件和自动化装配的发展是美国工业的一大成就。

将复杂系统细分为单个构建块所带来的便利是有代价的:将这些不同的部分集成到一个高效、流畅的运行系统中,集成意味着每个构建块都与其邻居以及与其所接触的外部环境完美匹配。"匹配"不仅必须是物理的,而且必须是功能的。也就是说,它的设计既会影响到设计特性和行为,也会受到其他元件的影响,以便要求整个系统对其环境输入做出准确响应。物理匹配是在称为接口的内部部件边界处完成的。功能关系称为交互。

分析、指定和验证彼此之间以及与外部环境的部件接口的任务超出了各个设计专家的专业知识范围,这些是系统工程师的职责范围。第 3 章进一步论述了这一责任的重要性和性质。

模块化的概念是将系统细分为其构件的直接结果。模块化是衡量单个系统部件相互独立程度的一种方法。系统工程的基本目标是实现高度的模块化,使接口和交互尽可能简单,以实现高效制造、系统集成、测试、运营维护、可靠性和易于升级的服务。将系统细分为模块化构建块的过程称为"功能分配",是系统工程的另一个基本工具。

1.3　需求系统工程的系统示例

如本章开头所述,系统的定义是一组相互关联的部件,这些部件作为一个整体协同工作,以实现某些共同目标,这将适用于大多数熟悉的家用电器。洗衣机由主洗衣桶、电动机、搅拌器、泵、计时器、内旋脱水桶以及各种阀门、传感器、控制器组成。它根据操作员设置的时间表和操作模式执行一系列定时操作和辅助功能。冰箱、微波炉、洗碗机、吸尘器和收音机都是以系统的方式执行许多有用的操作。然而,这些应用只涉及一两个工程学科,并且其设计基于成熟的技术。因此,它们都不符合"复杂"的标准,尽管我们肯定会要求高度的可靠性和成本工程,但我们不认为开发新的洗衣机或冰箱会涉及很多系统工程,当然,家用电器越来越多地包括使用新的微芯片的智能自动装置,但这些通常是自包含的附件,对电器的主要功能不是必需的。

由于新的现代系统的发展在很大程度上受到技术变革的推动,因此我们将为需求系统工程的系统增加一个特征,即它的一些关键要素使用先进技术。系统的开发、测试和应用需要进行系统工程实践,其特征是:

- 该系统是工程产品,因此满足特定需求;
- 该系统由不同的部件组成,这些部件彼此之间有着错综复杂的关系,因此是多学科的,并且是相对复杂的;
- 以对其主要功能的执行至关重要的方式使用先进技术,因此涉及开发风险,而且成本往往相对较高。

此后,文中对工程或复杂系统(或在适当的上下文中,仅指系统)的引用将意味着具有上述三个属性的类型,即工程产品,包含多种部件,使用先进技术。当然,这些属性是对前面所述的通用定义的补充,用于将系统工程师关注的系统识别为那些需要系统设计、开发、集成、测试和评估的系统。在第2章中,我们探讨了系统复杂性的全部范围,以及为什么系统工程领域对系统工程师提出了挑战。

复杂工程系统示例

为了说明符合上述定义的系统类型,表1.1和表1.2列出了10个现代系统及其主要输入、过程和输出。

表 1.1　工程复杂系统示例:信号和数据系统

系　统	输　入	过　程	输　出
气象卫星	图片	• 数据存储 • 传送	编码图像
空中交通管制系统	飞机塔台响应	• 识别 • 跟踪	• 身份 • 航迹 • 通信

续表 1.1

系 统	输 入	过 程	输 出
货车定位系统	货车路径要求	• 地图跟踪 • 通信	• 路径信息 • 交付货物
机票预订系统	旅客需求	数据管理	• 预订 • 机票
诊所信息系统	• 患者 ID • 检测记录 • 诊断	信息管理	• 患者状态 • 历史记录 • 处理

表 1.2　工程复杂系统的示例：材料和能源系统

系 统	输 入	过 程	输 出
客机	• 乘客 • 汽油	• 燃烧 • 推力 • 上升	被运送的乘客
现代联合收割机	• 粮田 • 汽油	• 收割 • 脱粒	收获的谷物
炼油厂	• 原油 • 催化剂 • 能源	• 裂解 • 分离 • 混合	• 汽油 • 石油产品 • 化学制品
汽车组装厂	• 汽车零件 • 能源	• 操作 • 连接 • 修理	装配好的汽车
发电厂	• 燃料 • 空气	• 发电 • 调节	• 交流电源 • 废产品

　　已经注意到，一个系统由多个元素组成，其中一些元素本身可能很复杂，因此被视为具有独立性的系统。例如，电话交换站可以被视为一个系统，而电话网络则被视为一个"系统之系统"。这类问题将在第 2 章和第 4 章中进行更充分的讨论，这对于充分理解系统工程是必要的。

　　【示例】一辆现代化的汽车。

　　一个更简单和熟悉的系统是一辆装备齐全的汽车，它仍然符合工程系统的标准。它可以被认为是较复杂的车辆系统的下限。它由大量不同的部件组成，需要几个不同学科的组合。要正常工作，这些部件必须准确有效地协同工作。虽然汽车的工作原理已经确立，但现代化的汽车必须设计成在保持对发动机排放严格控制的同时高效运转，这就需要精密的传感器和计算机控制的机制来喷射燃油和空气。防抱死制动系统是微调自动汽车子系统的另一个例子。先进的材料和计算机技术越来越多地应用于乘客保护、巡航控制、自动导航、自动驾驶和停车等方面。对成本、可靠性、性能、舒适性、安全性和其他十几个参数的严格要求提出了许多实质性的系统工程问题。因此，汽车满足先前为系统工程的应用而建立的定义，可以作为一个有用的示例。

汽车也是需要操作员进行主动交互（控制）的一大类系统的一个例子。在某种程度上，所有系统都需要这样的交互，但在汽车行驶这种情况下，需要连续控制。实际上，操作员（驾驶员）是整个汽车系统的组成部分，充当检测和校正汽车在道路上行驶路径偏差的转向反馈元素。因此，除了一系列相关的人机界面（例如控件和显示器的设计和放置、座椅位置等）外，设计还必须将操作员的固有感知和反应能力作为一个关键约束加以解决。此外，虽然乘客可能无法作为自动转向系统的整体元素，但作为设计过程的一部分，必须认真考虑其相关的接口（例如，重量、座椅和估量舒适性及安全性）。然而，由于汽车是在没有人为因素的情况下开发和交付的，出于系统工程的目的，可以将它们视为自然系统。

1.4　系统工程专业

随着现代社会中复杂系统的日益普及，以及系统工程在系统发展中的重要作用，系统工程作为一门专业已经得到了广泛的认可。它的主要认可来自于专门从事大型系统开发的公司。其中一些已经建立了系统工程部门，并将从事该工程的人员归类为系统工程师。此外，在卫生保健、通信、环境和许多其他复杂领域中的全球挑战，需要工程系统方法来开发可行的解决方案。

迄今为止，人们将系统工程学作为职业的认识过程还比较缓慢，这是因为它与传统的学术工程学科不相符合。工程学科建立在数量关系的基础上，遵循既定的物理定律，以及材料、能量或信息的特性。系统工程主要处理的问题是知识不完备、变量不服从已知方程，必须在涉及不可通约属性的冲突目标之间取得平衡。以前，由于缺少定量知识库，因此系统工程作为一门独特学科的建立受到了限制。

尽管存在这些障碍，但人们认识到工业和政府对系统工程的需求，促使建立了一些提供系统工程硕士和博士学位的学术课程。越来越多的大学也在提供系统工程的本科学位。

将系统工程学视为一种职业，导致成立了一个专业协会，即国际系统工程协会（International Council on Systems Engineering, INCOSE），其主要目标之一是促进系统工程学的发展，并将系统工程学视为职业。

职业选择

系统工程师之所以备受追捧，是因为他们的技能与其他领域的技能相辅相成，并且经常充当"粘合剂"，将新的想法付诸实践。然而，职业选择和这些选择的相关教育需求非常复杂，特别是在对系统工程师的角色和职责了解甚少的情况下。

图 1.1 显示了四个潜在的职业方向:财务、管理、技术和系统工程。尽管图中显示了对称性,但它们之间有不同程度的重叠。系统工程师专注于整个系统产品,领导并与许多不同的技术团队成员一起工作,遵循系统工程开发周期,进行备选方案研究并管理系统接口。系统工程师一般在拥有工作经验的技术本科学位和系统工程理学硕士学位后才逐渐成熟,并逐渐承担更大的项目责任,最终担任主要系统或系统开发的首席或首席系统工程师。注意重叠之处,需要了解技术专家的内容和作用,并与项目经理(Project Manager,PM)进行协调。

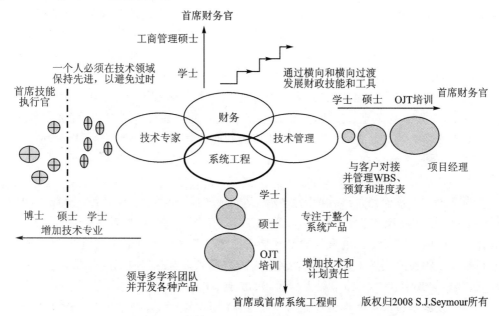

图 1.1　职业机会和成长

通常具有技术或业务背景的项目经理(PM)负责与客户进行沟通,定义工作,制定计划,监控和控制项目进度,并将完成的输出交付给客户。项目经理通常通过在职培训(On the Job Training,OJT)进行学习,随着项目规模和重要性的增加,提高了技术/项目管理硕士学位的可用工具集。尽管并非完全如此,但首席执行官(Chief Executive Officer,CEO)通常来自于组织的 PM 序列。

最终可能获得首席财务官(CFO)职位的金融或商业职业道路通常包括商业本科和工商管理硕士(Master of Business Administration,MBA)学位。个人在职业生涯中通过各种水平和纵向移动而进步,通常在这个领域具有专业知识。合同和财务管理领域的技能和知识与项目经理有重叠。

许多早期职业都是从工程、科学或信息技术的技术学士(BS)学位开始的。技术专家作为团队的一员,他们在基本知识、磨练技能和经验方面做出了贡献,以开发和测试作为大型系统一部分的单个部件或算法。随着时间的推移,每个项目都会做出贡献,创新、及时和优质的工艺也会获得认可。与下一代大学毕业生相比,技术专家需要继续了解自己的领域并保持最新水平才能够被雇用。通常,获得高级学位(理学硕士和博士学

11

位)是为了提高知识、能力和认可度,而工作职责可以获得组织中的首席工程师、首席科学家或首席技能执行官(Chief Technology Officer,CTO)等职位。思维开阔或经验丰富的专家通常会考虑从事系统工程工作。

技术人员的定位

当人们认识到技术人员不仅从事广泛不同的专业,而且他们的智力目标、兴趣和态度(代表着他们在技术领域中所处的地位)也可以大相径庭时,就可以更好地理解系统工程师与技术学科之间的特殊关系。典型的科学家致力于理解物理世界的本质和行为。科学家问:为什么? 如何? 数学家通常主要关注于推导一组假设的逻辑结果,这些假设可能与现实世界完全无关。数学家提出"如果 A,那么 B"的命题。通常,工程师主要关注于创建一个有用的产品。工程师往往为实现产品而欢呼。

这些方向是完全不同的,这就解释了为什么技术专家专注于自己的科学和技术方面。然而,在大多数专业人员中,这些方向不是绝对的。在许多情况下,科学家可能需要一些工程学来建造装置,而工程师可能需要一些数学知识来解决控制问题。因此,在一般情况下,技术专业人员的方向可以由三个正交向量的总和来建模,每个向量表示个人在科学、数学或工程领域的方向。

为了表示上述模型,可以设计为显示三个部件的混合物组成图。图 1.2(a)就是这样一个图,其中的组成部分是科学、数学和工程,每个顶点表示与对应分量的 100% 的混合。图中以"△"标记的混合物的组成是通过将一条平行于每个顶点相对基线的线投影到从顶点辐射的刻度上,求出每个分量的百分比来获得的。这个过程截取了 70% 的科学、20% 的数学和 10% 的工程为△标记的方向。

由于技术学科的课程设置往往集中在专业课上,因此大多数学生的一般知识有限。在图 1.2(b)中,代表个别毕业生方向的"○"集中在顶点处,反映了他们的高度专业化程度。

专业人员在毕业后倾向于分化成不同的专业和学科,因为他们希望在各自领域得到认可。大多数技术人员不愿成为多面手,因为他们害怕失去或无法获得专业领导职位和相应的荣誉。专业人员的这种专业化阻碍了他们之间的技术交流;语言障碍已经非常严重了,但更严重的是基本目标和思维方法的差异。复杂的跨学科问题的解决有赖于极个别的人,这些人由于某种原因,在确立了自己的主要职业之后,变得相互尊重、参与解决系统问题,并学会了与其他领域的专家一起工作。

在图 1.2(b)中,由顶点指向中心的箭头将技术专家偶尔演化为系统工程师。小▲对应着一个进化的个体,其占比是 30% 的科学、50% 的工程和 20% 的数学,这种平衡在系统工程师通常参与的问题解决类型中是有效的。只有少数几个人发展成为系统工程师或系统架构师,成为系统开发项目的技术领导者。

系统工程的挑战

成为专业系统工程师的一个阻碍因素是,它代表着从已选择的既定学科到更加多

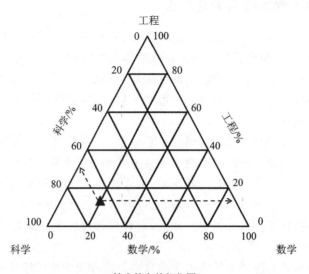

(a) 技术趋向的相位图

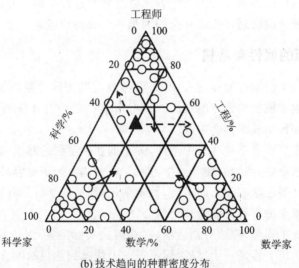

(b) 技术趋向的种群密度分布

图 1.2　技术趋向相位图及种群密度分布

样化、复杂的专业实践的偏离。这需要投入时间和精力来获得经验,并广泛地拓展工程基础,还需要学习沟通和管理技能,这与个人最初的职业选择有很大不同。

　　基于上述原因,考虑在系统工程从业的工程师可能会得出这样的结论:这条路很艰难。显然,必须学习很多东西;传统工程学科的教育经验是必要的;而且没有什么工具和数量关系可以帮助您做出决策。相反,这些问题是模棱两可和抽象的,没有确定的解决方案。个人成就的机会似乎很少,个人认可的机会则更少。对于系统工程师来说,成功取决于开发团队的成败,而不一定是系统团队的领导者。

那么,系统工程的吸引力是什么

答案可能在于系统工程的挑战,而不是它的直接回报。系统工程师处理系统开发过程中最重要的问题:他们设计了整个系统的体系结构和技术方法,并领导其他人设计部件。他们与客户一起确定系统需求的优先级,以确保在平衡各种技术工作时适当权衡不同的系统属性。他们决定哪些风险值得承担,哪些风险不值得承担,以及如何对冲前者以确保计划成功。

正是系统工程师规划了开发计划的过程,规定了在此过程中要执行的测试和仿真的类型和时间。他们是如何同时实现系统性能和系统可承受性目标的最终权威。

当开发项目中出现意想不到的问题时,通常由系统工程师决定如何解决。他们决定是否有必要采用全新的方法解决问题,是否需要付出更大的努力才能达到目的,是否可以修改系统的完全不同部分以弥补缺陷,或者是否可以最好地缩减有争议的需求以缓解问题。

系统工程师指导系统开发的能力并非来自他们在组织中的地位而是来自他们对整个系统,即其操作目标、各部分协同工作方式以及开发过程中的所有技术因素的卓越知识和他们在指导复杂项目通过错综复杂的困难取得成功的经验。

系统工程师的属性和动机

为了确定系统工程职业的候选人,有必要考察有助于区分系统工程人才和不太可能对该学科感兴趣或成功的人才的特征。那些可能会成为有才华的系统工程师的人,在大学里的数学和科学成绩都会很好。

系统工程师需要在多学科环境中工作,并掌握相关学科的基本知识。在这里,科学和工程学的能力很重要,因为它使个人学习新学科的基本知识更容易,威胁也更少。与其说他们需要对高等数学有深入的了解,倒不如说,那些数学背景有限的人往往对自己掌握固有的数学概念的学科的能力缺乏信心。

作为一名系统工程师,应该有创造性,喜欢解决实际问题,对工作的兴趣大于对事业发展的兴趣。系统工程是一个挑战,而不是一个快速到达顶端的方法。

成功的系统工程师通常具有以下特点:

(1) 喜欢学习新事物和解决问题;

(2) 喜欢挑战;

(3) 对未经证实的论断持怀疑态度;

(4) 乐于接受新思想;

(5) 具有扎实的科学和工程背景;

(6) 有专业领域的技术成果;

(7) 精通多个工程领域;

(8) 具有快速获取新的想法和信息的能力;

(9) 有良好的人际沟通能力。

1.5　系统工程师职业发展模型

当一个人具备上述特征并被吸引成为一名系统工程师时,工作环境中还需要具备四个要素。如图 1.3 所示,一个人应该寻找具有挑战性并能扩展技术方面知识和创造力的问题和任务。无论工作任务是什么,了解工作的背景和全局是必要的。系统工程师需要同时管理许多活动,能够有广阔的视野,又可以同时深入研究许多主题。这种多元化的能力是需要时间来发展的。最后,系统工程师不应该被复杂的问题吓倒,因为这是预期的工作环境。显然,这些要素不是教育计划的一部分,其必须通过长期的专业工作经验来获得。这成为系统工程职业成长模型的基础。

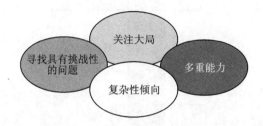

图 1.3　从高质量的工作经验中得出的系统工程(Systems Engineering,SE)职业要素

寻求培养系统工程师以竞争方式解决更具挑战性问题的雇主,应向关键员工提供获得系统工程工作经验、需要成熟的系统思维的活动以及进行系统工程教育和培训的机会。由图 1.4 可以看出,不仅可以通过具有挑战性的问题来获得经验,而且可以通过经验丰富的导师和真实的实践练习来获得经验。在使用系统思维探索复杂问题领域时,应鼓励员工创造性地、即学即用地思考。通常,受过技术培训的人员会严格遵循相同的流程,并会厌倦无效的解决方案;会利用从过去项目、案例研究中学到的经验和教训,创造改进的机会。正式的培训和使用系统工程工具进一步加强了员工应对复杂问题的准备程序。

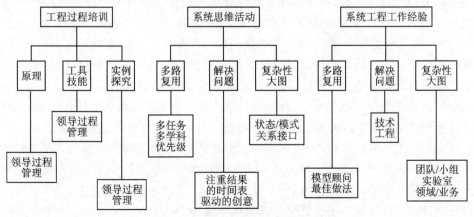

图 1.4　系统工程师职业发展要素

兴趣、特性、培训，以及适当的环境，为个人成长为成功的系统工程师提供了机会。这些因素的组合记录在图1.5所示的系统工程师职业发展的"T"模型中。在纵向上，自下而上是专业人士职业生涯中的时间进度。图1.5底部显示，取得理工科本科学位后，个人通常会以技术贡献者身份进入职业生涯，以付出更大的努力。这项工作是属于特定领域的项目或计划的一部分，如空气动力学、生物医学、作战系统、信息系统或空间探索。在一个领域内，有几种技术能力对于系统的运行或开发至关重要。

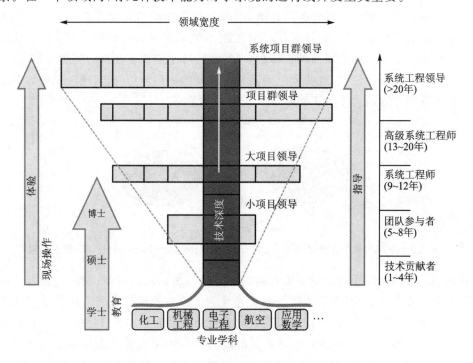

图1.5　系统工程师职业发展的"T"模型

"T"是由专业人员职业生涯中的快照组成的，在"T"的水平部分中说明了当时所学的技术能力，并用来履行其职业生涯中当时分担的职责。在一两个技术领域作为技术贡献者有了初步经验后，就会在团队中逐渐承担更多的责任，并最终成为领导小型技术小组的人。8年或更长时间后，该专业人员已获得足够的技术深度和技术领域深度，可被视为系统工程师。额外的任务将导致项目和项目系统工程的领导地位，并最终成为大型开发项目的高级系统工程师，将行使该领域的全部技术能力。

在扩大和深化技术经验和能力的同时，成功的职业道路也因某些任务而得以增加，这些任务包括实地业务经验、高级教育和培训以及强有力的指导方案。为了充分了解正在开发的系统将要运行的环境，并获得系统需求的第一手资料，早期的系统工程师必须访问"现场"和运行环境。这种方法对整个职业生涯都很重要。课堂和在线形式的系统工程教育机会很多。与大多数学生不打算从事学术职业的工程学科一样，理科硕士是最终学位。课程通常是系统工程和以领域或集中为中心的结合，着重于论文或重点项目，目的是让学生展示他们在实际系统问题上的知识和技能。大型商业公司还提供系统工程和系统架构方面的培训,提供针对其组织和产品的示例和工具。最后,一个年轻的专业人员和一个经验丰富的系统工程师配对将有助于学习过程。

1.6 系统工程的力量

如果权力是通过对人或金钱的权威来衡量的,那么系统工程师作为系统开发团队的成员似乎就没有什么权力。然而,如果用对系统设计及其主要特性的影响,以及对系统开发成败的影响来衡量能力,那么系统工程师将比项目经理更强大。这种力量来源于他们的知识、技能和态度。

以下各段将分别讨论这些问题。

多学科知识的力量

一个重要的系统开发项目是一个名副其实的"通天塔"。实际上,有几十个不同学科的专家,他们的共同努力对于开发和生产成功的新系统是必需的。每一组专家都有自己的语言,用一套丰富的首字母缩略词来弥补英语语言的不精确性,这些缩略词表达了非常具体的意思,但对专业以外的人来说却是难以理解的。反过来,这些语言又有知识库作为后盾,专家们利用知识库进行交流。这些知识库包含对每个学科特有的不同材料的描述以及各种关系体,其中许多关系体用数学术语表示,使专家能够根据设计假设计算其部件的各种特性。这些知识对本学科之外的人来说也是陌生的。

如此多语种的参与者组合永远无法成功地集体开发新系统,就像巴比伦的公民永远无法建造他们的塔一样。正是系统工程师提供了联系,使这些不同的组能够作为一个团队工作。系统工程师通过多学科知识的力量实现这一壮举。这意味着他们足够了解系统中涉及的不同学科,能够理解专家的语言,了解他们的问题,并能够解释他们的集体努力所必需的交流方式。因此,在多国会议中他们与语言学家处于相同的地位,人们以母语进行交流。通过理解不同语言的能力,人们就有了合作的能力,否则他们将永远无法实现一个共同的目标。这种能力使系统工程师可以充当领导者和故障排除者,解决其他人无法解决的问题。它确实具有使系统工程师在系统开发中发挥核心和决定性作用的力量。

必须指出的是,跨学科知识的深度是在给定领域有效开展工作所必需的深度的一小部分,这是与某一领域的专家有效互动所必需的。在给定的技术领域中,人们必须学习的新缩略词的数量接近于 100 个,而不是十几个常用的缩略词。结果还表明,一旦人们克服了语义上的差异,就会在不同的学科中存在许多共同的原理,并且会产生许多相似的关系。例如,用于通信、连接信号、噪声、天线增益、接收器灵敏度和其他因素的方程,与声学中的类似关系直接相似。

这些事实意味着,系统工程师不需要花费一生的时间成为相关学科的专家,而是可以通过精选阅读资料,尤其是与各领域知识丰富的大学联盟进行讨论,积累相关领域的工作知识。重要的是要知道哪些原则、关系、缩略词等在系统级别上是重要的，而哪些是细节。多学科知识的力量是如此之大，对于系统工程师来说，积累知识所需的努力、花时间学习，是非常值得的。

近似计算的力量

系统工程的实践需要除多学科知识外的另一种能力。对复杂计算或测试的结果执行"封底"计算以获得"健全性检查"的能力，对系统工程师来说，具有不可估量的价值。在少数情况下，可以根据过去的经验直观地做到这一点，但更经常的是，必须作出粗略估计，以确保没有犯下重大遗漏或错误。大多数成功的系统工程师都有能力运用第一性原理，应用基本关系，如通信方程或其他简单的计算，得出一个数量级的结果作为检验依据。如果计算或实验的结果与最初预期的结果有很大不同，那么这一点就尤其重要。

当健全性检查不能确认模拟或实验的结果时，最好回去仔细检查后者所依据的假设和条件。根据一般经验，此类检查往往会在进行模拟或实验的条件或假设方面出现错误。

怀疑与积极思考的力量

上述看似矛盾的标题意是获得成功的系统工程师的重要特征。怀疑态度对于缓和设计专家对所选设计方法成功概率的传统乐观态度很重要。它是坚持尽早验证所选方法的动力。

怀疑态度的另一面，与积极思考的特征直接相关，是指在面对失败或明显失败时，对所选择的技术或设计方法的反应。许多遇到意外失败的设计专家容易陷入绝望，而系统工程师无法忍受混乱的状况，为避免这些，首先必须对发生意外故障的条件有一个清晰的了解。通常，我们发现这些条件不能正确地测试系统。当测试条件被证明有效时，系统工程师必须着手寻找规避故障原因的方法。传统的答案是，失败必须沿着不同的路径重新开始，而这将会导致重大延误和项目成本的增加；除非寻找替代解决方案的努力失败，否则这是完全不可接受的。这就是多学科知识的力量，允许系统工程师在系统的其他部分寻找替代解决方案，从而减轻设计被证明是错误的特定部件的压力。

无论是系统工程师还是项目经理，都绝对需要积极思考的特征，这样他们才能产生并维持客户、公司管理层以及设计团队成员的信心。没有"能做"的态度，团队精神和项目组织的生产力必然会受到影响。

1.7 小 结

什么是系统工程？

系统工程的作用是指导复杂系统的工程。系统被定义为一组相互关联的部件，它们朝着共同的目标而努力。此外，一个复杂的工程系统（如本书所定义的）是由多个错综复杂的相互关联的不同元素组成的,并且需要系统工程来领导其开发。

系统工程与传统学科的不同之处在于:(1)它侧重于整个系统;(2)它关注客户需求和运行环境;(3)它领导系统的概念设计;(4)它弥合了传统工程学科和专业之间的差距。此外,系统工程是项目管理的不可或缺的一部分,因为它可以规划和指导工程工作。

系统工程的起源

现代系统工程的起源是因为:随着自动化的发展,技术的进步带来了风险和复杂性;竞争需要专家承担风险;专业化需要学科和接口的衔接。

需求系统工程的系统示例

工程复杂系统的例子包括:
- 气象卫星;
- 空中交通管制;
- 卡车定位系统;
- 航空导航系统;
- 临床信息系统;
- 客机;
- 现代联合收割机;
- 炼油厂;
- 汽车装配厂;
- 发电厂。

系统工程专业

系统工程现在被认为是一种职业,在政府和行业中的作用越来越大。事实上,现在全美国都有许多研究生(和一些本科生)学位课程。对于系统工程专业人士,有一个正式的、公认的组织:INCOSE。

专业技术人员有特定的技术方向——技术毕业生倾向于高度专业化。只有少数的人对跨学科问题感兴趣,正是这些人往往成为系统工程师。

系统工程师职业发展模型

系统工程专业是困难而有回报的。系统工程的职业通常具有技术满意度——找到抽象和模糊问题的解决方案,并以关键项目角色的形式获得认可。因此,成功的系统工程师具有以下特征和属性:
- 善于解决问题,并欢迎挑战;
- 技术基础扎实,兴趣广泛;
- 具有分析能力和系统性,但也具有创造性;

• 具有领导才能的优秀沟通者。

"T"模型代表了成功且有影响力的系统工程师所必需的经验、教育、管理和技术深度的适当融合。

系统工程的力量

总的来说，系统工程是一门强大的学科，需要多学科知识，并集成了各种系统元素。系统工程师需要具备对复杂现象进行近似计算的能力，从而提供健全性检查。最后，他们必须有怀疑的积极思想，作为审慎冒险的前提。

习　题

1.1　写一段话，解释"系统工程专注于整个系统"这句话的含义。说出你认为这句话暗示了系统的哪些特性，以及它们如何应用于系统工程。

1.2　讨论工程复杂系统与非工程复杂系统之间的区别。举三个后者的例子。你能想到也可以应用到非工程化的系统工程原理吗？

1.3　对于以下每个领域，列出并解释自 1990 年以来发生的至少两项重大技术进步/突破是如何从根本上改变它们的。在每种情况下，请解释更改是如何实现的。

（a）运输；

（b）通信；

（c）财务管理；

（d）制造业；

（e）分销和销售；

（f）娱乐；

（g）医疗保健。

1.4　你认为飞机的哪些特征归因于整个系统而不是其部件的集合？解释原因。

1.5　列出将一些最新技术整合到新的复杂系统的开发中的四个优缺点（各举两个）。分别举一个具体的例子。

1.6　"模块化"是什么意思？模块化系统具有哪些特征？给出一个模块化系统的具体例子并识别模块。

1.7　"技术专业人员的职业介绍"部分使用三个部件来描述此特点：科学、数学和工程学。使用这个模型，从 x％的科学，y％的数学，和 z％的工程的角度，描述你认为你的方向是什么。注意，你的"方向"不是衡量你的知识或专长，而是衡量你的兴趣和思维方式。考虑一下你对发现新的真理、寻找新的关系、建立新的事物并使它们发挥作用的相对兴趣。另外，试着记住你大学毕业时的方向，并解释它是如何改变的以及为什么改变。

1.8　系统工程师被描述为整个系统的倡导者。在这种情况下，系统工程师最应该

提倡哪些利益攸关者? 显然,有许多利益攸关者,系统工程师必须关注其中的大多数
(如果不是全部的话)。因此,按照优先顺序排列你的答案:哪个利益攸关者对系统工程
师最重要,哪个是第二名,哪个是第三名?

扩展阅读

[1] Blanchard B. Systems Engineering Management. 3rd ed. John Wiley & Sons, 2004.

[2] Blanchard B, Fabrycky W. Systems Engineering and Analysis:Chapter 1. 4th ed. Prentice Hall, 2006.

[3] Chase W P. Management of System Engineering:Chapter 1. John Wiley, 1974.

[4] Chesnut H. System Engineering Methods. John Wiley, 1967.

[5] Eisner H. Essentials of Project and Systems Engineering Management:Chapter 1. 2nd ed. Wiley, 2002.

[6] Flagle C D, Huggins W H, Roy R R. Operations Research and Systems Engineering:Part I. Johns Hopkins Press, 1960.

[7] Hall A D A. Methodology for Systems Engineering:Chapters 1-3. Van Nostrand, 1962.

[8] Systems Engineering Handbook. International Council on Systems Engineering. A Guide for System Life Cycle Processes and Activities, Version 3.2, July 2010.

[9] Rechtin E. Systems Architecting:Creating and Building Complex Systems: Chapters 1, 11. Prentice Hall, 1991.

[10] Rechtin E, Maier M W. The Art of Systems Architecting. CRC Press, 1997.

[11] Sage A P. Systems Engineering:Chapter 1. McGraw Hill, 1992.

[12] Sage A P, Jr Armstrong J E. Introduction to Systems Engineering:Chapter 1. Wiley, 2000.

[13] Stevens R, Brook P, Jackson K, et al. Systems Engineering, Coping with Complexity. PrenticeHall, 1988.

第 2 章　系统工程概览

2.1　系统工程视角

在 1.2 节"系统工程的起源"中,描述了随着复杂系统的出现,因先进技术的推进和使用、竞争压力以及工程学科和组织专业化的要求,从而需要发展一种新的专业——系统工程。直到很久以后,这种职业才带来了新的学术领域,而最初它是由工程师和科学家组成的,他们通过经验获得了成功领导复杂系统实施开发计划的能力。为此,他们必须获得更广泛的技术知识,并且更重要的是,要发展一种不同的工程思维方式,它被称为"系统工程视角"。

系统工程视角的本质是,使中心目标成为整个系统及其任务成功的关键。反过来,这意味着系统的个别目标和属性要服从于整个系统的中心目标。系统工程师在任何有从属目标的争论中,始终是整个系统的倡导者。

成功的系统

从系统开发的最开始,系统工程的重点内容就是系统的成功——满足其需求和开发目标,在现场成功运行以及具有较长的使用寿命。系统工程视角涵盖了所有这些目标。它寻求在能明显看到的和直接的情况外,了解用户的问题以及系统在运行过程中会遇到的环境条件。其目的在于建立一种技术方法,既有利于系统运行维护,又可以适应将来某时刻需要的最终升级。它试图预见发展问题并在开发周期中尽早解决;在不可行的地方,它会制定应急计划,以便以后根据需求实施。

成功的系统开发需要在组织内利用一致的、易于理解的系统工程方法,该方法涉及系统化的、严格的指导,大量的规划、分析、评审和文档。但是,作为系统工程的一个重要方面往往被忽视,这个方面就是创新。对一个新的复杂系统来说,要想在技术进步迅速的氛围下竞争成功,并保持其使用寿命长达多年的优势,其关键部件必须利用某些最新的先进技术。这些不可避免地会带来一些已知和未知的风险,而这些风险反过来必然要进行大量的开发工作,以使新的设计方法达到成熟和随后验证这些设计在系统部件中的使用。选择最有希望的技术方法评估有关风险,排除那些可能导致代价过大的风险,规划关键试验,确定可能的低效运行等问题,是系统工程的主要职责。因此,系统工程视角包括风险接受和风险缓解的组合。

"最佳"系统

在表达系统工程视角时,经常提到的两句格言是:"最好是足够好的敌人"和"系统工程是足够好的艺术"。如果它们被解释成系统工程意味着要争取第二为最好,可能会产生误导。相反,系统工程确实会寻求可能的"最佳"系统,但该系统通常并不是提供最佳性能的系统。这种看起来的不一致,来自"最佳"是指什么。格言中使用"最好"和"足够好"来表示系统的性能,而系统工程仅将性能视为几个关键属性之一;同等重要的还有价格的可承受性、对用户的及时可用性、易于维护以及对开发完成进度的遵守。因此,系统工程师站在成功开发计划和对用户的价值的立场上,寻求关键系统属性的最佳平衡。

性能和成本的相互依赖关系可以借助收益递减规律来理解。假设采用特定的技术方法来实现正在开发系统的给定性能属性,则图 2.1(a)是假设系统部件的性能水平随投入的开发工作成本而变化的典型图。最上面的水平虚线表示所选择技术方法固有的性能理论极限。更复杂、更精确的方法可能会产生更高的性能极限,但成本会更高。中、下两条水平虚线分别表示期望的和最低可接受的性能水平。

图 2.1(a)的曲线起始于 C_0,表示某重要性能的最低成本。起初坡度陡峭,随着性能渐近理论极限而坡度变缓。这种递减的坡度可以衡量因成本增加而带来的收益增加,也表明此收益递减规律适用于几乎所有的开发活动。

上述原理的一般示例如开发具有更高最大速度的汽车。进行此类更改最直接方法是使用更大功率的发动机。这种发动机通常较大、较重并且燃油利用率较低。另外速度增加将导致空气阻力增大,这就要求不成比例地增大发动机功率用来克服空气阻力。如果要求保持燃油的经济性并尽量保持车辆尺寸和重量,则有必要使用或开发更先进的发动机,改善车身的流线型,使用特殊的轻质材料,以及寻找其他方式补偿因增大车速而带来的副作用的方法。上述所有因素都会使改进汽车的成本增加,随着几种技术方法的最终极限接近,增加的成本也随之增加。因此很显然,必须在任何性能属性的极限范围之外都达到平衡。

建立这种平衡的方法如图 2.1(b)所示。该图画出了性能成本比与成本的关系(即 y/x 与 x 的关系)。这种性能成本比等价于成本-效益的概念。可以看到,此曲线有一最大值,超过此值,效果的增益就衰减。这表明"最佳的"系统性能可能接近于性能成本比峰值,前提是此峰值明显高于最低可接受性能。

平衡的系统

字典里"平衡"这个词的定义之一特别适于系统设计,即"在设计或构图中,各零件或元素的和谐或令人满意的排列或比例"。系统工程的主要功能,在前面指出过,它是在各种工程专家们设计的、意图优化一个特定部件特性的一种系统中各种部件间的平衡。如图 2.2 所示,这通常是一项艰巨的任务。此图是一个艺术家关于导弹的概念设计,如果是由另外的专家设计将更技术些。这些卡通看似虚构,但它们的确反映了一个

23

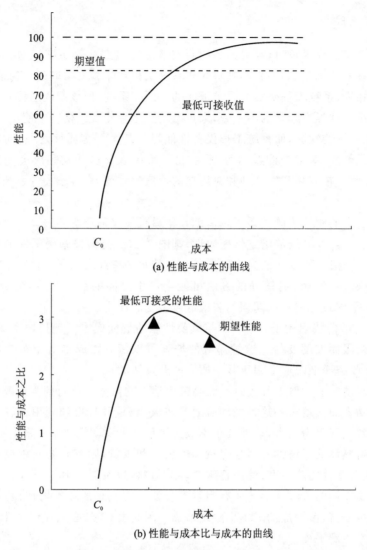

(a) 性能与成本的曲线

(b) 性能与成本比与成本的曲线

图 2.1 性能、性能成本比与成本的曲线图

基本事实,即设计专家们在寻求优化他们所理解的最好的和认为合适的系统的特定方面。人们通常期望,尽管设计专家确实理解系统是提供一组特定功能的一组部件,但是在系统开发时专家们的注意力必须集中在他们各自的技术专长和职责分配领域的那些最有影响的问题上。

相反,系统工程师必须始终关注整个系统,同时仅在可能影响整体系统性能、开发风险、成本或系统长期生存能力的范围内解决特殊设计问题。简而言之,系统工程师有责任指导开发,使每个部件获得关注,使资源达到适当平衡,以满足最佳整体系统行为应该拥有的最佳性能。这通常要担任"诚实的技术代理"角色,如指导建立技术设计的折中方案,以便在关键系统单元之间实现可行的工作接口。

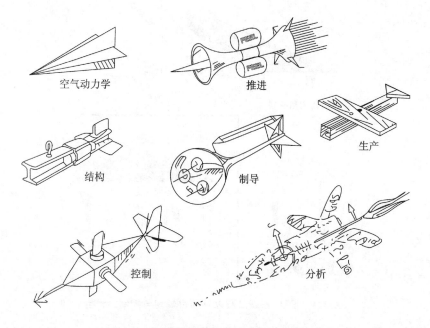

空气动力学

推进

生产

结构

制导

控制

分析

图 2.2　从不同专家角度看理想的导弹设计

平衡的视角

因此,系统的视角意味着关注"平衡",确保以同样重要或更重要的属性为代价来优化系统属性,例如以可接受的成本代价来提高性能,以适当的范围为代价来提高速度,以过多的错误为代价来提高吞吐量等。由于几乎所有关键属性都是相互依赖的,因此在所有系统设计决策中都必须达到适当的平衡。这些特性是典型不相称的,如上例所示。因此,判断应如何平衡,必须来自对系统工作原理的深入理解。就是这种判断,使系统工程师必须每天运用并且能够在包括所有系统特性的层次上进行思考。

相对于设计专家或经理来说,系统工程师的观点要求有技巧和知识领域的不同组合。图 2.3 意图阐明这些差异的一般性质。利用三个维度来分别表示技术的深度、技术的宽度和管理的深度。可以看出,设计专家的管理技能可能有限,但对一个或几个相关技术领域有深刻的理解。同样,项目经理不需要对任何特定的技术学科有深入的了解,但必须有足够的广度和能力来管理人和技术工作。另一方面,系统工程师要求有全部三方面的能力,这代表了满足整个系统工作所需的平衡。在这个意义上讲,系统工程师的工作范围比其同事更大。

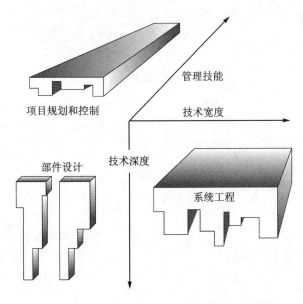

图 2.3　设计、系统工程以及项目规划与控制的维度

2.2　系统工程的透视图

　　尽管系统工程领域在过去的几十年中迅速发展，但是随着人们越来越了解系统方法解决世界范围内日益复杂的问题的潜力和实用性，未来必将继续存在各种不同的观点。该领域的学术课程和毕业生人数证明了系统工程的增长。一些调查指出，系统工程是一条受青睐且可能是极好的职业道路。私营和政府所有部门的雇主都在寻找经验丰富的系统工程候选人。劳动力发展方面的专家正在寻找方法，鼓励更多的中学生和大学生攻读科学、技术、工程和数学（Science，Technology，Engineering and Mathematics，STEM）学位。凭借经验和其他知识，这些学生将逐渐成为有能力的系统工程师。

　　由于除了接受教育以解决最复杂和最具挑战性的问题外，通常还需要专业的经验，因此发展系统思维方式（像系统工程师一样思考）在生活的任何阶段都是头等大事。与思维成熟度相关的观点包括系统思维、系统工程和工程系统的概念（见表 2.1）。理解系统问题的环境、过程和策略的方法需要使用系统思维。这种解决问题的方法检查问题的领域和范围，并以定量的方式对其进行定义。人们先查看有助于定义问题的参数，然后通过研究和调查，对问题所在的环境进行观察，最后生成可以解决问题的选项。这种方法适合在中学使用，有助于中学生在学习基础科学和工程技能时对"全局"有所了解。

表 2.1　系统透视图的比较

系统思维	系统工程	工程系统
专注于流程	专注于整个产品	专注于流程和产品
审议问题	解决复杂的技术问题	解决复杂的跨学科技术、社会和管理问题
评估多种因素和影响	开发和测试有形的系统解决方案	影响政策、流程并使用系统工程来开发系统解决方案
包含模式关系和共同理解	需要满足需求,衡量结果并解决问题	整合人类和技术领域的动态和方法

　　本书在第 1 章中介绍的系统工程方法侧重于问题的产生和解决方案,旨在开发或构建用于解决问题的系统。在进行功能和物理设计,设计规范的开发、生产及针对该问题的系统解决方案的测试之前,从未来潜在用户和解决方案系统的开发人员那里寻求最高级别的需要、需求和运行概念的方法,往往更具技术性。注意子系统接口以及对可行和实际结果的需求。该方法和实践目的可以应用于多种程度的复杂事物,但期望是产品现场操作成功。在许多商业和军事领域,用于产品开发的系统工程方法已被证明具有可靠性。

　　一种更具广阔而稳健前景的系统方法,是通过使用高级建模方法论集成工程、管理和社会科学的方法来解决广泛的复杂工程问题,称为“工程系统”。其目的是通过研究工程系统的行为方式以及彼此之间的相互作用,包括社会、经济和环境因素,通过巨大的全球影响力来应对社会中最严峻的挑战。这种方法涵盖了工程、社会科学和管理过程,但非刻板的系统工程。因此,关键基础设施、医疗保健、能源、环境、信息安全和其他全球性问题的应用可能是关注的领域。

　　就像众所周知的盲人摸象一样,系统工程的领域可以从各个领域和被应用的领域来考虑。基于个人的背景以及要解决的系统问题的需求,可以根据解决方案集中使用的领域和技术来讨论系统环境。可以从解决问题和开发复杂系统所采用的方法论和方法中获得另一个视角。在任何成熟的学科中,都存在用于系统工程的许多过程、标准、准则和软件工具,以组织和提高系统工程专业人员的效率。国际系统工程协会在这些领域中保留最新信息和评论。这些观点将在以下各节中讨论。

2.3　系统域

　　从系统开发的广泛视角可以看出,传统的系统方法现在涵盖了不断增长的领域广度。就像魔方一样,领域的面孔现在已经完全集成到系统工程师对“大局(但复杂)”的观点中。图 2.4 所示的系统领域不仅包括工程、技术和管理领域,还包括社会、政治/法律和人文领域。后面这些较软的维度需要额外的关注和研究,以充分了解它们在系统开发中的影响和作用,尤其是当我们进入复杂组织体级和全球系统级等复杂级别的领域时。

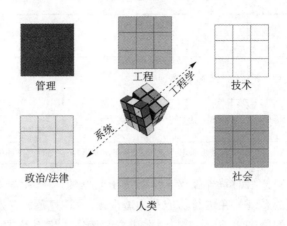

图 2.4　系统工程领域

　　特别有趣的领域是规模领域，例如纳米系统和微型系统，或在极端环境下运行（通常是自动）的系统，比如深海或外太空。就像物理定律随规模变化一样，系统工程方法是否需要变化？系统工程实践是否应发展以满足潜水器、行星探索器或血管内机器人系统的需求？

2.4　系统工程领域

　　由于系统工程与电气、机械、空气动力学和土木工程等传统工程学科之间建立了紧密的联系，因此工程专家应该从其工程学科角度更加系统地看待系统工程。类似地，由于系统工程是系统设计的指南，经常在项目或程序的上下文中使用，因此功能、项目和高级管理人员将计划和控制的管理元素视为系统开发的关键方面。对系统工程成功且至关重要的管理支持功能，如质量管理、人力资源管理和财务管理，都可以要求系统开发具有完整的角色和视角。

　　这些看法在图 2.5 中进行了说明，此外，还展示了与系统工程方法和实践相关的一些传统范围的其他领域。一个例子是运筹学领域，其系统工程学观点包括提供一种结构，这将导致对备选方案和最佳决策进行定量分析。系统设计还具有一群专注于结构和体系结构的专业人员。从制造到自动化系统等各个领域，系统工程的另一种解释来自于开发控制系统的工程师，他们主要依赖于系统工程原理，这些原理集中于接口和反馈系统的管理。最后，重叠的元素与系统工程建模和仿真提供了一个视角，该视角是成本有效地检查系统选项以满足用户需要和需求所不可或缺的。随着系统工程的成熟，将会有越来越多来自不同领域的观点将其作为自己的观点。

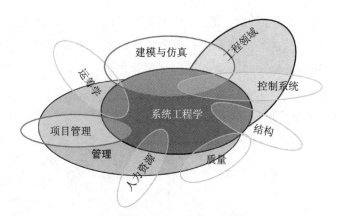

图 2.5 系统工程领域的示例

2.5 系统工程方法

系统工程还可以通过在系统的设计、开发、集成和测试执行过程中使用的流程序列和方法描述来进行查看(示例参见图 2.6)。

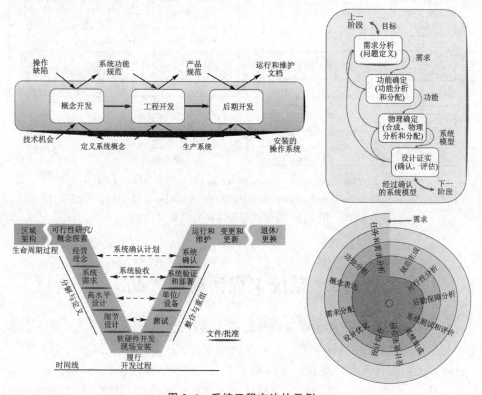

图 2.6 系统工程方法的示例

　　流程流的步骤序列通常是迭代的，以显示实现一致性和可行性的逻辑方法。瀑布图中显示了所有的变化，这些变化提供了更多的方法来说明接口和更广泛的交互。许多重复的、相互依赖的步骤导致了螺旋或循环概念图。流行的系统工程"V"图提供了生命周期开发的视图，显示了需求和系统定义与已开发和验证的产品之间的明确关系。

　　图 2.7 中所示的更广阔的视野提供了完整的生命周期视图，并包含了开发的每个阶段的管理活动。该透视图说明了管理计划和控制与系统工程过程之间的密切关系。

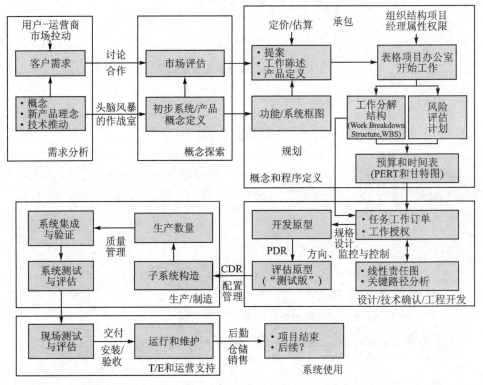

PERT（Program Evaluation and Review Technique）—计划评估和审查技术；
PDR（Preliminary Design Review）—初步设计评审；CDR（Critical Design Review）—关键设计审查

图 2.7　系统工程的生命周期视图

2.6　系统工程活动和产品

　　有时作为路线图，系统的生命周期开发可以与表 2.2 中列出的许多系统工程和项目管理的产品或输出相关联。

　　这些产品的多样性和广度反映了早期专业人员在理解参与系统工程的全部功能时所遇到的挑战。在本书中，将详细介绍和讨论这些产品，以帮助指导系统工程师进行产品开发。

表 2.2　系统工程活动和文件

上下文关系图	机会评估	原型集成
问题确定	备选概念	原型测试与评价
用户/所有者标识	风险分析/管理计划	生产/运营计划
用户需求	系统功能	运行测试
业务概念	实物分配	验证和确认
方案	部件接口	现场支持/维护
用例	可追溯性	系统/产品有效性
需求	贸易研究	升级/修订
技术准备	部件开发和测试	处理/重复使用

2.7　小　结

系统工程视角

系统工程观点集中于生产一个成功的系统,满足需求和开发目标,在现场成功运行并达到其预期运行寿命。为了实现这个成功的定义,系统工程师必须在卓越的性能、可承受程度和进度之间取得平衡。事实上,系统工程的许多方面都需要在相互冲突的目标之间取得平衡。例如,系统工程通常必须将新技术应用于新系统的开发,同时管理新技术带来的固有风险。

在整个系统开发期间,系统工程师将其视角集中在整个系统上,根据整个系统的影响和功能做出决策。通常,这是通过连接多个学科和部件来实现的,以确保完整解决方案的实施。专业设计是一维的,它有巨大的技术深度,但是技术广度小,管理知识少。规划和控制是二维的,它具有丰富的管理经验,但技术广度适中,技术深度较小。但是系统工程是三维的,它具有很宽的技术广度,以及中等的技术深度和管理经验。

系统工程的透视图

从对问题的一般系统思考方法到系统工程的开发过程方法,再到工程系统的广泛视角,人们对系统工程的理解存在着各种各样的想法。

系统域

系统工程视图不仅包括传统的工程学科,还包括技术和管理领域以及社会、政治/法律和人文领域。极端的规模由于其复杂性具有特殊的意义。

系统工程领域

系统工程涵盖很多领域或与许多相关领域重叠，包括工程、管理、操作分析、体系结构、建模和仿真等。

系统工程方法

随着系统工程领域的成熟并且被广泛应用，已经开发了几种过程模型，包括线性模型、V 模型、螺旋模型和瀑布模型。

系统工程活动和产品

完整的系统生命周期视图说明了与管理流程的密切关系，并导致了一系列各种各样的活动和产品。

习　题

2.1　图 2.1 说明了在寻求最佳系统（或部件）性能时的收益递减规律，因此需要在性能与成本之间取得平衡。除性能与成本外，给出两对特性的示例，其中一组经常与另一组竞争，并简要解释为什么会这样。

2.2　解释向中学生介绍系统概念的利与弊，以鼓励他们从事 STEM 职业。

2.3　选择一个大型复杂的系统之系统示例，并解释系统工程方法如何提供有用的解决方案，而且这些解决方案可以被许多社区广泛接受。

2.4　参考图 2.5，确定和说明与系统工程重叠的其他学科，并举例说明这些学科如何有助于解决复杂的系统问题。

2.5　讨论不同系统工程过程模型在各种系统开发中的最佳应用。比较各种模式的优劣。

扩展阅读

[1] Blanchard B. Systems Engineering Management. 3rd ed. John Wiley & Sons, 2004.

[2] Eisner H. Essentials of Project and Systems Engineering Management. 2nd ed. John Wiley & Sons, 2002.

第 3 章　复杂系统的结构

3.1　系统的构建块和接口

　　系统工程师需要对复杂系统开发中涉及的多个交互学科有广泛的了解,于是便提出了理解这种需求要有多深这样的问题。显然,他不能像这些领域的专家们那样拥有那么深度的知识。然而,他必须充分认识到计划风险、技术性能极限、交互的要求等因素以及在各设计方案间进行权衡分析。

　　很明显,答案取决于特定的情况。但是检查现代系统的结构递阶可能提供重要的见解。这种检查会发现存在可辨识形式的构建块,它们构成绝大多数系统,并且代表了系统工程师完成这项工作所必须具备的最低的技术理解水平。就是在这个层次上,必须做出影响系统能力的技术折中和必须解决接口冲突,以便在整个系统上实现平衡的设计。在接下来的部分中,将讨论这些构建块在其上下文中作为基本系统元素及其接口和交互的性质。

3.2　复杂系统的层级

　　为了理解系统工程的范围以及系统工程师必须学习哪些知识以指导复杂系统工程的工作,有必要定义或明确这个系统的一般范围和结构。然而,"系统"的定义本来就是应用于复杂交互元素集结的不同层次。例如,一个电话分局,它所服务区域的布线可以适当地称为"系统"。旅馆和办公楼的总机和局部线路,可以称为"子系统"。而电话机可以称为系统的"部件"。同时,电话分局可以被视为城市电话系统的子系统,也可以被视为国家电话系统的子系统。

　　另一个例子是商用客机,它的确有资格被称为"系统",它的机身、发动机、控件等就是子系统。而客机又可以被称为空中运输系统的子系统,它由机场、空中交通控制和其他客机运行基础设施的各种单元等组成。因此,通常说每个系统都是更高系统的子系统,并且每个子系统本身都可以视为一个系统。

　　上述关系引出"超系统"的术语,用来指诸如像广域电话系统和空中运输系统之类的总体系统。在网络化军事系统中,出现"系统之系统"(System of Systems,SoS)是为了描述集成的分布传感器和武器系统,如在现代海军中。

复杂系统的模型

在学习系统工程的基础知识时，"系统"范围的这些模糊性可能会使学生感到困惑。因此，为了说明系统工程师职责的典型范围，建立典型系统的较特殊模型是很有用的。如在稍后将描述的那样，建模技术是系统工程的基本工具之一，特别是在不容易获得明确和量化事实的情况下。在目前情况下，这种技术可以借助其构成部件来模拟一个典型的复杂系统。这种模型的目的是用来定义一个相当简单且容易理解的系统架构，可以将其用作讨论开发新系统的过程和系统工程在整个过程中的作用的参考点。虽然此模型的范围没有扩展到"超级系统"或"系统之系统"，但是它代表了绝大部分系统，可以由一种集成的获取过程开发，如新飞机、新武器系统或新机场的空中交通控制系统。

从本质上来讲，复杂系统具有层级的结构，它由许多交互元素组成，一般称为子系统，而这些子系统本身由更简单的功能实体组成，以此类推，直至诸如齿轮、变压器或灯泡等原始元素。

对系统架构中不同结构级别的常用术语仅限于最高级别的通用系统和子系统名称以及最低级别的零件或部件名称。读到本节稍后将会明白，本书中定义的系统模型将使用两个附加的级别，即部件和子部件。当某些模型在其系统表达中要用一个或两个以上的中间级别时，对预期的目的来说，这五个名称被证明是足够用了。

系统级别的定义

表 3.1 给出了表示系统模型层级结构的上述特性。在表 3.1 中，横向是系统采用的先进技术的四种类型，并且每个系统内细分级别均纵向排列。使用先进技术的复杂系统的代表性类型在顶部表明，而最小的系统划分——零件，则列在底部。在描述系统层级各个级别时，如早先指出的，通常"系统"这个词并不对应于集结或复杂性的一个特定级别，它可以理解为这些系统可能是更复杂集合或超级系统的一部分，所以子系统本身可以被视为系统。为了后面接着进行讨论，将"系统"这个词的使用限制如下：

（1）如第 2 章中定义的具有"工程系统"的性质；

（2）仅在操作人员和标准基础设施（如电网、高速公路、加油站、通信线路等）的帮助下提供重要有用的服务。

根据上述条件，一架客机就适合系统的定义，一台具有可输入输出的键盘和显示器等外围设备的计算机也同样适合。表 3.1 中定义的系统层级的第一从属级别就适合称为子系统，并且具有作为系统主要部分的常规含义，它执行与整个系统功能密切相关的子集功能。每个子系统本身可能会非常复杂，具有系统的许多性质，除了有能力在缺少其相伴的子系统下执行一种应用功能以外。每个子系统通常涉及多个技术学科（例如电子、机械等）。

表 3.1 系统设计的层次结构

系统					
通信系统		信息系统		材料处理系统	空间系统
子系统					
信号网络		数据库		材料准备	发动机
部件					
信号接收机	数据显示器	数据库程序	功率传输器	材料反应器	推力发生器
子部件					
信号放大器	阴极射线管	图书馆设施	齿轮系	反应阀	火箭喷管
零件					
变压器	LED	算法	齿轮	联轴器	密封

"部件"这个词通常用来指大多数较低级别的实体,但在本书中,组件这个词用来指上述系统元素的中间级别。部件通常与政府系统采办符号中的配置项(Configuration Item,CI)相对应。

部件构建模块以下的级别是由子部件的实体组成的,它们执行基本的功能并由几个零件来组成。由各零件组成的最低级别代表执行不重要的功能,除了与其他零件组合外。绝大部分零件具有标准尺寸和类型,并且通常可以经过商业途径获得。

系统工程师和设计专家的领域

通过上述讨论可知,工程系统的递阶结构可以用来确定系统工程师和设计专家的相应知识领域。中间的系统部件在系统开发过程中占有中心地位,代表大部分零件的元素是适合工业设计专家领域的产品的,他们可以根据给定的一组规范使它们适应于一种特定的应用部件的正确规格,特别是确定性能和保证兼容的接口,是系统工程的特殊任务。这意味着,在很大程度上通过与设计专家们的对话和交互,系统工程师的知识必须扩展到能理解组成此系统的部件的关键特性,以便他们能选择最合适的类型,并规定其性能和与其他部件的接口。

系统工程师和设计专家的知识领域如图 3.1 所示。它是图 2.1 所示系统层级的一种重叠。它表明系统工程师的知识需要从最高层、系统及其环境向下扩展到经过主要系统构建块或部件的中间层次。同时,设计专家的知识需要从零件的最低级别向上扩展到部件,这时他们的两个知识领域会"重叠"。就是在这个层次上,系统工程师和设计专家必须进行有效沟通和交流,识别和讨论技术问题,并商定不会危及系统设计过程或整个系统能力的、可行的解决办法。

这些领域的水平边界在图 3.1 中使用波纹线表示,用来指明应根据需要来扩展它们以反映特定系统的组成。当子部件或零件恰好对系统的运行至关重要时(例如挑战者号航天飞机火箭推进器的密封圈不合格),系统工程师应准备好充分了解其行为,以确定对整个系统的潜在影响。在高性能机械和热机械设备中经常发生这种情况,例如

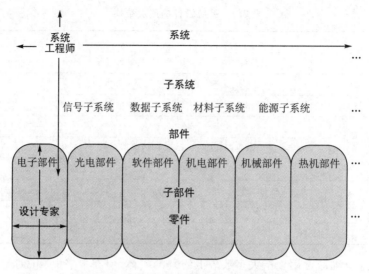

图 3.1　系统工程师和设计专家的知识领域

涡轮和压缩机。相反,当特定部件的特殊功能对其设计提出了异常要求时,设计专家应要求系统工程师重新检查作为该特定要求基础的系统级假设。

3.3　系统的构建块

使用此系统模型为系统工程师提供了一种沿功能和物理维度划分系统的简单方法:了解系统的功能,然后将系统划分为物理层次结构,再将系统的每个尺寸描述分解为单元(即元素)。

下面是对这两类构建块的说明,以及用于定义每个构建块的推荐单元集。

功能构建块:功能单元

构成系统运行介质的三个基本实体是:

(1) 信息:全部知识和交流的内容。

(2) 材料:全部物理对象的实质。

(3) 能量:激活全部活动系统部件操作和移动所需的能量。

因为全部系统功能都涉及这些实体中一个或几个实体的某些特性的有目的变更,所以后者就构成了主要系统功能单元分类的自然基础。由于信息单元在系统功能上比材料和能量实体要多两倍,所以将它们再细分为两类:

(1) 处理传播信息(例如无线电信号)的单元,被称为信号单元。

(2) 处理稳态(或固定)信息(例如计算机程序)的单元,被称为数据单元。前一类主要与传感和通信有关,后一类与分析和决策过程有关。

这就导致总共有四类系统功能单元:

（1）信号单元：用于传感和交流信息。

（2）数据单元：用于解释、组织和操作信息。

（3）材料单元：用于提供结构和材料的转换。

（4）能源单元：用于提供能量和动力。

为了让学生熟悉这四类功能单元中所特有的重要设计知识，定义了一组通用功能单元的集合，代表每一类的大部分重要类型。

为了使所选的单元具有一致性和代表性，可以使用三个标准来确保每个单元既不简单也不复杂，并具有广泛的应用范围：

（1）有效性：每个功能单元必须执行独特且有意义的功能，通常包括几个基本功能。

（2）奇异性（单一性）：每个功能单元必须落入工程学科的技术范围内。

（3）共同性：每个单元所执行的功能可以在各种系统类型中找到。

在配置各个功能单元时，需要注意的是，无论其主要功能和分类如何，它们的物理实现示例都必须由材料构建，通常由外部信息控制并由电力或其他能源来提供动力。

因此，电视机的主要功能是处理射频信号形式的信息，将其变成电视图像和声音。它是由材料制成的，由电力驱动，并由用户生成的信息来控制。因此，应该期望大部分类别的单元总是有信息和能源的输入，加上它们对输入和输出的处理。

上述过程可以归纳成 23 个功能单元，每一类有 5 或 6 个，如表 3.2 的中间列。完整的类别功能显示在左列，各单元的典型应用显示在右列。应该指出，上述分类并不是绝对的，但是建立该数据库是为了提供一种系统和逻辑的框架，为系统工程师在重要的层次上讨论系统的属性时使用。

表 3.2　系统的功能单元

类别功能	单元功能	应 用
信号——产生、发送、发布和接收用在被动或主动传感和通信中的信号	输入信号	电视摄像机
	发送信号	FM 收发机
	传感信号	雷达天线
	接收信号	收音机
	处理信号	图像处理器
	输出信号	电视显像管
数据——分析、解释、组织、查询和/转换信息成用户或其他系统所期望的形式	输入数据	键盘
	处理数据	计算机 CPU
	控制系统	操作系统
	控制处理	文字处理器
	存储数据	磁盘
	输出数据	打字机

类别功能	单元功能	应 用
材料——提供系统的结构支持或包装,或转变材料物质的形状、组成或位置	支撑材料	飞机机身
	存储材料	船用集装箱
	材料反应	高压锅
	材料形成	铣床
	连接材料	焊接机
	控制位置	伺服驱动器
能源——为系统提供能源或推进动力	产生推力	喷气发动机
	产生扭矩	往复式发动机
	产生电力	太阳能电池阵列
	控制温度	冰箱
	控制运动	自动变速器

基本上,任何系统的功能设计都可以定义为各确认功能单元的概念的组合和互联——与一个或两个可能在某些系统应用中执行特殊功能的非常专门化的单元一起,从而从可用的系统输入中逻辑地推导出期望的系统功能。

事实上,系统的输入通过互连的功能进行转换和处理,从而提供期望的系统输出。

物理构建块:部件

系统的物理构建模块是由硬件和软件组成的功能单元的物理体现。因此,它们在有效性、奇异性和共同性上具有相同的区别特征,并且在系统层级中处于相同级别。通常在典型子系统下为一个级别,在零件之上为两个级别。它们被称为部件单元,或简称为部件。

部件构建模块是根据它们所代表的不同设计学科和技术来分类的。总共确定了30 种不同部件类型,并将其分为 6 类,如表 3.3 所列。该表列出了类别、部件名称和与它有关的功能单元。如在功能单元中,部件的名称表示其主要功能,但在这种情况下,所表示的是事物而不是过程,其中许多代表了广泛使用的器件。

表 3.3　部件设计单元

类　别	部　件	功能单元
电子的	接收机	接收信号
	发送机	发送信号
	数据处理器	处理数据
	信号处理器	处理信号
	通信处理器	处理信号/数据
	特殊电子部件	各种功能

续表 3.3

类　别	部　件	功能单元
光电的	光敏器件	输入信号
	光存储器件	存储数据
	显示器件	输入信号/数据
	高能光学器件	材料成型
	光功率发生器	产生电力
机电的	惯性仪表	输入数据
	发电机	产生电力
	数据存储设备	存储数据
	传感器	传感信号
	数据输入/输出设备	输入/输出数据
机械的	框架	支撑材料
	容器	存储材料
	材料处理机	材料成型/结合
	材料反应器	材料反应
	功率传输装置	控制运动
热机的	旋转发动机	产生扭矩
	喷气发动机	产生推力
	加热装置	控制温度
	冷却装置	控制温度
	特殊能源	产生电力
软件	操作系统	控制系统
	应用程序	控制处理
	支撑软件	控制处理
	固件	控制系统

　　系统工程师对部件中功能单元实现的关注与一系列单元有关,而不是初始设计功能本身。这里,主要问题是可靠性、形式和匹配,与所影响环境的兼容性,可维护性、可生产性、可测试性、安全性和成本,以及产品设计不违反功能设计完整性的要求。系统工程师对各部件设计的理解深度,需要扩展到这些因素在系统级的含义上,并且任何风险、冲突和其他潜在问题能得到阐明的程度。

　　这些所需知识的范围和性质根据系统的类型及其组成而有很大差异。在考虑标准的硬件部件外部问题的同时,系统工程师可能期望主要集中考虑软件和系统的用户方面的具体问题。另一方面,如空间系统,由复杂且非标准硬件和软件组合而成,运行在高度动态且不利的环境中。因此,该空间系统的工程师需要对系统组件设计有相当详细的了解,以便它们在产品工程、测试和运行阶段产生可靠性、可生产性或其他问题之前,就能认识到可能的关键设计特点。

公共构建块

考察各种各样系统的层级结构,存在一个重要和一般未被确认与发现的结果,即在各种系统中会反复出现一种中间层次形式的单元。如信号接收器、数据显示器、力矩发生器、容器(集装箱),以及在系统中执行重要功能的许多其他装置。这些单元通常组成商贸组织的产品线,这种产品线可以为开放的市场重组或按指定要求改造,以配合复杂系统。在表3.1中,上述单元位于第三层或中间层并由通用名称部件引用。

中间层系统构建块的一种特别集的存在,可以看作是第1章中讨论的复杂系统起源条件的自然结果,即先进技术、竞争、专门化。通常,技术进步是在基础层取得的,例如半导体、复合材料、光发器件、图形用户接口等的开发。

专业化的现实倾向于将这些进步应用于专门从事某种产品的人员和组织设计、制造的设备或装置。推动技术进步的竞争也有利于各种特定产品线的专门化。可以预见的结果是,先进和多功能产品的激增,可以在各种系统的应用中找到巨大的市场(并因此实现低成本)。目前这在采用商品化部件的国防系统开发中得到重视,无论这些部件是现实可得的,还是在商业部件市场上试图规模经济投资的。

回过来看表3.1,可以注意到,当系统单元层次的层级上移时,由中间或部件层所执行的功能首先提供一种重要的功能能力,并可以在各种系统中发现它的存在。因此,在图中被辨识为部件形式的单元就被辨认为基本的系统构建块。所以,有效的系统工程需要对这些无处不在的系统组成的功能和物理属性有基本的了解。为了提供一个获取系统构建块基本知识的框架,我们定义了一组模型来代表常见的系统部件。本节专门介绍定义的系统构建块的推导、分类、相互关系,以及常见示例。

系统构建块的应用

上面描述的系统构建块模型,可以以多种方式来使用:

(1)将功能单元分成信号、数据、材料和能源四类,有助于提出何种动作才能适合于所要求的运行结果。

(2)辨识那些系统需要执行的功能类别有助于将适当的功能单元分组到子系统中,从而有利于功能划分和定义。

(3)辨识各功能构建块,有助于定义子系统内部和子系统之间的接口性质。

(4)功能单元间和对应的一个或两个物理实现之间的相互关系,有助于可视化系统的物理结构。

(5)系统构建块的常见例,可能会建议或提出适合其实现的技术种类,包括可能的方案。

(6)对那些专门从事软件且不熟悉硬件技术的人来说,相对简单的四类功能单元和六类物理部件的框架应提供易于理解的硬件领域知识的组合。

3.4 系统环境

系统环境可以广义地定义为与系统交互的系统外部的所有内容。系统与其环境的交互作用,形成系统需求的主要实质。相应地,在系统开发之初,具体辨识和说明其中系统与其环境交互的全部途径是十分重要的。系统工程师的特殊责任就是不仅要理解这些交互作用是什么,还要了解它们的物理基础,以保证系统需求准确反映了全部工作运行条件。

系统边界

为了确定新系统运行的环境,必须精确辨识系统的边界,即定义系统内部和外部的内容。由于我们是在系统开发项目的背景下处理系统工程,所以系统的总体将被视为开发的产物。

尽管乍一看定义系统边界几乎是微不足道的,但在实际中,很难确定系统的组成部分和环境的组成部分。许多系统由于对内部是什么以及外部是什么的错误计算和假设,以致最后失败。而且,即使采用相似的系统,不同的组织也倾向于以不同的方式定义边界。

幸运的是,有几个标准可以帮助确定是否应将该实体定义为系统的一部分:

(1) 开发控制。系统开发人员是否可以控制实体的开发?开发人员可以影响实体的需求,还是在开发人员的影响范围之外定义需求?资金是开发人员预算的一部分,还是由其他组织控制?

(2) 运行控制。一旦部署,实体将处于控制系统的组织的操作控制之下吗?实体所执行的任务和使命是否由系统所有者来指导?另一个组织有时会拥有运行控制权吗?

(3) 功能分配。在系统的功能定义中,系统工程师是否被"允许"将功能分配给实体?

(4) 目的统一。实体是否致力于系统的成功?一旦实体被部署,是否可以在没有其他实体异议的情况下移除该实体?

系统工程师曾经犯过这样的错误:将实体定义为系统的一部分,而实际上,控制范围(如上述标准所理解的那样)确实很小。通常,在开发或运行期间,实体无法执行其分配的功能或任务。

早期所需的基本选择之一是,确定系统的人类用户或操作员是系统的一部分还是外部实体。在大多数情况下,应该将用户或操作员视为系统的外部人员。系统开发人员和所有者很少对操作员有足够的控制权来证明将他们包含在系统中是合理的。当操作员被认为是系统的外部人员时,系统工程师和开发人员将专注于操作员接口,这对于复杂的系统而言至关重要。

从另一个角度来看,如果没有执行决策和控制功能的操作员的积极参与,大多数系统将无法运行。在功能上,可以将操作员视为系统的组成部分。但是,对系统工程师来说,操作员构成了系统环境的元素,必须进行系统设计以适应接口需求。因此,在我们的定义中,这些操作员被视为系统的外部操作符。

如前所述,许多(但不是大部分的)复杂系统可以看作是更大系统的一部分。汽车在公路网上行驶,并由许多服务站的基础设施提供支持。但是,为了适合新汽车,这些内容并不用改变。空间飞船必须从发射架发射,该发射架要执行加燃料和飞行准备的功能。但是,发射架是发射场的一部分而不是空间飞船开发的一部分。类似地,电网是一种标准电源,它可能使用了数据处理系统。因此,上述示例中标识的超系统,在工程过程中无须作为正在开发的系统部件来考虑,但作为其运行环境中的主要单元,在某种程度上应保证全部接口要求是正确且适当定义的。

系统工程师还必须参与影响本身和接口系统设计的接口决策。在空间飞船从发射架发射的例子中,可能需要对信息处理和发射架其他功能进行一些更改。在这种情况下,通用接口的定义和任何有关的设计问题就需要系统工程师与负责发射的工程师一起来解决。

系统边界:上下文关系图

上下文关系图是系统工程师可以使用的重要通信工具。该工具有效地显示了外部实体及其与系统的交互,并能够立即允许读者识别这些外部实体。图 3.2 显示了一个通用的上下文关系图。这种类型的图被称为黑箱图,因为系统由中心的单个地理图形表示,没有任何细节。内部组合或功能对读者而言是隐藏的。该图由三个部分组成。

1. 外部实体

这些构成了系统将在其中交互的所有实体。其中许多实体可视为系统输入的来源和系统输出的目的地。

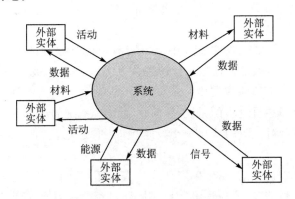

图 3.2　上下文关系图

2. 交互作用

这些代表了外部实体和系统之间的交互作用,并用箭头表示。箭头表示特定交互的方向或流程。虽然允许使用双箭头,但单箭头可以向阅读器传达更清晰的信息。因此,工程师在使用双向交互时应格外小心,确保交互的含义清楚。无论如何,每次交互

(箭头)都被标记,以标识通过接口传递的内容。

该图描述了上下文关系图通常包含的常见交互类型。在实际的上下文关系图中,这些交互将用特定的交互标记,而不是上面使用的概念词。标记需要足够详细以表达含义,但又要足够抽象以适合图表。因此,像"数据"或"通信"之类的词在实际的图中应避免,因为它们传达的意思很少。

3. 系　统

如前所述,这是一种简单的图示。通常,这是图形中间的椭圆形、圆形或长方形,其中只有系统的名称,不应提供其他资料。

我们可以利用前面提到的四个基本元素的定义来分类哪些内容可以通过这些外部接口传递。使用这些元素并添加一个其他元素,可以形成五类:

- 数据;
- 信号;
- 材料;
- 能源;
- 活动。

因此,系统通过接受并提供前四个元素之一或通过执行以某种方式影响系统或环境的活动,来与其环境(特定的外部实体)进行交互。

构造诸如系统背景环境图之类的图对于沟通确定系统边界有很大的价值。该图片清楚简洁地标识了所需的外部接口,并简要介绍了传入和传出系统的内容,从而很好地描绘了系统的输入和输出。

图 3.3 提供了一个使用典型汽车作为系统的简单示例。尽管系统非常简单,但是很好地说明了五种类型的接口。确定了四个外部实体:用户(包括驾驶员和乘客)、维护人员(可以是用户,但是由于他与系统的专门交互而被单独列出)、能源和环境。大多数系统将与这四种外部实体类型进行交互。当然,许多其他实体也可以与系统交互。

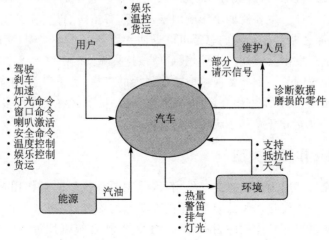

图 3.3　汽车的上下文关系图

用户向系统提供大量输入，包括各种命令、控制以及诸如转向和制动之类的动作。物料也被传递到系统：货物。作为回报，几个输出从汽车传递回用户，包括有关系统状态的各种状态指示。此外，还执行一项活动——娱乐，代表当今汽车中可用的各种娱乐形式。最后，在需要时将货物退还给用户。

其他实体也与系统交互。维护人员必须提供诊断数据请求，通常以信号的形式通过接口传递给汽车。诊断数据随着零件的交换一起返回。

最后两个外部实体代表某些专门的实体：能源和无处不在的环境。在汽车的案例中，能源为汽车提供汽油。这种能源可以是多种类型之一：车站的加油泵或带有简单喷嘴的小容器。如果环境仅出于其他原因而不包括其他外部实体中未包含的所有内容，则需要进行一些特殊考虑。因此，在某些方面，环境实体代表"其他"。在我们的示例中，汽车在其典型运行中会产生热量和废气。此外，警笛声和来自各种灯泡、喇叭和信号的光也会从汽车上发出来。环境也是许多输入的来源，例如物理支持、空气阻力和天气。

识别系统的一部分，环境交互的输入、输出和活动需要一些思考。图 3.3 显示温度、压力、光、湿度和其他因素都属于系统和环境的交互。这就提出了一个有趣的问题：在列出系统与外部实体之间的交互时，我们应包括哪些内容？因此，我们如何知道是否应在图表中包含外部实体？幸运的是，有一个简单的答案：如果交互对于系统的设计很重要，则应将其包括在内。

在我们的汽车案例中，物理支持对于我们的设计很重要，并且会影响变速箱、转向系统和轮胎的类型。因此，我们在图表中包括"支持"。温度、湿度、压力等将是另一个因素，但是我们不确定它们在设计中的重要性，因此我们将这些特征归类为"天气"。这并不意味着汽车将针对所有环境条件进行设计，只是我们并未在设计中考虑所有条件。我们应该从需求中了解环境条件，因此，我们可以确定它们是否应该在我们的背景环境图中。

从系统到环境的输出还取决于它是否会影响设计。实际上，汽车会将许多东西排放到环境中：热量、气味、组成成分、颜色……尤其是废气中的二氧化碳！但是，哪些因素会影响我们的设计？主要有四个影响因素：热量、警笛声、排气和光线。因此，我们现在只包括这些，而忽略其他。我们总是可以返回并更新背景环境图（实际上，随着系统工程过程和系统开发生命周期的进展，我们应该这样做）。

系统背景环境图是一个非常简单但功能强大的工具，用于识别、评估和传达我们系统的边界。因此，它成为本书中介绍的第一个工具。接下来将会有更多的内容，最终将为系统工程师提供充分开发其系统所需的资源。

与环境相互作用的类型

为理解系统与其周围环境的交互作用，区分主要和次要交互作用是有利的。前者涉及与系统主要功能交互作用的因素，即代表功能的输入、输出和控件；后者涉及以间接非功能方式与系统交互作用的因素，例如物理支持、环境温度等。因此，系统与其环境之间的功能交互作用包括其输入和输出以及人工控制接口。运行维护可以被认为是伪功能接口。物理环境包括支持系统、系统外壳(覆盖物)、运输、包装处理和存储。下面分别进行介绍。

1. 输入和输出

大部分系统的主要目的是,以一种方式操作外部的激励和/或物料,从而以有效的方法来处理这些输入。对客机来说,物料就是乘客、行李和燃料,而飞机的功能是将乘客及其行李快速、安全和舒适地运送到目的地。

图 3.4 所示为客机情境的复杂系统与其运行环境的各种交互作用。

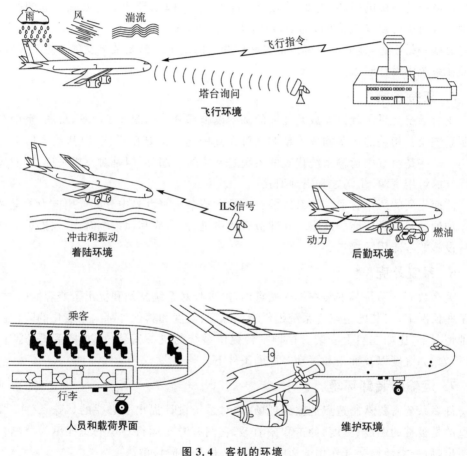

图 3.4　客机的环境

2. 系统操作员

如前所述,实际上所有系统包括自动化系统,并不是自主运行的,而是在一定程度上由操作员执行它们的功能来运行的。为了定义系统工程师的任务,操作员是系统环境的一部分。操作员与系统间的接口(人-机接口)是最关键的接口之一。因为操作员所执行的控制与系统性能之间存在密切关系。它也是定义和测试最复杂的一个接口和关系。

3. 运行维护

对系统就绪状态和运行可靠性的要求，直接关系到在其使用寿命内的维护方式。这就要求系统的设计能提供监视、测试和修理的权限，这种要求在起初往往是不明显的，但仍然必须在开发过程的早期予以阐明。因此，有必要认识并明确提供维护的环境。

4. 威　　胁

这类外部实体可以是人为的，也可以是自然的。显然，天气可以被认为是对暴露在自然环境中的系统的威胁，例如，当设计海军系统时，海水环境成为必须考虑的腐蚀性因素。威胁也可以是人为的，例如，对自动柜员机（Automatic Teller Machine，ATM）的主要威胁是小偷，他们的目标可能是获取存储的现金。需要及早发现这些系统威胁，以便在系统中设计对策。

5. 支持系统

支持系统是系统赖以完成其任务的基础设施部分。如图 3.4 所示，机场、空中交通管制系统及其相关的设备构成了单架飞机在其中运行的基础设施，但其他飞机也可以使用。这些是由空中运输系统代表的系统之系统的一部分，但是对飞机来说，它们代表了标准的可用资源，可与之和谐地对接。

前面提到的两个普通支持系统的例子是在整个文明世界中分配可用电力的电网和汽车加油站及其供应商的网络。在建造新的飞机、汽车或其他系统时，必须提供与这些支持设施兼容能用的接口。

6. 系统外壳

大多数固定系统都安装在操作站点中，这本身对系统施加和提出了兼容性的约束。在某些情况下，安装的地点为系统提供诸如温度、湿度和其他外部因素变化的防护。在其他情况下，比如在船上安装。这种平台提供系统的机械安装，可能将系统暴露在高温、严寒、高湿度以及冲击和振动等严酷条件下。

7. 运输和装卸环境

许多系统需要从制造点运输到现场，这对系统设计提出了必要的特殊条件。其中典型的是极端的温度、湿度、冲击和振动等，它们有时比运行环境的特征更为严酷。应当指出，后一类环境交互作用的影响主要在工程开发阶段解决。

3.5　接口和交互

外部接口和内部接口

上一节描述了系统与环境（包括其他系统）交互作用的不同方式。这些交互作用都发生在系统的各个边界上,这样的边界称为系统的外部接口。其定义和控制是系统工程师的特殊责任,因为他们需要了解系统和环境。正确的接口控制是系统成功运行的关键。

系统工程的一个主题就是接口的管理。它包括:

(1)辨识和描述接口,是系统概念定义的一部分;

(2)为保持在工程开发、生产和以后系统改进时系统的完整性而协调和控制接口。

在系统内部,在各部件之间的边界构成了系统的内部接口。在这里,内部接口的定义又是系统工程师关注的问题,因为它们介于有关各部件的工程师的职责范围之间。因此,它们的定义和实现通常必须包括对设计折中的考虑,而折中会影响两个部件的设计。

交　互

系统的两个单元之间的交互是通过连接两者的接口来实现的。因此,汽车驾驶员和方向盘之间的接口使驾驶员能传递一个力,转动方向盘,从而转动车轮来完成导向。在车胎和路面之间的接口通过将驱动力传递到路面来推动和驾驶汽车,还有助于使车身免受路面不平整的影响。

上述例子表明功能性的交互(导向或驱动汽车)是如何通过(物理)界面流动的物理交互作用(转动方向盘或车轮)来实现的。

图 3.5 表示驾驶飞机和功能交互中包含的物理接口之间有类似的关系。

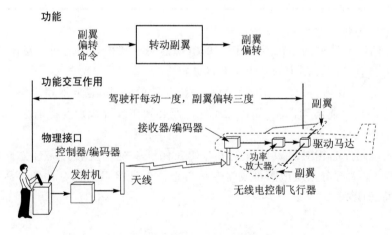

图 3.5　功能交互和物理接口

在系统维护期间,发生了重要且有时未充分解决的系统外部交互。此活动必须使用许多重要的系统功能进行测试。这种使用要求提供系统的特殊测试点,它可以用最少的操作来从外部采样。在某些复杂系统中,加入了一种多用的内置测试装置,它可以在系统运行状态时进行测试。这些接口的定义也是系统工程师关注的问题。

接口单元

为了使外部和内部接口的识别系统化,可以区分为三种不同的类型:

(1) 连接器,便于在部件之间传输电、液体、力等;

(2) 隔离器,可以抑制各种交互作用;

(3) 变换器,它变换交互作用介质的形式。这种接口体现在组件或子组件中,可以认为是接口的元件。

表 3.4 列出了三种类型的接口元件,分别适用于四种交互介质:电气、机械、液压和人机交互。

表 3.4　接口元素的示例

类　型	电　气	机　械	液　压	人机交互
交互作用的介质	电流	力	液体	信息
连接器	电缆开关	联轴器	管道 阀门	显示器 控制面板
绝缘体	射频屏蔽 绝缘子	减振轴承	密封	覆盖窗口
交换器	天线 交直流转换器	齿轮系 活塞	减压阀泵	键盘

表 3.4 中值得注意的几点:

(1) 在两个部件之间连接或断开的功能(即启用或禁止它们之间交互作用)必须认为是通常包含在系统控制中的一个重要设计特点。

(2) 由电缆、管道、杠杆等连接不相邻系统部件的功能,通常不属于特定系统的部件。虽然它们具有非活动性质(如传导元件),但必须在系统级别上特别注意,以保证正确配置它们的接口。

(3) 接口元件的相对简单性掩盖了它们在保证系统性能和可靠性方面的关键作用。经验证明,大部分系统故障都发生在接口上。保证接口的兼容性和可靠性是系统工程师的特殊职责。

3.6　现代系统的复杂性

在前面我们描述了系统层次结构:如何将系统细分为子系统,然后是部件、子部件,最后是零件(请参见表 3.1)。随着现代系统复杂性的增加,这些较低级别的子系统、部件和零件的数量、多样性和复杂性也在增加。此外,这些实体之间的交互也增加了复杂性。系统工程原理与实践旨在解决这种复杂性问题。

越来越多的单一系统可能成为或已成为更大实体的一部分。尽管当今有许多术语用于描述此超级系统概念,但 SoS 术语似乎已为各种组织所接受。在文献中还可以找到其他术语,有些含义相同,有些含义不同。

本节对被认为比单一系统"SoS 和复杂组织体"更"复杂"的实体的工程学进行了基本介绍。

SoS

为了我们的目的,我们将使用两个定义来描述 SoS 的含义。两者均来自美国国防部(Department of Defense,DoD)。首先是最简单的:

将独立且有用的系统集成到提供独特功能的较大系统中时产生的一组系统或系统安排。

实质上,只要将一组独立有用的系统集成在一起,以提供超出单个系统功能总和的增强功能,我们就有一个 SoS。当然,集成程度可能会有很大的差异。一方面,SoS 可以在最早的开发阶段就完全集成,在该阶段,各个系统虽然能够独立运行,但几乎都是专门为 SoS 设计的。另一方面,可以在有限的目的和时间范围内松散地连接多个系统,以执行所需的任务,而无须与每个系统的所有者达成协议。因此,捕获这种集成范围的方法对于全面描述 SoS 的细微差别是必不可少的。

美国国防部在 2008 年专门针对 SoS 环境制定了系统工程指南,并使用四个类别捕获了这一频谱。类别按照所组成系统紧密耦合的顺序显示:从松散到紧密。

- 虚拟。虚拟 SoS 缺乏中央管理权限和中央一致同意的 SoS 目的,出现了大规模行为,这也许是合乎需要的,但是这种类型的 SoS 必须依靠相对不可见的机制来维护它。
- 协作。在协作式 SoS 中,所组成系统或多或少地自愿交互,以实现商定的中心目的。标准被采用,但是没有中央权威来强制执行它们。中央参与者共同决定如何提供或拒绝服务,从而提供一些执行和维护标准的方法。
- 公认。公认的 SoS 已经确认了 SoS 的目标,指定的管理者和资源。但是,组成系统保留其独立的所有权、目标、资金、发展和维持方法。系统中的更改基于 SoS 与系统之间的协作。
- 定向。定向 SoS 是指构建和管理集成 SoS 以实现特定目的的服务。在长期运行过程中,对它进行集中管理,以继续实现这些目的以及系统所有者可能希望解决的任何新目的。部件系统保持独立运行的能力,但其正常运行模式从属于中央管理目的。

尽管有人可能会争辩说,最后一个类别(定向的 SoS)比 SoS 更接近单个复杂的系统,但是这些定义涵盖了当今将系统集成在一起以执行功能或展示功能时存在的各种情况,大于任何一个单个的系统。

正如读者可能会猜到的那样,对 SoS 进行工程设计和架构可能与对单个系统进行工程设计和架构会有所不同,特别是对于两个中间系统类别。

由于 SoS 的独特属性,系统之系统工程(SoSE)可能会有所不同。

Maier 于 1998 年首先提出了 SoS 的特征,并对其进行了正式讨论。此后,一些出版物对这些特征进行了改进。但是，随着时间的推移，它们仍然保持着非常稳定的状态。Sage 和 Cuppan 总结了以下特征：

（1）个体系统的运行独立性。SoS 由独立且有用的系统组成。如果将 SoS 分解为与其关联的部件系统，则这些部件系统能够独立地执行彼此独立的有用操作。

（2）个体系统的管理独立性。SoS 中的部件系统不仅可以独立运行，而且可以达到预期的目的。通常，它们是单独获得和集成的，并且它们保持持续的运行状态，其服务目的可能与 SoS 服务的目的无关。

（3）地理分布。部件系统的地理分布通常很大。通常这些系统可以很容易地彼此交换信息和知识。

（4）应急行为。SoS 执行的功能和执行的目的不一定与任何部件系统相关。这些行为是整个 SoS 的紧急属性，而不是任何部件系统的行为。

（5）进化发展。SoS 通常随着时间的推移而发展。随着系统经验的增长而发展、添加、删除和修改结构、功能和目的部件。因此，SoS 通常永远不会完全形成或完美。

这些特征后来被修正为包含其他特征。虽然这些修正并没有改变基本特征，但却增加了两个重要的特征：

（6）自组织。SoS 具有动态的组织结构，能够对环境的变化以及 SoS 的目标和目的的变化做出响应。

（7）适应。与动态组织类似，SoS 的结构是动态的，并响应外部变化和对环境的感知。

设计属于协作或公认类别的 SoS，必须处理 SoS 的七个核心属性。因此，我们在系统工程中拥有的基本工具可能还不够，已经开发了（并将继续开发）其他方法、工具和实践，以使工程师能够开发这些复杂的结构。

其中一些工具来自数学和工程学的其他分支，例如复杂性理论，已经在该领域内检查了诸如紧急行为、自组织和适应等属性，并开发了各种工具和方法来代表这些属性带来的内在不确定性。其中挑战在于如何使数学足够简单以适用于系统工程。

正在研究支持 SoSE 的其他领域包括社会工程学、人类行为动力学和混沌系统（混沌理论）。这些领域仍然需要进一步研究。

企业系统工程

SoSE 本质上增加了开发单个系统的复杂性。但是，它并不代表最高级别的复杂性。实际上，正如表 3.1 在系统顶部显示了系统的层次结构一样，我们可以扩展此层次结构，并超越 SoS 扩展到企业。图 3.6 描述了这种层次结构。

SoS 之上是企业，该企业通常在其结构内包含多个 SoS。此外，企业可能由各种各样的系统类型组成，但并非所有系统类型都是物理的。例如，企业包含必须与物理系统集成的人员或社会系统。

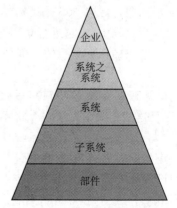

图 3.6　系统层次结构的金字塔

正式而言,企业是指由人员、流程、技术、系统和跨组织和位置的其他资源组成的事物,它们相互之间以及与其环境进行交互,以实现共同的任务或目标。就像 SoS 中的部件系统一样,这些实体之间的交互级别也有所不同。许多实体都符合此定义,几乎所有中型到大型组织都将满足此定义,实际上,一些大公司的子组织本身就被定义为企业。

政府机构和部门也符合此定义。最后,大型的社会和自然结构,例如城市或国家,都符合此定义。

企业系统工程中复杂性的来源主要是多种系统和流程的集成。企业通常包括以下部件,这些部件必须在当今企业的内在不确定性中整合在一起:

- 业务战略和战略规划;
- 业务流程;
- 企业服务;
- 管理;
- 技术流程;
- 人员管理和互动;
- 知识管理;
- 信息技术基础设施和投资;
- 设施和设备管理;
- 物资管理;
- 数据和信息管理。

企业系统工程是指将系统工程原理和实践应用于企业的工程系统。根据这个术语可以知道开发企业的各个部件系统。之后出现了另一个更广泛的术语:企业工程。该术语省略了"系统",通常是指整个企业的体系结构、开发、实施和运营。有些人互换使用了这些术语。但是,这两个术语指的是不同的抽象级别。

认为企业系统工程比 SoSE 更复杂的原因是,企业的许多部件都涉及一个或多个 SoSs。因此,可以将企业视为多个 SoSs 的集成。

正如正在为 SoSE 应用程序开发新的工具和技术一样,也正在为这个相对年轻的领域开发工具、方法和技术。

3.7 小 结

系统的构建块和接口

系统工程师需要对复杂系统开发中涉及的多个交互学科有广泛的了解,由此便引发了一个问题:这种了解需要多深?

复杂系统的层级

复杂系统可以用层次结构来表示，因为它们由子系统、组件、子组件和零件组成。

系统工程师的领域向下延伸到部件级别，并跨几个类别。相反，设计专家的领域从零件级一直延伸到部件级，但通常是在单个技术领域或工程中。

系统的构建块

系统的构建块位于部件级别，是所有以功能和物理属性为特征的工程系统的基本构建块。这些构建块的特点是执行独特而重要的功能，并且是单一的：它们属于单一工程学科的范围。

功能元素是部件的功能等价物，按操作介质可分为四类：

- 信号元素，用于检测和传递信息；
- 数据元素，用于解释、组织和操纵信息；
- 材料元素，提供结构和加工材料；
- 能量元素，提供能量或功率。

部件是功能元件的物理实施方式，按结构材料可分为六类：

- 电子；
- 光电；
- 机电；
- 机械；
- 热机械；
- 软件。

系统构建块模型可用于识别能够实现操作结果的动作，促进功能划分和定义，识别子系统和部件接口，以及可视化系统的物理体系结构。

系统环境

系统环境，即与它交互的系统之外的所有内容，包括：（1）系统操作员（系统功能的一部分，但在交付的系统之外）；（2）维护、覆盖和支持系统；（3）运输、储存和包装处理；（4）天气等物理环境；（5）威胁因素。

接口和交互

接口是系统工程中一个至关重要的问题，它影响部件之间的交互，可以分为三类：连接、隔离或转换交互。

它们需要标识、说明、协调和控制。此外，测试接口通常用于集成和维护。

现代系统的复杂性

每个系统都是更大实体的一部分。有时，这个较大的实体本身可以被划分为一个单独的系统(不仅仅是环境或"自然")。这些情况被称为"SoSs"。它们往往表现出七个鲜明的特征：个体系统运作的独立性、个体系统管理的独立性、地理分布、突发行为、进化发展、自组织和适应。

企业系统工程在复杂性上类似,但侧重于组织实体。由于企业涉及社会系统和技术系统,因此复杂性往往变得不可预测。

习　题

3.1　参照表 3.1,列出类似的层次结构,该层次结构由典型子系统、部件、子部件和零件组成,该子系统包括：(1)终端空中交通管制系统;(2)个人计算机系统;(3)汽车;(4)发电厂。对于每个系统,需在每个级别上命名一个示例。

3.2　给出系统工程师三个关键活动,这些活动需要直到部件级别的技术知识。在什么情况下,系统工程师需要探究特定系统部件的子部件级别?

3.3　参照图 3.1,按照系统层次结构的级别描述设计专家的知识领域。在为新系统设计或调整部件时,设计专家必须了解整个系统和其他部件的典型特征吗? 举例说明。

3.4　表 3.2 最后一列列举了 23 个功能元素的应用示例。除了这四类元素中列出的三个元素之外,请列出应用程序的另一个示例。

3.5　参照图 3.4 所示的每种环境和接口,(1)列出环境与飞行器之间的主要交互作用;(2)每种交互的性质;(3)描述每种交互作用对系统设计的影响。

3.6　对于乘用车,将其主要零件分为四个子系统及其部件(不包括环境或娱乐等辅助功能)。对于子系统,将与每个主要功能相关的部件组合在一起。为了定义部件,请使用重要性原则(执行重要的功能)、奇异性原则(主要属于简单学科)和通用性原则(在各种系统类型中都可以找到)。指出你可能有疑问的地方。画一个框图,将子系统和部件与系统以及彼此联系起来。

3.7　在回答习题 3.5 中选择的情况下,列出与上述交互有关的特定部件接口。

3.8　画一个标准咖啡机的环境图。确保标识所有外部实体并标记所有的交互。

3.9　画一个标准洗衣机的环境图。确保标识所有外部实体并标记所有的交互。

3.10　在背景环境图中,"维护人员"通常是外部实体,是既向系统提供活动(即"维护")和材料(如备件),又向维护人员提供诊断数据的系统。描述维护人员接口的性质以及用户可以进行哪些交互。

3.11　列出用户可以使用的测试接口和位指示器(不包括仅机械可用的接口)。

扩展阅读

［1］Buede D. The Engineering Design of Systems：Models and Methods. 2nd ed. John Wiley & Sons,2009.

［2］Department of Defense. Systems Engineering Guide for Systems of Systems. DUSD (A & T) and OSD (AT & L),2008.

［3］Jamshidi M. System of Systems Engineering：Innovations for the 21st Century. John Wiley & Sons,2008.

［4］Jamshidi M. Systems of Systems Engineering：Principles and Applications. CRC Press,2008.

［5］Maier M，Rechtin E. The Art of Systems Architecting. CRC Press，2009.

［6］Sage A，Biemer S. Processes for System Family Architecting，Design and Integration. IEEE Systems Journal,2007,1 (1)：5-16.

［7］Sage A，Cuppan C. On the Systems Engineering and Management of Systems of Systems and Federations of Systems. Information Knowledge Systems Management,2001,2 (4)：325-345.

第 4 章 系统开发流程

4.1 贯穿系统生命周期的系统工程

如在第 1 章中所描述的,现代工程系统的出现是为了响应社会的需求,或者是因为先进的技术提供了新的机遇,或者两者都有。一个特定的新系统,从需求确立,技术方法可行性验证、开发,最后引入到实际应用的过程是一项复杂的过程。本章专门介绍系统工程如何应用于此过程的步骤。

典型的重要系统开发具有下列特征:
- 是一项复杂的工作;
- 须满足重要的用户需求;
- 通常需要几年时间才能完成;
- 由许多相互关联的任务组成;
- 涉及多个不同学科;
- 通常要由多个组织来实施;
- 有特定的时间表和预算。

随着复杂系统从概念到工程、生产和操作使用的发展,复杂系统的开发和落实应用需要越来越多的资源投入。而且,新技术的引入不可避免地会带来风险,必须尽早发现并解决掉。这些因素要求系统开发逐步进行,其中每一步的成功都要在进行下一步的决策前予以证明,并验证其可作为下一步的基础。

4.2 系统生命周期

"系统生命周期"这个词通常用来指新系统从概念到开发,再到制造、运行和最终废弃的逐步演化过程。随着工作性质从早期概念阶段的分析,到工程开发和测试,再到生产及运行操作,系统工程师的作用也随之变化。如前所述,本书的组织和安排旨在遵循系统生命周期的结构,以便更清楚地将系统工程的功能与它们在系统生命周期特定时期的作用联系起来。本章概述了系统开发流程,为后续章节更具体讨论每个阶段提供前后关系的脉络。

本书的系统工程生命周期开发模型

在过去的 20 年中，系统生命周期模型已经发生了重大变化。此外，随着对其他独特和自定义应用程序的探索，模型的数量也在增加。而且，软件工程催生了大量已被系统社区采用的开发模型。最终的结果是，没有一个单一的生命周期模型可以被全世界所接受，并且适合所有可能的情况。各种标准组织、政府机构和工程团体已经发布了可以用于构建模型的特定模型或框架。因此，只采用一种模型作为本书恰当的框架并不明智。

幸运的是，所有生命周期模型都将系统生命周期划分为一组基本步骤，这些步骤分隔了主要决策里程碑。因此，作为本书适当框架的生命周期模型的推导必须满足两个主要目标：首先，生命周期中的步骤必须与主要系统工程活动中的渐进转换相对应；其次，这些步骤必须能够映射到系统工程界正在使用的主要生命周期模型中。衍生的模型被称为"系统工程生命周期"，并将基于三个不同的来源：国防部管理模型（DoD 5000.2）、ISO/IEC 15288 模型和国家职业工程师学会（National Society of Professional Engineers，NSPE）模型。

1. 美国国防部采购管理模型

在 20 世纪下半叶，美国处于发展大型复杂军事系统如军舰、飞机、坦克和指挥与控制系统方面的最前沿。为了管理先进技术应用中的风险，并将成本高昂的技术或管理故障降到最低，国防部研究和拟订了全面的系统采购指南，它包含在 DoD 5000 系列指令中。2008 年秋季版的国防部系统生命周期模型反映了采购准则，如图 4.1 所示。它包括五个阶段：材料解决方案分析、技术开发、工程和制造开发、生产和配置，以及运行和支持。确定用户需求及技术机会和资源这两项活动被认为是过程的一部分，但不包括在采购周期的正式部分中。

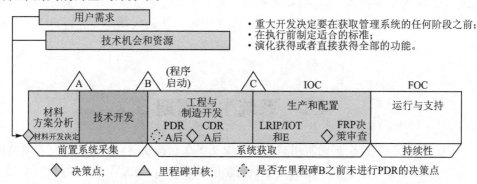

PDR(Preliminary Design Review)—初步设计审查；
CDR(Critical Design Review)—关键设计审查；
LRIP(Low-Rate Initial Production)—低速率初始生产；
FRP(Full-Rate Production)—全速生产；
IOT,E(Initial Operational Test and Evaluation)—初始运行测试和评估；
IOC(Initial Operational Capability)—初始作战能力；
FOC(Full Operational Capability)—全面运营能力

图 4.1　国防部系统生命周期模型

DoD 模型专为管理大型、复杂的系统开发工作而设计,在这些工作中,整个生命周期内的关键事件都需要审查和决策。主要评审被称为"里程碑",并以字母 A、B 和 C 命名。三个主要里程碑都对应定义了进入和完成的条件。例如,在里程碑 A 处,需求文件需要先经过军事监督委员会的批准,然后才能转入下一阶段。除了里程碑之外,该流程还包含四个其他决策点:材料开发决策(Material Development Decision,MDD)、初步设计评审(PDR)、关键设计评审(CDR)和全速率生产(FRP)决策评审。因此,国防部管理层能够在生命周期内的七个主要时间点上审查并决定未来的进度计划。

2. ISO/IEC 15288 模型

2002 年,国际标准化组织(ISO)和国际电工委员会(International Electrotechnical Commission,IEC)发布了经过多年努力的结果:系统工程标准 ISO/IEC 15288,即系统工程-系统生命周期流程。基本模型分为 6 个阶段和 25 个主要流程。这些流程旨在表示可能需要在基本阶段内完成的一系列活动。ISO 标准有意使阶段和流程一致。这 6 个基本阶段是概念、开发、生产、使用、保障和退役。

3. NSPE 模型

NSPE 模型适合于商业系统的开发。这种模型主要针对新产品的开发,通常是技术进步的结果("技术驱动")。因此,NSPE 模型为 DoD 模型提供了一个有用的替代视图,用于描述如何将典型系统生命周期划分为多个阶段。NSPE 的生命周期分为 6 个阶段:概念、技术可行性、开发、商业确认和生产准备、大规模生产和产品支持。

4. 系统生命周期模型

构建一个生命周期模型,反映了系统工程活动在整个系统活动生命周期中的重大转变,其最可取的是将生命周期细分为三个主要阶段,并将它们划分为 8 个不同的阶段。该结构如图 4.2 所示,下面进行讨论。

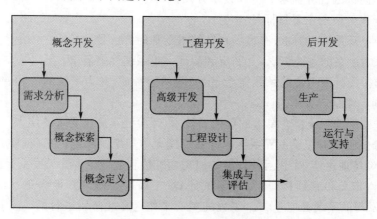

图 4.2 系统生命周期模型

选择这些子分类的名称是为了反映过程的每个部分中发生的主要活动。不可避免地,其中一些名称与一个或多个现有生命周期中相应部分的名称相同或相似。

5. 软件生命周期模型

上述模型表达的系统生命周期步骤及其组成的阶段适用于大部分复杂系统,包括那些在部件级别含有重要软件功能的复杂系统。然而,在软件密集型系统中,软件执行几乎所有的功能,如现代金融系统、航空预订系统、万维网和其他信息系统,通常遵循类似的生命周期,但有时会涉及迭代和原型设计。第 11 章描述了软件与硬件之间的区别,讨论了软件系统开发主要步骤中所包含的活动,并有一节涉及代表软件密集型系统的软件系统生命周期的例子。但是有这样的例外,第 5 章到第 15 章,提供了一个自然的框架来描述在所有工程复杂系统的整个活动生命周期中系统工程活动的进化。

系统工程生命周期的阶段

如前面描述和图 4.2 所表明的,系统工程生命周期模型由三个阶段组成,前两个包括生命周期的开发部分,第三个是后开发阶段。这三个阶段表明系统生命周期活动的最基本的转换,以及系统工程所包含的工作类型和范围的变化。在本书中,这些步骤是指:(1)概念开发阶段,是为最佳地满足有效需求而制定和定义系统概念的最初阶段;(2)工程开发阶段,包括将系统概念转变成满足运行、成本和日程进度要求的实际的物理系统设计;(3)后开发阶段,包括系统在整个有效生命周期内的生产、配置、运行和支持。各个阶段的名称通常旨在对应于这些阶段中的主要活动特征。

概念开发,顾名思义,它体现了建立一个新系统所必要的分析和规划,其具有实现的可行性以及可以最佳地满足用户需求的特定系统架构。系统工程在将运行需求转化为技术上和经济上可行的系统概念方面起着主导作用。Maier 和 Rechtin(2009)将此过程称为"系统构建",其使用类似于建筑设计师将客户的需求转化为建筑商可以投标和建造的计划和规范的方法。此阶段的工作量通常比后续阶段的工作量少得多。此步骤对应于国防部的任务需求分析和技术开发活动。

概念开发阶段的主要目标是:

(1) 确定新系统有需求(有市场),在技术上和经济上是可行的;

(2) 探索潜在的系统概念,并制定和验证一组系统性能需求;

(3) 选择最具吸引力的系统概念,定义其功能特征,并为系统的工程、生产和运行配置等后续步骤制定具体的计划;

(4) 开发所选系统概念要求的任何新技术,并验证其满足要求的能力。

工程开发阶段对应于工程系统执行系统概念中规定的功能的过程,体现一个物理实体,可以经济地生产,在其运行环境中成功地维护和运行。系统工程主要指导工程的开发和设计、定义和管理接口、制定测试计划,并确定如何最好地纠正在测试与评价(T&E)中发现的系统性能差异。工程的主要工作是在此阶段进行的。工程开发阶段对应于 DoD 的工程和制造开发活动,是生产和部署的一部分。

工程开发的主要目标是:

(1) 进行满足性能、可靠性、可维护性和安全性要求的原型系统的工程开发;

(2) 设计该系统以进行经济的生产和使用,并证明其适用性。

后开发包括系统开发步骤之后的活动,但仍需要系统工程的大力支持,尤其是在遇到意外问题需要紧急解决时。此外,技术的不断进步常常需要在使用中进行系统升级,这可能与概念和工程开发阶段一样依赖于系统工程。此阶段对应于 DoD 模型的生产与配置,以及运行与支持阶段。

新系统的后开发始于系统在其运行环境成功运行和测试评估(Testing and Evaluation,T&E)之后,并授权生产和后续的运行使用。基本开发完成后,系统工程继续在这一工作中发挥重要的支持作用。

系统生命周期中各主要阶段之间的关系在图 4.3 中以流程图的形式说明。该图显示了每个阶段的主要输入和输出。方框上方的图例与信息流有关,从运行需要开始就以需求、规范和文档的形式出现。方框下方的输入和输出表示工程系统的设计从概念到运行的逐步演变。可以看出,文档和设计都表示随着生命周期的发展而变得越来越完整和具体。后面 4.3 节中"系统实例化"部分专门讨论了此过程中涉及的因素。

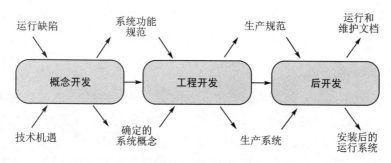

图 4.3　系统生命周期中的主要阶段

【示例】新型商用飞机的开发步骤。

为了说明此生命周期模型的应用,考虑一架新客机的开发。概念开发包括确认新飞机的市场,研究可能的构型,如大小、发动机布局、机身尺寸、机翼平面等,从生产成本、总体效率、旅客舒适度和其他运行目标的角度来选择最优的构型。上述研究的决定在很大程度上基于分析、仿真和功能设计,这些共同构成了选择所选方法的理由。

飞机生命周期的工程开发,从飞机公司接受所提出的系统概念和决定进行其工程开始。工程工作将致力于验证任何未经验证的技术的使用,实施对硬件和软件组件的功能设计,以及演示工程化的系统是否满足用户的需求。这些将包括构建原型组件,将它们集成到运行系统中,并在实际的运行环境中进行评估。后开发步骤包括购置生产工具和测试设备,生产新飞机,对其进行定制以满足不同客户的需求,支持常规运行,修复在使用过程中发现的任何故障,定期检修或更换发动机、起落架和其他高负荷的部件。在此步骤中,系统工程发挥着有限、但至关重要的支持和解决问题的作用。

概念开发阶段

尽管上述三个阶段构成了系统生命周期的主要阶段,但每个阶段都包含具有不同目的和活动特征的可识别的子阶段。对于大项目,每个正式的决策点也大多标明这些子阶段,类似于各步骤间的转移标识。而且,系统工程的作用,在这些中间子阶段中存在显著差异。因此,为了理解系统生命周期的进展与系统工程过程之间的关系,开发一个模型及其结构并细分到子阶段的下一层次是有用的。

系统工程生命周期的概念开发包括三个阶段:需求分析、概念探索和概念定义。图4.4以类似图4.3的格式显示了这些阶段及其主要活动和输入、输出。

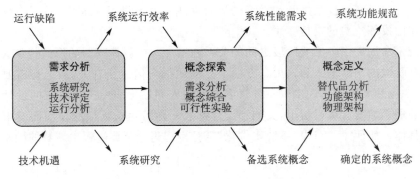

图 4.4　系统生命周期的概念开发

1. 需求分析阶段

"需求分析"定义了对新系统的需求。它阐明了如下问题:是否确定需要新系统?是否有实用的方法满足这样的需求? 这些问题需要重点研究和考察目前和未来的需求,能否由可用的物理或操作方法做改进来满足这些需求,以及是否有可用的技术来支持期望的增长。在许多情况下,新系统生命的开始是从对运行需求的不断分析或创新产品的开发中演变而来的,没有明显的可辨认的起始点。

此阶段的输出是对新系统所需的能力和运行效率的描述。在许多方面,这种描述是系统本身的第一次迭代,尽管是系统的一个非常基本的概念模型。

读者应注意"系统"在其整个生命周期中是如何从这个非常初始的阶段演变而来的。虽然我们还不能称这个描述为一组需求,但它们肯定是被定义为正式需求的基础。一些行业将这种早期描述称为初始功能描述。

存在几种工具和实践来支持系统功能和有效性描述的开发。大多数数学可以分为两类:运筹分析和运筹学。但是,技术评估和试验是此阶段的不可或缺的一部分,将与数学技术结合使用。

2. 概念探索阶段

此阶段考察研究潜在的系统概念:

- 新系统需要具备什么样的性能才能满足人们的感知需求?
- 是否至少有一种可行的方法能够以可承受的成本实现这样的性能?

对这些问题的肯定回答,为新系统的项目设定了一个实际的和可以达到的目标,然后才投入大量精力进行开发。

此阶段的输出包括我们的第一组"正式"需求,通常称为系统性能需求。我们所说的"正式"是指承包商或机构可以对所需功能及性能进行评估。除了最初的一组需求之外，此阶段还产生了一组候选系统概念。请注意，准备多个备选系统概念，多于一种的备选方案对于探索和理解需求的所有可行性非常重要。

在此阶段可以使用多种工具和技术，其范围从处理方法（例如需求分析）到基于数学的方法（例如决策支持方法），再到专家判断（例如头脑风暴）。最初，这些技术中的一些概念可能会很多。但是，该集合很快减少为可管理的替代集合。重要的是，要理解并"证明"最终概念的可行性，这些概念将成为下一阶段的输入。

3. 概念定义阶段

概念定义阶段选取首选的概念。它要回答以下问题："在能力、使用寿命和成本之间实现最有利的平衡的系统概念的关键特征是什么?"要回答这个问题，必须考虑许多不同概念，并且比较它们的相对性能、运行通用性、开发风险和成本。如果对此问题给出了令人满意的回答，那么就可以决定将主要资源用于新系统的开发。

输出实际上是同一系统上的两个透视图：描述系统必须执行的功能和性能如何的功能规范，以及选定的系统概念。后者可以有两种形式。如果系统的复杂度很低，那么简单的概念描述就足以传达总体设计策略，以应对未来的开发工作。但是，如果系统的复杂度很高，简单的概念描述就不够，那么就需要更全面的系统架构来传达系统的各个方面。无论描述的深度如何，都需要以几种方式描述该概念，主要是从功能和物理的角度。如果复杂性特别高，那么就非常需要进一步的透视图。

可用的工具和技术分为两类：备选方案的分析（由国防部率先采用的一种特殊方法，但完全是运筹学的一部分）及系统架构（由 Ebbert Rechtin 于 20 世纪 90 年代初期开创）。

如前所述，在商业项目（NSPE 模型）中，前两个阶段通常被视为单个项目的前期工作。有时将其称为"可行性研究"，其结果构成决定是否从事概念确定工作的基础。在国防项目采购生命周期中，第二阶段和第三阶段是相结合的，但是与第二阶段相对应的部分由政府执行，从而产生了一组系统性能需求；而与第三阶段相对应的部分则可以由满足上述要求的几个承包商团队来执行。

任何情况下，在达到工程开发阶段前，通常仅有一部分投资用于开发特定的系统，尽管可能已经花费了数年的时间和相当大的精力才深刻理解运行环境和研发子系统级别的相关技术。但随后的阶段还需要大量的投资。

工程开发阶段

图 4.5 以与图 4.3 相同的格式显示了系统生命周期的工程开发阶段的活动、输入和输出。这些被称为高级开发、工程设计以及集成与评估。

1. 高级开发阶段

系统项目开发阶段的成功取决于在概念开发阶段时奠定的良好基础。但是，由于概念开发很大程度是分析性质的，并且在有限资源条件下进行的，因此始终存在有待去

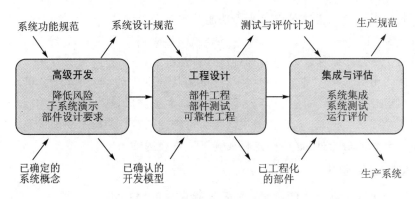

图 4.5　系统生命周期中的工程开发阶段

完全确定和解决的一些未知因素。重要的就是，这些"未知的未知数"要求尽早在过程步骤中予以暴露和阐明，特别是在将功能设计和有关系统需求转换成各个系统硬件和软件单元的工程规格说明书以前，必须尽一切努力减少尚未解决的问题。

　　高级开发阶段有两个主要目的：(1)识别和降低开发风险；(2)制定系统设计规范。当系统概念涉及以前未在类似应用程序中使用的先进技术时，或者在所需的性能超出系统部件承受的压力极限时，高级开发阶段的决定就变得尤其重要。高级开发阶段致力于设计和验证系统的未开发部分，证明其满足要求，并为将系统功能需求转换为系统规范和部件设计要求奠定基础。系统工程对于需要验证哪些内容，如何验证以及对结果的解释是至关重要。

　　该阶段对应于被称为"工程和制造开发"的国防项目获取阶段，以前曾被称为"演示和验证"阶段。当使用未验证技术的风险很大时，该阶段通常是单独签订合同的，而其余工程阶段的合同则视其是否成功而定。

　　为了达到这一阶段的目的，两个主要输出是设计规范和一个经过验证的开发模型。这些规范是对早期功能规范的改进和发展。开发模型是非常全面的风险管理任务的最终结果——上面提到的那些未知因素已经被识别和解决了。这就是我们使用形容词"validated(确认)"的意思。从这个阶段过渡之前，系统工程师需要确信这个系统可以被设计和制造。因此，在进行之前，必须将此阶段的所有风险都评估为可控的。

　　现代风险管理工具和技术对于减少并最终减轻程序中固有的风险至关重要。当这些风险得到管理时，定义级别将继续向下迁移，从系统迁移到子系统。而且，在部件级别出现了一组用于下一级别分解的规范。在所有这些情况下，现阶段经常使用实验模型和仿真来验证部件和子系统设计概念的最低成本。

2. 工程设计阶段

　　在此阶段中，将执行系统详细的工程设计。由于这项工作的规模很大，因此通常被正式的设计评审打断。这种评审的重要作用在于向客户或用户提供获取产品早期视图的机会，监视其成本和进度，并向系统的开发人员提供有价值的反馈。

　　虽然可靠性、可生产性、可维护性和其他"性能"的问题已经在前面的阶段中考虑过了,但是它们在工程设计阶段仍然至关重要。这类问题通常被称为"专业工程"。由于产品由一组能够作为系统集成和测试的部件组成,因此系统工程师负责确保各个部件的工程设计能够真正地实现功能和兼容性要求,并负责管理工程、变更流程以维护接口和配置控制。

此阶段的任务是将部件规范转换为一组部件设计。当然,这些部件在设计之后立即进行测试,或者在某些情况下与设计同时进行测试,这是非常必要的。在此阶段执行的另一个任务是:完善系统的 T ＆ E 计划。我们使用术语"细化"一词来区分起始和延续。T ＆ E 计划最初是在生命周期的早期制定的。在这一阶段,利用了前一阶段的知识,基本上完成了 T ＆ E 计划。

两个主要的输出是 T ＆ E 计划和工程原型。原型可以有多种形式,不应该像我们考虑软件原型那样考虑原型。根据程序的不同,这个阶段可能产生一个虚拟的、物理的或混合的原型。例如,如果系统是一艘远洋货轮,那么在这个阶段的原型可能是虚拟和物理模型的混合。在这个阶段,一艘全尺寸的货船原型是不可能有的,也不可能是谨慎的。但如果系统是一台洗衣机,那么一个完整的原型可能是完全适当的。

设计工程师可以使用现代计算机辅助设计工具进行工作。在完成设计和测试时,还会更新系统模型和仿真。

3. 集成与评估阶段

将复杂系统的工程部件集成到一个功能正常的整体中,并评估系统在实际环境下的运行情况,名义上是工程设计过程的一部分,因为在此时开发计划没有正式中断。但是,在系统单元的工程设计期以及集成与评估过程期之间,系统工程的作用和职责存在根本的区别。由于本书着重于系统工程的功能,所以在系统生命周期中,系统集成与评估过程是作为一个分开的阶段来处理的。

重要的是要理解,在全部部件完成设计和建造之后,一个新系统首先可以作为一个运行单元来装配和评估。就是在此阶段,全部部件的接口必须匹配,并且部件的相互作用必须与功能要求相兼容。当在子系统级别或在开发原型级别上可能已有预先的测试时,在此之前整个设计的一致性就不可能得到证实。

还应该注意的是,系统集成和评估过程通常需要设计和建造复杂设施,以更精确地模拟激励和约束,并测量系统响应。这些设备中有一些可以采用开发的设备,但这种任务的重要性不容小觑。

此阶段的输出包括两个方面:(1)指导系统制造的规范,通常称为系统生产规范(有时称为生产基线);(2)生产系统本身。后者包括制造和装配系统所需的一切,并可能包括原型系统。

现代的集成技术和测试工具、方法、设施和原理可以帮助工程师完成这些任务。当然,在进行大规模生产之前,最终的生产系统需要通过运行环境中或模拟环境中的评估验证。

后开发阶段

1. 生产阶段

生产阶段是后开发阶段的第一阶段,这与"生产和配置"及"运行和支持"的国防采购阶段完全平行。

无论为生产而工程化的系统设计如何有效,在生产过程中都不可避免地还会产生问题,总是存在项目管理控制范围以外的意外情况。例如,供应商工厂的罢工,意料之外的工具缺陷,关键软件程序的错误,或工厂集成测试中的意外故障。这些情况严重扰乱和威胁生产的日程进度,而需要迅速、果断的补救措施。系统工程师常常是唯一有资格诊断问题根源并找出有效解决办法的人员。在很多情况下,系统工程师能以最小成本解决这些问题,这意味着需要有经验的和十分熟悉系统设计和运行的系统工程师队伍来对生产工作提供支持。通常,系统工程师最有资格来决定应该邀请和何时邀请某些专业的工程师来进行帮助。

2. 运行和支持阶段

在运行和支持阶段中,对系统工程支持的需求甚至更重要。系统的操作和维护人员可能只接受了系统操作和维护部分的培训。经过专门培训的现场工程师一般会提供支持,他们必须在碰到超出他们经验范围之外的问题时,招集有经验的系统工程师来进行帮助。

运行阶段的正确规划,包括为运行维护人员提供后勤支持和培训计划。这种规划应有系统工程师的参加。在系统投入运行后,往往会发生许多无法预料的情况,必须将其识别并纳入后勤和培训系统中。培训和维护所需要的仪表或设备常常就是所要交付的系统的主要组成部分。

大部分复杂系统有很长的使用寿命,在此期间,它们会进行许多一般的和主要的升级。这些升级是由系统任务的扩展以及技术进步引起的,这些技术的进步为改进运行、可靠性或经济性提供了机会。特别是,基于计算机的系统特别要进行定期升级,其累积的升级幅度可能大大超过最初的系统开发。尽管个别系统升级的幅度只是开发新系统所需的一小部分,但它包含了应用系统工程的许多复杂决策。这样的企业可能非常复杂,特别是在升级工作的概念阶段。例如,任何进行过重大住宅改建(例如增加一间卧室和浴室)的人,都会体会到难以预料的决策困难,即如何在保持原结构性质的条件下来实现所有部分的益处,以及在负担得起的价格下实施。

4.3　开发流程的演化特性

系统开发流程的特性,可以通过生命周期演化时的某些特性来予以更好的理解。本节介绍了其中的 4 个特性。"前置系统"讨论了现有系统对替代新系统的贡献。"系统的实例化"描述了一个系统的模型：如何从概念演变为工程产品。"参与者"描述了系统开发团队的组成以及它在生命周期中如何变化。"系统需求与规范"中描述了随着开发的进行，系统的定义是如何根据系统需求和规范而发展的。

前置系统

工程处理一个新系统的过程往往不描述它与当前系统需求的相同或相似之处。全部概念和全部单元以空白状态开始，实际上不会在实践中碰到这种情况。

在大多数情况下，当新技术被用于实现行业的根本变革时，如运输、银行业务或武装战斗等类似场合，就会存在前置系统。在新系统中，改变通常仅限于少数几个子系统，有的整个系统架构和其他子系统则基本上保持不变。即使是自动化的引入，通常也只会改变过程的机制，但不改变过程的本质。因此，除了像第一代核系统或航天器之类的之外，新系统的开发期望有一个能作为开始的前置系统。

前置系统影响新系统开发的三种形式：

（1）前置系统的缺陷或不足已被识别到，通常是开发新系统的驱动力。这样就可以将注意力集中在那些必须由新系统提供的最重要的性能和特征上。

（2）如果缺陷不是严重到使当前系统变得毫无价值，那么总体概念和功能体系结构可以作为探索新方案的最佳起点。

（3）在当前系统的主要功能仍能够令人满意，并且技术还未被淘汰的情况下，以最小的改变来利用它们，可以大大节省成本（和降低风险）。

鉴于以上所述，一般新系统的开发是一种混合系统，因为其中新的和未证明可靠的部件与已工程化和完全验证过的子系统是结合在一起的。系统工程师的特别任务就是通过仔细权衡性能、成本、进度和其他重要指标做出决定：哪些前置单元仍可用，哪些单元需要重新设计，哪些单元需要替换，以及它们如何进行接口对接。

系统实例化

新系统的开发流程可以视为系统有序渐进的"实例化"过程，从对实际部件装配体的抽象需求开始，到执行一组复杂的功能来满足这些需求为止。为了说明这一过程，表4.1跟踪了项目生命周期各个阶段的实例化增长过程。表中的各行表示系统划分的级别，从顶部的系统本身开始到底部的部件层为止。表的各列是系统生命周期的连续阶段。其中的条目是每个系统级别和阶段的主要活动及其实例化程度。颜色较深的区域（见图4.6）表示每个阶段的主要工作重点。

可以看出，每个后续的阶段都定义了下一个较低子系统的划分，直到每个部件都被完全定义。从左到右地考察每一行，例如，在部件层可以看出，定义的过程从形象化（选择系统单元的一般形式）开始，然后继续定义它的功能（功能设计，即它必须做什么），然后到其实施（具体设计，即如何去做）。

表 4.1　系统生命周期中系统的实例化演化过程

层　次	阶　段					
	概念开发			工程开发		
	需求分析	概念探索	概念定义	高级开发	工程设计	集成与评估
系统	确定系统应具备的能力和效用	辨析、探索并综合概念	确定所选概念及其说明	确认概念		测试与评估
子系统		确定需求并确保其可行性	确定功能和物理架构	确认子系统		集成与测试
部件			为部件分配功能	定义规范	设计和测试	集成与测试
子部件	可视化			为子部件分配功能	设计	
零件					制造或采购	

　　上述演化过程贯穿整个工程设计阶段，系统的各部件被完全"实例化"为已完成的系统构建模块。在集成与评估阶段，实例化过程以完全不同的方式进行，即从单个构建的模块来实例化集成和验证的运行系统。这些差异将在第 13 章中进一步讨论。

　　重要提示，在表 4.1 中，尽管系统的具体设计要等到开发接近结束时才能完成，但其一般特性应尽早在过程中予以形象化。这一点可以从以下的事实来理解，特定系统概念的选择需要对开发和制造它的成本做实际的估计，反过来，它需要物理实现及其功能的形象化或实例化。事实上，甚至在早期研究技术可行性时，就非常希望对系统功能的实例化至少有一个总体了解。当然，这些系统的早期形象在许多方面与其最终的实例化是不同的，但至少证实有关其现实性的结论。

　　系统架构师的角色是在生命周期的早期为系统概念提供可视化的视角来满足可视化要求。随着系统项目在其整个生命周期中的进展，该体系结构的产品被分解为更低的层次。

　　在此周期的任一点上，系统定义的当前状态都可以被视为当前系统的模型。因此，在概念开发阶段，系统模型仅包括系统的功能模型，即完全由描述性材料、图、参数表等组成，并将其结合成任何一种仿真模型，用以研究系统层性能和特点及个别系统单元能力之间的关系。然后在工程开发阶段，此模型被逐步扩充，增加了个别子系统和部件的硬件和软件设计逐步扩充，最后形成完整的工程模型。再后来，此模型进一步扩展为生产模型，将工程设计转变成可生产的硬件设计、具体软件定义、生产工具等。在此过程的每个阶段，当前的系统模型必须包括所有外部施加的接口，以及系统内部的接口模型。

参与者

　　一个大项目不仅有数十或数百人参加，而且还包括多个不同的组织实体。最终的用户可能是也可能不是项目的积极或实际参与者，但在系统的起始及其运行生命中却扮演着重要的角色。两个最常见的情况是：(1)政府作为系统的采购代理和用户,由子承包商支持的主承包商作为系统的开发商和生产商;(2)商业公司作为采购经理、系统开发者和生产者。其他商业公司或公众可以是用户。项目每个阶段的主要参与者也是不同的。因此,系统工程的主要功能之一,就是递归地参与各层次和各开发阶段,它们的参与者通过正式文档和非正式沟通提供连续性。

在一个空间系统开发中,参与者的典型分布如图 4.6 所示。纵轴表示参与工程人员的相对数目,横轴是每阶段中主要的人员类型。可以看出,随阶段的不同,参与者随之变化,而由系统工程来提供主要的连续性。

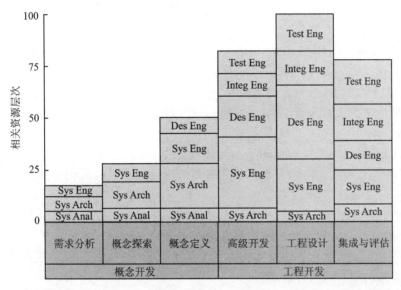

Sys Anal(System Analysts)—系统分析师；Sys Arch(System Architects)—系统架构师；
Sys Eng(System Engineers)—系统工程师；Des Eng(Design Engineers)—设计工程师（包括专业）；
Integ Eng(Integration Engineers)—集成工程师；Test Eng(Test Engineers)—测试工程师

图 4.6 典型空间系统开发的主要参与者

在早期阶段,主要的参与者是系统分析师和系统架构师(系统和运行/市场)。

概念定义阶段,通常是由团队加速完成的,阐述所需要的全部要素,选择并记录最具成本效益的系统概念,以满足规定的要求。

高级开发阶段,通常标志着系统设计人员的初步参与,项目通过工程阶段进入生产。它由系统工程来指导并得到从事部件和子系统开发的设计和测试工程师的支持。

工程设计阶段,进一步扩展为专业工程(可靠性、可维护性等)以及测试和生产工程的主要工作。对软件而言,此阶段有设计师和编程人员参与,并且要采用原型。

集成与评估阶段,在很大程度上取决于测试工程、系统工程的指导,以及设计工程师和工程专家们的支持。

系统需求与规范

正如在系统开发的后续步骤中逐渐实例化的系统设计一样,系统需求和规范的形式也变得越来越专业和具体。这些以一组运行需求开始，以一组生产规范、运行、维护和培训手册，以及系统复制、运行、维护和修理所需要的全部信息结束。因此，每个阶段可以视为产生系统更具体的描述：它做什么，如何工作，以及如何构建。

由于上述文档的收集，决定了最终递交系统开发工作的进程、形式和能力，因此监督这些文档的定义和准备工作是系统工程师的主要职责。但是，此工作必须与相关设计专家和其他相关组织密切配合。

表 4.2 中第一行显示了系统工程要求和规范的进展，它是系统生命周期中各个阶段的功能。必须强调，每一套后续的文件都不是取代在前一阶段中已修改的版本，而是补充这些版本。这会产生系统需求和其他文档的累积，而不是连续的。这些是"编制中的文档"，定期进行修订和更新。

通过回顾"参与者"和对图 4.6 的讨论，可以更好地理解在系统开发的连续阶段中汇总正式要求和规范的必要性。特别是，不仅有许多不同的小组参与了开发过程，而且许多（如果不是大多数的话）关键参与者也从一个阶段转到下一个阶段。因此，必须有完整且最新的描述来定义系统必须执行的操作，以及在先前定义的范围内定义系统必须执行的操作。

系统描述文档，不仅为系统设计的下一阶段奠定基础，而且还指定了如何测试工作，验证结果是否符合要求。它们为生产工具和最近阶段产品用的测试工具提供了所需的信息基础。

如表 4.2 第二行所示，系统特性的表达在开发流程中也是演变的。它们大部分可以被视为体系结构视图、常规工程设计和软件图与模型。它们的目的是以更容易理解的可视形式来补充系统实例化各阶段实现的文本描述，这对于在定义接口和不同组织设计的系统单元间的相互作用特别重要。

表 4.2　系统表达的演化

	概念开发			工程开发		
	需求分析	概念探索	概念定义	高级开发	工程设计	集成与评估
文档	系统功能和有效性	系统性能需求	系统功能需求	系统设计规范	设计文档	测试计划和手续分析报告
系统模型	操作图，任务模拟	系统图，高级系统仿真	建筑产品和视图，模拟，实物模型	建筑产品和视图，详细模拟，电路试验板	建筑图纸和示意图，工程部件，计算机辅助设计(CAD)产品	测试设置，模拟器，设施和测试条款

4.4　系统工程方法

在前面几节中，可以将复杂系统的工程划分为一系列步骤或阶段。从确定一个机会开始,这个机会运用可行的技术方法,来实现重要运行能力,随后的每个阶段都进一步增加了系统的详细定义(实例化)级别,直到一个完全工程的模型被实现,证明能够以可承受的成本可靠地满足所有基本的操作需求。尽管在给定阶段中阐明的许多问题对系统定义的状态有特殊意义,但是从一个阶段到另一个阶段的优化中,所使用的系统工程原理以及它们之间的关系从根本上是相似的。此事实在系统开发流程中的重要性已得到普遍认可;在许多有关系统工程的出版物中,从一个阶段到另一个阶段,并趋于重复的活动集合被称为"系统工程流程"或"系统工程方法",这是下一节的主题。在本书中,这种活动的迭代集合被称为"系统工程方法"。

选用"方法"这个词来代替更广泛的"流程"或"途径"的理由是,它更具权威性且不模糊。"方法"这个词,较"流程"更为明确或具体,具有次序和逻辑流程的含义。而且"系统工程流程"这个词有时用于表示整个系统的开发。"方法"也比"途径"更合适,而且"途径"包含一种姿态而不是流程的含义。综上所述,使用更通用的术语是完全可以接受的。

现有系统工程方法和流程的概述

第一个将系统工程流程正式编成代码的组织是美国国防部,它是按照军事标准MIL-STD-498形成的。尽管该流程经过多次迭代发展,但存在的最后一个正式标准(被终止之前)是MIL-STD-499B。此流程如图4.7所示,包含四个主要活动:需求分析、功能分析和分配、综合以及系统分析和控制。部件任务显示在每个活动中。

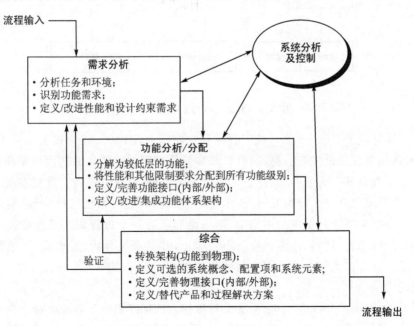

图 4.7 DoD MIL-STD-499B

尽管该军事标准不再有效,但仍被许多组织用作指导,并且是理解当今系统工程流程基础的基础。

三个相关的商业标准描述了系统工程流程：IEEE-1220、EIA-STD-632 和 ISO-IEC-IEEE-STD-15288。在介绍这三个流程时，请注意，每个商业标准都融合了系统的各个方面，具有上述生命周期模型的工程流程。我们提出这三种方法的顺序很重要：它们是按与系统开发生命周期模型的收敛水平的顺序给出的。实际上，上面讨论的军事标准可以放在第一位。换句话说，MIL-STD-499B 与生命周期模型的差异最大。相反，ISO-15288 可以轻松地被视为系统开发的生命周期模型。

图 4.8 展示了 IEEE-1220 系统工程流程。主控件活动位于图的中间。然后，活动的总体流程为顺时针，从左下方以"流程输入"开始，以"流程输出"结束。这个流程也可以被认为是军事标准的扩展：存在四种基本活动，并且在两者之间进行验证或确认步骤。

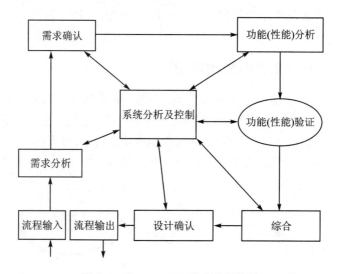

图 4.8　IEEE-1220 系统工程流程

图 4.9 展示了 EIA-632 系统工程流程。实际上，EIA-632 标准提出了 13 个流程的集合，这些流程是链接在一起的，可以很容易认识到这些链接的迭代和循环性质。尽管总体的流程是自上而下的，但在整个系统生命周期中，这些过程会重复多次。

这 13 个流程进一步分为五组：技术管理、采购和供应、系统设计、产品实现以及技术评估。在整个系统开发生命周期中，第一个和最后一个过程集几乎连续发生。在最初的开发阶段之后，计划、评估和控制不会停止，并且系统分析、需求验证、系统验证和最终产品验证要在实际产品可用之前就开始进行。三个中间集合线性发生，但具有反馈和迭代。

图 4.10 展示了 ISO-15288 系统工程流程。该标准提出了系统生命周期和系统工程活动的流程。此外，该标准背后的理念是基于系统工程师和项目经理将所提出的流程定制为一系列适用于该计划的活动的能力。因此，没有提出对流程子集进行排序的特定方法。

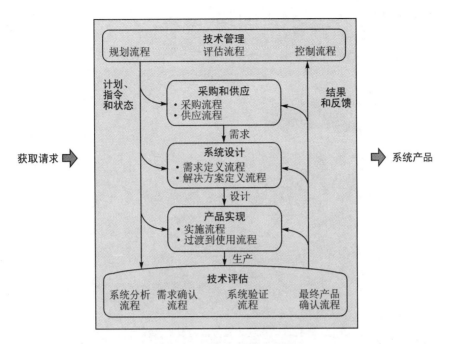

图 4.9　EIA－632 系统工程流程

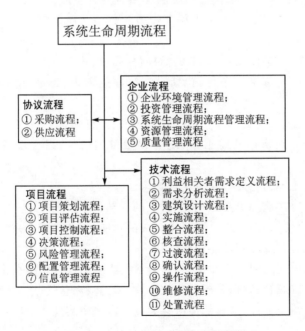

图 4.10　ISO－15288 系统工程流程

我们的系统工程方法

系统工程方法可以被认为是科学方法在复杂系统工程中的系统应用。它可以由四个连续应用的基本活动组成，如图 4.11 所示。

（1）需求分析；

（2）功能定义；

（3）物理定义；

（4）设计确认。

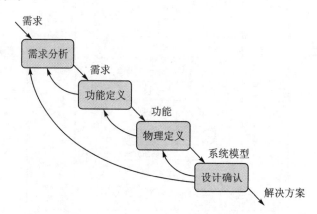

图 4.11 系统工程方法的顶层流程图

这些步骤的具体情况将取决于系统的类型及其开发阶段。但是，它们的操作原理有足够的相似性，因此描述该方法中每个步骤的典型活动非常有用。下面列出了这四个步骤中对活动的简短描述。

（1）需求分析（问题定义）。典型的活动包括：

- 集合和组织全部输入条件，包括上一阶段的需求、计划、里程碑（进度标志）和模型。

- 根据运作需要、约束、环境或其他较高层次的目标，识别所有需求的"为什么"。

- 阐明系统必须执行的需求，系统必须做得如何好，以及系统必须满足的约束条件。

- 尽可能纠正不适当之处并量化各需求。

（2）功能定义（功能分析和分配）。典型的活动包括：

- 将需求（为什么）转换为系统必须完成的功能（行动和任务）。

- 将需求划分（分配）到功能构建模块。

- 确定功能单元之间的交互作用，以为将其组织为模块结构奠定基础。

（3）物理定义（综合、物理分析和分配）。典型的活动包括：

- 综合不同系统部件，这些部件由各种设计方法来实现，并满足所要求的功能，并在结构细分之间具有最简单可行的交互和接口。

- 通过权衡一组预定义和优先级的准则（效果的度量）来选择一种首选的方法，以获得性能、风险、成本和日程进度间的最佳"平衡"。

- 将设计详细到必要的程度。

（4）设计确认（验证和评价）。典型的活动包括：

- 设计系统环境模型(逻辑的、数学的、仿真的和物理的),反映所有重要的需求和约束。
- 对环境模型做仿真、测试并分析系统的解决方案。
- 根据需要进行迭代和修正系统模型或环境模型,如果对解决方案要求比较严格,则可以修正系统的需求,直到设计和要求全部兼容为止。

上述系统工程方法的各要素以流程图的形式表示在图 4.12 中,该图是图 4.11 的展开图。

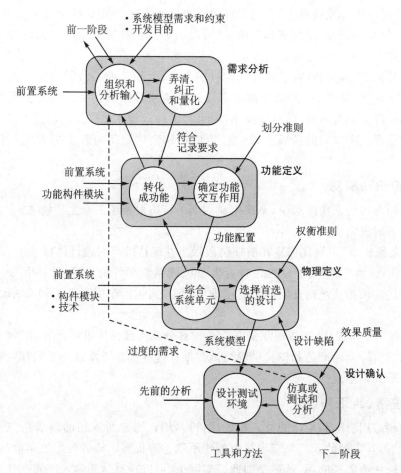

图 4.12 系统工程方法的流程图

矩形框代表上述方法中的四个基本步骤:需求分析、功能定义、物理定义和设计确认。顶部为来自前一阶段的输入,它包括需求、约束和目标。在每个矩形框左边为来自外部的输入,如前置系统、系统构建模块和早期的分析。在顶部矩形框和底部矩形框的右上侧是来自系统工程方法论的输入。

每个矩形框的圆内是该方法步骤中关键过程的简化表示。箭头表示信息流。可以看出,在整个过程中都存在反馈:单元内的迭代和对前面单元的反馈,甚至对需求的反馈。

该方法的每个要素将在本节的其余部分更全面地介绍。

需求分析（问题定义）

在尝试解决任何问题时，首先必须准确了解给出的内容，在什么程度上看起来是不完整、不一致或不现实的，以便进行适当的详述或校正。这在系统开发流程中特别重要，其中系统工程的基本特性是，每件事并不需要看起来一样，而且每个重要的假设必须在被接受为有效之前验证过。

因此，在系统开发项目中，系统工程的职责就是首先彻底分析全部需求和规范，以求理解和对比系统要满足的基本需求，然后辨识和纠正系统或系统单元的能力在定义中的任何歧义或不一致之处。

需求分析的特定活动随系统开发的进展而变化，如从前一阶段的输入演变成运行需求和技术机遇（见图4.3），以及需求和设计越来越具体的表示。系统工程的作用绝对是贯穿始终至关重要的，但可能在早期阶段，了解运行环境以及适用技术的可用性和成熟度最重要。在以后的阶段中，环境、接口和其他单元间的需求是系统工程的特殊领域。

1．组织和解释

在结构合理的采购流程中，系统生命周期的新阶段始于三个主要输入，它们是在前一阶段完成时或完成后确定的：

（1）系统模型，识别并描述在前期阶段做出并确认的所有设计选择。

（2）需求（规范）定义下一阶段待开发系统或系统部件的设计、性能和接口兼容性特征。这些需求是从前期开发的较高层推导而来的，包括在后阶段要引入的改进和/或修改。

（3）在下一阶段中，工程组织的每个组成部分要实现具体进展，包括确定全部技术设计数据、硬件/软件产品和待提供的测试数据。这些信息通常以一系列相互依赖的任务陈述的形式来呈现。

2．澄清、纠正和量化

始终很难用清晰和量化的方式来表达目标，因此通常所陈述的需求往往是不完整的、不一致的且含糊的。如果需求是由那些不熟悉应将需求转换为系统功能过程，或应将运行需求作为需求的话，就更是如此。实际上，可以预料这些输入的完整性和准确性会随着系统的性质而变化，如先前系统的偏离程度、所用获取过程的形式以及阶段本身。

上述分析必须包括与系统的期望用户的交互，以获得需求和约束的第一手资料，并在适当的情况下输入。分析的结果可以是对需求文档的修正和扩充，从而能更好表达计划的目标或所建议技术改进的可用性。最终目的是创建一个坚实的基础，在此基础上可以确定满足需求所需的设计变更的性质和位置。

功能定义(功能分析和分配)

在系统工程方法中,功能设计要在物理或产品设计之前进行,以保证用一种有序的方法来有效组织功能并选择实施系统期望的特性的最佳平衡(如性能、成本等)。

1. 转换功能

第3章中曾简要讨论过系统的单元可以用作功能构建模块。在部件层上,基本的构建模块代表执行单个重要功能并处理单个介质的表达单元,即信号、数据或能量。它们由执行较低层级功能的子系统组成,并集结成功能子系统。因此,功能设计可以被认为是选择、再划分和集结功能单元的过程,以使之适应系统实例化的任务和层次(见表4.1)。

系统工程的主要职责是分解和分配给定的要求和功能,以便在下一个较低的系统上确定执行。在概念开发阶段,这首先作为系统架构确定的一种继续。它包括识别和描述所提供的全部功能,以及每个子系统应满足的有关量化要求,以使所述系统层级能力上可以达到。然后,这些信息反映到系统功能规范中,作为继续进行工程开发步骤的基础。

作为高级开发阶段的一部分,这些顶层子系统功能和需求被进一步分配给每个子系统中的各个系统部件。如前所述,除了在特殊情况下,底层单元对于系统的运行至关重要外,这是设计递阶中的最低层次,也是与系统工程直接相关之处。

2. 权衡分析

选择合适的功能单元和设计的各个方面是一种归纳的过程,在其中研究和考察一组假设的方案,判断出一个对期望目标来说最好的方案作为选择方案。系统工程方法依赖于运用权衡分析来做决策。权衡分析已广泛应用于各种类型的决策中,但系统工程是一种特殊有序形式的应用,尤其是在物理定义的步骤中。如同"权衡"的含义,它包括各种方案的比较,这些方案在一个或多个要求的特征方面是优越的和优于其他方案的。为了确保一种特别期望的方法不被忽略,必须试探和研究足够数量的方案,全部都要明确到使它们的特征能相互评价的地步,而且还必须根据精心制定的一组准则或"效能测量"(Measures Of Effectiveness,MOE)来进行评估。第8和第9章包含了对权衡分析的更详细讨论。

3. 功能的交互作用

系统设计中最重要的步骤是定义关键模块的功能、物理互连和交互。此活动主要是为了尽早辨识全部重大的功能交互作用,并使其中各功能单元可以集结成相互强烈作用的组,而且使各组间的交互作用尽可能简单。这样的组织(结构)被认为是"模块化的",并且易于维护和便于升级,从而延长使用寿命,这对系统设计来说是关键的。另外,还要能够辨识全部外部交互作用和它们影响的系统接口。

物理定义(综合或物理分析和分配)

物理定义是将功能设计转换成硬件部件和软件部件,以及将这些部件集成到整个系统中。在概念开发步骤中，全部设计仍处于功能层，然而仍需要可视化或想象此概念的物理体现是什么，从而有助于保证此解决方案可以实现。选择可视化过程也受下面讨论的一般原则支配，该原则较工程开发步骤更为定性。

1．不同系统单元的综合

功能设计单元的实施，需要决定有关的特定物理形式。这种决策包括选择执行的介质、单元形式、安排和接口设计。在许多场合下，它们还提供了多种方法选择，从开发最新技术到依靠已验证的技术。与功能设计一样，这些决策是通过权衡分析做出的。与功能配置相比，通常，不同的物理实现有更多选择，这就是良好的系统工程实践在物理定义流程中应用显得尤为重要。

2．首选方案的选择

在系统生命周期的各个里程碑，都需要选择一种或多种首选方案。重要的是要了解，此选择过程会根据生命周期内的阶段而变化。早期阶段可能需要选择几种方法进行探索，而后期阶段可能需要对一种方法深入探索。此外，决策水平也在不断发展。早期决策与整个系统有关；以后的决策着重于子系统和部件。

如前面讲过的，要在各设计方案中做出一个有意义的选择，必须定义一套评价准则并建立它们的相对优先级。在物理定义步骤中，要考虑的最重要变量是替代方案的相对可承受性或成本及其成功完成的相对风险，以及它们成功完成的相对风险。特别是，应避免过早重视一个特定的实施概念。

作为权衡分析的组成部分，风险基本上是对设计方法无法产生成功结果的概率估计，可能是因为性能差、可靠性低、成本过高或者是日程进度不可接受。如果部件风险可能会成为对整个项目的风险，则必须启动强化部件开发工作，利用经过验证的但能力稍差的备件，通过修改整体设计方法来减少对特定部件的需求。如果以上这些均无效，就要放宽有关系统性能的规范。识别系统单元的重要风险并决定如何处理它们，这是系统工程的主要职责。第 5 章将讨论风险管理及其组成部分。

因此，正确使用系统工程方法能保证：

（1）所有可行的方案被考虑；

（2）一套评估标准被建立；

（3）在可行的情况下，标准被优先排序和量化。

无论是否有可能做量化比较，最终应根据经验做出判断。

3．接口定义

物理定义步骤中包含的是内部和外部接口的定义和控制。在设计过程中加入的或精心考虑的单元或元件，必须正确地连接到其邻近的单元和外部输入或输出。而且，当较低设计层次被确定后，无疑需要对其父单元进行调整，而在调整前期确定的接口时，必须将它们依次反映出来。所有这些确定和再调整必须纳入到模型设计和接口规范中，以为下一步设计打下良好基础。

设计确认(验证和评价)

在开发复杂系统时,即使设计定义的前期各步骤已明显地全部符合要求,但在进行下一阶段之前,仍然需要对设计做明确的确认。经验表明有许多未发现错误潜入的机会,这种确认的形式随系统实例化的阶段和程度而变化,但各阶段的一般方法是相似的。

1. 仿真系统环境

为了确认系统的模型,必须建立一个(测试)环境的模型,借助与系统的交互可查看它是否能产生所要求的性能。系统环境的建模任务一直遍及系统的整个开发周期。在概念开发阶段,该模型很大程度上是实用的,虽然其某些部件是物理的,就像在一系列环境条件下测试关键系统部件的试验版本一样。

在后期开发阶段,可以在实验室或测试设备中复现环境的各个方面,如气动风洞或惯性测试平台。在模型是动态的情况下,称其为仿真较为恰当,系统设计受到一个实时变化的输入,来激励其动态响应模式。

随着系统开发进展到工程开发步骤,环境建模变得更实际,并且环境条件体现在系统和部件的测试设备中,如环境试验箱、冲击和振动设备等。在运行评估测试期间尽可能使环境与系统最终运行的环境相同。在这里,模型已被转变为极其真实的环境中。

某些对系统性能和可靠性有极重要意义的环境可能因人们不太了解而难以仿真,例如深海和外层空间。在这种情况下,环境的定义和仿真本身就变成是一项重要工作。即使被认为相当容易了解的某些环境,也可能产生使人惊奇的情况,如在阿拉伯沙漠上雷达信号会折射。

在系统开发流程的每个步骤中,需要对系统所必须满足的要求有逐步和更具体的定义。对照环境的要求,对系统的逐步具体的模型要予以评价和改进。值得注意的是,为系统测试和评估目的而模拟系统环境的工作,必须在与系统设计本身相同的优先级上来考虑,甚至需要类似系统设计活动的单独的设计工作。

2. 测试和测试数据分析

在系统设计确认中,决定性步骤是进行系统模型(或其重要部分)的测试,使它与其环境模型交互作用,从而能根据系统的要求来测量和分析其影响。

这些测试的范围随系统实例化的程度而变化,从纸面计算开始直到最后的运行测试为止。在每种情况下,目标决定其结果是否符合要求,如果不符合就要求修正,做某种变动。

在上述过程中,遵守下列关键原则是十分重要的:

(1) 全部关键的系统特性必须超出特定极限,以发现初期的不足。

(2) 全部关键的单元必须测定以便确定行为偏差的确切来源。这种仪器在精度和可靠性上必须大大超过测试条款的要求。

(3) 必须准备测试计划和有关测试数据的分析计划,以确保正确收集必要的数据,然后根据需要进行分析，以确保对系统符合性的实际评估。

（4）在测试中，由于不可避免的人为因素造成的限制，必须明确地确认，并尽可能补偿或纠正它们对结果的影响。

（5）必须准备一份正式的测试报告，来说明系统符合的程度和任何缺陷的来源。

这种测试计划应详细说明测试过程中的每个步骤，并准确辨识每个测试步骤之前、测试中和结束时应予记录的信息，以及如何记录和由谁来记录。然后，测试数据的分析计划应规定这些数据要如何简化、分析和报告，随同特定的准则一起来表明系统符合要求的程度。

在验证测试时，发现结果偏离了所要求的性能范围，必须考虑下列不同的要求：

（1）此偏差是否能归因于环境仿真中（即测试设备）的缺陷？之所以发生这种情况，可能是因为难以构造实际的环境模型。

（2）偏差是否是设计中的缺陷造成的？如果是这样，可以在不对其他单元或元件进行大量改进的情况下补救吗？

（3）所讨论的问题是否过于严格？如果是，可以考虑要求存在偏差。这将构成一种形式的反馈，即系统开发流程的特征。

下一阶段的准备

系统开发流程中，每个阶段都会产生更高级别的需求或规范，以作为下一阶段的基础。这增加了而不是取代了前面层次的需求，有两个目的：

（1）它说明当前阶段进程中所做的设计决策。

（2）它确定了后续阶段的目标。

在进行需求分析和分配活动的同时，系统工程与项目管理协同活动，以确定要满足的特殊技术对象和提供下一阶段输入响应所要求的产品（如硬件/软件部件、技术文档、支持测试数据等）。每个阶段最后确定的产品，通常伴随着一组中间技术里程碑，它能用来判断每个特定设计活动期间的技术进展。

确定这些需求或规范的任务，以及实施有关设计活动的工作，是系统开发的主要部分。它们共同组成了执行每个开发阶段的官方指南。

但是，必须注意，在实际中，这些工作的现实性和有效性对项目最终完成是至关重要的。这一方面在很大程度上取决于系统工程和项目管理之间的良好沟通和协作，另一方面，什么能够和什么不能够合理完成，设计专家是最好的裁判，由他们来给定需求的状态、可用的资源和分配的时间范围。

由于下一阶段的准备工作的性质，随阶段到阶段而有很大变化，它通常不符合系统工程方法中单独步骤的状态，它更经常与验证过程结合在一起的。但这并不会降低它的重要性，因为处理它的缜密性将直接影响下一阶段初的需求分析过程。无论如何，确定下一阶段要满足的需求和要执行的任务是各个阶段之间一种重要的接口功能。

系统工程方法贯穿系统生命周期

为了说明如何在系统生命周期的各阶段中应用系统工程方法,表4.3列出了对系统生命周期每个阶段所用方法的四个步骤中每个步骤的重点。如在表4.1中给出的,可看出当阶段逐渐推进时,重点转移到系统的更多特殊和具体单元(较低层次)上,直到集成与评估阶段为止。

表4.3还突出显示了从概念开发到工程开发阶段,物理定义和设计确认步骤在性质上的差别。在概念开发阶段(左三列),所确定的概念仍是功能(或结构)形式(除了前面或其他系统应用的单元没有基本的变化外)。相应地,物理实现还没有开始,而设计确认是由功能单元的分析和仿真来执行的。在工程开发阶段,硬件和软件执行到越来越低的层次,设计确认就包括了对试验、原型、最终产品系统单元和系统本身的测试。

表 4.3 生命周期中的系统工程方法

步 骤	阶 段					
	概念开发			工程开发		
	需求分析	概念探索	概念定义	高级开发	工程设计	集成与评估
需求分析	分析需求	分析运行需求	分析性能需求	分析功能需求	分析设计需求	分析测试与评估需求
功能定义	定义系统功能	定义子系统功能	开发功能架构部件功能	完善功能架构子部件功能	定义零件功能	定义功能测试
物理定义	定义系统功能;可视化子系统;ID技术	定义系统概念,可视化子系统	开发物理架构部件	完善物理架构;指定部件构造	指定子部件的构造	定义物理测试;指定测试设备和设施
设计确认	确认需求和可行性	确认性能需求	评估系统功能	测试与评估关键子系统	确认部件构造	测试与评估系统

在解释表4.3和表4.1时,应该记住的是在系统开发的特定阶段,系统的某些部件可能会被原型化到更高级的阶段,以验证设计的关键特性。这在高级开发阶段更是如此,存在风险的方法在现实条件下进行了原型设计和测试。通常,新的软件单元也在此阶段予以原型设计,以验证它们的基本设计。

虽然这些表显示的是某种理想化的情况,但将系统工程流程逐步向低层次系统迭代,是对系统开发流程具有指导性和有效性的一致看法。

螺旋生命周期模型

系统开发流程的迭代性质与应用系统工程方法于系统的逐步"实例化"一起,被称为所谓的系统生命周期的"螺旋"模型。这种应用于国防部生命周期阶段模型的一个版本,如图 4.13 所示。代表上一节中定义的系统工程方法四个步骤的扇区,是用粗实线分开显示的。该模型强调,复杂系统开发的每个阶段,必需包括系统工程方法的迭代应用,以及对前面工作阶段所执行的工作和所作结论的不断评审和更新。

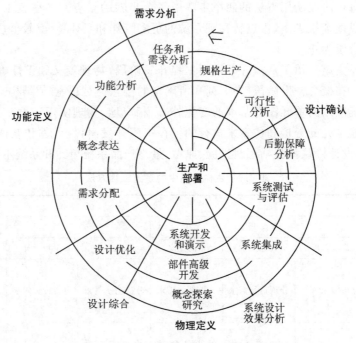

图 4.13　系统生命周期的螺旋模型

4.5　系统开发中的测试

　　测试与评估(T & E)并不是从设计中分离出来的功能,而是设计的固有部分。在基本的设计类型中,例如一幅图,测试与评估的功能是由艺术家来执行的,是将设计概念转移到画布过程的一部分。如果这幅画不符合艺术家的意图,他或她会加上几笔改变图画,使视觉效果(性能)与原始目标相匹配。因此设计是一种闭环的过程,其中测试与评估形成反馈来纠正结果,从而满足意图的要求。

未知数

　　在任何新系统开发项目中,有许多未知数需要在产生成功产品的进程中予以确定。对于每个明显偏离既定惯例的情况,并不能保证可以预测结果。项目的成本取决于许多因素,而没有一个因素是确切已知的。解决接口不兼容的问题,通常涉及接口前后两方面的设计调整,这往往会导致意料之外的,有时甚至是很大的困难。
　　系统工程的一个主要任务就是指导系统的开发,以便能尽早在过程中使得未知数转变为已知数。事实证明,在规划后期发生的任何问题,解决问题花费的代价总是较早期各阶段碰到的要更大。

开始时,许多未知数是显而易见的,通常可以称为"未知的未知数"。它们在早期被识别为潜在的问题区域,因此被单独分出来研究和解决。通常,这可以通过一系列的重要实验来完成,包括仿真和/或试验性的硬件和软件实验。但是,有许多其他问题只能在系统开发期以后才能被辨识到。这些未曾预料到的问题通常被识别为"不知的未知数"(或"unk-unks"),以与"已知的未知数"区别。已知的未知数在它们严重影响整个开发过程前,就被确认和处理了。

将未知数转变为已知数

"未知的未知数"的存在,使得企图消除全部未知数的任务变得十分困难。它迫使人们在解决技术问题的有利的地方去积极寻找隐藏的陷阱。系统工程师的任务就是在以往系统开发时得到的经验的基础上,以高度的技术洞察力,以及"如果……怎么办?"的态度来进行搜索。

由于每个未知数都会对最终目标的实现带来不确定性,因此它代表一种潜在的风险。事实上,未知数表示任何开发计划的主要风险。因此,风险评估和集成的任务与辨识未知数并加以解决的任务是相同的。

解决未知问题的工具是分析、仿真和测试,这些也是发现和量化关键系统待性的方法。这项工作从最早的概念步骤开始,并持续到整个开发过程,只是在实质和性质上有所变化,而在目的和方法上没有变化。

设计新系统或系统的新单元,在同样情况下需要用一种以前从未尝试过的方法(例如,利用新材料来制作耐高压的设计单元)时,设计者就会面临许多有关新设计在实施时由具体执行方式产生的未知数(例如,由新材料做成的单元能不能用普通的工具获得所需要的形状)。在这种情况下,测试过程可以揭示未知因素是否造成了意料之外的困难,是否需要进行重大的设计更改,甚至要放弃此方法。

当采用一种新的设计方法时,直到设计全部完成后再决定此方法是否可取,是不明智的。相反,应该首先对设计单元的理论或实验模型进行测试,然后这种模型就能很快以最小的成本代价创建。在做此事时,必须在此模型最大实现程度上,对可能的好处与完成它的时间和代价之间做出平衡的判断。这常常是系统层次的决定而不是部件层次的决定,特别是单元的性能对系统有影响时。如果未知数主要在单元的功能行为中,那么计算模型或仿真是必要的;另一方面,如果未知数与材料方面有关,那么就需要实验模型。

测试的系统工程方法

测试的系统工程方法,可以用设计工程师、测试工程师和系统工程师各自的测试观点来说明。设计工程师想要确保部件通过测试,并想知道"是否 OK";测试工程师想知道测试是充分和彻底的,从而保证对此部件是足够重视的;而系统工程师希望确实找出和识别部件中存在的全部缺陷。如果此部件未通过测试,系统工程师想知道原因,以便为设计可以消除此缺陷的更改提供依据。

从上述可以看出,系统工程强调的不仅是测试的条件,还有获取确切表明系统各种部件如何执行或不执行的数据。而且,数据的获取本身是不够的,手头还必须要有程序来分析数据。这些往往是复杂的,需要精确的分析技术,而且必须预先计划好。

因此,系统工程师必须积极参与测试程序的制定和仪器的选择。事实上,开发测试计划的主要举措应该与测试工程密切合作,是系统工程的责任。对系统工程师来说,测试就像科学家的实验一样,是在受控情况下获取系统行为关键数据的一种方法。

系统测试与评估(T & E)

在系统生命周期中,最密集地使用测试是在系统开发、集成与评估的最后阶段,这是第 13 章的主题。第 10 章还包括高级开发阶段的测试与评估。

4.6 小 结

贯穿系统生命周期的系统工程

一个重要的系统开发进程是不断扩展的复杂工作,以满足重要的用户需求。它应用新技术并涉及多个学科,需要逐步增加对资源的投入,并按照指定的时间表和预算逐步执行。

系统生命周期

系统生命周期可以分为三个主要阶段。

1. 概念开发

系统工程确定了系统需求,探索了可行的概念,并选择了一个优选的系统概念。概念开发又分为三个阶段:

(1) 需求分析:定义并确认对新系统的需要,展示其可行性,并定义运行操作需求。

(2) 概念探索:探索可行的概念并定义功能性能需求。

(3) 概念定义:检查替代概念,根据性能、成本、进度和风险选择首选概念,并定义系统功能规范(A–规范)。

2. 工程开发

系统工程确认新技术,将选定的概念转换为硬件和软件设计,并构建和测试生产模型。工程开发阶段又分为三个阶段:

(1) 高级开发:确定风险领域,通过分析、开发和测试降低这些风险,并定义系统开发规范(B–规范)。

（2）工程设计：执行初步和最终设计，并构建和测试硬件和软件部件，例如配置项（CI）。
（3）集成与评估：将部件集成到生产原型中，评估原型系统，并纠正偏差。

3. 后开发阶段

系统工程负责生产和部署系统，并支持系统的运行和维护。后期开发又分为两个阶段：
（1）生产：开发工具并制造系统产品，向用户提供系统，并促进初始操作。
（2）运行和支持：支持系统运行和维护，并在开发和支持服务中更新。

开发流程的演化特性

大多数新系统都是从先前的系统演变而来的，它们的功能体系结构甚至某些部件都可以重用。

新系统在其开发过程中逐步"实现"。系统描述和设计从概念演变为现实。文档、图表、模型和产品都会相应更改。此外，系统开发的主要参与者在开发过程中也会发生变化；但是，系统工程在所有阶段都扮演着关键角色。

系统工程方法

系统工程方法涉及四个基本步骤：
（1）需求分析——确定为什么需要需求；
（2）功能定义——将需求转换为功能；
（3）物理定义——综合其他物理实现；
（4）设计确认——对系统环境进行建模。

这四个步骤在开发过程的每个阶段中都重复使用。系统工程方法的应用在整个生命周期中不断发展：随着系统的逐步实现，重点从需求分析期间的系统级别转移到工程设计期间的部件和零件级别。

系统开发中的测试

测试是识别未知设计缺陷的过程，它可以验证已知、未知问题的解决方案，并发现未知问题（未知）。无法及时解决未知问题可能会使后期耗资巨大。因此，测试计划和分析是系统工程的主要职责。

习 题

4.1 指出您已经了解的复杂系统（商业或军事）的最新发展（自2000年以来）。描述开发它可以满足的需求以及它优于其前身的主要方法。简要描述所采用的新概念方法和/或先进技术。
4.2 先进技术通常会通过利用其前身所没有的优势来开发新的或改进新的系统。

列举先进技术可以提供的三种不同类型的优势，并举例说明每种优势。

4.3 如果有满足新系统需求的可行且有吸引力的概念，请说明为什么在决定选择开发方案之前考虑其他备选方案很重要。说明不这样做的可能后果。

4.4 航天飞机就是使用前沿技术、极为复杂的系统的一个例子。给出三个航天飞机部件的示例，您认为它们在开发时就代表未经验证的技术，并且很多都需要进行大量的原型设计和测试以将操作风险降低到可接受的水平。

4.5 系统工程师可以采取哪些步骤来确保由不同技术小组或承包商设计的系统部件在组装成整个系统时能够相互配合并有效地相互作用？就机械、电气和软件系统元素进行讨论。

•4.6 对于表1.1和表1.2中列出的5个系统，请写出其"前置系统"。对于每一个，请指出当前系统优于其先前系统的主要特征。

4.7 表4.2说明了系统开发过程中系统模型的演化。说明需求文档的演变如何描述表4.1中的实现过程。

4.8 查找"科学方法"的定义，并将其步骤与为系统工程方法假定的步骤联系起来。绘制与图4.11平行的科学方法的功能流程图。

4.9 选择下列家用电器之一：

• 自动洗碗机；
• 洗衣机；
• 电视机。

（a）说明其在工作周期内执行的功能。指出每个步骤涉及的主要介质（信号、数据、材料或能量）以及在该介质上执行的基本功能。

（b）对于选定的电器，描述实现上述每个功能所涉及的物理要素。

扩展阅读

[1] Biemer S，Sage A. In Agent-Directed Simulation and Systems Engineering：Chapter 4 Systems engineering：Basic concepts and life cycle. John Wiley & Sons，2009.

[2] Blanchard B. System Engineering Management. 3rd ed. John Wiley & Sons，2004.

[3] Blanchard B，Fabrycky W. System Engineering and Analysis. 4th ed. Prentice Hall，2006.

[4] Buede D. The Engineering Design of Systems：Models and Methods. 2nd ed. John Wiley & Sons，2009.

[5] Chesnut H. System Engineering Methods. John Wiley，1967.

[6] DeGrace P，Stahl L H. Wicked Problems，Righteous Solutions. Yourdon Press，

Prentice Hall,1990.

[7] Eisner H. Computer-Aided Systems Engineering: Chapter 10. Prentice Hall,1988.

[8] Eisner H. Essentials of Project and Systems Engineering Management. 2nd ed. John Wiley & Sons, 2002.

[9] Hall A D. A Methodology for Systems Engineering: Chapter 4. Van Nostrand, 1962.

[10] Maier M, Rechtin E. The Art of Systems Architecting. 3rd ed. CRC Press, 2009.

[11] Martin J N. Systems Engineering Guidebook: A Process for Developing Systems and Products: Chapters 2-5. CRC Press, 1997.

[12] Rechtin E. Systems Architecting: Creating and Building Complex Systems: Chapters 2 and 4. Prentice Hall, 1991.

[13] Reilly N B. Successful Systems for Engineers and Managers: Chapter 3. Van Nostrand Reinhold, 1993.

[14] Sage A P. Systems Engineering: Chapter 2. McGraw Hill, 1992.

[15] Sage A P, Armstrong J E, Jr. Introduction to Systems Engineering: Chapter 2. Wiley, 2000.

[16] Sage A, Biemer S. Processes for system family architecting, design and integration. IEEE Systems Journal, 2007,1: 5-16.

[17] Shinners S M. A Guide for System Engineering and Management: Chapter 1. Lexington Books, 1989.

[18] Stevens R, Brook P, Jackson K, et al. Systems Engineering, Coping with Complexity: Chapters 7,8. Prentice Hall, 1998.

第 5 章　系统工程管理

5.1　管理系统的开发和风险

如在第 1 章中指出的，系统工程是系统开发项目管理的一个组成部分。系统工程在项目管理功能中所起的作用如图 5.1 的韦恩图（Venn diagram）所示。图中椭圆表示项目管理的领域，其主要组成部分为系统工程和项目规划与控制。可以看出，这两个组成部分全部包含在项目管理领域中，技术指导是系统工程的领域，而规划、财务和合同是项目规划与控制领域。任务定义和资源分配都是必要的共享功能。

为了更好地理解系统工程的许多不同功能，本章介绍了项目管理框架的几个主要特点，例如工作分解结构（Work Breakdown Structure，WBS）、项目组织和系统工程管理计划（Systems Engineering Management Plan，SEMP）。另外，还讨论了风险管理、系统工程工作的组织以及应用于系统工程的能力成熟度模型集成。

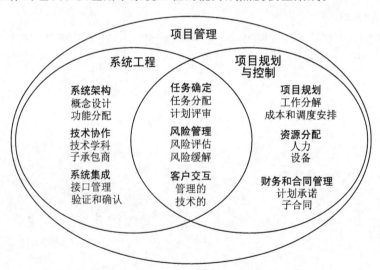

图 5.1　系统工程作为项目管理的一部分

一个复杂系统的工程需要由几十或几百人以及许多承包商或其他组织实体来完成众多相互关联的任务。这些任务不仅包括整个开发过程，而且通常还包括支持系统操作所需的一切，例如维护、文档编制、培训等，这些都必须提供。还必须包括开发和获取测试设备、设施和运输工具。项目管理和系统工程所涉及的任务，包括必须明确处理的计划、时间、成本计算和配置控制等。

本章中的各节,旨在适用于所有类型的复杂系统的全部系统工程活动的管理。但是,在软件密集型系统的管理中基本上所有的功能都是由软件来执行的,因而有许多特征需要考虑。这些将在第 11 章"软件工程管理"一节中予以讨论。

建议书制定及工作说明书(Statement of Work,SOW)

系统开发通常从有需求的客户开始,而客户在竞争环境中通常是以建议书(Request For Proposal,RFP)的形式请求支持。在公司决定响应 RFP 之后,会指派项目经理或专业的提案团队来生成提案。尽管可能不会正式任命系统工程师加入团队,但技术概念、隐含设计和接口是可行的,这一点至关重要。因此,即使在项目的早期阶段,系统工程与项目管理的集成也是显而易见的。

提案的一个关键要素是 SOW。这是开发系统为满足客户需求所需要工作的叙述性描述。系统工程师关注的重点将集中在待开发的产品上,确保 SOW 中的工作范围包括完成工作所需的所有产品和服务。具体来说,系统工程师专注于响应客户需求,确保 SOW 基于可靠的运营概念,回顾了隐含设计对遗留部件及其可用性的使用,并检查所提议的系统是否集成了商用现货(COTS)部件,并确定了技术准备水平初步系统设计中的重要子系统。这项早期计划为技术贡献者在项目的整个生命周期中"与之共处"奠定了基础。

5.2 工作分解结构

系统开发工作的成功管理需要特殊的技术,以确保所有的基本任务得到正确的定义、分配、安排和控制。最重要的技术之一是将项目任务系统化地组织成一种叫做工作分解结构(WBS,也称为系统分解结构或项目分解结构)的形式。它借助一种递阶结构来定义项目期内待完成的全部任务。它的提出早在概念阶段就开始了,并作为概念权衡研究的一个参考点。然后,在后面各阶段更充分地阐明,以作为系统生命周期成本计算的基础。工作分解结构常常是竞争性系统开发中的合同要求。

工作分解结构通常定义整个系统的开发、生产、测试、部署和支持,包括硬件、软件、服务和数据。它提出了一种框架或草图在此基础上实现项目。

典型工作分解结构的元素

工作分解结构格式通常是根据项目量身定制,但始终遵循层次结构,旨在确保该项目下每个重要部分都有一个具体位置。为了说明其目的,下面各小节将描述一个典型系统工作分解结构的典型元素。

对系统项目在递阶中的层次 1 来说(某些工作分解结构从层次 0 开始),层次 2 的类别可以拆分如下:

1.1 *系统产品*

1.2　系统支持

1.3　系统测试

1.4　项目管理

1.5　系统工程

请注意,这些类别在内容或范围上并不平行,但集合在一起设计,它们是涵盖在系统项目下的所有工作。

1.1　**系统产品**　是开发、生产和集成系统本身及其运行所需的任何辅助设备所需的全部工作。表5.1显示了系统产品的 WBS 分解示例。第3级条目被看作是几个子系统和它们集成所需的设备(装配设备),以及由多个子系统使用的其他辅助设备。该表还显示了一个层次4和层次5的子系统分解为其组成部件的例子,这些部件代表了开发、工程和生产工作的可定义产品。最好是对每个子系统分别进行硬件和软件部件的集成和测试,然后将被测试的子系统集成到最终的测试系统中进行测试(见下文1.3)。最后,出于成本分配和控制的目的,在第5级将每个部件进一步分解为工作包,这些工作包定义了部件的设计、开发和测试的几个步骤。从此级别开始,在 WBS 之下,元素通常用行动词表示,例如购买、设计、集成和测试。

表 5.1　系统产品的工作分解结构

层次 1	层次 2	层次 3	层次 4	层次 5
1.系统项目				
	1.1 系统产品			
		1.1.1 子系统 A		
			1.1.1.1 部件 A1	
				1.1.1.1.1 功能设计
				1.1.1.1.2 工程设计
				1.1.1.1.3 加工
				1.1.1.1.4 单元测试
				1.1.1.1.5 文档
			1.1.1.2 部件 A2	
				1.1.1.2.1 功能设计（等）
		1.1.2 子系统 B		
			1.1.2.1 部件 B1	
				1.1.2.1.1 功能设计（等）
		1.1.3 子系统 C		
		1.1.4 装配设备		
		1.1.5 辅助设备		

1.2   **系统支持**(或综合后勤支援)   为系统产品的开发和运行提供所需的设备、设施和服务。这些条目可以分为 6 个标题(3 级类别)。

1.2.1   供应支持

1.2.2   测验设备

1.2.3   运输和处理

1.2.4   文档

1.2.5   设备

1.2.6   人员和培训

每个系统支持类别都适用于开发过程和系统运行,这可能涉及完全不同的活动。

1.3   **系统测试**   在各部件的设计已通过部件测试验证以后开始。整个测试工作最有意义的一个部分,通常是系统级的测试。它包括下列 4 类测试:

1.3.1   集成测试   这类测试支持部件和子系统逐步集成为整个系统。

1.3.2   系统测试   这类测试提供整个系统的测试和测试结果的评价。

1.3.3   接收测试   这类测试提供递交系统的工厂安装测试。

1.3.4   运行测试与评估   这类测试在实际运行环境中测试整个系统的有效性。

在每一层次进行的单独测试,是在一系列单独的测试计划和程序中规定的。但是,测试目的和内容的整体描述,以及要进行个别测试的列表也应在集成测试规划和管理文档中予以说明,在美国国防部获取术语中也称为"测试与评估管理计划"。第 13 章是系统集成与评估的主题。

1.4   **项目管理**   任务包括有关项目规划和控制的全部活动,包括工作分解结构的管理、成本计算、日程安排、绩效衡量、项目评审和报告,以及其他有关活动。

1.5   **系统工程**   任务包括系统工程人员在全部概念和工程阶段指导系统工程的全部活动。这里具体包括,诸如系统工程管理计划中规定的需求分析、权衡研究、备选方案分析、技术评审、测试要求和评估、系统设计要求、配置管理活动,这些活动在 SEMP 中被确认。另一个重要活动是将专业工程集成到工程工作的早期阶段,换言之就是并行工程。

工作分解结构是如此构成的:要使得每个任务在工作分解结构的层次结构中被标识在适当的位置。系统工程在帮助项目经理构建工作分解结构为实现这一目标起着重要作用,使用工作分解结构作为项目组织框架通常开始于概念探索阶段。在概念定义阶段,工作分解结构被具体定义作为组织、成本和调度的基础。在此时,子系统已经被定义,其组成部件被识别。同时,要做出有关系统元素外部采购的决定,至少是暂时的。工作分解结构需要被细化的层次已经确定。

当然,可以预见的是,工作分解结构的细节会随着系统的进一步设计而发展和变化。但是,其主要梗概应保持不变。

89

成本控制和估算

工作分解结构，是项目成本控制和估算系统的核心。其组织安排，使最低的合同工作包与成本分配的条目相对应。因此在项目开始时，目标成本分布在已识别的工作中，并随着低层包的分解而向下划分。然后，经过实际报告成本与估算成本的比较，通过识别并关注那些严重偏离初步估算成本的工作包来进行项目成本控制。

将项目成本向下收集到部件层，并将它们分配到项目开发、工程和制造等主要阶段，这对于创建数据库也非常重要，该数据库被组织用于估算未知项目的成本。对新部件来说，必须将以前经历过的项目的成本直接与预计系统中的成本相比较，并在可获得成本数据的最低综合水平上进行成本估算。在较高层次上，从一个系统到下一个系统的偏离会变得很大，以致在没有重大修正的情况下无法从以前经验中获得可靠的数据。

我们不应期望最低合同层次在所有各子系统及其部件之间是一致或相同的。例如，如果一个子系统已获得一个固定价格的承包商，那么最好终止工作分解结构中这个子系统的最低承包。

一般来说程序控制包括成本在内的计划控制是在详细的具体规格、接口参数和工作分配的层次上实施的。事实上，也代表了负责开发、设计和制造此系统给定元素的项目和组织之间的合同。

关键路径法（Critical Path Method，CPM）

网络调度技术通常用于项目管理，以帮助计划和控制项目。网络由执行项目所需的事件和活动组成。事件相当于指示活动启动和终止时间的里程碑。活动代表工作或任务的元素，通常来自需要完成的工作分解结构。

关键路径分析是一个重要项目管理工具，它追溯系统的每个主要元素以及向前到其组成的零件，评估不仅包括规模，还包括每步所需要的工作持续时间。估计需要最长时间来完成其组成活动的特定路径，叫做"关键路径"。这个时间与其他路径所需的时间之差称之为"自由时差"。工作分解结构直接应用的结果就得到了关键路径网络。系统工程师使用CPM来理解任务活动的依赖性，帮助确定技术团队的工作优先级，并以图形的方式来传达整个程序工作。

5.3   系统工程管理计划

在开发复杂系统时至关重要的是系统开发过程中全部关键参与者不仅要知道自己的职责，而且要知道他们是如何相互联系的。正如控制系统的接口需要特殊的文档一样，项目中的职责和权限也必须加以确定和控制。这通常是通过准备和发布一份系统工程管理计划来达到的。制定指导工程工作计划的主要责任是项目管理的系统工程部分。

在国防获取计划中,已经认识到形成管理工程工作计划的重要性,确认要求承包商准备一份系统工程管理计划作为概念确定工作的一部分。系统工程管理计划的最重要功能是保证所有实际参与者(子系统的经理、部件设计工程师、测试工程师、系统分析师、专业工程师、子承包商等)相互了解各自的职责。这是系统工程中部件接口函数的精确解析,它规定系统全部部件之间的交互作用,使得它们互相匹配并顺利运行。它也可以作为执行许多系统工程任务所要遵循的程序参考。系统工程管理计划在计划管理规划中的位置如图 5.2 所示。

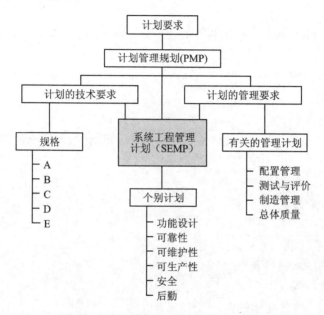

图 5.2 SEMP 在计划管理规划中的地位

系统工程管理计划旨在成为一个具有生命力的文件,起初是一种提纲,然后随着系统开发过程的进行详细地阐述和更新。拥有正式的系统工程管理计划,也为比较计划中的任务和已完成的任务提供一种控制手段。

典型系统工程管理计划的元素

系统工程管理计划包含系统开发过程中如何执行系统工程功能的详细说明。它被认为包括三种类型的活动:

(1) 开发计划的规划和控制 描述在管理开发计划中必须执行的系统工程任务,包括:

- 工作说明;
- 组织;
- 工程安排;
- 程序、设计和测试准备情况审查;
- 技术性能评估;

- 风险管理。

（2）系统工程过程　描述应用于系统开发的系统工程过程，包括：

- 运行需求；
- 功能分析；
- 系统分析和权衡策略；
- 系统测试与评估策略。

（3）工程专业集成　描述如何将专业工程领域集成到主要系统的设计和开发中去，包括：

- 可靠性、可维护性、可用性（Reliability, Maintainability, Availability, RMA）工程；
- 可生产性工程；
- 安全工程；
- 人为因素工程。

典型的系统工程管理计划大纲是针对开发系统定制的，但可以包括以下内容：

说明

　范围、目的、概述、适用文件。

方案规划和控制

　组织结构；

　责任、程序、机构；

　WBS、里程碑、时间表；

　计划活动；

　计划、技术、测试就绪评审；

　技术和进度表现指标；

　工程项目集成、接口计划。

系统工程过程

　任务、系统概述图；

　需求和功能分析；

　权衡研究（备选方案分析）；

　技术接口分析/计划；

　规格树/规格；

　建模与仿真；

　测试计划；

　后勤支持分析；

　系统工程工具。

工程集成

　集成设计/规划；

　专业工程；

兼容性/干扰分析；

可生产性研究。

5.4 风险管理

开发新的复杂系统,本质上需要获取先进但未完全开发的设备技术,以便明智地指导系统设计,使其能够可靠地以可承受的成本完成预期的任务。但是,在每一步骤中都可能碰到无法预期的结果,从而带来性能下降,环境敏感性、生产不适宜性或许多其他不能接受的后果,这些后果可能导致流程变更,从而影响计划成本和进度。对系统工程而言,最大的挑战之一是如何驾驭一个所引起的风险最小而仍达到最好结果的进程。

在开发之初总有各种不确定性,因而在每个方面都有风险:人们所理解的运行要求是是否现实？它们在整个新系统的运行周期中都有效吗？在需要的时候系统所需的资源是否可用？达到要求的运行目标所需要的先进技术能否按预期执行？生产自动化的预期进展能否实现？开发的组织能否避免停工？

系统工程的一项特殊任务就是要觉察到这些可能性并指导开发,以便在风险发生以及可能发生时将其影响减到最小。在系统开发中辨识风险和最小化风险所使用的方法论,就叫做风险管理。这种风险管理必须在系统开发之初就开始,并贯穿整个过程。

通过系统生命周期降低风险

降低计划风险是整个生命周期中的一个持续过程。例如,需求分析阶段,降低了着手开发时不能满足关键运行需求的系统开发风险;概念开发研究阶段,降低了产生不相关的和不切实际的系统性能需求的风险;而系统确定阶段,选择一种系统概念,该概念采用的技术方法既不过度成熟又能承担得起,且最能满足全部系统目标的技术方法。

图 5.3 是一个示意图,表示了系统开发(以任意单位)的计划风险如何随开发在生命周期各阶段的进行而降低。横坐标表示的是时间,划分系统开发的各个阶段。图中还显示了每个阶段典型相对开发工作量的一条曲线。

下降的风险曲线表明,随着开发的进展,未知因素(构成不可预见的不利事件的风险)通过分析、试验、测试或进程的改变被系统地消除或减少。这条曲线的上下变动称为"风险缓解瀑布"如图 5.4 所示。上升的工作量曲线表示系统开发的后续阶段的成本逐步增加,表明活动从概念到工程、集成与评估的过程。

图 5.3 说明了几个关键原则:

(1)随着开发的进行,对计划工作的投资通常会急剧增加。为了维持对计划的支持,必须相应地减小失误的风险,以将财务风险保持在合理的水平。

(2)当对有关系统需求和系统概念做出基本决策时,计划的初始阶段可以大大降低风险。这表明在形成阶段投入足够努力的重要性。

(3)最大程度降低风险的两个阶段是概念探索和高级开发。概念探索为系统方法

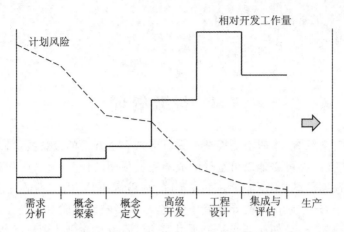

图 5.3　整个系统开发过程中的计划风险和工作量的变化

和体系结构提供一个坚实的概念基础。高级开发使新的先进技术趋于成熟，以确保它们满足性能目标。

（4）当开发完成，系统为生产和销售做好准备时，如果系统要成功，剩余的风险水平必须非常低。

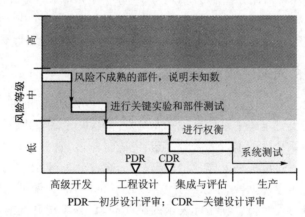

PDR—初步设计评审；CDR—关键设计评审

图 5.4　风险缓解瀑布图的示例

风险管理的组成

风险管理已在系统工程标准（特别是政府的获取计划）中得到正式认可。每个项目都应准备一份风险管理计划。风险管理有自己的组织机构、人员、数据库、报告、独立的审核，并延伸到项目开发、生产、运行和支持的所有阶段。由 DoD 定义的风险管理的具体描述，可参见《DoD 获取的风险管理指南》，由美国国防系统管理学院出版。

《DoD 获取的风险管理指南》将风险管理这个主题划分为风险规划、风险评估、风险排序、风险处理和风险监控。接下来将这些合并为两类：风险评估（包括风险规划和风险排序）和风险缓解（包括风险处理和监视）。风险规划这个主题由风险管理计划来阐明，它是系统工程管理计划的一部分。

风险评估

风险评估的一般过程是评估所有不确定性的决策因素。如第 10 章中将要描述的，风险评估用来消除那些过于依赖不成熟技术、未验证的技术，或其他概念。这些概念的预期收益与实现的不确定性相比似乎不值得证明。在第 12 章中列出了一些较常见的计划风险来源。

在高级开发阶段，风险评估被视为一种有效的方法，用于识别和描述代表潜在开发风险（即无法满足需求的可能性）的设计特征。这些特征代表了足够的开发风险（即为满足要求而冒失败的可能）和主要计划的影响、分析以及必要时进行开发和测试。因此，风险评估确定了设计中最薄弱和最不确定的特征，并将注意力集中在消除这些特征会带来的复杂性，及在随后的开发过程中可能需要修改设计的方法上。

一旦确定了具有可疑设计特征的系统部件，系统工程的任务就是制定一个分析、开发和测试的计划，消除这些弱点或采取其他措施降低它们潜在的风险，使计划达到可接受的水平。在此过程中，风险评估的方法可以具有更大的价值，通过提供一种方法来决定如何在风险识别区域中最佳分配可用时间和工作。为此目的，风险评估能用来判断存在问题的设计特征所引起的相应风险。

为了比较项目风险中不同来源的潜在重要性，必须考虑两个风险成分：一是给定的组成部分无法满足其目标的可能性以及这种失败对项目成功的影响或关键程度。因此，如果一个给定部件的故障所带来的影响非常大，那么即使其发生的可能性很小，也是不容许的。另外，如果给定方法失败的可能性很大，那么即使其影响可能较小但意义重大，通常还是要慎重选择。

这些风险成分通常以"风险多维数据集"的形式显示为三个或五个维度。五维立方体如图 5.5 所示，而三维立方体将在下面讨论。由于概率在本质上通常是定性的，因此需要丰富的经验才能判断得出具体的风险分配。了解相关性质也很重要，因为基础研究领域的工作自然比开发一种具有明确定义的系统的工作风险更大。客户的风险承受力也会因领域和经验的不同而不同。

1. 风险的可能性：失败的概率

由于存在太多不确定性，无法计算出实现特定项目目标的可能性数值，因此试图在相对粗略的度量之外对风险进行量化，以帮助确定风险的相对优先级，是没有用的。

对于未经验证的技术，可以根据此技术的工程状态来粗略地估计其相对成熟度。这可以通过确定一个或多个类似功能应用有关的技术使用并确定其开发水平（如从实验室设计到实验原型，再到合格的生产部件）来实现。高、中和低，风险通常是一个有用的范围。此外，好的实践经验是，对出现的风险和少数判断为极不成熟和复杂的系统部件进行排序。如果这些部件太多，那么可能是一个信号，表示整个系统的设计方法过于模糊，应该重新考虑。

高度复杂部件和接口的风险，比那些使用先进技术的风险，更难以量化。接口总是需要特别注意，特别是在人机交互中。后者往往由早期的原型和测试来保证。这里相

源自风险管理——Bob Skalamera的过程概述

风险发生的可能性是多少？		
级别		您的方法和流程
1	不可能	在标准实践的基础上，能否有效地避免或降低这种风险
2	低可能性	在类似的案例中，是否经常以最小的监督来降低这类风险
3	可能	可能会降低这种风险，但需要变通方法
4	极有可能	不能降低这种风险，但可以选择其他方法
5	几乎肯定	不能降低这类风险；没有已知的流程或工作区可用

（可能性）

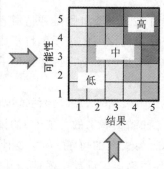

考虑到已经意识到的风险，影响的程度会有多大？			
级别	技术	计划	成本
1	轻微或没有影响	轻微或没有影响	轻微或没有影响
2	轻微的性能不足，保留相同的方法	需要进行其他活动，能够满足关键日期	预算增加或单位生产成本增加<1%
3	性能中度不足，但可以使用解决方法	小延期，将错过需要日期	预算增加或单位生产成本增加<5%
4	不可接受，但有变通办法	影响项目关键路径	预算增加或单位生产成本增加<10%
5	不可接受;不存在替代品	无法实现关键的项目里程碑	预算增加或单位生产成本增加10%

（结果）

图 5.5　风险多维数据集显示的示例

对复杂性的排序,是一种有效方法来确定风险管理所需的工作有序级。

软件风险的优先级也是一个需要判断的问题。带有许多中断的实时程序以及同步进程总是需要特别注意。新的或重大更改的操作系统可能会特别复杂。具有高逻辑性内容的程序,较那些进行大量计算的程序来说,更容易因未检测到的故障而发生故障。

表 5.2 列出了在确定风险概率的一般优先顺序时所讨论的一些注意事项。

表 5.2　风险的可能性

风险的可能性	设计状态
高	• 从过去设计的显著延伸 • 多个新的未经使用的部件 • 复杂部件和/或接口 • 有限的分析工具和数据
中	• 从过去设计的适度扩展 • 部件复杂但不高度承压 • 分析工具可用
低	• 应用合格的部件 • 部件的复杂度中等 • 成熟的技术和工具

2. 风险的危险性：失败的影响

前面陈述过，特殊失败风险的严重性可以借助两个因素来考虑：失败发生的可能性和它对影响计划成功的严重性。从半定量的角度来看，可以将风险的严重性视为这两个因素的结合。

与风险可能性的情况一样，风险评估没有临界数字标尺，可以考虑可能性同样的相对级别：高、中或低。这些缺陷，需要分配到达成共识的级别，如表 5.3 所列。

表 5.3 风险的危险性

危急性	系统的影响	计划影响
高	• 性能的显著降级（50%～90%）； • 严重安全问题	• 成本或/和进度的显著增加（30%～70%）； • 生产减少
中	• 性能的显著降级（10%～50%）； • 可操作性的短期丧失； • 运行支持的费用增大	• 成本或/和进度的显著增加（10%～30%）； • 严格审查和监督； • 生产延迟
底	• 性能的次要降级（小于 10%）； • 偶然的短暂延迟； • 增加维护	• 成本或/和进度的轻微增加（小于 10%）； • 加强评审、监督

表 5.3 显示，处于风险中的系统部件无法执行其功能，对系统操作存在预期影响；如果部件在开发后期出现故障，可能会对整个项目产生影响，并指出对项目可能造成的影响。

尽管某些系统工程教科书倡导通过对风险可能性和风险危险性的估计赋值，并采取办法来推导整体风险因素，但这种做法的缺点超过了看似简单的单个风险因素假定的优势。首先，赋值会造成没有真实基础的量化知识的错觉；其次，将两个指标合并成一个会减少纯信息内容的效果，正如将系统各部分优点的预测结果合并成一个数值。因此，建议将单个的级别保留为抽象的，例如高、中和低，并且两个部件保留它们的标识，如中-低等。

关于危险性，表 5.3 中所列出的最高危险性不包括导致任务失败的系统性能几乎完全丧失的情况。这种风险很可能会使风险计划被取消，因此被认为是不能接受的。这意味着，这种危险性程度的设计风险不可行。

3. 系统工程的作用

风险评估的任务（以及风险管理的后续任务）显然是系统工程的责任。这是因为，这种判断涉及系统特性及其组成技术的广泛知识，超过了设计专家所拥有的知识范围，而且风险危险性的判断是在系统和项目级别上进行的。因此，风险评估的过程有助于系统工程师去识别和最全面的了解系统功能，并将其上升到适合于大型工程设计的成熟度水平。

风险缓解

以下是处理已识别的项目风险的最普通方法，这些风险的严重程度由高到低列出：

（1）加强对工程过程的技术和管理评审；

（2）特别监督指定的部件工程；

（3）对关键设计项目进行特殊分析和测试；

（4）快速原型设计和测试反馈；

（5）考虑放宽关键的设计要求；

（6）启动后备选择并行开发。

上述每种方法简述如下。

1. 技术和管理评审

正式的设计评审可以阐明整个子系统，但其覆盖的深度是被认为最重要的设计方面。系统工程的责任就是保证重要的风险项目已充分表达和讨论，以便管理部门可以将管理重点和资源用于需要额外工作的问题中，目的是尽早解决问题，因此充分暴露预先发生经历的或预期的困难是必要的。在第 12 章的组件设计（12.4 节）部分中进一步讨论了设计评审的过程。

2. 监督指定的部件工程

定期安排的设计评审既不频繁也不够详细，无法对已知的设计问题区域进行充分的监督。应该为每个指定问题范围赋予特定的状态，并进行适当的频繁审查，由指定的高级设计师和系统工程师来进行监督。

在适当的情况下，顾问参与这个过程。应准备并跟踪风险缓解计划，直至问题解决为止。

3. 特殊分析和测试

对于设计中涉及在先进技术阶段未解决问题的部件来说，应进行额外的分析，并在必要时进行加工制造和测试，以获取足够的设计数据来验证技术方法。这将需要分配额外的资源和修改工程的进度，以适应这种分析和测试的结果。

4. 快速原型

对于未验证的部件，如果其分析和有效的测试并不能验证设计，则必须构造测试用的原型以确保其有效性。这种措施一般在先进技术阶段采用，但有时问题在当时没有被认识到，在有些情况下，该措施并不能解决问题。

5. 放宽过高要求

经验证明，试图满足所有最初提出的需要往往无法获得实际的整体解决方案，并且需要调整某些性能或兼容性要求。有时虽然已完全满足解决方案的要求结果，但这些方案往往异常复杂、代价高、不可取，或者实际上并不受欢迎。应探讨这种可能性，由于性能、成本和进度需要综合考虑，所以这个问题是系统工程的独特任务，这是一个应在特殊情况下使用的选择，但不应该推迟，直到大量资源和时间投入到满足此需求的徒劳努力中。

6. 后备方案

可选设计方法的开发，最适合使用新技术的部件，而这些部件的成功开发并不能完全保证。在这种情况下,应在高级开发阶段建立适当的代替方法,以作为新设计不能满足期望时的后备方案。这种后备方案,几乎总是导致性能降低,成本增大,或者某些与所选用方法比较存在其他缺陷。但它们的设计更为保守,因此更有可能取得成功。

经常会发生这种情况:在就某一技术方法的最终成功达成明确解决方案之前,工程设计阶段开始了。因而在最后决策之前,要决定是否退到较保守的方案。在这种情况下,必须通过紧急计划以求进一步开发、分析和测试来帮助做决策。这种决策又是系统工程的一种决策。通常,选择还包括对初始需求的重新考虑或审核,如前几节讨论过的。

上述工作方法可以单独应用,但通常结合使用效果最好。监督它们是项目经理的职责,计划和方向则是系统工程的职能。

风险管理计划

上述活动是对系统开发完全成功的重要性,要求风险管理计划是整个计划管理过程的一部分。为此,应该开发并逐步更新正式的风险管理计划,其中减轻风险是主要部分。

对于每个重大风险,都应该有一个计划,通过采取特殊行动,或与工程同时进行,或在预期风险出现时进行调用,以使可能的影响最小。这种计划的制定必须以总的期望的计划成本为目标。这意味着,计划活动所包含的计划风险,其代价不会超过该重要风险最终发生的预期影响的代价。对后备方案待开发的项目来说,备用计划应激活。如果在一开始就激活备用计划,那么证明对主要方法不满意、缺乏信心。图 5.4 显示了"风险缓解瀑布图"的风险缓解计划图。表 5.4 是一个风险计划工作表的例子。

表 5.4　风险计划工作表

风险标题:	项目名称:	
风险承担者:	最近更新:	
团队:		
提交日期:		
风险描述: 基本原因说明: 意识到风险的后果:	风险类型: □ 技术 □ 时间表 □ 成本 □ 其他	将X,1,2,…,放在适当的单元格中 可能性 5 4 3 2 1 1 2 3 4 5 后果
降低风险计划		

			成功风险等级		
动作/里程碑事件	日期	成功标准	L	C	注释
1.					
2.					
3.					
4.					

5.5 系统工程的组织

虽然已经研究了几十年，但对特定类型的企业来说，什么样的组织形式是最有效的，还有许多不一致的意见。因此，参与系统开发项目的组织，可能使用了各种不同的组织方式。每种方式按照历史经验和上级管理的个人偏好而演化发展。相应地，不管它对一个给定系统开发项目成功的重要性如何，系统工程功能，通常需要适应已经存在的组织结构。

事实上，所有系统开发项目都是由一个工业公司管理的，因此，就是这个公司的组织形式推动系统工程的组织。在大部分情况下，此公司会开发一些内部的子系统和由子承包商承包的其他子系统合同。我们将第一个公司，认为是主承包商或系统承包商，并且认为许多参与的承包商是"承包商团队"。这意味着系统工程不仅要扩展到多个不同学科，而且要跨越几个独立的公司。

主承包商的组织结构，通常是某种形式的"矩阵"组织。在一个矩阵组织中，大部分工程人员以学科或技术为导向的团队。主要的项目由项目管理团队管理，向一个"项目管理的副经理"或同等地位的人汇报。有时，这些团队称为集成产品团队（Integrated Product Teams，IPTs）（请参阅第 7 章），根据需要将技术人员分配到各个项目中，但员工仍与工程小组保持联系。

矩阵形式组织中的重要变动，取决于成批的技术人员是否被分配到一个专门为项目安排的地点，并保证大部分参与者全程参与，或者保证项目仍在总部所在的区域内。差别是，技术工作分配方面仍由上级主管监督授权。

如前所述，系统工程职能的组织，必然依赖于系统承包商的组织结构。但是应有一些共同的实践经验。参见图 5.1，对一个重要的系统项目，系统工程师（一个项目系统工程师）的功能应在项目规划和控制功能之外，有单独的重要责任。作为项目管理的一个组成部分，一个合适的名称可以是"系统工程的助理（或项目副经理）"，或更简单一点叫"系统工程经理"。系统工程师的功能是指导和授权建立目标（需求和规格）、分派任务、指导评价（设计评审、分析和测试）和控制配置。

在任一组织中，由于各种原因很难维持有效的技术沟通和交流，其中许多是人类行为固有的。然而，这种交流对项目开发的成功来说，是至关重要的。可能，系统工程师的一个最重要任务就是在公司内外需要交互工作的许多人员和群体间，建立和保持有效的沟通和交流。这是一种与系统物理界面功能相对应的人机界面功能，它使系统元素紧密地结合在一起，协同工作。由于系统工程师往往并行地工作而不是通过已建立的授权路线工作，因此他或她必须行使非凡的领导能力，将需要交互的人员聚集在一起。

有几种不同的沟通交流方法，都需要酌情使用：

（1）全部关键的参与者，必须知道他们期望做什么，何时和为什么做：在任务指派和工作分解结构中表示"做什么";在调度日程、里程碑和关键路径网络中要包含"何时做";在要求和规格中应回答"为什么做"。"为什么做"的一个明确和完全陈述,对保证设计师、分析师和测试师能理解任务分配的目的和约束来说是重要的。

(2)参与者必须知道系统中各自的部分是如何与其他关键元素相互作用的,以及它们相互依赖的性质。这种交互作用,特别是它们的潜在原因,永远不可能在规格文档中得到充分描述。这种意识只能通过参与者之间定期的个人沟通和任何结果的协议、接口协议等文件来提供。无论这些文件多么少或不确定。系统工程必须通过形成交互工作的群体和开发接口控制的文档,以及在特殊情况下可能需要的非正式沟通,来提供系统设计这些项目的黏合剂。

(3)在远程地点的子承包商和其他关键参与者,必须集结在项目沟通的框架中。在管理层,这是系统项目经理的任务。但在工程层,它是项目系统工程人员的责任。上述为整个承包团队提供的同样的两个协调职能是很重要的。为此目的,普通形式的承包机制是不够的,有时甚至产生阻碍。相应地应做出特别的努力来将团队的成员有效地集结到整个系统的开发工作中来。这需要在两个层次上进行:①有承包商团队顶层代表参加的定期项目管理评审;②经常召开与项目进行中的具体方面有关的技术协调会议。

(4)系统设计工作的主要负责人必须有一种定期且频繁的相互沟通方式,以保持项目紧密协调并迅速对问题做出反应。这在以后的几节中将予以讨论。

系统分析人员

系统工程组织的主要组成部分都是高素质和经验丰富的分析人员。这些人员不需要是一个单独的个体,也不需要与项目人员本身在组织上配合,但这些项目人员至少在概念和项目的早期工程阶段是系统工程组织的一部分。相对于操作和物理特性来说,系统分析人员必须对系统环境有深入的了解。在这两种场合中,必须能利用数学和计算机方法来模拟系统环境,为系统模型的效果分析提供基础:在概念研究探索阶段,系统分析人员是量化数据的来源,这些数据涉及满足操作需求所需的系统性能。在概念定义阶段,系统分析人员负责建立权衡研究和选择最佳系统概念的系统仿真。在整个项目的工程开发步骤中,分析人员参与许多部件的权衡研究。他们进行测试分析以推导出系统原型性能的定量度量,并帮助消除系统设计特性的量化问题。

在系统分析人员必须精通数学建模、软件设计和其他专门技术的同时,还要求他们具有系统思维和开发系统操作需要的全部知识。

系统设计团队

在任何一个大型计划中实施领导与协调作用,都需要一个或多个关键人员的团队紧密合作,在工程计划的实施上保持总体共识。复杂系统开发项目的系统设计团队至少具有以下成员:

- 系统工程师;
- 子系统首席工程师;

- 软件系统工程师；
- 支持工程师；
- 测试工程师；
- 用户代表；
- 专业和并行工程师。

用户代表是系统需求的倡导者。团队方法的优势在于，它通常会增强参与者的精神和动力，加深他们对系统开发其他相关方面的状态和问题的理解。这会提高团队成员在整个系统中的主人翁意识，而不是像许多组织所规定的那样，限制责任感。它对没有预料的问题和其他项目变更的响应更加有效。

在特定的应用项目中，需要根据主承包商的组织和客户在流程中的参与程度来定制系统开发的领导能力。最重要的共同点是：

- 团队领导者的领导素质；
- 表示具有关键职责的人；
- 主要技术贡献者的参与。

系统设计团队的成员如果没有强有力的领导，将会造成工作混乱或自行其是。如果由于某种理由，被指定为项目系统工程师的人缺乏必要的个人领导品质，那么项目工程师或副系统工程师应该承担团队领导的责任。

开发工作的主要部分的领导者，对引领团队进入设计决策过程以及由他们提供可用的资源来解决问题是必要的。通常，有几个高级系统工程师，他们的经验和知识对项目来说很有价值，他们的存在为设计过程增加了必要的明智因素。

在设计过程中，客户的参与是必不可少的，但在许多情况下，可能会对团队会议中的自由讨论产生抑制作用。对于团队成员来说，与客户举行频繁的、更正式的会议会更好。

5.6 小 结

管理系统的开发和风险

系统工程师在项目管理中可为其提供技术知识、系统集成与技术协调。

工作分解结构

系统工程师还需要参与到资源分配、任务定义以及客户交流中，最初的关注点是工作分解结构的开发。工作分解结构是一个分层的任务组织，将全部工作细分为多个较小的工作元素。这为计划、成本核算和监控提供了基础，并实现了成本控制和估算。

CPM 是用于流程安排的一种关键工具。CPM 基于 WBS 工作单元，并创建了一个顺序活动网络。通过分析该网络，系统工程师和程序管理员可以识别花费最长时间完成的路径。

系统工程管理计划

SEMP 计划执行所有系统工程任务。在此过程中,它定义了所有参与者的角色和职责。

风险管理

风险管理是系统工程的主要挑战,因为所有新系统的开发都存在不确定性和风险。降低计划风险是整个生命周期中的一个持续过程。此外,随着计划投资的增加,必须降低风险。

风险管理计划对于支持风险管理很重要。风险评估根据风险可能性(发生的可能性)和风险临界度(风险实现的影响和后果)确定风险的重要性。

缓解关键区域的风险可以包括以下一项或多项:管理评审、特殊工程监督、特殊分析和测试、快速成型、严格需求的重试和/或后备开发。

系统工程的组织

系统工程组织跨越学科和参与组织,同时也要适应公司的组织结构。因此,系统工程必须有效地与适当的利益相关者"沟通"什么,何时并且必须为所有参与者提供技术审查。在大型项目中,系统工程由系统分析人员支持。

大型项目需要正式的系统设计团队,该团队集成了主要的子系统、分包商以及软件系统工程的产品。这些团队包含来自支持工程和测试组织的成员,并且通常还包括适当的专业(并行工程)成员。在适当的时候,还可以包括用户。这些设计团队参与系统工程的关键作用是使他们始终专注于整个企业的成功。

习 题

5.1 为系统开发项目开发详细的 WBS 是项目管理的基本功能。除了详细介绍"系统工程"部分之外,系统工程在 WBS 的定义中还应扮演什么角色?

5.2 正式的 SEMP 的准备通常是承包商竞争性系统开发计划中必不可少的一部分。由于此时系统设计仍处于概念状态,请解释您将从何处获得本章中列出的典型 SEMP 要素的信息。

5.3 定义本章讨论的风险管理的两个主要组成部分,并分别给出两个示例。通过示例显示如何将风险管理流程应用于系统开发项目,建议使用一个或多个未经验证的技术部件。

5.4 评估系统开发的风险可能性(故障概率)的方法之一是将当前的设计状态与现有系统中的有关情况进行比较。表 5.2 列出了一些基本特征,可用于进行这些估算。

对于与高风险项目相关的三个条件之中，请简要描述一个真实系统中这样一个条件的例子，或者描述一个具有这样特征的假设例子。

5.5　假设您是一名新系统工程师，负责大型新系统开发工作。显然，这代表了主要的技术（如果不是程序性的）风险领域。您会在系统开发工作的初期建议采用哪些方法来降低这些技术风险？对于每种缓解方法，请说明该方法是否会降低风险的可能性或风险后果的严重性，或两者都降低。

5.6　有许多用于缓解计划风险的风险缓解方法。参考表 5.3 中对程序的高低影响的描述，讨论如何最好地使用风险缓解方法来降低其风险严重性。

5.7　假设您是新系统开发项目的系统工程师，而您的设计工程师从未开发过该新系统所需的子系统和部件。显然，这是一个主要的风险领域。您会在系统开发工作的初期建议采用哪些方法来降低这些技术风险？对于每种缓解方法，请说明该方法是否会降低风险的可能性或风险后果的严重性，或同时降低两者。

5.8　本章介绍了一种方法，用于量化风险的两个元素（可能性和临界度）以及在风险矩阵上绘制这两个度量的方法。假设您要将这两个指标合并为一个风险的单个指标。请写出您将可能性和临界度组合为单一度量的三种方法。列出每种方法的优点和缺点。

5.9　研究 20 世纪后期英吉利海峡下的隧道建设。

（a）该项目存在哪些风险？

（b）采取了哪些措施来减少导致隧道不能竣工的风险？

5.10　描述您工作所在的组织结构的一般类型。讨论这种结构有益的实例，以及对您参与或了解某些项目有益的例子。

5.11　讨论在大型开发项目中采用系统设计团队方法的优势。列出并讨论该方法成功所需的 6 个要素。

扩展阅读

［1］Blanchard B. System Engineering Management. 3rd ed. John Wiley & Sons, 2004.

［2］Blanchard B, Fabrycky W. System Engineering and Analysis: Chapters 18,19. 4th ed. Prentice Hall, 2006.

［3］Chase W P. Management of Systems Engineering: Chapters 2,8. John Wiley, 1974.

［4］Cooper D, Grey S, Raymon G, et al. Managing Risk in Large Projects and Complex Procurements. John Wiley & Sons, 2005.

［5］Eisner H. Essentials of Project and Systems Engineering Management: Chapters 1-6. 2nd ed. John Wiley & Sons, 2002.

［6］Hall A D. A Methodology for Systems Engineering. Van Nostrand, 1962. International Council on Systems Engineering. Systems Engineering Handbook. A

Guide for System Life Cycle Processes and Activities. Version 3. 2, July 2010.

[7] Kendrick T. Indentifying and Managing Project Risk: Essential Tools for Failure-Proofing Your Project. American Management Association, 2003.

[8] Pressman R S. Software Engineering: A Practitioner's Approach: Chapters 3, 5, 6. 6th ed. McGraw-Hill, 2005.

[9] Rechtin E. Systems Architecting: Creating and Building Complex Systems: Chapter 4. Prentice Hall, 1991.

[10] Sage A P. Systems Engineering: Chapter 3. McGraw-Hill, 1992.

[11] Sage A P, Armstrong Jr J E. Introduction to Systems Engineering: Chapter 6. Wiley, 2000.

[12] Smith P, Merritt G. Proactive Risk Management: Controlling Uncertainty in Product Development. Productivity Press, 2002.

[13] Stevens R, Brook P, Jackson K, et al. Systems Engineering, Coping with Complexity: Chapter 6. Prentice Hall, 1998.

第二部分 概念开发阶段

从第二部分开始将系统地描述系统工程在整个系统工程生命周期的三个阶段中所扮演的关键角色。生命周期的这个初始阶段是系统工程通过执行"系统架构"的功能，为系统开发项目的成功做出最大贡献的地方。大多数情况下，在这个阶段所做的系统决策往往决定着项目的成败。

第6章介绍了一个新系统的创建，不管是由新需求驱动还是由技术机遇驱动。本章着重介绍系统工程在确认新系统运行需求和开发一组最佳运行需求方面的作用。

第7章介绍了概念探索阶段，它解释了系统方案是如何从需求中发展而来的，以及为了得到一组方便定义符合运行需求的系统性能需求和如何检查一些备选方案。

概念开发阶段的最后阶段是选择一个能够满足先前建立的性能需求的首选系统架构。第8章描述了系统工程如何利用建模、可视化和分析来完成这个任务。在主要系统的获取中，这一过程的圆满完成将推动工程开发的进程，甚至是新系统的最终生产。

本部分的最后一章描述了工程级决策所涉及的过程和活动。其中，对权衡分析进行了详细的描述，为系统工程师在决策时提供了一定参考。

第6章 需求分析

6.1 创建一个新系统

系统生命周期需求分析阶段的主要目标是:清晰且有说服力地表明新系统或现有系统进行重大升级时存在切实运营需求(或潜在市场),以及存在一种可行的方法能够在可承受的成本和可接受的风险范围内满足上述需求。它回答了"为什么需要一个新系统"的问题,并表明这样一个系统在能力上可以提供足够的改进,以确保系统是可实现的。在某种程度上,这是通过设计至少一个可以在功能上满足感知需求的概念系统实现的,同时要对这个概念系统进行足够详细的描述,以使决策者相信它在技术上是可行的,且能够以可接受的成本进行开发和生产。简而言之,整个过程必须产生有说服力和可辩护的论据,以支持所陈述的需求,并在那些新系统开发的授权者的头脑中创造"成功的愿景"。

需求分析阶段在系统生命周期中的地位

一个新系统实际开发的准确起点通常很难定义,这是因为,新系统创建阶段的最早期活动通常在本质上是探索性和非正式的,且没有指定的组织结构、特定的目标或既定的时间表。相反,这些活动基于对新系统有效需求及其实现所需技术方法的评估,来决定是否需要做出专门的努力。

与第4章中定义的需求分析相对应的独立阶段的存在,比那些技术驱动的系统更具有需求驱动系统开发的特征。例如,在国防系统中,"材料方案分析"(参见图 4.1 中国防部生命周期)是在即将到来的国防年度预算中正式创建特定项目的必要前提活动,进而为新系统项目启动分配资金。在此活动中,需求确定任务提供了一份初始能力描述(Initial Capability Description, ICD),它证明了系统目标或需求,论证了达到所述目标能够带来的较高的运行效益,并且其实现是可行的。它的完成是国防采办生命周期的第一个正式里程碑。

在技术驱动的系统开发中,例如典型的新型商业系统,需求分析阶段被认为是概念开发阶段的一部分(见图 4.2)。但是,在这种情况下,也必须有类似的活动,例如市场分析、竞争产品评估、当前系统相对于拟议新系统的缺陷评估等,它们为即将成为开发对象的产品确立了真实需求(潜在市场)。因此,在接下来的讨论中,除非特别指出,否则不会对需求驱动和技术驱动的系统开发加以区分。

需求分析阶段在系统生命周期中的地位如图 6.1 所示,其输入被视为运行缺陷和/

或技术机遇。

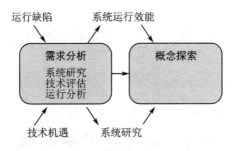

图 6.1   系统生命周期中的需求分析阶段

它到下一阶段（即概念探索）的输出，是对系统运行有效性的一种评估。该评估指定了新系统为达到既定要求所应实现的结果和应具备的系统能力。各种运行分析和系统研究的结果，为论证一个能够满足效能目标的可承担系统提供了证据，表明了可行性。

正如上面所讨论并在图中描述的那样，启动新系统开发的动力来源通常为以下两点之一：(1)认为当前为满足重要的运行需求（需求驱动）而设计的系统存在严重缺陷；(2)由某种技术发展引发的想法，并且该技术的应用有望在满足需求（技术驱动）方面超过现有系统。二者中的任何一个都会导致为了最终形成开发新系统的程序而进行进一步的调查和分析。通常情况下，这两个因素都会影响最终的决策。

新系统需求示例

汽车行业就是一个很好的例子，不断变化的环境迫使系统需求不断改进。政府法律要求制造商在燃油经济性、安全性和污染控制方面做出实质性的改进。几乎一夜之间，现有的汽车设计就过时了。这些规定对汽车行业提出了重大挑战，因为它们需要在技术上进行困难的权衡取舍，并且开发许多新部件和新材料。虽然政府给了制造商若干年时间来逐步改进，但创新设计方法和新部件需求，仍是十分迫切的。在这种情况下，改革的需求是由基于整个社会需求的立法行动所引发的。

技术驱动型新系统的例子，是应用空间技术来满足一些重要的公共和军事需求。在这些案例中，一系列先进设备开发，如强力的推进系统、轻质材料和紧凑型电子产品等，能够使可靠且负担得起的航天器工程成为现实。近年来，卫星领域逐渐成为通信中继、导航（GPS）、天气监测以及众多测量和科学仪器争相展示的平台。

一个更为普遍的技术驱动型系统开发的例子是计算机技术在各种商业和军事系统自动化方面的应用。特别是信息系统（例如银行、票务、路由和库存），已经被计算机化彻底改变了。在这些情况下，系统过时并不是由公认的缺陷所导致的，而是来自于能够应用高速发展的技术来提高系统能力、降低成本及提高竞争地位的机遇。

外部事件

正如本节后面将要讲到的，在大多数主要任务或产品领域中，需求分析会或多或少地持续进行。但是,一些外部事件经常会促进这一过程的强化和集中,进而导致了一个新的运行需求。在国防领域,该外部事件可能是一个新的潜在敌人威胁情报的发现,一个暴露系统缺陷的局部冲突,一个在持续的方案探索项目中发现的重大技术机遇,或者是一个在定期运行测试中发现的重大缺陷。在民用产品领域,触发事件可能是客户需求的突然转变或者是重大技术变革,例如一种超新型产品的发现,或一个劳动密集型流程自动化的机遇。石油价格的急剧上涨就曾引发了人们集中且成功的努力,以开发出更节能、高效的商用飞机——宽体喷气式飞机。

竞争问题

从一个感知到的需求到开发计划的一个开始,需要的不仅仅是对需求的陈述。无论资金来源是什么(政府或个人),都可能会出现为论证需求实用性而争夺必要资源的现象。以军队为例,同其他部门或军种的竞争并不罕见。例如,海上主导权应该是由海军的水面力量还是空中力量掌握,或是二者共同掌握?为清洁空气,是否应该对汽车发动机燃烧过程或燃料化学成分施加更多限制?这类问题的答案可能会对最终结果的发展方向产生重大影响。因此在众所周知的情况下,考虑一项新的系统开发时,可以预测到会有来自许多部门的激烈竞争。为进行更深入的考量而整理出这些竞争的可能性,也是系统工程的重要职责之一。

设计实例化状态

如第 4 章所述,系统开发过程的各个阶段可以看作是系统逐步实例化的过程,也就是从一般概念发展到执行操作功能的硬件和软件复杂组合过程。在系统生命周期的初始阶段,这个实例化流程刚刚开始。其状态描述如表 6.1 所列,与第 4 章的表 4.1 相似。

表 6.1　需求分析阶段的系统实例化状态

层　次	阶　段					
	概念开发			工程开发		
	需求分析	概念探索	概念定义	高级开发	工程设计	集成与评估
系统	确定系统应具备的能力和效用	辨析、探索并综合概念	确定所选概念及其说明	确认概念		测试与评估
子系统		确定需求并确保其可行性	确定功能和物理架构	确认子系统		集成与测试
部件			为部件分配功能	定义规范	设计和测试	集成与测试
子部件		可视化		为子部件分配功能	设计	
零件					制造或采购	

这一阶段的关注重点是系统的运行目标,并不深入到子系统级别。即使在子系统

级别,活动也是以"可视化"的方式列出的,而不是定义或设计。术语"可视化"在本书中的含义是"形成一种心理上的图景或视觉",暗示着对主题的概念观点而非物质观点。在这种概括性的水平上,大多数设计最初都是源于对现有系统元素的类比。

表 6.1(和表 4.1)过度简化了系统演化状态的表示,这意味着系统的所有元素都完全从概念开始,并在整个开发过程中以统一的速度演化。实际上,这种情况在实践中非常少见。举一个极端的例子,一个基于修正前子系统中主要缺陷的新系统,除了在生产部件选择上,基本可以很好地保留大部分其他子系统,几乎没有更改。

当一个新的系统开始运作时,它的许多子系统在实例化状态中都很先进,只有很少的子系统(如果有)仍处于概念状态。同样,如果新系统是由技术驱动的,那么当某种创新技术方法有望取得重大运行进展时,系统中未直接涉及该新技术的部分很可能还是会基于现有的系统部件。因此,在这两个例子中,系统的实例化状态在各个部分之间不会是一致的,而是由于其功能不同,每个部件也有所不同。但是,表 6.1 中说明的一般原则对于想深入了解系统开发过程的人还是很有价值的。

在需求分析中应用系统工程方法

作为系统开发周期的初始阶段——需求分析阶段,在本质上,不同于大多数后续阶段。由于在它之前没有任何阶段,所以其输入会有很多不同来源,特别是取决于开发是需求驱动型还是技术驱动型,以及赞助方是政府还是某商业公司。

虽然如此,在需求分析阶段所进行的活动,经过适当修改后仍可以用第 4 章描述的系统工程方法的四个基本步骤来讨论。这些活动总结如下(图 4.12 中使用的各个步骤的通用名称在括号中列出):

(1) 运行分析(需求分析)。典型活动包括:

- 分析新系统的预期需求,可以是当前系统的严重缺陷,也可以是新技术应用带来的优越性能或低成本等潜力;
- 通过对新系统使用寿命进行推断,了解满足预期需求的价值;
- 确定量化的运行目标和运行概念。

此活动的一般成果是运行目标和系统功能的列表。

(2) 功能分析(功能定义)。典型活动包括:

- 将业务目标转化为必须执行的功能;
- 通过定义功能之间的交互,将功能分配给子系统,并对子系统进行模块化配置。

此活动的一般成果是初始功能需求列表。

(3) 可行性确定(物理定义)。典型活动包括:

- 将执行所需系统功能而设想的子系统的物理性质进行可视化;
- 通过在必要时改变(权衡)拟采用的实现方法,根据能力和估计成本来定义一个可行的概念。

此活动的一般成果是初始物理需求列表。

(4) 需要确认(设计确认)。典型活动包括:

- 根据运行场景并同时考虑经济（成本、市场等）因素，来设计或调整一个效能模型（解析或仿真）
- 定义确认的标准和条件；
- 在适当的调整和迭代后，证明假设系统概念的成本效益；
- 为使新系统的开发满足预期需求，对其投资制定对应方案。

此活动的一般成果是运行确认标准列表。

鉴于需求分析阶段取得了成功结果，有必要将业务目标转化为一套正式和定量的运行需求。通过上述分析，该阶段产生了四个主要初级成果。在描述时，其中三个都用到了"需求"这个词，因此在辨别这三者时可能会让人产生困惑。需求分析阶段的输出主要就是一组运行需求，为了不让读者产生困惑，下面对这四种类型的需求逐一介绍。

（1）运行需求。这些需求主要是指系统的任务和目的。运行需求的集合在系统部署和运行后，将描述并传达系统的最终状态。因此，该类型的需求是广泛的，并且描述了系统的总体目标，其中所有参考都与整个系统相关。一些组织机构也将这类需求称为能力需求，或简单的所需能力。

（2）功能需求。这些需求主要指系统应该做什么。这些需求应面向行动，且应描述系统在其运行期间所要执行的任务或活动。在该阶段，功能需求关系到整个系统，但它们在很大程度上应该是定量的，并在接下来的两个阶段中得到显著改进。

（3）性能需求。这些需求主要是指系统如何更好地执行其需求并影响其环境。在许多情况下，它们与上述两种类型相对应，并提供最小的数值阈值。这些需求几乎总是客观且定量的，但也有例外。在接下来的两个阶段中，这些需求也将得到显著改进。

（4）物理需求。这些需求是指物理系统的特征和属性及其对系统设计施加的物理约束。这可能包括外观、一般特征、体积、重量、功率、材质以及系统必须遵守的外部接口约束。许多组织机构没有为这些需求起一些专有名称，只是简单地将它们称为"约束"，甚至"系统需求"。在接下来两个阶段中这些需求也将得到显著的改进。

对于新启动的系统，通过需求分析进行第一次迭代，会得到一组相当广泛且未完全明确的运行需求。以军队为例，从需求分析中产生的类似需求的文件被正式命名为ICD。这个术语也被非国防部的其他机构作为"所需能力"的通用描述。在这两种情况下，ICD文档都包含系统概念所需的广泛描述，并侧重于运行或功能上的需求，只包含顶层的功能、性能和物理需求。之后的文件将提供该初始清单的详细信息。

图6.2的流程图中显示了系统工程方法中应用于上述需求分析阶段的要素，它是由图4.12在针对此阶段的活动进行适当修改后得到的。方框代表了四个基本步骤，主要活动则用圆圈表示，箭头表示信息流。

图6.2顶部的输入是运行缺陷和技术机遇。现有系统由于过时或其他原因而导致的缺陷是需求驱动因素。技术进步所带来的技术机遇是技术驱动因素，这些技术进步可能显著提高性能或降低面向市场的系统成本。后一种情况，对新技术的应用还必须提出一种预期的运行概念。

中间两个步骤是关于是否存在至少一种可行的概念，这种概念需要有可承受的成本和可接受的风险两个方面。确认步骤可完成上述分析，并根据是否值得投资开发新系统来确认解决需求的重要性。本章后续部分将进一步详细介绍这四个步骤。

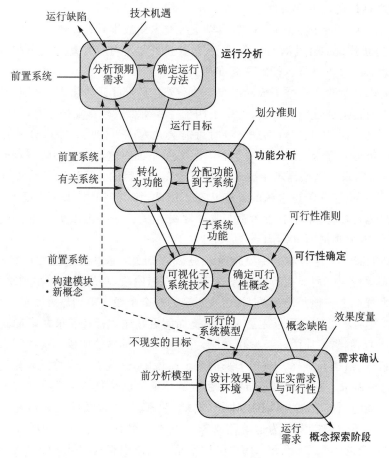

图 6.2　需求分析阶段流程图

6.2　运行分析

无论预期的系统开发是需求驱动还是技术驱动，首先必须解决的问题是论证新系统存在有效需求（潜在市场）。新系统的开发或重大升级成本可能会非常高，并且通常会持续数年，因此启动系统开发的决策需要经过认真、仔细的研究。

预期需求分析

在商业领域，用持续的市场研究来评估现有产品的性能和分析新产品的潜在需求；除此之外，还会征集客户对产品特性的反映，从理论上探讨销售滞后的原因，分析竞争系统的优缺点及未来可能的发展趋势。

对于军事系统而言,每个军种都有一个或多个系统分析组织,其职责是对其作战能力和备战状态进行实时评估。这些组织可以获得关于潜在对手军事能力变化的情报评估,并将其作为系统有效性研究的输入。此外,定期进行作战测试,如海上模拟战斗、着陆操作等,在这个过程中将有机会暴露系统的那些潜在缺陷,而这些缺陷恰恰标志着开发更强大能力系统的需求。特别要考虑的是,修正理论、策略或战术是否能更好地满足现有资产的需要,从而降低购买昂贵的新资产的紧迫性。

1. 当前系统的缺陷

在几乎所有情况下,新系统预期解决的需求,至少在一定程度上已经由现有系统实现了。因此,需要分析阶段中的第一步就是详细识别当前系统中能够感知的缺陷。如果新系统的动力是由技术驱动的,则应使用相关技术预期实现的特性来检查当前系统。

由于后续系统的开发或是现有系统的重大升级,可能在技术上很复杂,并且需要多年的挑战性工作,因此,运行研究必须把重点放在未来 10 年。这意味着系统的所有者/用户必须不断推断系统运行的条件,并重新评估系统运行的效率。从这个意义上来讲,在系统的整个生命周期中都在进行某种形式的需求分析。

通常情况下,在使用现有的系统进行模拟仿真时,结合累积的测试数据与分析是最有效的。这种方法有两个好处:系统运行性能的评估一致且准确,以及结果有据可查。如需新的开发计划,则可以使用这些记录来为正式的需求分析过程提供支撑。

2. 过时(或老化)

新系统开发最常见的一个驱动力是现有系统的过时或老化。系统的过时或老化原因很多,例如,运行环境改变;当前系统维护费用过高;维修所必需的部件不再可用;竞争促使更好的产品出现;或技术发展到可以用相同或更低的成本获得实质性改进的程度。这些因素不一定是相互独立的,其共同作用到系统上更会加快过时或老化的进程。较晚地意识到过时或老化可能让相关方感到痛苦。它会明显延迟需求分析阶段的开始,直到问题开始变得棘手。因此,警惕地自我评估应该成为系统运行生命周期期间的标准程序。

维持可行系统的一个重要因素是不断保持对技术进步的认识。许多机构和行业都在进行着各种各样的研究和开发(Research and Development,R&D)活动,它们得到政府或个人资金的支持,或两者兼而有之。在国防部门里,承包商有权将其收入的一定比例用于相关研究,这是在允许范围内的开销。这类活动被称为独立研究和开发(Independent Research And Development,IRAD)。也有一些是完全或部分由政府资助的探索性开发项目,大多数商业产品的大型生产商都支持应用广泛的研发机构。在任何情况下,明智的系统赞助者、所有者或运营者都应该不断了解这些活动的最新进展,并准备在机遇出现时好好把握并利用它们。在各个层次开展的竞争都是这些活动的强大驱动力。

运行目标

运行研究的主要成果是确定目标,在运行方面,新系统必须满足这些目标才能证明其开发的合理性。在需求驱动的开发中,这些目标必须克服环境变化或当前系统缺陷,因为这些变化或缺陷已经对改进系统产生了压力。在技术驱动的开发过程中,目标则必须体现与重要需求相关的运行概念。

使用"目标"一词来代替"需求",是因为在系统定义的早期阶段,后者是不合适的。在最终建立运行性能与技术风险、成本和其他开发因素之间的平衡之前,预计会进行多次迭代,如图 6.2 所示。

对于那些缺乏需求分析经验的人来说,目标的制定可能是一个陌生的过程。毕竟,工程师通常考虑的是需求和规范方面,而不是高层级的目标。虽然目标应该可量化且客观,但现实是,在这个早期阶段,大多数的目标仍是定性和主观的。以下是一些有一定参考价值的经验之谈:

- 目标应该强调运行环境或场景的最终状态,它关注的是系统将在很大程度上完成什么;
- 目标应针对系统的目的,以及满足需求的要素是什么;
- 综合起来,目标回答了"为什么"的问题,即为什么需要这样的系统;
- 大多数目标的表述以"提供……"开头,但这不是强制性的。

目标分析

目标分析是指为系统开发和细化一组目标的过程。通常,这项工作的成果是一个目标树,其中单个或少量的顶层目标会被分解为一组主要和次要的目标。图 6.3 展示了该目标树。直到目标变得可验证,或者开发者们开始定义系统的功能时,才可以认为目标的分解是适当的。当这种情况发生时,请停于目标处。图中浅灰色的方框代表功能,它们并不属于目标树的一部分。根据经验,大多数目标树的深度都跨越了一到两个层次,没必要确定广泛的深度。

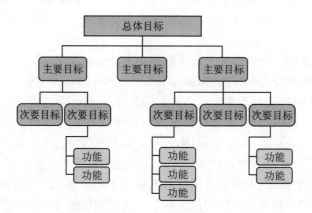

图 6.3 目标树结构

作为目标分析的一个例子,我们考虑一款新型汽车。假设一家汽车公司想要设计一款新的乘用车,它可以将其宣传为"绿色"或环保产品。了解这款新车的目标可以为最终的设计确定优先级。因此,公司管理层启动了一个针对目标的"练习"。目标分析迫使公司(包括管理人员和技术人员)评估并确定开发新系统时的重要事项。因此,确定该系统总体目标的过程是值得投入时间、精力和资金的。此外,就一份简洁申明达成一致可以帮助开发团队专注于手头的工作。

在汽车的例子中,公司可能很快意识到,这款新车的总体目标是为用户提供一种绿色的交通运输工具。其顶层目标不包括性能、载货能力和越野能力等。其总体目标就两个关键词:清洁和运输。两者都暗示这款新车的不同方面或属性。由于这两个词还没有被很好地定义,我们需要进一步将它们细化分解,但总的目标仍然很明确——这辆车将会是环保意义上的"清洁",且提供充分的运输能力。

第一次分解将重点放在开发团队的思考过程上。显然,这两个关键词都需要"实例化"。在这种情况下,"清洁"可能意味着"更低的油耗"以及"舒适"。而"运输能力"则意味着汽车从一个点到另一个点行驶过程中,体验是安全和愉快的。此外,可能还有另一个与清洁和运输密切相关的目标——成本。

因此,在该案例中,从总体目标出发,开发团队将重点关注的四个主要目标是:舒适度、里程、安全性和成本。这四个词需要写成过程目标的形式,图 6.4 给出了这种可能的目标树。

在确定某个目标是否需要进一步分解时,应该提出以下几个问题:

* 在能够清楚理解的条件下,该目标是否是独立的?
* 该目标是可验证的吗?
* 该目标经过分解是否会得到更好的理解?
* 该目标是否能够更容易暗含系统的要求和功能?

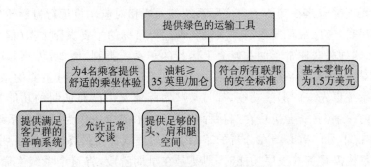

图 6.4　汽车案例的示意目标树

在这个案例中,其中的三个主要目标可以说是充分的且均为可验证的。只有与舒适度需求相关的这一主观目标需进一步分解。在这种情况下,舒适度可被分解为三个元素:音响系统、允许正常谈话的噪声等级和物理空间。如图 6.4 所示,这三个元素都可以通过各种方法进行验证(首先进行满意度调查,然后确定一般交谈的噪声等级和音量要求)。目标树的存在将开发工作集中在优先事项上。在这个例子中,四个主要目标就可以传达在开发这款新车时需要着重考虑的因素。

在使用目标树的许多情况下,初始目标树一般类似于我们给出的示例,仅列出拥有最高优先级的目标。然后,这些树将延展到需要应对的其他目标。对于这款汽车,"其他"目标可能包括维护保养的注意事项、人机交互的预期水平和载物空间等,在此只列出了一小部分。建立目标树的目的是为了确定系统的功能及其性能需求。因此,根据上述逻辑可知,目标分析之后的下一步便是功能分析。

6.3 功能分析

在系统开发过程的初始阶段,功能分析是运行研究的一个拓展,其目的在于确定是否存在可行的技术方法来使系统实现其运行目标。在这一阶段,"可行"一词与"可能"具有相同含义,这就意味着在现有技术水平范围内很大可能可以支持这样一个系统的开发,而不必过多地去证明其合理性。

将运行目标转化为系统功能

为了做到这一点,有必要设想一种系统类型,它可以根据其环境做出响应并执行特定的行为,以满足预期的运行目标。这需要分析系统为了执行所需的行为而必须具备的功能特征。在需求驱动的系统中,该分析集中于满足当前系统未能完全达成运行目标所需的功能特征。在技术驱动的系统中,则可能会将功能性能的提高与其相关技术放在一起考虑。无论如何,都必须充分论证这些方法的可行性,以及其实现运行收益的能力。

可行系统概念的可视化,在本质上是一个基于类比推理的抽象过程。这意味着该概念的所有元素都应该在功能上与实际系统的元素相对应。将运行目标转化为功能的一个有效方法是,考虑最可能参与并实现各种运行目标的主要媒介类型(信号、数据、材料或能源)。这种关联通常指向在媒介上运行的子系统类别,例如,传感器或通信子系统与信号相对应,计算子系统与数据相对应。上述过程表明,所有主要的系统功能,特别是比以前系统更先进的那些功能,都与某些实际情况中已经证明的功能类似。而类比推理过程的一个例外,会出现在当一种全新的技术或应用作为所提出系统的主要部分时,这种情况下可能有必要在分析的基础上通过建模甚至最终试验来证明其可行性。

在确定系统需具备的顶层功能时,即使是在早期阶段,将整个系统生命周期(包括其非运行阶段)可视化也是十分重要的。

上述讨论并不意味着现阶段的所有考虑都是定性的。相反,当涉及到定量问题时,例如汽车污染问题的例子,就有必要在现有资源和现有知识允许的情况下进行尽可能多的定量分析。

为子系统分配功能

在所有运行目标均可与系统级功能(这些功能类似于目前各种真实系统所展示的功能)直接关联的情况下,仍有必要将这些功能如何在新系统中分配、组合和实现进行可视化。为此,没有必要可视化一些最佳的系统配置。相反,只需表明,适当的系统开发和生产实际上是可行的。为了达到这一目的,实现所有指定功能的顶层系统概念应被可视化,以便论证通过既定功能和技术特性的合理组合以获得所需的能力。在此尤为重要的是,系统所有外部和内部的交互和接口都应被识别定义并与系统功能相关联,同时应经过一个权衡过程以确保对各种系统属性的考虑是全面且均衡的。这通常是根据运行初始概念来完成的。

6.4　可行性定义

即使为满足预期的需求,系统概念的可行性也不能仅仅建立在功能设计的基础上,还要考虑实际执行中的问题。特别注意的是,系统成本始终是一个主要的考虑因素,尤其是当它可以与其他备选因素相比较时,无法从功能层面上进行判断。因此,即使在系统开发的初始阶段,也必须要将待生产系统的物理组成进行可视化;同时,还要将所有外部约束和交互作用,包括与其他系统的兼容性进行可视化。

虽然有必要在需求分析阶段考虑预期系统的物理实现,但这并不意味着此时要做出任何设计决策,尤其是不应试图寻求最佳设计方案,这些问题将在开发过程后期进行处理。当前阶段的重点,是要证实满足给定一组运行目标的可行性。而需求分析阶段的主要目的恰恰是验证这些目标。接下来几段将以探索性的方式讨论一些需要考虑的问题。

子系统实现可视化

在完成子系统的功能分配后,有必要设想如何实现这些功能。在这一阶段,只需在现有系统中找到类似功能部件的例子,便可评估将同样类型技术应用于新系统的可行性。如前一节所述,对每个主要功能(信号、数据、材料和能源)所涉及的主要媒介的识别,有助于找到具有类似功能元素的系统,进而使物理实现能够代表所需要的那些功能元素。

1. 与当前系统的关系

当存在一个系统已经满足了和新系统相同的一般需求时,通常有许多子系统可以作为候选,以修改后的形式合并到新系统中。无论是否以同样的方式使用这些子系统,这对于系统可行性的建立以及估计新系统的部分开发和生产成本都是有意义的。

当前系统的现有模型和仿真在这种类型的分析中是特别有用的工具,因为它们通常已经被系统生命周期中收集的数据进行了验证。它们可以被用来回答"如果……怎么办?"的问题,并且帮助寻找有助于集中分析过程的驱动参数。此外,与系统仿真一起使用的另一个重要工具,是有效性模型和有效性分析的解析技术,如下一节所述。

其他无形的因素也可以发挥作用,例如支撑基础设施的存在。以汽车发动机为例,在维修地点、零部件供应商和公众熟悉程度方面,多年的成功运行为传统活塞式发动机建立了非常广泛的支撑基础。为了改变这个基础而产生的预期成本,如 Wankel 旋转发动机和基于斯特林循环的设计,使得创新型的改变一直受到抵制。这里想要强调的是,有益的技术创新常常会被经济或心理上对变革的抵制所阻碍。

2. 先进技术的应用

在技术驱动的系统中,通过参考现有的应用来确定可行性较为困难。相反,可能有必要从已有的候选技术研究和开发工作中获得理论和实验数据来进行论证。如果这些论证依然不充分,可能需要依据有限的原型来演示应用的基本可行性。同时与外部专家的讨论咨询可能有助于增加可行性研究的可信度。

不幸的是,备受吹捧的技术进步也可能伴随着未经证实的说法和不可靠的信息来源。有时,某一项特定技术可能会带来非常可观的收益,但是缺乏成熟度和已建立的知识库。在这种情况下,应结合采用这种技术的理由提出一种能力相当的备选方法。系统工程师必须密切参与上述过程,以保持整个系统优先级的正确性。

3. 成 本

成本评估一直是需求分析中的一个重要问题。当旧的、新的和修改过的子系统,与部件和零件混合在一起时,该任务就会变得特别复杂。同样,当前系统的成本模型和维护记录,再加上通货膨胀因素,可能会有所帮助。通过比较类似的部件和开发活动,成本估计至少将有一个可靠的基础。就新技术而言,成本估计应包括在承诺使用新技术之前进行大量开发和测试的费用。

可行性概念定义

为了满足需求分析阶段的目标,上述考虑应最终明确一个相对合理的系统概念定义和描述,并有充分的文件证明其技术可行性和可承担性。系统的描述应包括对开发过程、预期风险、总体开发策略、设计方法、评估方法、生产问题和操作概念的讨论。同时还应说明如何评估系统开发和生产的成本。它不必非常详细,但至少应对系统可行性的所有主要方面都有所说明。

6.5 需求确认

应用系统工程方法的最后也是最关键的一步,是对前面步骤结果的有效性进行系统的验证。在需求分析阶段,确认步骤包括关于是否有必要建立一个新系统,以及是否能够以可承受的成本和可接受的风险满足这一需求的情况。

运行有效性模型

在概念开发阶段,为了估计给定的系统概念满足一组假定运行需求程度的分析称为运行有效性分析。它基于一个包含运行环境和被分析的候选系统概念的数学模型。

在有效性分析中,运行环境是根据一组场景来建模的,这些场景要求系统必须对一系列代表其可能遇到的假定行为做出反应。通常,选择初始方案来表示更可能出现的情况,然后使用更高级的场景来测试运行需求的限制。对于每个场景,系统借助运行结果得到的可接受响应被作为评估的标准。为了动态显示系统模型和场景之间的交互,一个能够接受系统模型中可变系统性能参数的有效性模型应运而生。在下一节中,将更广泛地讨论运行场景的相关问题。

有效性分析不仅必须包括系统的运行模式,还应包括系统的非运行模式,例如运输、存储、安装、维护和后勤支持。总而言之,所有重要的运行需求和约束限制都要体现在运行场景和相关的系统环境文档中。

1. 系统性能参数

从系统模型到有效性分析的输入是定义系统对环境响应的性能特征值。例如,雷达设备要识别某个目标(例如飞机)的存在,则需要输入其预测的传感参数,以保证目标距离可被探测到。如果需要对目标的出现做出反应,则需要输入其响应的处理时间。有效性模型要确保所有重要的运行功能在系统模型的构建中均被阐明。

2. 有效性度量(Measures Of Effectiveness,MOE)

为了评估有效性仿真的结果,建立了一组标准,以确定系统对其环境的响应特性,这些特性对系统的运行效用至关重要,这些被称为"MOE"。它们应该与具体的目标直接相关,并且根据它们的相对运行重要性进行优先级排序。下面详细介绍有效性度量(MOE)和性能度量(Measures Of Performance,MOP)。

虽然为一个主要系统开发一个适当的有效性模型所需的工作量很大,但是一旦开发完成,它在系统整个生命周期内都是很有价值的,包括未来可能的更新。在现有系统的大多数情况下,新的有效性模型在很大程度上源于其前身。

3. 分析金字塔

在评估或衡量系统的有效性时,分析员需要确定描述系统有效性的视角。例如,可以从相对宏观的角度或任务中描述系统有效性,其中该系统是众多低或高耦合在一起以达成某种结果的系统中的一个。另一方面,有效性也可从单个系统的角度,用其在特定情况下对所选激励作出反应的性能来描述,此时与其他系统的交互作用极小。

图 6.5 描述了一个被称为金字塔分析的常见表示。金字塔的最底层是基础物理学和物理现象学知识。这方面的分析涉及对环境交互作用的详细评估,有时甚至到分子水平。

当分析者沿着金字塔向上移动时,细节被逐渐抽象化,分析者的视角不断被拓宽,直至塔尖。在该层次,技术细节已被完全抽象化,并且分析也更加侧重于策略和政策的选择及其影响。

系统工程师可以发现,在需求分析阶段的分析视角通常位于金字塔的顶部。虽然策略可能不属于系统开发工作范围,但在多任务或单任务背景环境下的系统有效性分析肯定是需要考虑的。

由于缺乏系统定义,金字塔的较底层通常不进行分析。随着系统被定义清晰,所执

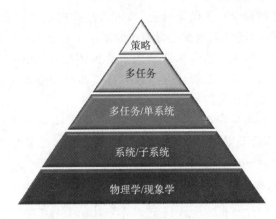

图 6.5　金字塔分析

行的分析也开始倾向沿着金字塔向下移动。伴随开发阶段中系统工程研究的持续进行，我们也将进一步探究金字塔分析。

有效性度量（MOE）和性能度量（MOP）

随着运行有效性分析的引入，我们需要探究某些度量的概念和意义。度量标准是最终定义系统、建立有意义且可验证的需求，以及测试系统的关键。因此，在开发生命周期中适当且统一地定义这些度量标准是至关重要的。

用来定量描述效能和性能指标的术语有很多，其中 MOEs 和 MOPs 是两个常用的术语（也是我们将在本书中使用的）。不幸的是，这些术语没有通用的定义。但它们背后的基本概念对于理解和交流系统相关概念是至关重要的。

我们在本书中提出以下定义：

MOE：系统整体性能的一种定性或定量的度量，表示系统在特定条件下达到目标的程度。MOE 总是指将系统作为一个整体。

MOP：系统特性或特定属性或者子系统性能的定量指标。MOP 通常测量的是低于整个系统级别的物理性能水平。

不管使用什么定义，普遍的公理是 MOE 优先于 MOP。换句话说，如果对二者进行层级划分，MOE 始终位于 MOP 之上。

通常，一个 MOE 或 MOP 包括三个部分：度量、单位以及应用度量的条件或背景。例如，一架新型休闲飞机（如新版 Piper Cub）的 MOE，是指在日间标准大气条件下的海平面上，以海里为单位的最大航程。度量为"最大航程"；单位为"海里"；条件是"日间标准大气的海平面上（定义得比较明确）"。这个 MOE 指标是对飞机整体而言的，并描述了它在实现空中飞行目标时的某一性能表现。

MOE 可以有多种形式，但我们可以将其分为三类：量度制、可能性或二进制。量度制是可以直接从实际的系统、子系统或数学、物理模型测量得到的 MOE 值。它可能是确定的，也可能是随机的。可能性 MOE 与事件发生的概率相对应，并且可能包括其他形式的 MOE。例如，一个可能性 MOE 可以是飞机达到最高高度 20 000 英尺的概率。在这种情况下,可能性是用另一个量度制 MOE 来定义的。最后,二进制 MOE 是指事件是否发生的逻辑变量:事件要么发生,要么不发生。

当测量或确定 MOE 时,我们称其结果为 MOE 值。因此,在我们的飞机示例中,如果我们测量一架新飞机的最大航程为 1 675 海里,则"1675"为该值。当然,MOE 和任何度量一样,可以在不同的条件下有多个值,也可以是随机的值。

最后,工程师可以使用二进制 MOE 来确定系统的特性是否超过阈值。例如,我们可以为飞机的最大航程定义一个阈值,即在标准大气下海平面上的 1 500 海里,然后可以定义一个二进制 MOE 来确定其实测值是否超过了定义的阈值。如果测量值 1 675 海里超过了阈值 1 500 海里,那么二进制 MOE 取"是"。

MOE 和 MOP 是很难掌握的概念!除非你以前使用过某种度量,否则它们很容易混淆。在被问及 MOE 时,许多系统工程专业的学生会提出需求,有的人提到数值,还有一些人根本无法识别新系统的 MOE。然而,度量的概念在整个系统工程学科中都得到了应用。我们将在后面的章节中重新讨论这些概念。

可行性和需求的确认

上面有效性分析主要是为了确定在功能和物理定义过程中产生的系统概念:(1)是否可行;(2)是否满足预期需求的运行目标。它假定该需求的合法性在之前已经确立。但这种假设并不总是可靠的,特别是在技术驱动的系统开发中,在这种情形下,潜在的应用是新的且它的接受程度取决于许多无形的因素。其中一个例子,是将自动化应用于以前主要由人操作的系统上,例如飞机订票系统是比较成功的系统之一,当然类似的例子还有数百个。对这样一个系统而言,需求确认应该进行技术、运行和市场分析,这些分析要考虑到可能影响自动化系统的可接受性及其可能的盈利能力等许多复杂因素。

在诸如上述示例等复杂情况下,在进行大量的探索性开发和试验之前,只能期望非常初步的确认。然而,即使是初步的确认分析也会发现许多关键问题,并可能偶尔会发现,满足某些"假定需求的可能性"会有很多问题,以致无法保证在目前的技术状态下进行重大投资。

6.6 系统运行需求

需求分析的主要成果是一系列的运行目标,然后将这些目标转换为一系列运行需求。需求分析阶段产生的系统运行需求将建立一个基准,以此来判断满足预期需求的系统的后续开发。因此,这些需求必须清晰、完整、一致且可行。可行性应通过至少一种系统方法来确定,该方法被认为既可行又能符合需求。此外,还要确保运行需求是充分的、一致的。

运行场景

开发运行需求的一种逻辑方法是假设一系列场景，这些场景共同代表了所有的预期运行场景。同时这些场景必须基于对运行环境的广泛研究、与其前身系统或对类似系统有经验的用户的充分讨论，以及对过去经验和当前系统不足之处的详细了解。特别是，确定用户对所需改进的优先次序，尤其是那些看来很难实现的改进。

虽然场景的内容根据应用不同而导致内容范围很大，但是我们可以定义几乎所有场景的五个基本元素：

（1）任务目标：应识别给定任务的总体目标，以及系统实现这些目标时的目的和作用。在某些情况下，这个元素独立于系统，这意味着任何一个系统的角色都没有被明确，只是对关键任务和所寻求的目标的一般性说明。在商业案例中，任务目标可能是夺取市场份额；在政府示例中，任务目标可能是向选民提供一系列服务；在军事案例中，任务目标则可能是控制一个特定的物理设备。

（2）架构：该场景应识别所涉及的基本系统架构。这包括系统、组织和基本结构信息的列表。如果管理信息可以获取，也应被包括在内。该部件还可以包括关于系统接口的基本信息或信息技术基础设施的描述。本质上，它提供了可用资源的一种描述。在商业场景中，可以阐述部门组织的资源。如果是政府场景，则可以说明参与该任务的组织和机构。如果是军事场景，这些资源可以包括相关部队及其装备的说明。

（3）物理环境：该场景应识别场景发生时的环境。这将包括物理环境（例如地形、天气、交通网络和能源网络）和商业环境（例如经济衰退和增长期）。本节介绍"中立"的实体，例如定义客户及其属性，或者定义中立国家及其资源。

（4）竞争：该场景应识别工作面临的竞争。这可能是与任务成功完成直接相反的因素，比如一个软件黑客或其他类型的"敌人"；可能是市场上的竞争或影响到客户的外部力量；也可能包括自然灾害，如海啸或飓风。

（5）事件的一般顺序：该场景应描述任务背景下的一般事件序列。不过，我们应谨慎地使用"一般"一词。场景应允许用户自由行动。由于我们使用场景来生成运行需求并用以评估系统有效性，所以我们需要能够在整个场景描述中更改各种参数和事件。场景不应该"脚本化"系统；它们是分析工具，而不是约束系统开发的枷锁。因此，场景通常提供一个大致的事件序列，而将细节留给使用该场景的分析人员。有时候，场景可能会提供指向某个时间点的详细事件序列，从而开始分析，并且从该时间点开始更改操作。

根据其应用和预期用途，一个场景可以包含更多内容。它们有各种大小和形式，从简短的图形描述到几张图片甚至到数百页的文本和数据。

尽管在此阶段开发的运行场景通常不被视为正式运行需求文档的一部分，但在复杂系统中，它们应是概念探索阶段的基本输入。经验表明，将所有运行参数包含到一个需求文档中几乎是不可能的。此外，有效性分析过程需要场景形式的运行输入。因此，应该在需求文档中附加一系列运行场景，并清楚说明它们是有代表性的而不是需求的全面陈述。

如上所述,场景不仅应该包括系统与其环境的主动运行交互,还应包括其运输、存储、安装、维护和后勤保障方面的需求。这些阶段往往会被施加比正常运行更为严苛的物理与环境约束条件。判断需求是否完整的唯一方法是确保考虑了所有的情况。例如,存储位置的温度或湿度范围可能会严重影响系统使用寿命。

运行需求陈述

运行需求最初必须根据运行结果而不是系统性能来描述。绝不能从执行的角度来陈述,也不能偏向于某一特定的概念方法。所有需求都应该用可量测的(可测试的)术语来表示。如果新系统需要使用现有系统的大部分,则应特别说明。

必须说明或引用所有需求的基本原理。对于领导系统开发的系统工程师来说,从用户需求的角度来理解需求是至关重要的,这样,疏忽产生的歧义就不会导致不必要的风险或成本。

新系统需要投入使用的时间并不容易从纯粹的运行因素得出,但在某些情况下,这一时间由于财务因素、现有系统过时、系统平台(例如飞机和机场)的时间规划和其他因素而变得至关重要。这可能会限制系统开发时间,从而限制与现有系统的偏离程度。

由于新系统最初提出的运行需求很少进行详细分析,因此客户和潜在开发人员都应该理解,随着对系统需求和运行环境的进一步了解,这些要求将在开发过程中得到解决。

从上述考虑看来,在需求分析阶段进行的工作显然是初步的,后续阶段将更详细地讨论系统的所有方面。但是,经验表明,在需求分析过程中确定的基本概念、方法通常能延续到后续阶段。这是可以预料的,因为这一进程通常要花费相当多的时间和精力,可能会持续 2 年或 3 年。虽然经费有限,但通常会涉及很多组织。

可行性确认

有效性分析本质上与系统的功能性能有关,因此本身不能确认其物理实现的可行性。在调用未经确认的技术来实现某些性能属性时尤其如此。

可行性确认的间接方法是,通过与已经证明的应用的预测技术进行类比,从而建立令人信服的案例。只要所引用的是真正能代表新系统的应用,那么这种办法就是适当的。但重要的是,这种类比必须定量,而不是定性的,以便支持技术应用所带来的假定性能。

确认新物理实现的可行性的直接方法是,对要将应用的技术进行试验调查研究,以证明在实践中实现预期的性能特征。这种方法通常被称为"关键试验",在项目的早期进行,以探索新的实现概念。

因为尚未作出启动系统实际开发的承诺,因此在需求分析阶段可用于进行确认过程的资源可能非常有限。因此,确认过程的质量将在很大程度上取决于系统工程人员的经验和聪明才智。经验因素在这里尤为重要,因为工作依赖于运行环境、前系统、先前进行的分析和研究、技术基础，以及系统分析和系统工程方法知识。

可行性论证的重要性

在确定开发新系统的基础时，需求分析阶段不仅证明了一项重要的尚未被满足的运行需求的存在，而且还提供了证据，证明满足需求是可行的。该证据是通过将一个具有满足运行目标所需特征的现实系统概念可视化来获得。这个过程说明了一个基本的系统工程原则，即建立现实的系统需求必须同时考虑能够符合这些需求的系统概念。这一原则与普遍认识的观点相矛盾，即源于需要的需求，应在考虑能达到这些需求的任何概念之前就建立起来。

6.7　小　结

创建一个新系统

需求分析阶段的目标是确定新系统的有效运行需求，并制定一个可行方法来满足该需求。这种由需求驱动的系统开发方法是大多数国防和其他政府项目的特点，并且通常源于当前系统能力的不足。这种类型的开发要求一种可行且负担得起的技术方法。

另一种主要方法是技术驱动的系统开发方法。该方法是大多数商业系统开发的特点，源于更好地满足需求的重大技术机遇。这种发展需要证明其实用性和市场性。

需求分析阶段的活动如下：

- 运行分析——理解新系统的需求；
- 功能分析——衍生出完成运行所需的功能；
- 可行性定义——对可行的实现方法进行可视化；
- 需求确认——论证成本效益。

运行分析

进行研究和分析，以生成和了解系统的运行需求。这些研究中提出了目标树的概念——描述系统期望和结果的层次结构。

功能分析

识别并组织初始系统功能，以实现其运行目标。这些功能是通过对用户和利益相关者的分析和演示来审查的。

可行性定义

确定系统开发方法，明确告知利益相关者，并大致估算成本。此外，还需阐明早期可行性概念。最后，开始制定运行要求。

需求确认

经过审查的一系列运行需求通过运行有效性分析得到确认,通常在分析金字塔的多个层次进行。满足运行需求的系统概念将根据商定一致同意的 MOE 进行评估,并反映整个系统生命周期。

习 题

6.1 描述和定义需求分析阶段的主要输出(产品)。列举并定义对这些产品有贡献的主要系统工程活动。

6.2 识别新型通勤飞机的运行目标与功能需求之间的关系。列举实现这些目标所需的三个运行目标和功能需求。(仅使用定性度量)

6.3 参考图 6.2,它演示了系统工程方法在需求分析阶段的应用,选择图中的四个部分之一,并写出图中所示过程的描述。解释用圆圈表示的两个过程以及用箭头表示的内部和外部交互作用的性质和意义。该描述应比需求分析中系统工程方法中对该步骤的定义更加详细。

6.4 "MOE"是什么意思? 对于运动型多用途汽车(SUV)的有效性分析,请列出你认为在分析中应运用和测量的 10 个最重要特征。

6.5 对于 SUV 的 6 个 MOE(见习题 6.4),描述一个用于获得其有效性度量的运行场景。

6.6 假设你拥有一家经营园艺护理设备的公司,正计划开发一种或两种型号的草坪拖拉机来为郊区的房主提供服务。考虑到大多数潜在客户需要,编出至少 6 个表达这些需要的运行需求。编写时,请考虑好需求的质量,并为草坪拖拉机绘制背景图。

6.7 根据习题 6.6 的结果,为更好理解功能需求和可选特性从而使拖拉机能够满足个人需要,请描述你将如何对备选方案进行分析。描述你将使用的 MOE 以及您要分析的备选架构。描述一个模型的优点和缺点,而不是两个不同大小和功率的模型。

扩展阅读

[1] Blanchard B, Fabrycky W. System Engineering and Analysis:Chapter 3. 4th ed. Prentice Hall,2006.

[2] Hall A D. A Methodology for Systems Engineering:Chapter 6. Van Nostrand,1962.

[3] International Council on Systems Engineering. Systems Engineering Handbook. A Guide for System Life Cycle Process and Activities,Version 3.2,July 2010.

[4] Reilly N B. Successful Systems for Engineers and Managers:Chapter 4. Van

Nostrand Reinhold，1993.

[5] Sage A P，Armstrong Jr J E. Introduction to Systems Engineering：Chapter 3. Wiley，2000.

[6] Stevens R，Brook P，Jackson K，et al. Systems Engineering：Coping with Complexity：Chapter 2. Prentice Hall，1998.

第 7 章　概念探索

7.1　系统需求的开发

第 6 章讨论了需求分析的过程,其目的是为开启新系统的开发提供一个充分证明的理由。该过程还产生了一组运行需求(或目标),用于描述新系统用来做什么。假设负责授权启动系统开发的参与人员认为这些初步的要求是合理的,并且可以在时间、金钱和其他外部约束的限制下实现,那么现在已经具备了进行新系统开发的下一步工作条件。

这里定义的概念探索阶段的主要目标,旨在将需求分析阶段得到的面向运行的系统视图转换为概念定义和后续开发阶段所需的面向工程视图。这种转换是必要的,它为选择一个可接受的功能和物理系统概念提供了明确和可量化的基础,然后指导其演变为系统的物理模型。但是,必须记住,性能需求只是一种解释,而不是对运行需求的替代。

同运行需求一样,系统性能需求的推导也必须同时考虑能够满足它们的系统方案。然而,为了确保性能需求足够广泛,以避免无意限制可能的系统配置范围,有必要考虑各种备选方案,而不只是一个方案。

新系统如果在能力上比传统系统有重大进步,或者依赖于技术进步的实现,则需要进行大量的探索性研究和开发(Research and Development,R&D),然后才能建立一套合理的性能需求。对于在高度复杂的环境中运行的系统也是如此,并且它们的特性还没有完全研究清楚。对于这些情况,概念探索阶段的目标是通过应用研发获得所需的知识。这一目标有时可能需要几年时间才能达到,有时这些努力会证明一些最初的运行目标无法实现,并需要进行重大修改。

基于上述原因,本章讨论系统需求的开发,并将其命名为"概念探索"。它的目的是描述在系统开发阶段发生的典型活动,并解释其原因和方式。

以下讨论一般适用于所有类型的复杂系统。对于软件执行几乎所有功能的信息系统,可参考第 11 章中的软件概念开发内容,其中讨论了软件系统体系结构及其设计。

概念探索阶段在系统生命周期中的地位

图 7.1 显示了概念探索阶段在整个系统开发过程中的地位。可见,顶层系统的运行要求来自需求分析,该分析确定需求是合理的,并且在规定的范围内开发的项目是可行的。概念探索阶段的输出是一组系统性能需求,直至子系统级别,以及分析表明能够

满足这些需求的许多潜在系统设计方案。

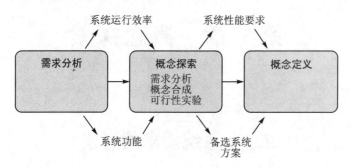

图 7.1　系统生命周期中的概念探索阶段

　　虽然正式定义的概念探索阶段有明确的开始和结束,但许多支持活动却没有。例如,先进技术方法的探索性开发或复杂系统环境的定量描述,通常在此阶段之前就开始并一直持续到此阶段之后,并且得到了独立研究与开发(Independent Research And Development,IRAD)或其他非项目基金的支持。此外,通常在此阶段正式开始之前许多的初步概念定义活动就已经开始了。

　　概念探索阶段的具体内容取决于许多因素,特别是客户和供应商或开发人员之间的关系,以及开发是因需求驱动还是技术驱动。如果系统开发人员和供应商与客户(观点角度)不同(在需求驱动的系统开发中经常出现这种情况),那么概念探索阶段就会有由客户自己的组织或由客户聘请的系统工程代理协助进行等情况。重点是开发性能需求,一个或多个供应商可以用特定的产品概念响应的方式准确地陈述客户的需求。对于技术驱动的系统开发,概念探索阶段通常由系统开发人员进行,并且着重于确保在决定是否开发新系统之前考虑所有可行的备选方案。在这两种情况下,一个主要的目标是获得一组性能需求,它可以作为预期的系统开发的基础,并且已被证明能够确保系统产品满足有效的运行需求。

　　对于许多采办项目,从批准新系统启动到获得预算资金这段时间,通常用于支持探索的承包商努力以推进与预期系统开发相关的技术。

系统实例化状态

　　需求分析阶段致力于确定一组由新系统来实现有效的运行目标,而一个可行的系统方案只是在必要时,即被证明至少有一个可能的方法来满足预期的需求时,才被加以设想。"可视化"一词是指在子系统层次的需求分析中,主体是一般功能和物理具体化概念。

　　因此,在概念探索阶段,人们通常从基于上述可行概念的愿景开始。本阶段所处理的系统实例化程度已发展到下一个阶段,即系统及其子系统为达到运作目标而必须执行功能的定义,并且将系统部件配置可视化,如表 7.1 所列(同表 4.1)。

表 7.1　概念探索阶段的系统实例化状态

层　次	阶　段					
	概念开发			工程开发		
	需求分析	概念探索	概念定义	高级开发	工程设计	集成与评估
系统	确定系统应具备的能力和效用	辨析、探索并综合方案	确定所选方案及其规范	确认概念		测试与评估
子系统		确定需求并确保其可行性	确定功能和物理架构	确认子系统		集成与测试
部件			为部件分配功能	确定规范	设计和测试	集成与测试
子部件		可视化		为子部件分配功能	设计	
零件					制造或采购	

概念探索中的系统工程方法

概念探索阶段的活动及其相互关系是应用系统工程方法的结果(见第 4 章)。以下是对这些活动的简要总结,方法中 4 个通用步骤的名称显示在括号中。

(1) 运行需求分析(需求分析)。典型的活动包括:
- 根据运行目标分析相应的运行需求;
- 根据需要,重申或加强不同目标之间的特异性、独立性和一致性,以确保与其他相关系统的兼容性,并提供完整所需的其他信息。

(2) 性能需求的制定(功能定义)。典型的活动包括:
- 将运行要求转化为系统和子系统功能;
- 制定性能参数以满足规定的运行需求。

(3) 概念探索的实现(物理定义)。典型的活动包括:
- 探索一系列可行的实施技术和方案,提供各种潜在的有利选择;
- 为最有希望的案例开发功能描述和识别相关的系统部件;
- 定义一组必要且充分的性能特征,反映满足系统运行要求所必需的功能。

(4) 性能需求确认(设计确认)。典型的活动包括:
- 进行有效性分析,以界定一组符合所有理想系统方案的性能需求;
- 确认这些要求与所陈述的运行目标的符合性,并在必要时细化需求。

图 7.2 的流程图描述了系统工程方法中上述步骤中的活动之间的相互关系。

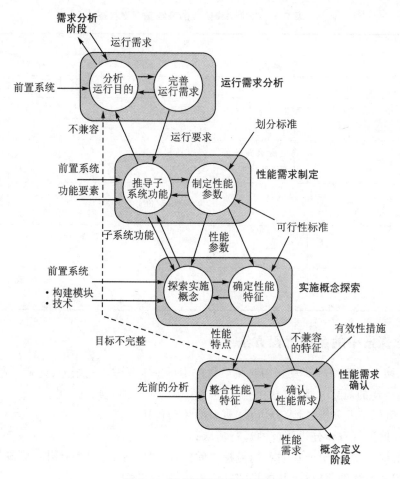

图 7.2　概念探索阶段示意图

7.2　运行需求分析

　　与系统开发过程的所有阶段一样,第一个任务是彻底地理解,并且在必要时要理清并扩展在前一个阶段定义的系统需求(也就是运行要求)。这样做时,特别要警惕和避免在最初提出的运行需求中经常出现的缺点。我们使用一个通用的过程称为需求分析,以识别和发现性能需求,综合并最小化初始需求集,最后验证最终需求集。正如第4章所提到的,需求分析过程发生在每个阶段。然而,大部分工作发生在概念探索阶段,在这个阶段,运行要求被转换为系统性能需求,并具有可测量的性能阈值。这些系统性能需求往往是客户和开发人员之间的契约协议的基础,因此需要准确而简洁的描述。

　　图 7.3 描述了简单的需求一般开发过程。当然,这将针对特定的应用进行调整。第一项活动涉及创建一组需求。这种情况很少是凭空出现的;通常情况下,要求的来源

是存在的。在概念探索阶段,已经建立了一系列运行需求和需要。然而,这些需要和需求通常以操作员或用户的语言通过上下文来表示。这些必须转化为一组描述其性能的系统特定需要。

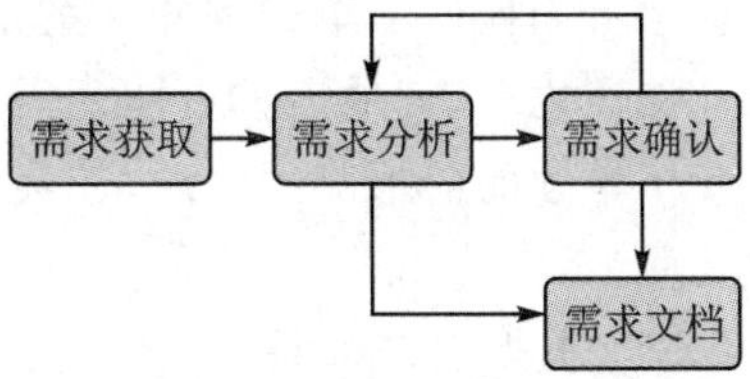

图 7.3　简单的需求开发过程

需求获取

分析人员在开发运行需求时,严重依赖来自用户和运行人员的输入,而这些一般是通过市场调查和探访获得的。当分析人员在开发性能需求时,他们既要依靠人员,也要依靠研究。最初,客户(或组织内的购买代理商)能够提供可承受的阈值和理想的性能水平。但是,主题专家(Subject Matter Experts,SMEs)也可以根据技术水平、成本和可生产性的功能提供性能参数。先前的研究和系统开发工作也可以帮助确定性能需求。最后,要求分析人员执行系统有效性分析,以洞察所需的性能级别。所有这些来源都为分析人员提供了一组初始的性能需求。

然而,很多时候,这组需求包含不一致,甚至是天壤之别。此外,许多需求是多余的,特别是当它们来自不同的来源时。因此,分析人员必须进行综合,将初始的需求集转换为简洁、一致的需求集。关于制定需求的更多信息见第 7.3 节。

开发任何类型的需求,一个有效的方法可采用 6 个疑问:谁?什么?在哪里?为什么?什么时候?怎么样?当然,如第 6 章所述,不同类型的需求侧重于不同的疑问。运行需求关注于"为什么",为什么定义系统这样的目标和目的。性能需求关注于"什么",定义系统应该做什么(以及做得如何)。

需求分析

该活动从引出阶段的一组初始需求开始。针对不同的属性和特征,分析了各个需求以及整个集合。有些特征是可取的,比如"可行的"和"可验证的"。其他特征则不然,比如"含糊不清"或"前后矛盾"。

对于每个需求,都会应用一组测试(或问题)来确定需求是否有效。虽然许多测试都是由许多组织开发的,但是我们提供了一组测试,它们至少形成了一个基线。这些测试是专门针对系统性能需求开发的。

(1)该需求是否可追溯到用户需要或运行需求?

(2)该需求是否与其他需求一致?

(3)该需求是否符合其他需求?(该需求不应相互矛盾或强迫工程师采用不可行的解决方案。)

(4)该需求是否明确无需解释?

(5)该需求在技术上是否可行?

(6)该需求是否可以承受?

(7)该需求是否可以验证?

如果上面任何一个问题的答案是"不"，那么该需求需要修改，或者省略。此外，在执行此测试之后，其他需求可能还需要修改。

除了单独的需求测试之外，还会执行一组测试集合（通常是在对每个需求执行单独测试之后）。

（1）这组需求是否涵盖了所有用户需要和运行需求？

（2）在成本、进度和技术方面，这组需求是否可行？

（3）这组需求可以作为一个整体进行验证吗？

在存在最终的性能需求集之前，可能需要对两种类型的测试进行迭代。

需求确认

一旦有了一组性能需求，就需要对其进行验证。这可以是正式的，也可以是非正式的。正式的验证是指使用一个独立的组织来应用各种验证方法以针对运行情况验证需求集，并确定系统方案中包含的需求是否能够实现用户需要和目标。此时的非正式验证是指与客户和/或用户一起评审需求集，以确定需求的范围和全面性。7.5 节提供了有关需求验证过程的更多详细信息。

需求文档

最后，重要的是将性能需求文档化，这可以使用自动化工具（如 DOORS）来实现。这方面有许多用于管理需求的工具，特别是大型的、复杂的需求层次结构。随着系统复杂性的增加，需求的数量和类型趋于增长，使用简单的电子表格软件可能不足以管理需求数据库。

阐述需求的特征

如上所述，需求分析过程产生了一组简洁的性能需求。本节研究了将运行需求转化为性能需求时面临的相关挑战。

由于运行需求最初是在正式项目结构之外进行的研究和分析的结果，它们往往比准备在随后开发的管理阶段的需求更完整，并且具有更严格的结构化，主要是为了证明系统开发的初始化。因此，为了提供一个有效的系统性能需求的定义的基础，对其分析必须特别严格，并且要注意经常遇到的缺陷，如缺乏特异性，对某个单一的技术方法的依赖，不完整的运行约束，缺乏基本需求的可追溯性，以及需求没有被充分重视等。下面各段简要讨论这些问题。

为了覆盖所有预期的运行条件（并"推销"项目），运行需求通常过于宽泛，在应该具体描述的地方又过于模糊。在大多数复杂系统中，有必要用一组定义良好的运行场景来补充基本需求，而这些运行场景表示系统需要满足的条件范围。

如果将运行需求表述为依赖于特定的假定系统配置，则会出现相反的问题。为了能够使用其他系统方法，这些需求需要被重申，以独立于具体的"点"设计。

通常，运行需求只在系统的有效运行功能方面是完整的，而不包括系统在其生产、运输、安装和运维期间必须遵守的所有约束和外部交互。为了确保在开发的这个阶段尽可能充分地处理这些交互，有必要执行生命周期分析并提供表示这些交互的场景。

所有的需求都必须与用户的运行目标相关联并可追溯。这包括了解谁将使用该系统以及如何操作该系统。遵循这条指导原则则有助于最大程度地减少不必要的或无关的需求。当特定的需求随后导致复杂的设计问题或困难的技术权衡时，它还可以充当客户和开发人员之间的良好沟通纽带。

客户的基本需要必须放在首位。如果已经正确地完成了需求分析阶段，那么来自这些需要的需求将被所有相关人员清楚地理解。当设计冲突在开发的后期发生时，回顾这些主要目标通常可以指导做出决策。

除了上述主要或基本的需求外，如果有些性能被证明是容易实现并负担得起的，那么它们总是可取的。为了主要任务的成功，必须将必要的与非必要的需求区分开。通常情况下，当客户的偏好成为理想功能时，它们就会成为硬性需求、快速需求。理想需求的例子是那些提供额外性能或设计裕度的需求。应该有一些与每个理想需求相关的成本和风险的指示，以便能够进行明智的优先排序。区分基本需求和理想需求以及它们的优先级是一个关键的系统工程功能。

方案设计的三要素

前面提到，在提出开发需求时采用了 6 个基本疑问句。我们还讨论了运行需求关注"为什么"和功能需求关注"什么"（以及性能需求关注"多少"）。如果这两组需求关注的是"为什么"和"什么"，那么分析人员去哪里理解其他四个基本的疑问呢？答案在于我们所说的方案设计的"三要素"，如图 7.4 所示。

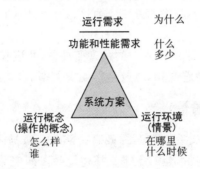

图 7.4　方案设计的三要素

需要三种产品来描述这 6 个疑问句，它们可以被统称为系统方案。需求（到目前为止，我们已经详细讨论了所有三种类型）说明的原因和内容。一个新产品，从运作概念的角度，有时被称为一种运行概念（CONOPS），解决了如何运行和由谁运行的问题。运行场景的描述指出了何时何地。当然，这三种产品之间有明显的重叠，而且常常有两个或更多的产品被合并到一个文档中。

运行概念（CONOPS）

尽管"运行"和"概念"这两个术语经常被同义使用，但实际上，运行概念是对包含多个系统的功能的更广泛的描述。它往往描述一个大的系统集合将如何运行，包括美国运输系统（甚至整个系统的一个子系统）的运行概念的例子。在这种情况下，"系统"不是指单个系统，而是系统的集合。另一个例子是炼油厂的运行概念——再次提到系统集合将如何一起运行。当提到单个系统时，通常使用术语 CONOPS。另一个区别与场景有关。运行概念足够广泛，可以独立于场景。CONOPS 往往与单个场景或一组相关场景相关。

运行的概念是有用的，因为要求应该避免规定它们应该如何实现。要求文档可能会无意中阻碍一个特别有利的解决方案。然而，一系列单独的运行要求通常不足以将系统解决方案约束为所需的类型。例如，确保飞机不受恐怖袭击的运行要求可以通过防御武器、空域监视或传感器技术来满足。在一个特定的计划中，通过增加一个 CONOPS 来限制要求，CONOPS 将描述要考虑的一般类型的防御武器。运行要求的扩展增加了约束，这些约束表达了客户对预期系统开发的期望。

术语 CONOPS 是相当普遍的。CONOPS 的组成部分通常包括：

（1）带有成功标准和任务描述；

（2）与其他系统或实体的关系；

（3）信息源和目的地；

（4）其他关系或约束。

CONOPS 应被认为是运行要求的补充。它定义了所需系统的一般方法（尽管不是特定的实现），从而消除了不需要的方法。通过这种方式，CONOPS 指明了系统的预期目标。

CONOPS 应该由客户组织或客户的代理商准备，并应在概念定义阶段开始之前提供。之后，它应该是一个动态文档，以及运行要求文档。

运行上下文描述（场景）

运行上下文描述是定义系统方案的最后一部分。该描述（见图 7.4）集中于"在哪儿？""什么时候？"。具体地说，运行上下文描述说明了期望系统的运行环境。此上下文的特定实例化称为场景。

场景可以定义为"一系列事件，包括一个或多个参与者的详细计划，以及对发生这些事件的物理、社会、经济、军事和政治环境的描述"。至于系统发展方面，一般会把发展计划推展至未来，为设计师和工程师提供系统描述和设计的环境。

大多数场景至少包括五个要素：

（1）任务目标：用成功标准描述整个任务。读者应该注意到，这和 CONOPS 的元素是一样的。任务可以是任何类型的，例如，军事、经济、社会或政治。

（2）友方：友方和系统的描述，以及各方和系统之间的关系。

（3）威胁行动（和计划）：对威胁力量的行动和目标的描述。这些威胁不一定是人为的，它们可能是自然的（例如，火山爆发）。

（4）环境：对与任务和系统相关的物理环境描述。

（5）事件序列：对时间轴上单个事件的描述。这些事件描述不应该指定详细的系统实现细节。

各种各样的场景都有。场景的类型由问题中的系统和正在检查的问题决定。图7.5显示了系统开发工作中可能需要的不同级别的场景。在早期阶段（需求分析阶段和概念探索阶段），场景趋向于更高的层次，接近金字塔的顶部。随着开发工作过渡到后期阶段，随着设计的改进，可以获得更多的细节，并在工程分析中使用了更低级别的场景。随着设计的成熟，高层场景继续用来评估整个系统的有效性。

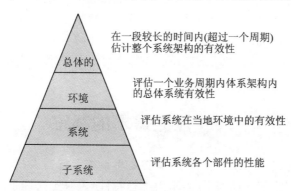

图7.5 场景层次结构

备选方案分析

需求分析阶段通常是在没有良好组织和资金支持的情况下进行的。在这种情况下，在此阶段拟订的运行需求必然是对整个任务目标的初步和不完整定义。因此，概念探索阶段的一个基本部分是将运行需求发展成一个完整和自治的框架，以此作为发展一个有效运行系统的基础。

基于上述原因，在启动一个大型项目之前，通常会进行一个或多个研究，通过建模运行场景的交互来重新确定运行需求。这类研究的通用名称之一是"备选方案分析"，因为它们涉及对一般业务任务的一系列备选系统方法的定义，以及对其业务效力的比较评价。这些分析为假定的运行情况定义了预期运行有效性的现实限制，并为一组完整的、一致的和现实的运行需求提供了框架。

1. 确定备选方案的指南

正如在下一节中所提到的，为满足一组要求而构思新的备选方案是一个归纳过程，因此需要想象力的飞跃。对于这样的过程，假设以下选择备选方案的准则是有帮助的：

（1）从现有（前身）系统作为基准开始；

（2）将系统划分为其主要子系统；

（3）用一种先进的、成本较低的或在其他方面更优的版本取代一个或多个对任务至关重要的子系统的假定备选方案；

（4）改变所选择的子系统或高级版本（单独或者组合）；

（5）如果合适，考虑修改结构；

（6）继续进行直到有 4～6 个有意义的选择。

2. 效能仿真

当备选方案的分析涉及复杂的系统时，分析通常需要使用计算机模拟来度量系统方案的模型在处理系统环境的模型场景时的有效性。第 9 章简要介绍了系统效能仿真的特点和应用。

计算机仿真的优点是可以提供改变所选系统行为和环境参数的控制，以便研究它们对整个系统行为的影响。这个特性在描述运行和性能需求对满足所必需的系统体系结构影响方面特别有价值，反过来，在需求上建立实际的界限。可以考虑一系列不同能力和成本的解决方案。每个特定的应用程序都有自己的关键变量可以调用。

7.3　性能需求的制定

如前所述，在开发新系统的过程中，有必要将系统运行需求（表示为系统行为的必要结果）转换为一组系统性能需求（表示为工程特性）。对于允许系统开发的后续阶段以工程为基础进行评估而不是以运行为基础，这是至关重要的。因此，系统功能性能需求代表了从运行领域到工程领域的转换。

子系统功能的推导

在从运行目标推导性能需求时，首先必须确定系统为执行规定的运行行为而必须执行的主要功能。这意味着，如果一个系统需要将乘客沿着现有的铁路线路送至相应的目的地，其功能元素必须包括：电力的来源、能够容纳乘客的结构、与铁道进行电力传输的接口，以及操作人员触发的对运动和方向的控制。用功能术语（动词－宾语）表示，这些元素可以称为"驱动车辆""容纳乘客""将电力传输到道路上""控制移动""控制方向"。

如第 6 章所述，该过程的开始是在前一阶段。但是，需要一个更确定的过程来建立具体的性能参数。相应的，如表 4.1 所列。在此阶段，功能确定需要进一步进行，即定义子系统功能，以及功能和相关的物理部件的可视化，它们共同提供这些子系统功能。

系统开发的不确定性

从期望的运行结果中派生出性能需求远非易事。这是因为，就像系统实例化过程中的其他步骤一样，设计方法是归纳的而不是演绎的，因此不是直接可逆的。在从更一般的运行需求到更具体地定义系统性能需求的过程中，有必要填写许多未在运行需求中明确指出的细节。显然,这可以通过多种方式来实现,这意味着原则上多个系统配置可以满足给定的一组系统要求。这也是为什么在系统开发过程中,使用给定的评估标准,通过权衡分析来实现在给定实现级别上选择"最佳"系统设计的原因。

上述过程与归纳推理的过程完全相同。例如,设计一种新汽车以"加满油能够行驶600 英里"作为运行目标时,研发者可能会使发动机非常高效,或者为它提供一个非常大的油箱,或者使车身非常轻,或者这些特征的一些组合。选择哪种组合的设计方法取决于其他因素的引入,如相对成本、开发风险、乘客容量、安全性等。

这个过程也可以通过演绎式的运行来理解,例如性能分析。给定一个特定的系统设计,系统的性能可以从其部件的特性中明确地推导出来;首先分解部件功能,然后计算它们各自的性能参数,最后将这些参数聚合为系统整体性能的度量。这种演绎过程的逆过程是归纳的,因此是不确定的。

从前面的讨论中可以看出,对于给定的一组运行需求,没有任何直接(演绎)的方法可以推断出一组相应的、独特的系统性能特征。这些特征对于指定满足运行需求的系统要求是必要和充分的。取而代之的是,人们必须依靠基于经验的启发方法,并且在很大程度上依靠试错法。这是通过一个过程来实现的,在这个过程中,初步定义了各种不同的系统配置,通过分析或数据收集来推断它们的性能特征,并对这些特征进行有效性分析,以建立满足运行需求的那些特征。下一节将更详细地描述上述过程。

功能探索与分配

潜在系统配置的探索在功能和物理两个层面上进行。产生适合满足系统运行需求的行为,以及不同功能方法的范围通常要比不同物理实现的可能性更加有限。但是,通常有几种明显不同的方法来获取所需的可操作性。在设置系统性能需求的边界时,必须考虑这些不同功能方法的性能特征。

正如前面在图 7.2 中所指出的,这个步骤的输出之一是将运行功能分配给各个子系统。为下一步做好准备,这一点很重要,其中,基本的物理构建块元素可以被可视化,作为实现概念探索的一部分。这两个步骤通过迭代循环非常紧密地结合在一起,如图 7.2 所示。功能分配过程的两个重要输入是现有系统和功能构建块。在大多数情况下,由原系统的子系统执行的功能将在很大程度上转移到新系统中。因此,前置系统在定义新系统的功能体系结构方面特别有用。由于每个功能构建块与一组性能特征和特定类型的物理部件相关联,因此构建块可以用于建立基本功能选择和互连,以及相关部件需要提供规定的子系统功能。

为了帮助识别那些负责其运行特性的系统功能,回顾第 3 章,功能媒体可以分为四种基本类型:信号、数据、材料和能量。这个过程解决了以下一系列问题:

(1)是否存在需要传感或通信的运行目标?如果是,则意味着必须包含信号输入、处理和输出功能。

(2)系统是否需要信息来控制其运行?如果是,那么如何生成、处理、存储或用于其他方式的数据?

（3）系统运行是否涉及用于容纳、支持或工艺材料的结构或机械？如果是，那么哪些操作包含、支持、处理或操纵物质元素？

（4）系统是否需要能量来激活、移动、供电或以其他方式提供必要的运动或热量？

此外，功能可以再分为三类：输入、转换和输出。输入函数涉及感知和输入信号、数据、材料和能量到系统中的过程。输出函数涉及解释、显示、合成和输出系统中的信号、数据、材料和能量的过程。转换函数是指将四种功能媒体的输入转换为输出的过程。当然，对于复杂系统，转换函数的数量可能相当大，并且具有连续的转换"序列"。图 7.6 描述了这个二维结构的概念，即功能类别与功能媒介物。

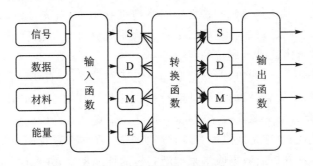

图 7.6　功能类别与功能媒介物

在构建初始函数列表时，它有助于识别输入和输出（如第 3 章所述）。当根据系统的输入和输出来检查它们时，转换功能可能更容易识别。

举个例子，确认它不是一个复杂的系统，视为一个普通的咖啡机（没有任何装饰）。通过观察，分析员可以确定必要的输入：

- 信号：用户命令（我们将其简单地标识为"on"和"off"）；
- 数据：无；
- 材料：新鲜的咖啡粉、过滤器和水；
- 能源：电力；
- 力量：机械支撑。

输出也可以很容易定义：

- 信号：状态（我们将简单地识别为开启和关闭）；
- 数据：无；
- 材料：煮好的咖啡、过滤器及咖啡粉；
- 能量：热量；
- 力量：无。

确定输入和输出有助于分析人员确定功能。输入函数直接从输入列表中执行（演绎推理）。输出函数直接从输出列表中执行（也包括演绎）。转换函数更难确定，因为这样做依赖于归纳推理。但是，我们现在有一个关于归纳过程的指南：我们知道必须把 6 个输入转换成 5 个输出。

这条研究思路通常会揭示所有重要的业务功能，并允许根据具体的业务目标将这些功能分组。此外,这种分组很自然地倾向于把不同子系统的元素组合在一起,这是子系统本身的第一级构件。即使基本配置来自于前置系统,上述策略也是适用的,因为其通用和系统的方法往往会揭示那些可能被忽略的元素。在咖啡机的例子中,我们可以专注于将输入材料和信号转换成输出材料和信号。换句话说,我们可以通过回答问题来确定功能:如何将新鲜的咖啡粉、过滤器、水和开关命令转换为煮好的咖啡、用过的过滤器、用过的咖啡粉和状态?

保持函数列表的最小化和高级别,并使用动词-对象的语法,可以使用与咖啡机相关的示例列表:

输入函数:

(1) 接受用户命令(开/关);

(2) 收到咖啡材料;

(3) 分配电力;

(4) 分配重量。

转换函数:

(5) 加热水;

(6) 将热水与咖啡粉混合;

(7) 过滤掉咖啡渣;

(8) 温煮咖啡。

输出函数:

(9) 提供状态;

(10) 方便清理;

(11) 散热。

您可以将输入和输出映射到一个或多个函数吗?您能确定输入是如何转换成输出的吗?由于咖啡机是一个非常简单的系统,所以转换函数很少。但是切记,无论系统有多复杂,总是可以确定 5～12 个函数的顶级函数列表。因此,一个复杂的系统可能有一个很大的函数层次结构,但任何系统都可以聚合成一个适当的顶级函数集。

1. 制定性能特征

如上所述,概念探索阶段的目标是获得一组必要且充分的系统性能特征。这意味着拥有它们的系统将满足以下条件:

(1) 满足运行需求并在技术上可行且价格合理的系统符合性能特征;

(2) 具有这些特征的系统将满足系统的运行需求,并且可以设计成技术上可行且价格合理的系统。

性能需求集必须是必要且充分的,这个条件是至关重要的,它将确保系统方案不会无意中被排除;这个系统方案与其他方案相比可能特别有利,因为它可能对特定的系统功能采取了不寻常的方法。当性能需求部分来自于前身系统,并移植了对其运行行为来说不是必需的特征时,通常会发生这种情况。当一个特定的运行操作被转换成一个系统功能时,也会发生这种情况。

由于上述原因,性能特征的定义必须是一个探索性的迭代过程,如图7.2所示。特别是,如果运行操作有替代的功能方法,那么它们都应该反映在性能特征中,至少在流程的实现和验证步骤中可以消除一些功能。

2. 不兼容的运行需求

应该注意的是,一组给定的运行需求不一定导致可行的性能特征。在第6章中,提到汽车是因为政府实施了有关安全、燃油经济性和污染控制的法规而需要进行重大变革的系统。最初,这些监管领域是独立开发的。每一组需求都是根据特定的需要而制定的,很少考虑相关的工程问题或其他竞争需求。当对这些法规进行工程分析时,结果表明,在当时可用的实际技术范围内,这些规定并不都是可行的。此外,在开发和生产方面的投资将导致单位成本远远超过当时的汽车价格。造成这些问题的根本原因是,为满足排放要求而采取的现有污染控制措施降低了燃油经济性,而为达到所需燃油经济性而采取的减重措施却违反了安全要求。换句话说,这三组独立的运行需求是不兼容的,因为最初没有人考虑它们对设计的综合影响。注意,在这种情况下,对需求的分析并不依赖于详细的设计研究,因为简单地检查设计方案很容易发现冲突。

【示例】新飞机的方案。

概念探索的一个有指导意义的例子是通过购买一架新的商用飞机来说明的。假设在本讨论中,一家航空公司使用双引擎螺旋桨飞机为中短途国内航线提供服务。它服务的许多机场跑道都相对较短。这种安排已经运作了很多年。越来越明显的问题是,由于维修和燃料费用的增加,乘客每英里的成本增加,以致业务微利的地步。因此,该公司正在考虑对其飞机进行重大调整。本质上,航空公司的需求是将乘客每英里的成本降低到可接受的水平,并保持其在短途航线服务方面的竞争优势。

该公司联系了几家飞机制造商,初步讨论一种新的或改进的飞机,以满足其需求。经讨论,有几个可供选择的办法。以下是三种选择:

(1)机身拉长,功率增加。存在用于这种配置的适当形式和合适的引擎。这个选项允许快速、相对低成本的升级,从而增加每架飞机的乘客数量,降低乘客每英里的总体成本。

(2)采用最先进技术的新型更大的四引擎螺旋桨飞机。该选项在短期内提供了良好的回报。它的风险相对较低,但飞机的总使用寿命并不为人所知,并且增长潜力有限。

(3)一种喷气式飞机,最多能在现有机场起降,但不一定能在所有机场起降。这种选择可以使每架飞机的乘客数量显著增加,并为竞争新的、更长的航线创造了可能性。这也是最昂贵的选择。由于喷气式发动机相对于螺旋桨发动机的维修和燃料成本较低,因此这款飞机的运营成本很有吸引力,但一些现有的航线将会消失。

很明显,最终的选择需要相当多的专业知识,并且应该基于感兴趣的制造商之间的竞争。航空公司与工程咨询公司合作,帮助其员工制定一系列飞机性能需求,这些可作为竞标的基础,并协助筛选过程。

在探索上述和相关的选项时,首先考虑替代的功能方法。这些问题似乎集中在是选择继续使用螺旋桨发动机(这种选择保留了目前飞机的基本特征),还是转向可提供可观运营效益的喷气式发动机。但是,后者与当前系统有很大的不同,并将影响其业务能力。为了让投标人自由选择,跑道长度、巡航速度和巡航高度等性能需求必须足够宽泛,以适应这两种完全不同的功能方法。

集成产品开发团队(Integrated Product Teams,IPTs)的需求制定

如前所述,定义新产品性能需求的责任是客户的责任,对于政府项目,则是收购机构的责任。然而,过程的组织及其主要参与者会因产品的性质、开发的规模和客户的支持而有很大差异。在所有的采办实践中,美国国防部(Department of Defense,DoD)在组织采购过程的各种方法方面拥有最丰富的经验。国防部最近提出的一种做法是在整个采购过程中使用 IPTs。IPTs 旨在为这个过程带来以下好处:

(1)他们尽早将高级行业参与者带入系统方案设计过程中,从而对他们进行运行需求方面的培训,并在开发的形成阶段注入他们的想法。

(2)在整个开发过程中,他们将不同的学科和专业的工程观点结合在一起。

(3)他们利用团队协作和共识建立激励优势。

(4)他们将先进的技术和 COTS 知识应用于系统设计方法。

与任何组织一样,这种方法的成功高度依赖于参与者的经验和人际交往技能,以及负责团队组织人员的领导素质,甚至更重要的是团队领导和成员的系统工程经验。没有这一点,团队的大多数成员,往往是专家,将无法有效地沟通,IPTs 也就无法实现其目标。

7.4 概念探索的实现

前一节讨论了对替代功能方法的探索——方案涉及的活动性质因情况不同而异。这些方案的实际执行包括审查不同的技术方法,通常提供更多样化的备选办法。在检查替代函数方案的情况下,探索实现方案的目的是考虑采用各种各样的方法来支持定义一组系统性能需求,这些需求在实践中是可行的并且不会无意中排除应用程序的理想的方案。为此,系统方案的探索需要有广泛的基础。

备选方案的实施理念

如果存在前一个系统,就会形成待探索的一个端点。鉴于先前系统在运行上有不足之处,无法满足预期的需要,因此应首先探讨如何修改目前的系统方案,以期消除这些不足之处。与完全不同的方法相比,这些方案的优点相对容易从性能、开发风险和成本方面进行评估。与创新方案相比,它们通常可以更快、更便宜地实施,并且风险更小。另一方面,它们可能严重限制增长潜力。

另一个端点是具有先进技术的创新技术方法。例如,功能强大的现代微处理器的

应用可能允许当前使用的手工操作广泛实现自动化。这些方案通常风险更大,实施成本更高,但可以提供较大的增量改进或降低成本,并且具有更大的增长潜力。介于两者之间的是中间方案或混合方案,包括在需求分析阶段为证明满足系统需求的可行性而定义的方案。

许多技术存在与开发新的和创新的方案。也许最古老的方案是头脑风暴,个人和集体讨论。在头脑风暴的方案中,一些现代的方法或变化,以老式的,很大程度上是非结构化的头脑风暴过程已经出现。思维导图是我们最喜欢的技术之一,工程师可能不熟悉它(但非工程人员可能熟悉)。这种特殊的技术使用视觉图像来辅助新想法的头脑风暴。一个简单的 Web 搜索将使读者指向描述该技术的多个 Web 站点。

快速关注单个方案或"点设计"方法的自然诱惑,很容易排除基于根本不同方案的其他潜在优势方法的识别。因此,应该定义和研究跨越一系列可能的设计方法的几个方案。在这个阶段,鼓励创造性思维是很重要的。它是允许的,甚至有时是可取的,包括一些不符合所有需求的方案;否则,一个更好的选择可能会被忽略,因为它不能满足一个相对任意的需求。正如在需求分析阶段一样,与客户协商哪些需求是真正必要的,哪些不是,通常可以在成本和风险因素上产生显著差异,而对性能的影响却很小。

【示例】新飞机的方案探索。

回到上一节介绍的例子,可以回顾一下,为了满足航空公司的需要,探索了两种主要的功能选择:螺旋桨驱动和喷气式驱动。仍然需要研究这些选项的其他物理实现。通常情况下,这些功能比基本功能选择更多。

自该航空公司现有机队被收购以来,发生了许多技术进步。例如,自动化已经变得更加普遍,特别是在自动驾驶仪和导航系统中。安全要求的变化,例如除冰规定,也必须加以审查,以确定那些应该指出的性能特征。在研究可选实现时,必须首先分析每个候选系统的主要功能,以确定它们在方案上是否可以实现。在开发阶段,通常无法进行详细的设计分析,因为这一方案还没有得到充分的阐述。然而,基于以前的经验和工程判断,有些人通常是系统工程师,必须确定在给定的时间、成本和风险范围内是否可以实现所提出的方案。

上面的示例还有许多其他选项和变体。值得注意的是,所有引用的选项都各有利弊,通常客户没有明显的选择余地。还请注意,选择使用喷气式飞机可能部分违反了保持短途飞行能力的运行需求。但是,如前所述,在这个阶段,考虑不符合所有初步需求的选择,以确保不忽略任何可取的选择,这是很正常的。航空公司可能会认为,某些航线的损失远远超出了使用喷气式飞机整体系统的优势所能弥补的。

同样重要的是,在探索备选方案时必须考虑整个系统生命周期。例如,虽然飞行器方案提供了许多性能优势,但它需要在培训和后勤支持设施方面进行大量投资。因此,在制定系统需求时,必须包括对这些支持功能的评估。为了成为"聪明的买家",航空公司需要精通飞机的特性以及航空业务人员能够具有分析能力的顾问或工程服务组织制定必要的性能需求。

首选系统 虽然在大多数情况下,最好不要过早地选择高级的系统方案,但是在某些情况下,除了考虑一些其他可行的系统备选方案外,需求定义工作还允许识别所谓的首选系统。当进行了重要的高级开发工作并对当前系统的未来升级产生了非常有希望的结果时,可能会提出对系统或子系统的偏好。此类工作通常由客户进行或赞助。另一个合理的因素可能是最近的重大技术突破,这有望在可接受的风险下获得较高的性能收益。首选系统方法的思想是,子系统分析可以从此方案上开始,从而节省时间和成本。当然,进一步的分析可能会显示,该系统不如预期的那样理想。

技术开发

无论新系统的起源是需求驱动还是技术驱动,绝大多数的新系统都是直接或间接地由于技术的发展而产生的。在探索满足新建立的需求的潜在方案过程中,主要的输入来自所谓的技术基础,即现有技术的总和。因此,对于系统工程师来说,理解与拟议的系统开发有关的技术进步的性质和来源是很重要的。

以系统为导向的探索性研究开发,可以根据它是与新需求驱动型系统还是与技术驱动型系统有关来区分。前者主要是为了了解运行环境以及对新系统需求增加的潜在因素。后者通常侧重于扩展和量化新技术的知识库及其在新系统目标中的应用。在这两种情况下,目标都是为计划的系统开发生成坚实的技术基础,从而明确选择特定实现的方案,并将未知的特征和关系转换为已知标准。

工业界和政府都支持在部件、设备、材料和制造技术方面的大量研发项目,这些项目可显著提高性能或成本。例如,大多数大型汽车制造商都有正在进行的项目,以开发更高效的发动机、电动汽车、自动燃油控制系统、更轻更坚固的车身,以及其他许多旨在增强其未来竞争力的改进措施。近年来,技术增长最快的是电子行业,尤其是计算机和通信设备,这反过来又推动了信息系统和自动化的爆炸性增长。

在政府资助的研发方面,还有持续大规模的工作计划,主要是在政府承包商、实验室和大学之间,旨在开发与政府直接相关的技术。它们涵盖了许多不同的应用,其范围几乎与商业研发的范围一样广泛。如前所述,国防承包商被允许从政府合同中收取一定比例的收入作为允许的间接费用。这些资金的一大部分用于新系统发展有关的活动。此外,在国会研究、开发、测试和评估(Research, Development, Test and Evaluation, RDT&E)拨款中有一个特定的类别,即指定研究和探索性开发,为军事部门的特定研发提案提供资金。这些项目无意直接支持具体的新系统发展,但确实有理由为现有任务区域做出贡献。

性能特性

通过探索实现方案来获得性能特征可以被认为是由两个分析过程组成的:性能分析和有效性分析。性能分析派生出一组表示每个候选方案的性能参数。有效性分析确定候选方案是否满足运行需求,如果不满足,则需要更改方案来满足运行需求。它采用了有效性模型,该模型用于根据一组选定的标准或有效性度量来评估方案系统设计的性能。这与前一阶段使用的模型和下一阶段使用的模型(性能需求验证)相似。在上述应用程序中,其使用的主要区别在于细节和严格程度。

1. 性能分析

该过程的性能分析部分用于为已发现满足有效性标准的每个候选系统方案派生一组相关的性能特征。

相关性问题的出现是因为对任何复杂系统的完整描述都会涉及许多参数,其中一些参数可能与其主要任务没有直接关系。例如,某些功能(如飞机搜索雷达设备跟踪某些特定编码信标应答器的能力),可能只为便于系统测试或校准。因此,性能分析过程必须从已识别的系统特征中提取那些直接影响系统运行有效性的特征。同时,必须注意包括在一种或另一种特定运行条件下可能影响有效性的所有特征。

当特定子系统的方案来自于不同应用程序中使用的现有子系统的设计时,不相关特性的问题特别容易发生。例如,对于雷达天线部件来说,相对较高的最大列车速度或仰角可能与正在研究的应用程序无关。因此,派生的模型不应该反映这个要求,除非它是整个子系统设计方案中的一个决定性因素。简而言之,如前所述,所定义的特征集必须是必要和充分的,以便有效确定每个候选系统方案的有效性。

2. 约束条件

在项目的这个阶段,重点自然会集中在主动系统的性能特征和实现这些特征的功能上。然而,重要的是不能忽略其他相关的性能特征,特别是与其他系统或系统部分的接口和交互,这些都会对新系统造成限制。这些约束可能会影响物理形式和适合度、重量和功率、计划(例如,启动日期)、指定的软件工具、运行频率、操作人员培训等。虽然这种类型的约束将在稍后的开发过程中详细讨论,但是在需求定义过程中认识到它们的影响还为时不晚。尽早关注这些问题的直接好处是可以消除冲突的方案,从而有更多时间分析更有前途的方法。

为了实现上述目标,有必要考虑完整的系统生命周期。很大程度上,系统的约束并不取决于特定的系统架构。例如,在系统生命周期的大部分时间里,温度、湿度、冲击振动等环境条件对于任何候选系统方案通常是相同的。遗漏任何此类约束都可能导致系统设计中的严重缺陷,从而对性能和可操作性产生不利影响。

7.5　性能需求的确认

在几个可行的替代方案得到运行上重要的性能特征之后,所有这些方案似乎都能够满足系统运行需求,下一步则是提炼和整合成一个单一的组,以作为正式的系统性能需求的基础。如前所述,在工程单元中陈述的这些性能需求为随后的系统开发阶段提供了明确的基础,直到可以在现实环境中测试实际系统的阶段。

所涉及的系统性能需求的细化和验证等操作可以看作是两个紧密耦合的过程:一个是一体化进程,用于比较和组合可行的备选方案的性能特征;另一个是有效性分析过程,用于评估有效性综合特征的运行需求。

性能特征的整合

整合过程用于选择和重新定义在探索过程中所考察的不同系统方案的特征,这些特征对于定义一个具有基本运行特征的系统是必要和充分的。无论可用的分析工具是什么,这个过程都需要最高层次的系统工程判断。

此阶段及其他阶段的流程可以通过具有前置系统经验的系统工程师参与而大大受益,这在前面已经多次提到过。随系统而来的知识和数据库是开发新需求和方案的宝贵信息来源。在许多情况下,一些指导开发的核心工程师和经理仍然可以为新需求和方案的开发做出贡献。他们可能不仅意识到当前的缺陷,而且可能已经考虑了各种改进。此外,他们可能知道客户真正想要的是什么,这是基于他们多年来对运行因素的了解。只有具有这种背景的关键系统工程师才能提供重要的帮助。这类经验丰富的人对于正在考虑的需求和方案的可行性具有良好的"直觉"。他们的帮助,至少作为顾问,不会减少对需求分析的需要,但可以快速地将工作指向正确的方向,并避免可能会被逼入死胡同。

性能特征的确认

流程的最后一步是根据运行需求和约束条件验证派生的性能特征,并将它们转换为需求文档的形式。理想情况下,从细化步骤中获得的性能特征应该从实现概念探索过程中的验证方案中获得。然而,在集成步骤中去除不相关或冗余的特征,并添加有效性模型中不存在的外部约束,很可能会显著地改变结果的特征集。因此,必须再次对它们进行有效性分析,以核实它们是否符合业务要求。上述步骤中的有效性模型一般应比之前步骤中使用的模型更加严谨和详细,以确保最终产品不包含由于遗漏重要的评估标准而导致的缺陷。

上述过程以闭环方式运作,直到获得满足以下目标的一套一致的系统性能特征:

(1) 它们定义了系统必须做什么,以及做得有多好,但没有定义系统应该如何做。

(2) 它们以工程术语定义特征,这些特征可以通过分析手段或实验测试加以验证,从而为后续系统开发的工程阶段奠定基础。

(3) 它们完整而准确地反映了系统的运行需求和约束,包括外部接口和交互,因此,如果一个系统具有所声明的特征,那么它将满足运行需求。

需求文档

要将系统性能特征转换成需求文档,需要熟练的组织和编辑能力。由于系统性能需求将被用于随后的概念定义阶段并作为其后续版本的主要基础,因此使文档清晰、一致和完整非常重要。同样重要的是,要认识到它不是刻在石头上的,而是一份活的文件,随着系统的发展和测试它将不断发展和改进。

在一个由需求驱动的系统开发中,需求文档的用途是在许多投标者之间竞争概念定义阶段,因此系统性能需求是竞争性招标的一个主要组成部分,同时还包含所有其他条件和约束的完整声明。这种征求意见通常以草稿形式在潜在投标者之间传阅,以帮助确保其完整性和清晰度。

在技术驱动的系统开发商业公司将进行概念定义和后续概念探索阶段时,最终产品通常作为决定是否授权和资助概念定义阶段的基础,从而初步进行工程开发。为此,需求文档通常包括对所研究的最有吸引力的备选方案的详细描述、其可行性的证据、验证新系统需求的市场研究,以及对开发、生产和市场引入成本的估计。

7.6　小　结

系统需求的开发

概念探索阶段(在此定义)的目标是探索替代方案,以获得共同的特征,并将面向运行的系统视图转换为面向工程的视图。

概念探索的输出包括:(1)系统性能需求;(2)子系统级的系统体系结构;(3)可选的系统方案。

包含概念探索的活动如下:

- 运行需求分析——确保完整性和一致性;
- 实施概念探索——改进功能特征;
- 性能需求制定——导出功能和参数;
- 性能需求确认——确保运行有效性。

运行需求分析

需求开发包括四个基本步骤:引出、分析、验证和文档编制。如果正确地执行这些步骤,将会产生一组健壮的、清晰的要求。

生成运行级需求通常涉及对备选方案分析以及有效性模型和模拟。为了进行这些重要的分析,有三个组成部分是必需的:一组初始的运行需求、一个相关系统的运行方案,以及一组描述环境的运行场景(运行上下文)。

性能需求的制定

系统开发是一个不确定的过程,因为它需要一个迭代的归纳推理过程,许多可能的解决方案可以满足一组运行需求。前置系统可以提供很大的帮助,因为它帮助定义系统功能体系结构和功能构建块的性能。

概念探索的实现

对于可替代的实现概念探索,应该:

- 避免"点设计综合症";
- 解决广泛的备选方案;
- 考虑改进先前的系统技术;
- 考虑使用先进技术的创新方法;
- 评估每种备选方案的绩效、风险、成本和增长潜力。

技术开发也是系统开发的重要组成部分。工业界和政府支持开发新技术的重大研发项目。这种技术的建立通常被称为"技术基础",并且是许多创新方案的来源。

系统性能需求是通过分析来建立每个方案的性能参数。然后评估这些需求是否符合运行需求和约束。这些约束的来源包括:(1)系统操作员、维护和测试注意事项;(2)与其他系统接口的要求;(3)外部决定的经营环境;(4)制造、运输和储存环境。

完成后,系统性能需求将定义系统应该做什么,而不是它应该如何做。它们以工程术语表示系统特性,这是反映运行需求和约束的必要和充分集合。

性能需求的确认

性能需求验证涉及两个相互关联的活动:(1)来自备选系统方案的需求的集成;(2)有效性分析,以证明运行需求的满足。在活动文档中定义性能需求,在整个系统生命周期中对需求进行审查和更新。

习　题

7.1　解释为什么在定义一组系统性能需求之前,有必要检查一些可选的系统方案,以获得有竞争力的系统。如果不检查这些方案的足够范围,可能会导致什么结果?

7.2　为了达到未来的污染标准,几家汽车制造商正在开发电力驱动的汽车。您希望保留汽油动力汽车的哪些主要部件,只做一些小改动? 哪些可能会发生重大变化? 哪些是新的?(不用考虑与汽车主要功能无关的部件,比如娱乐、自动巡航控制、电动座椅和车窗,以及安全气囊。)

7.3　列出一组表述良好的运行需求的特征,也就是您在分析它们的充分性时所寻找的质量。对于每个需求,请说明如果需求没有这些特征,结果会是什么。

7.4　在性能需求制定部分,系统的开发过程被认为是"不确定的"。用您自己的话解释这个术语的含义。描述另一个不确定的常见过程的示例。

7.5　根据"功能探索和分配"小节中的检查表导出 DVD 播放器的主要功能。每个功能与 DVD 播放器的运行需求有何关系?

7.6　IPTs 被认为有四个主要优点。您希望系统工程师在实现这些优点时执行哪些具体的操作?

7.7　在正式的系统采购计划建立之前进行的探索性研发对推进系统采购计划目标的实现起什么作用? 研发项目和系统开发项目的组织和资金有什么主要区别?

7.8　在考虑潜在的系统方案以满足新系统的运行需求时,经常会有一个特定方案似乎满足系统需求的明显解决方案。考虑到过早地关注"点解决方案"是一种糟糕的系统工程实践，请描述两种方法来识别一系列可供考虑的可选系统方案。

  7.9 （a）制定一套简单的草坪拖拉机的运行需求。不超过 15 个运行需求。

     （b）为同一台草坪拖拉机制定一套性能需求。不超过 30 个性能需求。

     （c）根据您的经验，写一篇简短的论文，定义将运行需求转换为性能需求的过程。

     （d）您如何验证（b）中的需求？

扩展阅读

[1] Blanchard B，Fabrycky W. System Engineering and Analysis：Chapter 3. 4th ed. Prentice Hall，2006.

[2] Chase W P. Management of Systems Engineering：Chapters 4，5. John Wiley，1974.

[3] Eisner H. Essentials of Project and Systems Engineering Management：Chapter 8. Wiley，1997.

[4] Hitchins D K. Systems Engineering：A 21st Century Systems Methodology：Chapters 5，8. John Wiley & Sons，2007.

[5] International Council on Systems Engineering. Systems Engineering Handbook. A Guide forSystem Life Cycle Processes and Activities：Version 3. 2. July 2010.

[6] Kendall K，Kendall J. Systems Analysis and Design：Chapters 4，5. 6th ed. Prentice Hall，2003.

[7] Law A M. Simulation，Modeling & Analysis：Chapters 1,2,5. 4th ed. McGraw-Hill，2007.

[8] Lykins H，Friedenthal S，Meilich A. Adapting UML for an object — oriented systems engineering method (OOSEM). Proceedings of 10th International Symposium INCOSE，July 2000.

[9] Meilich A，Rickels M. An application of object-oriented systems engineering to an armycommand and control system：A new approach to integration of systems and software requirements and design. Proceedings of Ninth International Symposium INCOSE，June 1999.

[10] Rechtin E. Systems Architecting：Creating and Building Complex Systems：Chapter 1. Prentice Hall，1991.

[11] Reilly N B. Successful Systems for Engineers and Managers：Chapters 4，6. Van Nostrand Reinhold，1993.

[12] Sage A P，Armstrong Jr J E，Introduction to Systems Engineering：Chapter 4. Wiley，2000.

[13] Stevens R，Brook P，Jackson K，et al. Systems Engineering，Coping with Complexity. Prentice Hall，1998.

第8章 概念定义

8.1 选择系统概念

系统生命周期的概念定义阶段,标志着确定一个新系统功能和物理特性(或现有系统的专业升级)的严肃、专注工作的开始,该系统旨在满足前面概念阶段中定义的操作需求。它标志着能够定量地预测其运行性能、开发时间和生命周期成本,以充分、具体地表征系统。如第4章图4.6所示,概念定义阶段的工作量明显大于以前阶段,这是因为系统设计人员和工程专家被添加到那些主要负责前面阶段的系统工程师和分析师中。在大多数需要驱动的系统开发中,此阶段是由几个互相竞争的开发人员根据前面阶段为客户开发的性能需求来进行的。此阶段的输出是从大量备选的系统方案中选择的一种特定的配置,这些配置将构成开发和工程的基准。从这一阶段开始,系统开发包括选取的系统方案在硬件和软件上的实现(必要时进行修改),并将其设计用于生产和运营。

随着系统架构的出现和正式定义,在某些来源中该阶段被称为系统架构阶段。尽管这可能并不完全合适,系统架构,正如它现在被定义和理解的那样,是此阶段的主要活动。在8.8节中讨论了系统架构的细节。

概念定义阶段在系统生命周期中的地位

图8.1显示了概念定义阶段在整个系统开发中的位置。概念定义阶段是概念开发阶段的最后阶段,它是高级开发阶段的开始,随着开发阶段的进展而启动。它的输入是系统性能需求,包括许多可行系统方案的技术基础,以及将要进行系统开发的合同和组织框架。它的输出是系统功能规范、已定义的系统方案以及后续工程计划的详细计划。此阶段的计划输出通常包括系统工程管理计划(SEMP),该计划详细定义了要遵循的系统工程方法、项目工作分解结构(WBS)、开发和生产的成本估算、测试计划以及其他可能指导的支撑材料(请参阅第5章)。

当客户是政府时,法律规定所有收购项目都应以竞争的方式进行,除非在特殊情况下。竞争经常发生在概念定义阶段。通常,它以正式的请求开始,其中包含系统需求,该需求通常在总体系统的功能、性能和兼容性级别上。在询价的基础上,竞争承包商进行方案准备工作,体现在项目的概念定义阶段。中标人(或在某些情况下不止一个)提出的系统方案和方法成为随后系统开发的基准。

在商业产品的开发过程中,概念定义阶段通常在可行性研究结束之后开始,可行性

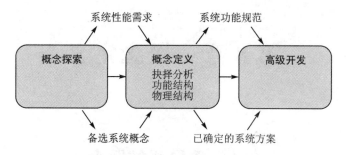

图 8.1　系统生命周期中的概念定义阶段

研究确定了对产品的有效需求以及通过一种或多种技术方法满足这种需求的可行性。该公司已决定投入大量资源来定义产品，以进一步决定是否可以继续全面开发。除了正式文件的手续和需求外，此阶段针对商业和政府项目的常规技术活动是相似的。根据目标的重要性和可用资金，可以采用一种或几种设计方案。

设计实例化状态

前一阶段仅关注系统设计，以达到定义一组可以通过可行系统设计实现的性能需求所必需的水平，并且不排除其他有利的设计方案。为此目的，在子系统级别定义函数并且仅可视化实现该方案所需的部件类型就足够了。

为了将系统定义到能够以任何可信度（通过类比以前开发的系统）估算其运行性能、开发工作和生产成本的水平，方案设计必须进一步提升。因此，在概念定义阶段，设计重点是部件，即系统的基本构建块。如表 8.1 所列，这是表 4.1 的补充，此阶段的重点是系统部件的选择和功能定义以及它们在子系统中的配置。

表 8.1　概念定义阶段中系统实例化的状态

层　级	阶　段					
	概念开发			工程开发		
	需求分析	概念探索	概念定义	高级开发	工程设计	集成与评估
系统	确定系统能力和有效性	辨析、探索并综合方案	用规范定义所选方案	确认概念		测试与评估
子系统		确定需求并确保其可行性	定义功能和物理架构	确认子系统		集成与测试
部件			将功能分配给部件	定义规范	设计和测试	集成与测试
子部件		可视化		将功能分配给子部件	设计	
零件					制造或购买	

上述任务的执行主要是系统工程的责任，因为它们解决了技术问题，这些技术问题

通常涉及技术学科和组织边界。但是,只有当用于实现每个规定功能的组件被充分理解并且足够可视化,并以此作为风险评估和成本估算的基础时,才能有效地执行功能定义的任务,而这不能仅仅在功能层次上进行。相应地,与许多系统工程任务一样,通常需要一些咨询经验丰富的设计专家,特别是可以使用高级技术扩展子系统性能并且在超过先前已达到的水平的情况下。

概念定义中的系统工程方法

概念定义阶段的活动将在以下各节中根据系统工程方法的四个步骤(参见第 4 章)进行讨论,并且对随后系统开发工作的规范和系统功能需求的制定进行描述。应用于此阶段的四个步骤总结如下(括号中为一般名称):

(1) 性能需求分析(需求分析)。典型活动包括:

* 分析系统性能需求,并将其与运行目标和整个生命周期场景相关联;
* 在必要时改进需求,以包括未说明的约束,并尽可能量化定性需求。

(2) 功能分析和规划(功能定义)。典型活动包括:

* 根据系统功能元素和各单元交互,将子系统功能分配到部件层;
* 开发功能性架构产品;
* 制定与指定功能相对应的初步功能需求。

(3) 概念选择(物理定义)。典型活动包括:

* 根据性能需求综合各种技术方法和部件配置;
* 开发物理架构产品;
* 在性能、风险、成本和进度之间进行权衡研究,以选择根据组件和架构确定的首选系统方案。

(4) 方案确认(设计确认)。典型活动包括:

* 进行系统分析和仿真,以确认所选方案符合要求并优于其竞争对手;
* 必要时完善方案。

系统工程方法在概念定义阶段的应用如图 8.2 所示,它是图 4.12 通用图的详细说明。输入显示来自先前(需求确定)阶段,以系统性能需求和竞争性设计方案的形式出现。此外,还有技术、系统构建块(部件)、工具、模型和经验数据库等形式的重要外部输入。输出包括系统功能需求、定义的系统方案,以及(未在图中示出)随后的系统开发工程阶段的详细计划。

8.2 性能需求分析

如第 4 章所述,每个开发阶段必须首先详细分析所有需求以及随后的计划所依据的其他职责范围。就解决问题而言,这相当于首先要完全理解解决的问题。

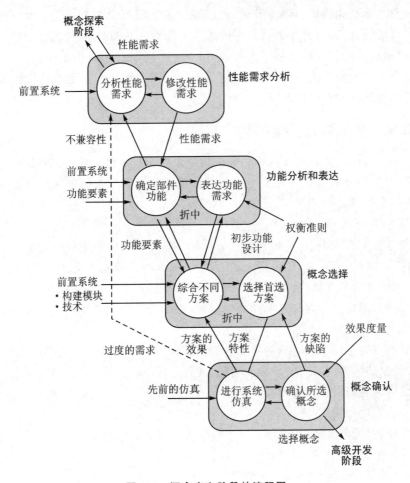

图 8.2 概念定义阶段的流程图

分析所述的性能需求

概念定义阶段的需求分析尤为重要,因为最初陈述的系统性能需求通常代表了对用户实际需求的不完全解释。尽管先前的阶段可能已经进行过分析,但为复杂系统导出一组性能需求也必然是一个不精确且主观的过程,更不用说迭代了。特别是,所述需求容易受到个人的影响,而且通常是没有充分根据的假设,这些假设将变得难以实现或不容易实现。这可能会导致某些性能需求过于严格,因为人们认为它们很容易实现(这一假设可能被证明是无效的)。因此,必须清楚地理解需求的基础及其基本假设。在此之后,可以采取必要的措施来完善需求,以支持真正可行的系统方案的确定。实现这些需求,估计相对难度将有助于指导开发过程中的资源分配。

从用户需求角度理解给定性能要求的来源的任务是系统工程的特定范畴。该任务要求在熟悉的操作环境以及系统用户所允许的情况下,对于复杂的操作系统,最好通过多年的现场工作来实现这种理解。

1. 系统需求的类别

在讨论需求分析的主题时,注意力通常集中在系统必须执行的功能和程度上。我们已经命名了这些类型的需求、功能和性能,而且这些需求通常是明确的。但是,还有其他类型的需求可能同样重要,但定义起来可能要差得多,甚至在此之前都省略了。其中包括以下内容:

(1)兼容性需求:系统如何与其运行站点、后勤支持以及其他系统进行连接。

(2)可靠性、可维护性和可用性(RMA)需求:系统必须满足多高的可靠性才能实现其目标,如何进行维护,以及需要哪些支持设施。

(3)环境需求:在整个生命周期内,系统必须承受多严酷的极端物理环境。

当明确说明 RMA 需求时,它们往往是任意的,没有明确确定。对于其他两个类别,需求通常主要局限于系统的运行模式,而忽略了海运、存储、搬运、组装和支持系统的条件。在这种情况下,有必要详细研究系统的整个寿命,从产品交付到使用寿命结束然后废弃。

2. 系统生命周期场景

要了解系统在其生命周期中遇到的所有情况,有必要开发一个模型或场景,以识别系统将要暴露的所有不同情况。这些情况至少包括:

(1)系统和/或其部件的存储;

(2)将系统运输到其运行地点;

(3)组装并准备运行系统;

(4)现场扩充配置;

(5)系统运行;

(6)日常和紧急维护(维修);

(7)系统的修改和升级;

(8)系统的废弃。

必须充分详细地描述系统在这些阶段的模型,以揭示系统及其环境之间可能影响其设计的任何交互。例如,系统维护需要提供备件、专用测试设备、专用测试点及其他需要识别的规定。

该模型还需要包含有关生命周期成本核算的信息。只有通过可视化预计系统的完整寿命,才能开发出有效的系统需求并预估相关的成本。

系统需求的完成和完善

系统生命周期模型的开发几乎总会出现许多重要的系统需求没有被明确说明的情况。这不仅会出现在系统的非运行阶段,也会出现在其与物理环境的相互作用中。这些环境规范通常源自"样板文件",特别是在许多军事系统中,而不是来自实际的操作环境模型。相反,使用标准商业部件的愿望可能导致这些规范被过度放宽或完全省略。

通常没有说明的最重要的需求可能是可承受性。在竞争性系统开发中,预计的系统成本是选择获胜提案时要考虑的因素之一。因此，可承受性必须被视为等同于其他规定的需求，即使它可能没有这样表示。因此，有必要尽可能多地洞悉有关预计系统成本开发、生产和支持在什么水平能够构成可接受（或竞争）价值。

使用寿命是被当成需求的系统特性。为了防止提早过时，使用高科技的系统必须能够定期升级或保持先进。考虑到经济的可行性，必须在设计系统时考虑到这一目标，使那些易于早期过时的子系统或部件易于修改或用新技术替换。

在某些项目中，明确规定了此类升级或改进功能。这个过程有时被称为"预先计划的产品改进"（Preplanned Product Improvement，P^3I）。然而，在大多数情况下，尤其是当初始成本是一个主要问题时，没有明确要求具备这种能力。然而，需要记住这一点是比较备选系统方案的重要标准，因为在实践中，未来变更条件和/或系统环境（或产品竞争）的变化往往会导致系统升级的压力增大。

1. 未量化的需求

出于使用需要，系统需求必须是可验证的。这通常意味着可度量。如果需求以不可量化的方式表述，则需求分析的任务就包括赋予其尽可能多的量化信息。以下两个示例是此类需求的典型代表。

通常未量化的区域是用户需求，尤其是用户系统接口。使用频繁的术语"用户友好"并不易于转化为可度量的形式。因此，重要的是要先了解用户的需要和限制。反过来，由于可能会有多个用户具有不同的接口约束和培训等级，因此使情况变得复杂。还有维护接口，它有完全不同的需求。

系统与其操作现场的其他设备之间以及相关系统之间的接口，通常也无法用可测量的项来表述。这可能需要对预计的系统环境进行第一手检查，如果需要，甚至需要对这些接口进行测量。例如，现场是否必须提供诸如可用功率或输入信号等参数的规范？

2. 需求和前置系统

如前所述，如果存在执行与预计系统相同或类似功能的先前（当前）系统，通常情况下，它是有关新系统需求的最丰富的信息源。在开发的各个阶段，特别是在形成阶段，都应进行系统工程的详细研究。

先前的系统为理解导致缺陷的实际本质提供了良好的基础。由于它的所有属性都是可测量的，因此可以作为量化新系统要求的出发点。经常有文档会直接比较新系统的需求。

先前系统的用户通常是新系统的最佳信息来源。因此，系统工程应尽力获得对系统运行的第一手详细了解。

3. 运行的有效性

对于系统准备投入运行使用的日期，可能不一定有明确的要求。如果有的话，重要的是尝试理解满足此日期相对于开发成本、性能和其他系统特性的重要性的优先级。需要这些知识是因为这些因素是相互依存的，并且它们的相互平衡对于系统开发的成功至关重要。

无论如何,有效时间对系统的最终价值一直很重要。这是因为技术的发展和竞争压力不断地发挥作用,从而缩短了新系统的有效使用寿命。因此,在计划系统开发时,必须将运行的时间视为首要因素。在商业开发中,最先采用新技术的产品通常占据市场的大部分份额。

4. 确定客户/用户需求

如前所述,始终有必要通过与客户的联系,以及与现有或类似系统的现有用户的联系来阐明、扩展和验证所述系统的要求。在竞争性的采购项目中,通常对客户的访问是有些受限的,但是,应尽可能使用它来澄清最初所述的要求中的歧义和不一致之处。可以直接进行,也可以通过信件或在投标人的会议上进行,视情况而定。

阐明系统需求的更好机会是在预制阶段。在许多大型收购项目中,征求建议书草案(RFP)被分发给潜在投标人以征求意见。在此期间,与发布 RFP 之后相比,通常可以更好地了解客户需求。这强调了这样一个事实,即响应系统获取 RFP 的工作必须在其正式发布之前(数月或数年)开始。

在开发商业系统时,始终存在一个积极的并且经常是扩展的市场调查来建立客户/用户需要。在这些情况下,明确的系统要求可能经常不存在。因此,作为确定系统方案及其相关性能要求的先决条件,系统工程必须尽可能直接与当前系统的潜在客户和用户进行交互,以便直接观察系统优势、局限性和相关操作程序。

8.3　功能分析与表达

可以看出,为了与设计复杂系统的固有程序保持一致,系统工程方法将设计任务分为两个紧密耦合的步骤:(1)分析和制定系统的功能设计(需要执行哪些操作);(2)选择最有利的系统功能实现(如何最好地以物理方式生成动作)。这些步骤之间的紧密耦合源于它们之间的相互依赖性,这需要在制定功能设计时实现步骤的可视化,以及在考虑替代方法时对实现步骤进行迭代。那些熟悉软件工程的人将这两个步骤分别视为设计和实现。

部件功能的定义

概念定义阶段的系统实例化过程主要与系统部件的功能定义有关(见表 7.1)。如果概念探索阶段的细节可用,则说明已经在系统级别探索了功能配置(请参阅第 7 章中的咖啡机示例)。如果不是这样,那么在概念定义正式开始之前,几乎总会进行探索性研究,这些研究已经提出了一个或多个备选的高层级方案,可以作为部件功能设计的起点。

1. 功能构建模块

将性能要求转换为系统功能任务的一般特征,可以通过第 3 章中概述的系统功能构建块的方案来说明。它对第 7 章中的讨论进行了扩展，涉及以下步骤：

（1）辨识功能介质。每个主要系统功能中涉及的介质类型（信号、数据、材料、能量和力），通常使用第 7 章中建议的标准可以很容易地与这五个类型中的一个相关联。

（2）辨识功能元素。在第 3 章中列出的五个或六个基本功能元素代表了五类媒介中每一类的操作，每个功能元素都执行着重要功能，并且可在各种系统类型中找到。系统动作（功能）可以通过选择这些功能构建块来构建。

（3）性能需求与元素属性的关系。每个功能元素都具有几个关键的性能属性（例如速度、精度和容量），如果这些可能与相关的系统性能需求有关，则确认了功能元素的正确选择。

（4）功能元素的配置。为实现所需性能特征而选择的功能元素必须互连并分组为集成子系统。这可能需要添加接口（输入/输出）单元以实现连接。

（5）全部外部交互作用的分析和集成。给定的性能要求通常会忽略系统与其操作（或其他）环境（例如，外部控制或能源）的重要交互作用。这些交互需要集成到整个功能配置中。

不建议在此阶段进行优化，因为在物理确定的后续步骤里和随后的迭代之后，需要修改系统功能设计的初始规划。

2. 功能的交互作用

这些功能元素的固有结构是，除了主输入和输出之外，还需要与其他单元的互连最小。然而，它们中的大多数都依赖于外部控制和能源，以及由材料结构容纳或支撑。它们分组到子系统中，应尽可能使每个子系统自给自足。

最小化不同子系统之间的关键功能交互，有两个目的：一个是协助系统开发、工程、集成、测试、维护和后勤支持；另一个是促进系统在其使用寿命内进行将来的更改，以提高其有效性。

当多个不同的功能分组方法（功能配置）都相对有效时，这些备选方案应该继续进行到设计过程的下一步，其中高级配置的选择可能会更加明显。

功能块图表工具

存在（并且继续开发）几种正式的工具和方法来表示系统的功能及其交互。商业领域已经使用功能流程图，被正式称为功能流程框图（Functional Flow Block Diagram，FFBD），不仅表示功能，还表示控制流程（或五个基本元素中的任何一个）。该图表技术可以在多个层级上使用以形成功能层次结构。

最近开发的是一种称为集成定义（Integrated Definition，IDEF）的方法。实际上，IDEF 超越了功能，包含了大量系统的能力描述。集成定义零（IDEF0）是表示系统功能的主要技术。基本结构是功能实体，由矩形表示，如图 8.3 所示。存在用于识别与函数之间接口的严格规则。有时，细节包含在框中，例如实体执行的多个功能的列表；其他时候，矩形的内部留空。左侧输入，右侧输出。控件项（与输入分开）从顶部进入函数功能区，机制（或实现）从底部进入。

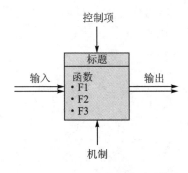

图 8.3　IDEF0 功能模型结构

最简单的图表技术之一是功能框图（Functional Block Diagram，FBD）。这种技术类似于 FFBDs，但没有流程结构，类似于 IDEF0，但没有图表规则。基本上，每个函数都由一个矩形框表示。函数之间的接口用方向箭头标识，并带有表示函数之间传递的内容。当函数与外部实体交互时，以某种方式（例如，矩形和圆形）表示实体，并提供界面箭头。

回顾第 7 章咖啡机的例子，其中确定了 11 项函数功能，分别是：

输入功能：

- 接收用户指令（开/关）；
- 接收咖啡材料；
- 配电；
- 分配重量。

转换功能：

- 热水；
- 将热水与咖啡粉混合；
- 过滤掉咖啡渣；
- 温煮咖啡。

输出功能：

- 提供状态；
- 便于废料清理；
- 散热。

图 8.4 展示了使用 11 个函数功能的 FBD，还确定了三个外部实体：用户、电源（假设为电源插座）和环境。请注意，在函数功能框图中未考虑维护功能。这是由于家用电器的性质，特别是咖啡机，其设计不是为了维护。它们是"消耗性的"或"一次性的"。

由于难以避免交叉线，因此存在若干机制来区分单独的界面箭头，例如最普遍的方法是用不同颜色，或其他方法，如虚线。对于电源，我们只列出了需要电源的功能（例如 F5）。我们试图在这个例子中做得详细、清楚，以帮助读者思考识别功能和开发系统功能结构的过程。简化这个图表并不困难，因为我们可以在这个阶段省略几个函数功能，只要我们以后不会忘记它们即可。例如，功能 F10"便于去除材料"在此阶段可以省略，只要最终设计确实允许用户很容易地去除材料即可。还要注意,我们可以将函数功能分为处理五个基本元素的函数功能。

材料	接收咖啡材料
	将热水与咖啡粉混合
	过滤掉咖啡渣
	方便材料清除
数据	提供状态
信号	接收用户指令
能源	配电
	热水
	温煮咖啡
	散热
力	分配重量

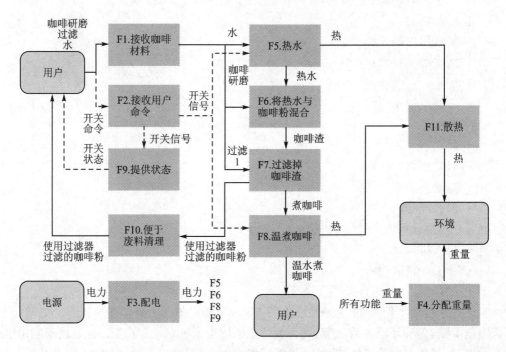

图 8.4 标准咖啡机的功能框图

这不是一个"清晰"的分类,因为一些功能输入一种类型的元素并将其转换为另一种类型。例如,功能 F2"接收用户命令",输入一个数据并将其转换为信号。主观判断是必要的。

软硬件分配

给定功能应该由硬件还是软件执行的问题似乎是实现问题而非功能问题。但是，这样的问题几乎总是涉及系统级问题，例如对操作员界面、测试设备的影响以及与其他系统元素的大量交互。因此，功能构建块的定义明确区分了软件元素（例如，控制系统和控制处理）和硬件元素（例如，过程信号和过程数据）。由于这些原因，部件级别的功能确定应包括将所有重要的处理功能分配给硬件或软件。此类决策中的一个重要考虑因素是为将来的增长潜力做好准备，以跟上快速发展的数据处理技术的步伐。

在嵌入式系统中，如第 11 章所定义，因为软件的多功能性，往往被赋予大多数关键功能，特别是与控制相关的功能。在软件密集型系统中，几乎所有功能都是由软件执行的，因为缺少常见的功能元素，因此功能分配并不那么简单。第 11 章介绍了硬件和软件之间的固有差异及其对系统设计的影响，以及设计软件系统架构时使用的方法。

在某种程度上，决策可能涉及选择功能元素，配置它们或量化它们的功能特征，则应使用一组预定标准在候选者之间进行权衡。权衡分析的原则和方法在第 9 章中进行了描述。

仿　真

对具有动态模式以响应其环境中发生的事件的系统行为进行分析，通常需要构建计算机驱动模型来模拟这种行为。对飞机或其他交通工具运动的分析，需要使用体现其运动特性的仿真。

仿真可以被视为实验测试的一种形式。与构建和测试系统部件相比，它们可以在更短的时间内以更低的成本获得对设计过程至关重要的信息。实际上，仿真允许设计人员和分析人员在系统以物理形式存在之前了解系统的行为方式。仿真还允许设计人员通过对关键参数进行选择性更改来进行"假设分析"实验。仿真是动态的，也就是说，它们代表了与时间相关的行为。它们由一组编程输入或场景驱动，其参数可以变化以产生要研究的特定响应，并且可以包括所选系统元件的输入/输出功能模型。这些特征对于进行系统权衡研究特别有用。

在概念定义阶段，系统仿真在方案选择过程中特别有用，特别是在系统的动态行为很重要的情况下。对几种备选方案进行仿真"实验"，从而为备选方案提供一系列关键的潜在挑战。与单独使用判断相比，使用模拟结果评分备选方案通常更有意义和说服力。第 9 章更详细地描述了系统开发过程中使用的一些不同类型的仿真。

功能规范的制定

概念定义阶段的输出之一是一组系统功能规范，可以用作高级开发阶段的输入。在此过程的这一步骤中，应该制定一套初步的功能规范，以便为更正式的文件奠定基础。而且这也可以检查功能分析的完整性和一致性。

在制定功能规范时，必须根据性能和兼容性要求推断它们的数量。此时，量化应该被视为临时的，以便在物理确定步骤中进行迭代，并在概念定义阶段结束时将其纳入正式的系统功能规范文档中。正是在系统层次结构的这个级别上，物理配置才变得非常明显。

8.4 功能分配

概念定义过程中的决策取决于特定系统配置或方案的选择，以及它要执行的功能的定义。与开发的后续阶段相比，这些决策在确定新系统的最终性能、成本和效用方面作用更大。此外，在竞争性的收购过程中，选择很大程度上取决于由谁来开发系统以及对所提出的方案和支持文档的评估。出于这些原因，功能分配过程至关重要。

系统工程方法要求用结构化的过程做出这样的决策，该过程在选择任何一个方案之前要考虑许多备选方案的相对优点。这个过程称为"权衡研究"或"权衡分析"，其用于整个系统开发的决策过程。权衡分析在概念定义阶段最重要，主要是在选择系统部件的物理实现时。如前所述，第9章描述了权衡分析的原则和方法。

备选方案的制定

选择首选系统方案的第一步是制定一套备选解决方案，或者是在这种情况下，制定系统方案。在早期的开发阶段，备选结构首先将上述功能分配给系统的物理组件。换句话说，我们必须确定如何实现上述功能。当然，这可能需要将 FBD（或其他功能表示形式）中的顶层功能分解为较低级别的功能。很多时候，这项活动为人们提供了实现每个功能的替代方法的建议。

在确定系统部件时，从子系统开始，我们一直面临一个问题，即是否可以同时由单个物理部件实现多个功能。反过来也是一个问题：单个功能是否应该由多个子系统实现？理想情况下，一对一映射是我们的目标。但是，其他因素可能导致人们将多个功能映射到单个部件，反之亦然。

对物理部件的特定功能分配以及由该分配产生的功能和物理接口被认为是单一备选方案。其他分配方案将产生不同的备选方案。从整个系统到单个部件，上述权衡可以在多个层面上进行。很多时候，这些权衡是功能分配过程的一部分。

一个重要的目标是确保不遗漏任何潜在的有价值的机会。以下段落讨论了开发备选方案的问题。

1. 将前置系统作为基准

如前所述，大多数系统开发旨在扩展现有系统目前执行不充分的某些功能或提高其效率。在当前系统的功能与新系统的功能相同或相似的情况下，当前系统为系统方案的定义提供了基本的出发点。如果主要驱动力来自当前系统的有限部分的严重缺陷，则一组明显的（部分）替代方法将从系统的最小修改开始，仅限于那些明显不足的子系统或主要部件。其他备选方案将逐步修改或替换可能被现代技术淘汰的其他子系统。系统的一般配置将被保留。

如果部件级别有新的和改进的技术进步，或者存在可应用于新系统的标准商用现成部件，则改变新系统的动力将是技术驱动。在这种情况下，常用的方法是随着时间的推移顺序引入新的改进，作为对当前系统配置的修改。

即使有理由保留现有系统的任何部件，例如，当从传统的手动控制过程过渡到自动化和高速操作时，当前系统的一般功能配置、部件选择、构造材料、特殊功能和其他特性，通常为备选方案提供有用的出发点。

2. 技术进步

如第 6 章所述，一些新的系统开发更多地受到技术进步的驱动，而不是因先前系统中的操作缺陷。这些进步可能出现在针对特定应用领域的探索性研究和开发计划中（例如高级喷气发动机的开发），或者可能来自广泛适用的技术（例如高速计算和通信设备）。

这些进步通常被纳入现有系统以实现特定的性能改进。但是，如果它们的影响很大，那么在备选方案中应该包括彻底偏离先前配置的可能性。超出某一点，现有框架可能会过度限制可实现的收益，因此应予以放弃。因此，当涉及先进技术时，应检查各种变化的选择。

3. 原始概念

在相对罕见的情况下，提出了一种完全不同的方案来满足运行需求，特别是在没有满足需求时。在这种情况下，不太可能使用先前系统进行比较，因此需要检查不同类型的备选方案。通常，可以考虑新方案的各种版本，不同的是依赖于新的和未经检验的技术以换取预计的性能和成本。

备选方案建模

为了比较备选方案的内容，每个方案必须由具有关键属性的模型来表示，根据这些属性来判断备选方案的相对值。至少应构建每个方案的 FFBD，并制作图形或其他物理描述，以提供备选系统的更真实的视图。

上述建模和备选方案的仿真都将为选择过程和相关的权衡取舍提供重要的参考和依据。

8.5　概念选择

在概念定义阶段进行权衡研究的目的是评估备选系统方案在以下方面的相对"优势"：

- 操作性能和兼容性；
- 项目成本；
- 项目计划；
- 实现上述每一项的风险。

结果的评判不仅取决于每个特征的预期实现程度，还取决于它们之间的平衡。由于上述特征可能赋予不同的优先级，因此这样的评判必须高度依赖于项目。

1. 设计的余度

在竞争性项目中，通常会出现最大化系统性能的趋势。这通常会造成将系统设计推向某个水平，在此点上，各种设计余量都降至最低。"设计余量"是指给定系统参数可以偏离其正常值而不会产生整个系统的不可接受行为的量。设计余量的减小，不可避免地反映在对系统操作期间环境引起的部件特性变化和/或生产过程中施加的制造公差的严格限制上。两者都可能导致更高的项目风险、成本或两者兼有。因此，在选择首选系统方案时，应明确地将设计余量问题作为重要标准。

2. 系统性能、成本和进度计划

在所述性能要求被量化的范围内，若发现这些性能要求是对操作需求的准确表达，并且在当前系统的能力范围内，就可以将它们视为系统的最小基线。然而，在发现它们强调现有技术水平，或者是需要而不是真正必要的情况下，它们需要被认为具有弹性并且能够与成本、进度、风险或其他因素进行权衡。发现重要的未声明的需求应始终包含在变量中。

项目成本必须从系统生命周期成本中获得，而系统生命周期成本必须从整个系统生命周期的模型中获得。短期成本与长期成本的适当权重取决于收购策略的财务约束。应尽可能确定具体的成本动因。

进度计划需求的适当加权与项目有关，可能很难建立。有一种固有的趋势，特别是在承包商之间的竞争特别强烈的政府和其他项目中，会从乐观的一面估计新收购的成本和进度计划，而没有为新系统开发中总是出现的不可预见的延误做出规定。如第4章所述，通常由"未知的未知数"引起的。这种乐观因素也适用于系统性能和技术风险的估计。总的来说，它倾向于权衡过程选择先进的方案和乐观的进度计划，而不是更保守的方案。

3. 项目风险

风险评估是另一项主要的系统工程任务。它包含估算特定技术方法无法以可承受的成本实现预期目标的概率。每种以前未经验证的方法都存在这种风险。在开发新的复杂系统时，有许多领域必须明确考虑失败风险，并采取措施避免此类风险，或将其潜在影响降低到可管理的水平。

第5章专门讨论风险管理的主题，表明项目风险可以被认为由两个因素组成：(1)失败概率——系统未能实现基本项目目标的概率；(2)失败的严重性——失败对项目成功的影响。因此，每种风险的严重性可以定性地视为由其对系统的关键性加权的失败概率的组合。就本章而言，以下是可能导致项目严重失败的条件示例：

• 应用未经证实的前沿技术。
• 需要大幅提高性能。
• 实现相同性能，必须大幅降低成本。

- 假定存在更加严峻的运行环境。
- 制定的进度计划表过短。

4. 选择策略

前面的讨论表明,选择首选系统方案所涉及的主要标准是复杂的、半定量的,并且涉及差别很大的比较。这意味着,对备选方案相对优点的评估必须能够揭示和阐明其最关键的特征,并允许在整个评估过程中最大程度地进行辨别。

进行复杂的权衡分析的另外两个指导原则可能是有用的:(1)为了保持分析工作,在选择过程中采用分阶段的方法,其中只有最有可能的获胜者才能进行全面的系统评估;(2)保持每个方案的完整评估概况的可见性(针对有效性的每个关键指标)直到最终选择,而不是将部件组合成一个最优值,这种做法经常被采用,但往往会淹没显著的差异。

在采用分阶段的方法时,可以将以下建议作为参考,在适当情况下应用。

(1) 对于第一阶段的评估,确保考虑到足够数量的替代方法来满足所有需求并探索所有相关的技术机会。

(2) 如果备选方案的数量大于可以单独详细评估的数量,则进行初步比较,以便找出"异常值"。这相当于对备选方案进行排位。但是请注意不要过早地丢弃任何提供新的独特技术机会的备选方案,除非其天生就没有资格。

(3) 对于下一个评估阶段,请检查性能和兼容性要求列表,也最有可能拒绝不合适的系统概念,包括适当考虑增长能力和设计余量。

(4) 对于每个备选方案,评估其对每个选定标准的预期符合性。在部分不合规的情况下,尝试调整方案尽可能去满足标准。估算最终的性能、成本、风险和进度计划。如果上述情况明显不平衡,则尝试进一步修改方案,以实现所有要求的可接受的平衡。

(5) 为评估标准指定加权因子或优先级,包括成本、风险和进度计划表,并应用于每个方案的排名。避免使用没有良好平衡上述因素的方案。

(6) 对于每个评估标准,排序几个备选方案。

(7) 寻找并消除明显的失败方案。

(8) 除非有一个明显胜出的方案,否则,要在两个或三个可能胜出的方案间进行更详细的比较。为此,与一个工作分解结构一起,为每个方案开发一个生命周期模型和风险缓解计划。

在进行最终系统方案选择时,回顾每个备选方案的优点与对应的有效性的关键测量的评估简况,以确保选择没有重大缺陷。检查结果对各个标准加权的合理变化是否敏感。

如前所述,仅在适合特定选择过程的情况下使用上述每个建议。第 9 章专门讨论了权衡分析的基本原理,并举例说明了它们的应用。

8.6 概念确认

设计系统环境模型这项任务,以概念确认的创建为基础,建立在最初建立的参数集上,用于选择过程的权衡研究。

对系统及其环境建模

由于在这个阶段系统定义的程度大部分是功能性的,它的验证必须主要依靠分析而不是测试。近年来,计算机建模和仿真的快速发展为复杂系统方案的验证提供了强大的工具。

1. 系统有效性模型

在复杂的操作系统中,系统有效性模型是在需求分析和概念探索阶段开发的,以便更全面地了解现有系统执行任务的有效性,并找出需要弥补的缺陷。这些通常是计算机模拟,其中包括用于改变关键参数的规定,以建立整体性能对环境和系统参数变化的敏感性,并决定抵消任何已识别缺陷所需的系统变化的性质和程度(另见第9章)。

在概念定义阶段,系统开发人员构建系统有效性模型取决于先前阶段中使用的模型是否可用,如开发人员也是客户的情况。在这种情况下,可以很容易地扩展模型以符合验证过程的所选系统方案。如果不是,则模型的构造成为概念定义任务的一部分。由于这个原因和其他原因,竞争性工作的准备通常在正式竞赛开始前几个月(有时是几年)。

计算机模型还能够验证大量子系统或部件级技术的设计功能。可以使用特殊的计算机代码对空气动力学设计、微波天线、流体动力学、热传递等领域进行建模分析。计算机功能的进步已经使这种建模在设计和评估方面越来越准确地预测系统行为。

2. 关键实验

当提议的系统方案依赖于先前未在类似应用中验证的技术方法时,必须验证其可行性。通常,这不能通过单独的分析可靠地完成,必须进行实验验证。这在竞争性收购的有限时间和有限资源中难以进行,但仍必须采取措施来支持所提出的系统方案。

在这种情况下,术语"关键实验"是合适的,因为它与证实设计的关键特征的具体目的有关。它故意将所提出的设计特征强调到其极限,以确保它不仅仅令人满意。术语"实验"比"测试"更合适,因为它是为了获得足够的数据,以全面了解系统元件的行为,而不仅仅是测量该元件是否在特定范围内运行。出于同样的原因,还进行了大量的数据分析以阐明系统行为。

确认结果分析

对系统验证模拟结果的分析可以产生三种不同类型的不满意的结果,这些结果需要采取补救措施:(1)建模系统假设特征存在缺陷;(2)测试模型中存在不足;(3)对系统要求过度严格。分析过程的目的是将模拟结果归因于一个或多个上述原因。除了这些发现之外,分析还应指出哪种类型和程度的变化可以消除差异。后面发现通常需要一系列模拟或分析,以测试替代补救措施的效果。

验证分析产生的反馈导致迭代过程,其中系统模型设计和环境模型在必要时进行了细化,以使系统模型符合要求。

系统方案和需求的迭代

上述验证过程的描述意味着在方案权衡评估中只发现了一个方案,并且该方案随后根据完整的系统要求进行了验证。在少数情况下,两个甚至更多的方案在初步排名中几乎相等。在这种情况下,应根据全部要求评估每个部件,以确定更严格的比较是否产生了用于选择首选方案的明确鉴别器。

在某种程度上,系统的要求应始终被视为是灵活的。如果验证或权衡结果表明一个或多个描述的需求似乎是造成系统复杂性、成本或风险过高的原因,则应对其进行批判性分析,并在适当的情况下突出显示,以便与客户进行讨论、计划管理。

8.7　系统开发计划

概念定义阶段的主要成果是一组计划,用于确定如何管理工程项目。其中包括工作分解结构(WBS)、生命周期模型、系统工程管理计划(SEMP)或等效模型,系统开发进度计划、运行(或综合后勤)支持计划以及承包代理机构可能为所有参与者提供明确目标和完成各自任务的时间表。

在上述计划中,系统工程仅对系统工程管理计划(SEMP)负有主要责任。但是,它还要深入参与所有其他工作,因为必须向直接负责其他技术管理文件的人员提供详细的描述和对开发过程的持续评估。例如,系统工程师经常被要求审查执行特定工程任务所需的时间和精力的初步估计,并根据他们对相关技术风险的评估,推荐适当的批准或修改。

工作分解结构

第 5 章中描述的工作分解结构是必不可少的发展规划工具之一。工作分解结构提供了一个分层框架,旨在容纳在项目的整个生命周期中需要完成的所有任务。最顶层代表整个项目;接下来包含系统产品本身,以及主要的支持和管理类别。后续的级别将总的工作量细分为连续较小的工作要素。继续进行这种细分,直到每个工作元素或任务的复杂性和成本降到可以直接计划、计算成本、调度和控制的程度。该过程必须确保不会忽略任何必要的任务,并且可以进行实际的成本和进度估算。

工作分解结构的具体形式取决于项目的性质,并且通常在系统开发合同中规定,特别是在政府是客户的情况下。政府项目必须遵守标准,这些标准确定了一种特定的层级结构,为系统产品的每个方面提供了逻辑框架和位置,并且往往具有高度的细节性。

作为典型工作分解结构的示例,系统项目处于第一层(级别 1),而下一层(级别 2)分为五种类型的活动,在第 5 章中进行了更详细的描述。

(1) 系统产品,包括开发、生产和集成系统本身的总体工作量,以及系统运行所需的任何辅助设备。它包括系统的所有设计、工程和制造,以及其部件的测试(单元测试)。

（2）系统支持（也称为"集成后勤支持"），涉及提供系统产品的开发和运行所必需的设备、设施和服务。它包括开发和系统操作的所有设备、设施和培训。

（3）系统测试，从集成测试级别开始，单个部件的单元测试都是开发系统产品的一部分。它包括子系统和整个系统的集成和测试。

（4）项目管理，涵盖整个项目的项目规划和控制工作。

（5）系统工程，涵盖系统工程支持的所有方面。

WBS 本质上是一个不断发展的文件。如前所述，它始于概念探索阶段，当时只能识别最顶层。在概念定义阶段，当确定了系统部件和体系结构时，可以进行严格的成本估算和进度控制。此后，WBS 必须随着系统部件的开发和工程以及问题的逐步发现和解决而发展。因此，WBS 应随时反映项目任务及其状态的最新知识，并应构成项目规划的可靠基础。

如第 5 章所述，WBS 的结构使得每个任务都在 WBS 层次结构中的适当位置进行标识。系统工程在帮助项目经理构建 WBS 以及在实现此目标方面发挥着重要作用。

系统工程管理计划

第 5 章描述了在开发系统过程中要执行的系统工程任务规划的性质和目的。在许多系统收购项目中，这样的计划被称为系统工程管理计划（SEMP），并且是作为系统开发项目提案中必需的可交付成果。

SEMP 是一个详细的计划，显示了如何进行关键系统工程活动。它通常包括三个主要活动：

（1）开发计划管理，包括组织、日程安排和风险管理；

（2）系统工程过程，包括要求、功能分析和权衡；

（3）工程专业整合，包括可靠性、可维护性、可生产性、安全性和人为因素。

生命周期成本估算

为提出的新系统的开发、生产和（通常）运行支持，提供可靠的成本估算是概念定义阶段的必要产品。虽然系统工程不是主要负责这项任务，但它在向关键人员提供关键信息项方面发挥着至关重要的作用。

获得新任务成本的唯一依据是通过识别成本已知的类似且成功完成的任务。为此，必须将系统方案分解为类似于现有部件的元素。由于此阶段的方案仍然主要是功能性的，系统工程师必须可视化这些功能的可能的物理实例。一旦完成此任务，并确定任何异常特征，那些在成本估算方面经验丰富的人通常可以对预期成本进行合理的估算。

导出系统成本的主要指南是 WBS、生命周期模型和成本计算模型。WBS 阐述了在系统开发过程中要执行的所有任务，是获得开发成本的主要参考。

开发新部件或改进部件的成本通常来自那些期望进行开发的人员（无论是分包商还是内部开发商）提供的估算。必须特别注意，应确保这些估算反映的是对相关发展风险的评估,该评估既不过于乐观也不过于谨慎。系统工程应严格审查这些估算,以检查上述因素。

部件生产、组装和测试的成本,通常通过为此目的开发的成本模型得出。成本模型基于开发组织的累积经验,并在每个新计划之后更新。实际成本核算通常由成本估算专家完成。但是,这些专家必须严格依照系统工程师和负责部件开发的设计工程师提供的系统元素的愿景。

成本估算的准备必须尽可能专业地进行,而且还必须记录在案,以便对管理层和客户都是可信的。在竞争性的收购项目中,成本估算的规模和可信度(尤其是最直接的开发成本)在评估中占很大比重。

系统开发提案的"出售"

在概念定义阶段选择可行且负担得起的方案是必要的,但不是充分的步骤,以确保将这一方案设计到操作系统中。进入工程开发阶段,需要管理层做出决定,将更多的资源用于项目,而不是停留在方案阶段中。无论这一方案是成为正式收购计划的竞争性提案的一部分,还是将其非正式地提交给内部管理部门,总有其他方式来花费开发拟议系统所需的资金。因此,这样的决定需要有力的证据证明结果非常值得花费成本和时间。

为了实现其目的,概念定义阶段必须提供有说服力的证据,以支持进行提议的系统开发。这要求选择拟议方案的原因是明确和令人信服的,该方法的可行性要有具有说服力的证明,并且执行系统开发的计划已经过深思熟虑和文件记录。最终结果必须是新系统将取得高度信心,即在估计的成本和时间内达到所需的性能,并且优于其他潜在的系统方法。

在制定此类方案时,必须记住,做决策的人往往不是技术专家,所以证据必须以聪明的外行人能够理解的方式表达。这是一个非常难但必须遵守的限制条件。将设计专业术语和测试数据转换和压缩成易于理解的形式,并且与方案可行性、风险、成本问题密切相关,这是一项非常重要的责任,通常也要分配给系统工程。

在"销售"系统方案和开发计划的任务中,建议采用以下方法:
(1)显示现有系统的不足之处,并说明拟议系统来弥补的必要性。
(2)证明拟议的方案是在对备选方案进行了全面审查后选定的。说明备选方案,并指出所选系统的哪些主要特征推动了决策。
(3)充分讨论项目风险及其建议的管理方法。描述旨在揭示问题和识别解决方案的关键实验的结果,尤其是在新技术的应用中。
(4)显示精心规划开发和生产计划的证据。诸如 WBS、SEMP、TEMP 和其他正式计划等为此类计划提供证据的文件。
(5)提供的证据应表明,该组织的经验和之前在类似性质的系统开发方面取得的成功,以及关键人员结转到拟议系统。
(6)介绍项目生命周期成本的推导以及对估算保守性的信心水平。
(7)根据系统要求中列出的特定评估标准,提供进一步的理由。如果有问题,请讨论环境影响分析。

8.8　系统架构

当我们想到"架构"这个词时，会出现类似于图8.5的内容。对于许多人来说，架构是指架构物，架构师是设计架构物的人。20多年前，南加州大学的一位教授曾对这一方案提出了自己的观点。他认为，随着系统复杂性的增加，顶层设计（或者更准确地说，当时确定的系统方案设计）已不足以指导工程师和设计人员进行准确、有效的设计。他关注于架构领域，了解如何创建和开发复杂系统（即架构物），并且（据我们所知）创造了"系统架构"一词。那个人就是 Eberhardt Rechtin。

电气和电子工程师协会（IEEE）Std 610.12 将架构确定为"部件的结构、它们之间的关系，以及管理其设计和演变的原则和指导方针"。这适用于复杂系统，如飞机、发电厂、航天器，以及架构物。因此，Rechtin 观点的前提是将架构领域的原理应用到系统工程中，不是作为替代，而是作为开发系统的一部分。

Rechtin 博士以这种方式确定了"系统架构"这一术语。

架构的本质是结构化。结构化可能意味着使形式发挥作用，使秩序摆脱混乱，或者将客户的部分形成的想法转变为可行的方案模型。关键技术是平衡需求、适应接口，并且在极端情况之间妥协。

仔细阅读，概念开发和确定的原则就在他的定义范围内。20年前，方案设计和架构部件被归纳为"初步设计"。幸运的是，该术语已被更广泛的"架构"所取代。

架构视图

本部分的目的不是向读者提供有关系统架构的完整描述（有关架构的更多详细信息，请参阅本章"扩展阅读"），但我们确实希望介绍系统架构开发背后的基本方案。在这种情况下，大多数商业和政府的架构工作都遵循了架构观点的方案。这个想法是这样的，从多个视角或观点表示开发系统，以帮助利益相关者在大规模开发之前理解系统方案（并做出有价值的权衡决策）。

虽然目前存在许多不同的体系结构开发方法和指南，但它们都有一组非常通用的视角观点。通常，系统架构将呈现系统的三个常见视图。

1．操作视图

这种表示来自用户或运营商的视角。该视图包括解决操作系统阶段的产品、方案和任务流。从用户的视角来看，信息流也可以得到解决；用户界面也将被描述。该视图的示例产品包括操作图或图形、方案描述（包括用例）、任务流程图、组织结构图和信息流程图。

2．逻辑视图

这种表示来自经理或客户的视角。该视图包括确定系统及其环境边界的产品与外

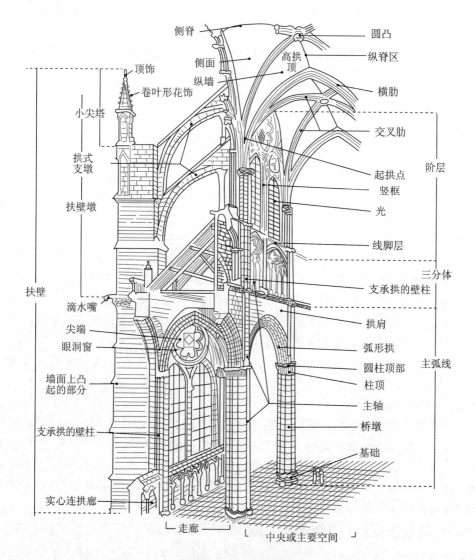

图 8.5 传统的建筑景观

部系统、主要系统功能和行为、数据流、内部和外部数据集、内部和外部用户的功能接口以及内部功能接口。该视图的示例产品包括 FFBDs、上下文关系图、N2 图、IDEF0 图、数据流图以及各种特定利益相关者（包括与业务相关的产品）。

3. 物理视图

这种表示来自设计者的视角。该视图包括确定物理系统边界的产品，系统的物理部件，它们如何联系和交互的，内部数据库和数据结构，系统的信息技术（Information Technology，IT）基础结构，系统与之交互的外部 IT 基础结构，及其开发中的有效标准。该视图的示例产品包括下至细节相当高水平的物理框图、数据库拓扑、接口控制文档（ICD）和标准。

不同的架构指南和标准可能使用不同的名称，但所有这些体系架构描述中都包含这三个视图。

刚刚介绍，给系统架构方案相关的人提出的一个常见问题是：架构和设计之间有什么区别？回答这个问题的简单方法是描述架构与设计的使用。

系统架构被用于：

- 发现并改进操作和功能要求；
- 将系统驱动到特定用途或目的；
- 区分选项；
- 解决制造/购买决策。

系统设计被用于：

- 开发系统部件；
- 构建和集成系统部件；
- 了解系统修改后的配置变化。

这些用途的性质意味着架构和工程之间存在差异。系统架构很大程度上是一个注重功能和行为的归纳过程。因此，架构设计处理不可测量的参数和特征要多于可测量的参数和特征。该工具集基本上是不定量的、不精确的，绘图是架构师工具集的一个重要组成部分。启发式算法通常指导架构师的决策而不是算法。

设计工程与架构可以相对照，因为它依赖于演绎过程。工程学专注于形式和物理分解与集成。设计工程处理可测量的数量、特征和属性。因此，源自物理学的分析工具是工程师的主要工具。

鉴于这两个领域的这些特征（当然不应该认为它们是松散耦合的），架构师往往在系统开发生命周期的早期阶段处于活跃状态。在详细的设计、制造和单元测试阶段，架构师往往处于休眠状态。集成和系统测试阶段架构师再次出现，以确保符合要求和遵循顶层架构。相比之下，设计工程师的活动在架构师休眠阶段达到顶峰，尽管在系统开发的早期和晚期阶段他并非完全不活跃。

4. 工程层次结构中的架构

由于架构和工程之间的差异，显然这两个活动是分开的。然后出现一个明显的问题：谁为谁工作？虽然有例外，但是我们在系统架构中的角色导致了架构师为系统工程师工作的管理结构。系统架构是系统工程的一个子集。这与传统架构师的角色和职位不同，后者通常位于顶层。当设计、开发和建造新架构时，架构师在架构设计中起主要作用，并在整个开发和建设过程中继续发挥着重要作用。在系统开发中，系统工程师担任突出的技术职务，而架构师则为系统工程师工作。

架构框架

如前所述，现在大型复杂的系统开发程序中广泛使用了架构。架构师和他的团队在开发和集成产品方面拥有很大的自由度。最初这导致了技术上准确但结构多样的架构。为了标准化架构开发工作和与架构相关的产品，许多组织开发并要求使用架构框架。

架构框架是一组标准,规定了用于开发系统架构的结构化方法、产品和原则。出现的两个早期架构框架是由美国国防部(DoD)授权的指挥、控制、通信、计算机、情报、监视和侦察(Command,Control,Communications,Computers,Intelligence,Surveillance and Reconnaissance,C4ISR)架构框架和为商业组织开发的开放式组织架构框架(The Open Group Architecture Framework,TOGAF)。

最近也出现了其他框架,一些已经存在了几十年的框架被视为架构框架,尽管直到最近才应用这个特定的名称(例如,Zachman 框架)。早期的框架集中于单个系统及其架构。然而,较新的版本已经扩展到企业架构领域,它是企业工程或企业系统工程的一个子集(有关企业系统工程的讨论,请参阅第 3 章)。所有当前版本,包括国防部体系结构框架(Department Of Defense Architecture Framework,DODAF)和 TOGAF,都有其框架的企业版。

即使主要目的是企业架构,也存在许多可应用于系统开发的架构框架。以下是选定的架构框架:

- DODAF;
- TOGAF;
- Zachman 框架;
- 国防部架构框架(Ministry Of Defense Architecture Framework,MODAF);
- 联邦企业架构框架(Federal Enterprise Architecture Framework,FEAF);
- 北约架构框架(NATO Architecture Framework,NAF);
- 资金管理企业架构框架(Treasury Enterprise Architecture Framework,TEAF);
- 集成架构框架(Integrated Architecture Framework,IAF);
- 普渡(Purdue)企业参考架构框架(Purdue Enterprise Reference Architecture Framework,PERAF)。

DODAF 虽然绝不比任何其他框架更重要或"更好",但我们通过讨论 DODAF 的基本产品,以说明框架的基本组成部分。

与所有提到的框架一样,DODAF 框架分为一系列视角或视点。图 8.6 使用来自 DODAF 描述中的图形描绘了这些视点。这些观点可以在三个包中观察到。第一个包由描述整个系统及其环境的四个视点组成,即功能、操作、服务和系统。第二个包由基本原则,基础设施以及所有数据、信息和标准组成。最后一个包是一个侧重于系统开发项目的单一视点。

该框架的第 2 版可轻松地从系统级扩展到企业级,其中多个系统正在开发中,并将集成到旧式系统架构中。实际上,三个主要的系统级架构框架 DODAF、MODAF 和 TOGAF 现在都与企业开发工作兼容。此外,通过添加服务视点,现在可以在 DODAF 框架内实现面向服务的体系结构。

在每个视点中,确定了一组视图。DODAF 共确定了 52 个视图,并在 8 个视点中进行了组织。对于每个视图,可以使用各种方法和技术来表示视图。例如,操作视点内的一个视图是操作活动模型。该视图可以由各种模型表示,例如 FFBD。其他模型可

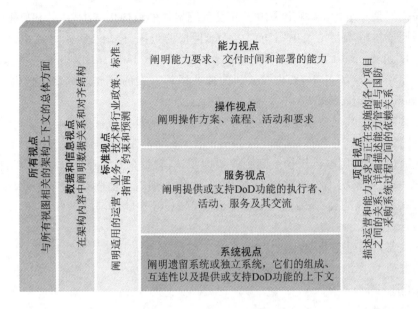

图 8.6　DODAF 2.0 版视点

用于表示运行活动模型，例如 IDEF0 图表或图表组合。因此，架构框架通常具有三层实体：组成框架的一组视点，确定每个视点的一组视图，以及可表示视图的一组模型。

　　每个大型系统开发工作都必须具有最基本的架构视图集。系统架构很少包含所有 52 个架构视图。相关视图由系统工程师和系统架构师预先决定，具体取决于预期的交流和适当的利益相关者。

　　开发成功的系统架构，其关键是理解架构的目的。尽管每个系统开发工作都不尽相同，但根据系统的规模和复杂程度，所有架构至少有一个共同的目的：传达信息。选择使用哪个框架，框架内的哪些视点，视点内的哪些视图，以及视图中的哪些模型，都取决于架构师试图实现的目的。

　　现有框架确定了可能包含在架构中的视点和视图的超集。在每个视图中，框架通常会建议备选模型，这些备选模型可用于表示视图。然而，当前框架的标志是每个视图中固有的灵活性。如果架构师希望使用未包含在清单中的备选模型，当然也可以使用，只要不违背整体框架约束。

　　例如，许多当前框架最初使用传统的结构化分析模型（例如，IDEF0、FFBD、数据流图）来确定它们的视图，但是，熟悉面向对象（Object-Oriented, OO）模型的工程师开始使用面向对象模型和结构化分析模型的组合来表示视图。随着趋势的增加，负责通用架构框架的组织修改了可用的模型，以包含可以代表视图的面向对象模型。8.9 节讨论了实现面向对象模型的两种语言。

8.9 系统建模语言:UML 和 SysML

所有架构框架都使用模型来表示系统的各个方面、视角和视图。传统模型(如标准框图绘制技术)都基于系统自上而下分解。这些方法通常基于功能,并且以越来越详细的层级形成表示系统属性的模型层次结构。在 20 世纪 70 年代,当软件工程以惊人的速度扩展时,一种正式的建模结构出现了,并被称为"结构化分析与设计"(Structured Analysis And Design,SAAD)。该术语一般适用于系统,但并不仅限于软件系统。

几十年一直使用的模型类似于许多 SAAD 结构,并且被归类为我们所谓的传统分层方法,或简称为传统系统建模。本书使用许多传统模型来表示系统的各个方面。这种非正式的建模语言已经发展成为一种优秀的教育语言,用于传达原则和技巧。在 SAAD 出现之后,基于面向对象的分析和设计(Object-Oriented Analysis and Design,OOAD)原则出现了一组新的建模语言。这种分析和设计方法主要是自下而上的方法,侧重于实体而不是功能,尽管两者密切相关。在 20 世纪 90 年代,一种结合了面向对象的分析、设计原则和技术的新建模语言被正式确立,即 UML(Unified Modeling Language)。

UML

有人指出,在开发复杂系统时,必须创建其结构和行为的高级模型,以了解如何配置它以满足其要求。在开发面向对象的分析和设计的方法过程中,一些主要从业者分别开发了这种模型。在 20 世纪 90 年代中期,Booch,Rumbaugh 和 Jacobson 三人开发了一种通用的建模语言,他们称之为 UML。该语言已被软件界作为标准,并在整个行业和政府中广泛使用。几个主要软件工具开发人员生产的复杂工具为它提供了支持。

结构化方法采用系统的三个互补视图,而 UML 为面向对象分析师和设计人员提供了 13 种不同的方法来描绘不同的系统特征。它们可以分为 6 个静态或结构图和 7 个动态或行为图。图 8.7 还给出了两组图。

结构图表示系统实体关系的不同视图:

- **类图** 显示了一组类、类的关系以及类的接口。
- **对象图** 显示了一组类及其关系的实例。
- **部件图** 通常用于说明物理对象的结构和关系。
- **部署图** 显示了系统物理部件的静态视图。
- **复合结构图** 提供了类的运行时分解。
- **包图** 显示了部件的层次结构。

行为图表示系统动态特性的不同视图。

图 8.7 UML 模型

- **用例图**显示了一组用例之间的相互关系，这些用例表示响应与外部实体（"参与者"）交互的系统功能。
- **序列图**显示了在执行系统场景时按时间顺序排列的一组对象之间的交互。
- **状态机图**模拟改变系统状态的转换事件和活动。
- **活动图**是系统的一部分内的活动流程图，显示活动之间的控制流程。
- **通信图**确定对象之间的链接，关注它们的交互。
- **交互方案图**是序列图和活动图的混合。
- **时序图**显示了对象之间具有时序的交互信息。

UML 类图大致对应于结构分析中的实体关系图，而状态图对应于状态转换图。其他（尤其是活动图）是功能流程图的不同视图。

软件工程界很快采用了这种新语言作为代表软件方案和软件密集型系统的事实标准。虽然该语言的起源是在软件领域中，但最近，该语言已成功用于开发包含硬件和软件的系统。

UML 由全球性联盟对象管理组织（Object Management Group, OMG）管理。UML 将继续随着新版本和复杂性的发展而发展。

我们没有提供所有图表的示例和解释，而是提供了一些示例（几个行为图：用例图、活动图和序列图）和一个结构图（类图）。

1. 用例图

我们首先介绍用例图，因为它可用于确定系统的操作。在软件和某些硬件应用程序中，使用用例来帮助识别和分析操作和功能要求。

用例图的形式如图 8.8 所示，图书管理员与一个用例（由椭圆表示）的交互，从而导致一个单独的用例（从属活动），而其他三个与图书馆会员互动。箭头表示用例的启动，而不是信息流。例如，图书管理员可以发起"管理借用"用例。"归还"用例也可以启动相同的用例。

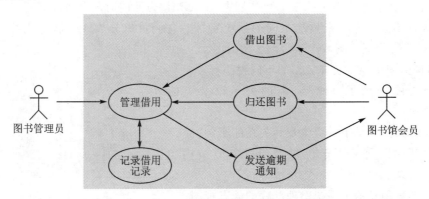

图 8.8　用例图

图中的每个用例代表一系列独立的活动和事件。UML 为用例确定了一组标准部件，包括：

- 标题;
- 简短的介绍;
- 活动者名单;
- 在用例发生(或执行)之前描述环境状态的初始(或预先)条件;
- 在用例发生(或已执行)之后描述环境状态的结束(或之后)条件;
- 事件序列,按照确定的顺序发生的动作或事件列表。

表 8.2 显示了"借书"用例示例描述,列出了参与者和子系统执行的操作和活动事件序列。在这种情况下,用例涉及一个参与者(图书馆会员)和两个子系统(借阅台和借阅管理子系统)。此用例表示使用通用产品代码(Universal Product Code,UPC)符号系统的图书馆自动借出系统。

表 8.2 "借书"用例示例

标　题	借　书		
简单介绍	该用例描述了图书馆会员借书的典型过程		
活动者名单	图书馆会员		
初始状态	图书馆会员没有借阅分配给他的书		
结束条件	图书馆会员有一本借阅分配给他的书		
事件顺序	图书馆会员	借阅台	借阅管理子系统
1		显示"请刷卡"	
2	刷图书馆卡		
3		从卡中读取会员数据	
4		发送请求确认	会员信誉良好
5			检查数据库中的会员信息
6			确认有良好的信誉
7		收到确认	发送确认
8		显示"将书籍 UPC 符号放扫描仪下"	
9	将书籍 UPC 符号放在扫描仪下		
10		扫描书的 UPC	
11		发送请求以确认书是否可用	
12			检查数据库中的书籍信息
13			确认可用性
14		收到确认	发送确认
15		显示"谢谢! 该书两周后到期"	显示该书为"借出"状态

尽管不是必需的,但最好使用列来分隔每个参与者和子系统的动作,如表 8.2 所列。这使读者很容易确定谁在执行操作以及以何种顺序(有时同时)执行。当然,用例

可以根据特定情况进行风格化或定制，也可以展示其作者的偏爱。换句话说，两个工程师可能针对同一用例提出不同的事件用例序列。这并不代表是缺陷或问题。事实上，一个用例可能有几种不同的变体，这在 UML 中称为"场景"。不幸的是，术语"场景"的使用不同于我们之前提到的传统定义。

2. 活动图

作为行为图的另一个示例，我们转向活动图。活动图可以表示系统中固有的任何类型的流，包括流程、操作或控制。该图通过一系列活动和事件实现了这一点。通过各种控制节点来调整活动和事件的顺序。活动图的基本组成部分如下所述：

- 动作：活动中的基本可执行步骤（用带圆角的矩形表示）。
- 活动边缘：操作之间以及操作和节点之间的连接（用箭头表示）；活动边缘进一步分为对象流和控制流两种类型。
- 对象流：传输对象（或对象标记）的活动边缘。
- 控制流：表示控制方向的活动边缘（也叫作传输控制令牌）。
- 引脚：动作参数和流之间的连接（连接到动作和流的框）；引脚接受显式输入或从动作产生显式输出。
- 初始节点：控制流的起点（用实心圆表示）。
- 最终节点：控制流的终止点（用空心圆内的实心圆表示）。
- 决策节点：流的分支点，其中每个分支流都包含必须满足的条件（用菱形表示）。
- 合并节点：将多个流合并为单个流（用菱形表示）的组合点。
- 分叉节点：将单个流分成多个并发流（用实线段表示）的点。
- 加入节点：多个流同步并连接到单个流（用实线段表示）的点。

图 8.9 为一个简单的 UML 活动图，类似于我们的图书馆系统的功能流程图。该图显示了分成两个并发活动的活动路径，其中一个活动遵循两个逻辑路径之一，即归还或借出图书。

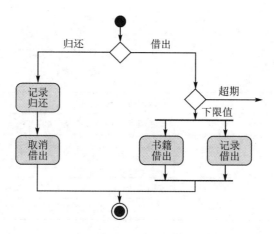

图 8.9　UML 活动图

3. 序列图

最后一个行为图是序列图。这些图通常链接到一个用例,其中操作或事件以顺序格式列出。序列图利用了这个序列,并提供了与执行动作的角色或子系统相关的事件序列的可视化描述。图 8.10 描绘了借书操作的示例序列图。该图与上面介绍的用例相关,但是提供了有关用例的内容的附加信息。

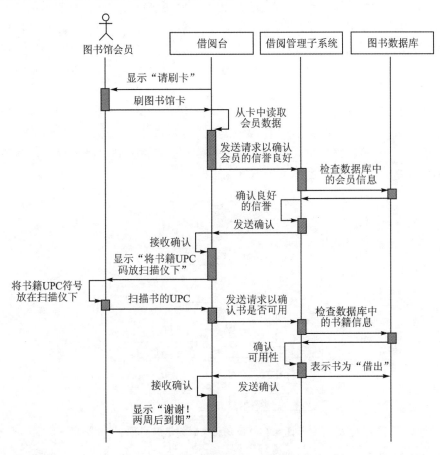

图 8.10 UML 序列图

4. 类 图

UML 的核心是类的概念,并在类图中进行了描述。类只是一组具有相同特征和语义的对象(可以是真实的或虚拟的)。在这种情况下,对象几乎可以是任何东西,并且在 UML 中可以用软件表示。该类通常描述其对象的结构和行为。

在类的定义中,存在三个主要部件(除其他部件外):
- 属性:类的结构属性;
- 操作:类的行为属性;
- 职责:类的责任。

类通常与其他类有关系。基本的结构关系称为关联。图 8.11 描述了两个类"员工"和"公司"之间的简单关联。链接这两个

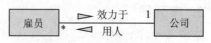

图 8.11 类关联的示例

类的线可以有一个箭头；但是，如果没有箭头，则假定为双向关系。关联的性质也可以通过使用三角形来提供。然后，该关联被读作"员工为公司工作"，"公司雇用员工"。最后，如果作者想要将关联指定为数字关系，也可以使用多重性。多重性表示关联的数字方面，可以用特定数字或一系列简写符号表示。例如，0..2 表示 0～2 之间的任何值都可以作为关联的一部分存在；星号"＊"用作通配符，可以认为是"很多"。因此，在我们的示例中，星号"＊"和数字"1"用于表示员工仅为一家公司工作，而该公司雇用了许多员工的事实。

类之间的另外两种关系类型是泛化和依赖。泛化是指特殊类或特定类与普通类之间的分类关系。图 8.12 描绘了三个类（客户、公司客户和个人客户）之间的泛化关系。在这种情况下，公司客户和个人客户都是属于普通类客户的特定类类型。这种关系用大箭头。在此图中，为每个类提供了类属性和操作。

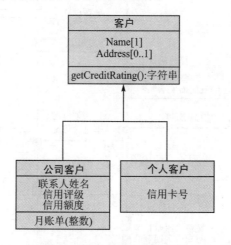

图 8.12 类泛化关联的示例

确定泛化关系时，特定类将继承父项的属性和操作。因此，公司客户类不仅具有自己的特定属性和操作，而且还包含名称和地址属性，除了该操作之外，还有 get Credit Rating()。个人客户类也是如此。

依赖关系是第三种关系类型，表示一个类需要另一个类用于其规范或实现的情况。我们应该注意，依赖性是一种关系类型，可以在 UML 中的其他元素中使用，而不仅仅是类。

图 8.13 包含了我们与图书馆示例的依赖关系。类图描绘了几种关联类型，并提供了许多类，这些类将被确定为图书馆借书系统的一部分。

SysML(Systems Modeling Language)

虽然 UML 已经应用于包含硬件和软件的系统，但是很明显，可以更有效地使用专

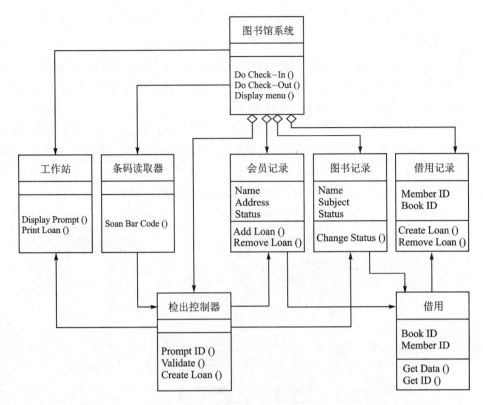

图 8.13　图书馆借出系统的类图

为结合软件和硬件的系统开发的 UML 的变体形式。此外,随着系统工程的发展,特别是系统架构,在 20 世纪 90 年代,正式的建模语言被认为有利于建立统一的标准。国际系统工程理事会(International Council On Systems Engineering,INCOSE)于 2001 年委托开发一种标准建模语言。由于其流行性和灵活性,新语言基于 UML,特别是 2.0版。OMG 与其合作,并于 2001 年成立了系统工程领域特别兴趣小组。这两个组织共同开发并发布了 UML 的系统工程扩展,简称为 SysML。

也许 UML 和 SysML 之间最重要的区别是 SysML 的用户不必是面向对象的分析和设计(OOAD)原理和技术的专家。SysML 支持许多传统的系统工程原理、特性和模型。图 8.14 显示了作为语言基础的图。

引入了一个新类别,其中包括一个同名的图——需求图。13 个 UML 图中

结构图	需求图	行为图
块确定 内部块 参数 包	需求	活动 用例 状态机 序列

图 8.14　SysML 模型

只有 4 个(包、用例、状态机和序列)没有更改。省略了严重依赖于面向对象的方法以及方法的图。

与上面的 UML 一样,我们提供了每个类别(在本例中是三个)的示例图(需求图)、内部

框图和活动图。后两者与 UML 类和活动图紧密对应；但是，我们在讨论中突出差异。

1. 需求图

在 UML 中，软件需求主要在用例描述中获取。但是，这些主要是功能要求；UML 中没有明确显示非功能性需求。为了应对这种差距，制定了定型观念；但是，SysML 引入了一种专门满足任何形式要求的新模型。

图 8.15 给出了 SysML 需求图的简单示例。主要要求是最大飞机速度。这是系统级别的需求，具有三个属性：标识标记、文本和需求度量单位。该文本是具体要求的"经典"描述。如前面章节所述，系统级要求有一个验证方法，在本例中为了测试，用"TestCase"表示，飞机速度测试的详细信息可以在其他地方找到。

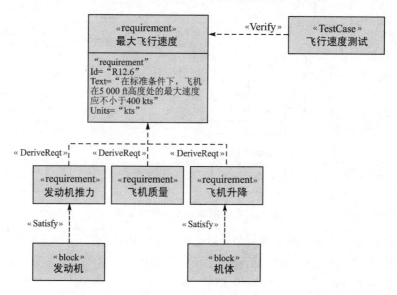

图 8.15 SysML 需求图

该系统级要求可能会导致一组派生需求，通常与系统的子系统相关联。在图中，包括三个衍生要求：发动机推力、飞机重量和飞机升力。这些要求也具有属性和特征，尽管它们未在此特定图中显示。

最后，满足关系如图 8.15 所示。这表示满足派生需求的机制或实体。在发动机推力方面，发动机子系统负责满足导出的要求。

需求图通常是一系列矩形，用于识别并将子系统需求、其验证方法、派生需求和满意度方案与许多系统级需求相关联。后者允许将需求映射或跟踪到功能和物理实体的方案。

与操作、性能和功能要求一样，这些图在整个系统工程方法和系统开发过程中进行了更新。此图中表示的需求模型的部件之间的链接以及其他 SysML 图中表示的功能和物理模型对于成功的系统工程至关重要。已经和正在开发的现代工具可以促进模型部件之间的这些链接。

2. 分　配

在 SysML 中,已经开发了一种正式机制,使用户能够将不同模型的元素连接或绑定在一起。这种机制称为分配。SysML 提供三种类型的分配,尽管用户可以确定其他类型:行为、结构和对象流。行为分配将行为(在一个或多个行为图中表示)链接或分配给实现此行为的块。回想一下,行为通常是一种活动或动作。结构分配能够链接或分配具有物理结构的逻辑结构,反之亦然。该机制使工程师能够将系统的逻辑确定的部件(通常由逻辑块表示)与系统的物理确定的部件(通常由物理块和包表示)链接起来。最后,对象流分配将项目流(在结构图中找到)与对象流边缘(在活动图中找到)连接起来。在许多 SysML 图中,可以用虚线箭头表示分配。

3. 块确定图

在 UML 中,基本元素是类,对象表示其实例化。由于这些术语与软件开发密切相关,因此 SysML 使用不同的名称来表示其基本元素——块。该块的结构和含义与类几乎相同。块包含属性,可以与其他块相关联,还可以描述它执行的一组活动或它展示的行为。

块用于表示系统的静态结构。它们可以表示逻辑(或功能)元素或物理元素。后者也可以分为许多类型的物理表现形式,如硬件、软件、文档等。图 8.16 显示了一个示例块定义,以及块定义的各种部件。该定义是块定义图(或图集)的一部分。

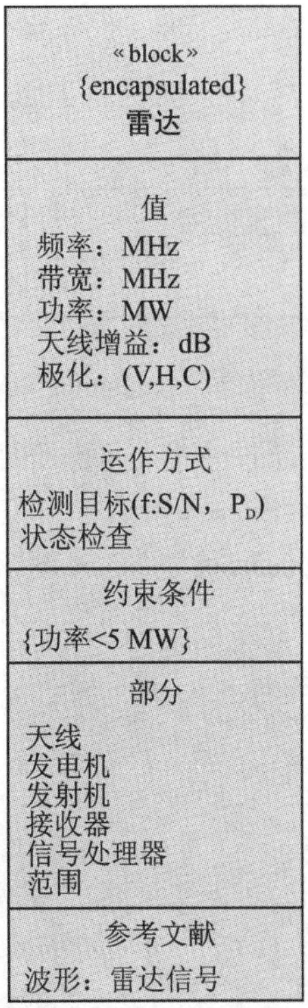

块名称位于顶部。值是相关雷达的属性或特征;图 8.16 显示了此雷达模块的一组样本属性。下一部分是该块的操作或动作和行为。在此示例中,雷达仅执行两种操作:目标检测和状态检查。当然,实际上,普通雷达可以执行许多其他操作。可能存在对块的操作或属性的约束,因此下一节列出了所有约束。该块也可以用其子系统或部件来定义,通常称为"部件"。该示例列出了雷达的 6 个基本子系统。最后,提供了对其他块的引用。

图 8.17 描述了几种类型的块关联,类似于 UML 中的对应关联,表示块之间的关系。简单关联用线来连接块。如果需要方向,则在一端加箭头,这种关联称为可访问的关联。还可以使用特殊类别:聚合关联表示作为整体的一部分的块;组合关联表示作为组合材料一部分的块;依赖关联表示依赖于其他块的块;泛化关联表示合并到一般块中的专用块。

«block» {encapsulated} 雷达
值 频率:MHz 带宽:MHz 功率:MW 天线增益:dB 极化:(V,H,C)
运作方式 检测目标(f:S/N, P_D) 状态检查
约束条件 {功率<5 MW}
部分 天线 发电机 发射机 接收器 信号处理器 范围
参考文献 波形:雷达信号

图 8.16　SysML 块定义

4. 活动图

在 UML 的行为图中,只有一个在 SysML 中得到了显著扩展,即活动图。已纳入以下四个主要扩展:

- 控制流已经用控制运算符扩展。
- 现在使用连续对象流来启用连续系统的建模。

- 流可以具有相关的概率。
- 扩展了活动的建模规则。

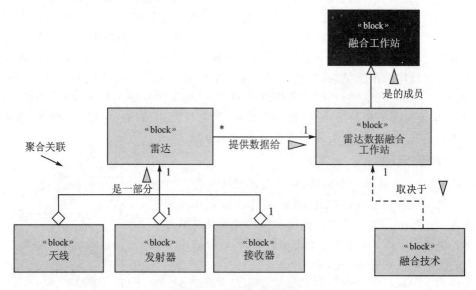

图 8.17　SysML 块关联

通过这些扩展，可以实现一些现有的功能建模技术，例如扩展的功能流程图（Extended Functional Flow Block Diagram，EFFBD）。此外，使用新的扩展，可以很容易地表示功能树，如图 8.18(a)所示。此示例使用图 8.4 中提供的咖啡机功能。

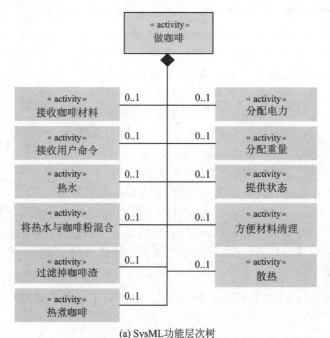

(a) SysML功能层次树

图 8.18　SysML 功能层次树与活动图

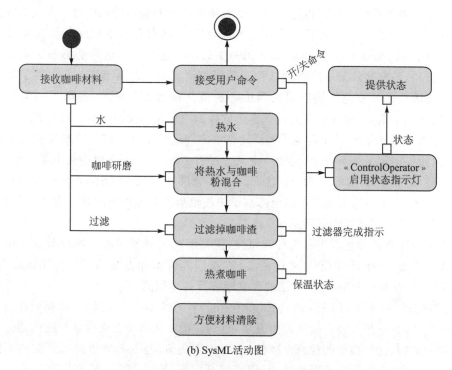

(b) SysML活动图

图 8.18　SysML 功能层次树与活动图(续)

　　这些功能可以安排在更传统的活动图中,如图 8.18(b)所示。为了清楚起见,该图未包括所有 11 个功能。一般控制流由流向箭头表示,并遵循图 8.4(FBD)的一般流程。输入和输出由单独的连接器描述,即带有引脚的箭头(或连接到活动的矩形框)。这些连接器标有通过接口传递的实体。还包括控制操作员,以说明这种类型的特殊控制机制。在这种情况下,控制操作员根据其三个输入的组合来调节传递给显示状态活动的内容。我们提供了三个 SysML 图来说明该语言的一些基本技术——从每个图表类别中选取一个。与 UML 一样,SysML 为系统工程师和系统架构师提供了灵活的建模工具包,用于表示系统方案的许多方面和视角。此外,在展示更传统的系统工程方法时,它克服了 UML 中的一些固有挑战,需求图可能是最相关的示例。随着 SysML 的出现,许多商业应用程序出现,以协助工程师开发、分析和改进系统方案。

8.10　基于模型的系统工程

　　随着正式建模语言(如 UML 和 SysML)以及系统架构框架(如 DODAF 和 TO-GAF)的出现,系统工程师表达系统需求、行为和结构的能力从未变得如此强大。因此,探索和确定系统方案现已正式化,系统工程的新子集,即系统架构,已经从默默无闻变为重要。从广义上讲,系统架构可以被视为是系统的模型,或者至少被视为系统方案。这点不要与术语"模型"也用于表示系统体系结构的基本构建块这一事实相混淆。

在 UML 的第一个正式版本发布后不久，OMG 就发布了他们的新模型驱动架构（Model-Driven Architecture，MDA）的第一个版本。这种体系结构是第一个正式的体系结构框架，该框架认为由当时的软件工程模型语言的实际标准 UML 促成了从以代码为中心的软件开发范例到以对象为中心的范例的转变。MDA 提出了一组标准原则、方案和模型定义，这些定义允许在整个软件域中定义对象模型时保持一致。

MDA 通过一组模型在真实系统及其表示之间进行划分。这些模型又符合元模型定义，而元模型定义又符合元-元模型定义。尽管名称不同，但文献中提出了一些方案、过程和技术：模型驱动的开发，模型驱动的系统设计（Model-Driven System Design，MDSD）和模型驱动的工程。它们全部基于关注模型及其元模型的基本方案，以代表从开发的早期阶段到部署和运营系统。

为了合并软件和系统工程流程和原理，模型驱动的开发多次以各种形式应用于系统开发。在 2007 年，INCOSE 将这些尝试（连同其技术和方案）归类为 MBSE。随着 SysML 当前版本的发布，这种方法的受欢迎程度持续提高。

MBSE（Model-Based Systems Engineering）背后的基本方案是，系统模型在流程的早期开发，并在系统开发生命周期中发展，直到该模型从本质上成为基线的构建。在生命周期的早期，这些模型的保真度较低，主要用于决策（与 8.8 节中的系统架构不同）。随着系统的发展，保真度不断提高，直到模型可用于设计。最后，模型再次转换为构建到基线。在每个阶段，类似于第 4 章中介绍的标准系统工程方法，都将执行子流程来演化系统模型集。Baker 为他的方法（他称之为 MDSD）引入了这个子流程。该子流程如图 8.19 所示。

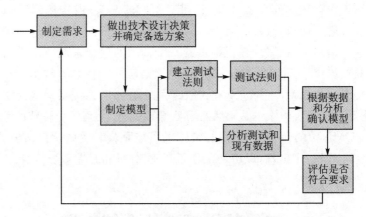

图 8.19 Baker 的 MDSD 子流程

此外，Baker 还为 MDSD 确定了早期信息模型或视图，如图 8.20 所示，并且以类似于 UML 类图的方式读取。箭头表示关系的方向，而不是信息流。

尽管这种方法听起来与传统的系统工程方法很相似，但两者之间还是存在一些显著差异的，最重要的区别是每个产品。在传统的系统工程（包括结构化分析或面向对象

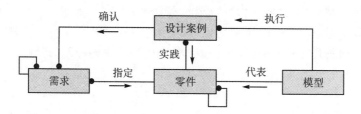

图 8.20　Baker 针对 MDSD 的信息模型

方法)中,系统开发生命周期早期的主要产品是文档。无论这些文档是电子文档还是纸质文件,它们都是系统的静态表示。使用 MBSE,主要产品是模型,可以在一定程度上执行这些模型。因此,审查 MDSD(无论生命周期在何处)都涉及询问一组模型,这是一个自动化过程。回顾传统的系统工程产品,主要涉及阅读文本和图表(尽管现代表示法和显示对此有很大帮助)。

当然,这种能力是有代价的,需要额外地计算资源(应用程序、数据库、硬件、可视化和网络)来促进 MDSD 的工作。目前,这些资源还很少,尽管有更多资源正在开发中并且很快就能够提供给工程师。此外,在使用这种方法实施项目之前,我们还没有丰富的学习数据库的经验。

考虑到缺乏这种经验,INCOSE 开始着手识别和记录部分或全部实施此方法的产品。INCOSE MBSE 焦点小组于 2007 年 5 月公布了其调查结果,他们确定了五种方法:

(1) Telelogic 的 Harmony® 系统工程方法。这种专有方法是在产品经典系统工程"Vee"过程之后建模的,除了在过程的每个步骤中建立和更新需求和模型存储库。此外,还将建立并更新测试数据存储库以跟踪测试用例和数据。已经开发或修订了若干工具和应用程序以促进融合方法。Telelogic 公司产生了其中的几种(例如 Rhapsody、Popkin、DOORS),尽管该方法本身是应用中立的。

(2) INCOSE 的面向对象系统工程方法(OOSEM)。该方法使用 SysML 实现基于模型的方法,以支持系统的规范、分析、设计和验证。基本活动集可以生成在其他应用程序中细化和使用的工件。下面列出这些活动和工件:

a. 分析利益相关者的需要;

b. 确定系统要求;

c. 确定逻辑架构;

d. 合成备选分配的架构;

e. 优化和评估备选方案;

f. 确认和验证系统。

(3) IBM 的 RUP – SE(Rational Unified Process for Systems Engineering)。RUP – SE 流程的目标是应用 RUP 中的规则和最佳实践,并将其应用于系统规范、分析、设计和开发的挑战。此外,RUP – SE 是专门为实施模型驱动的系统发展而开发。对现有统一过程的这种调整集中在四个建模级别:上下文、分析、设计和实现,每个级别都比以前有更高的保真度。然后，将这四个模型级别与六个视点（工作、逻辑、信息、分布、流程和几何），进行交叉索引，以生成17个架构工件（上下文/流程对不会产生工件，而实现模型则会产生实际的物理工件）。这些工件成为 RUP - SE 架构框架的基础。

（4）Vitech 的 MBSE 方法论。此方法基于一个通用设计存储库集成的四个主要活动：

　　a. 来源需求分析；

　　b. 功能/行为分析；

　　c. 架构/综合；

　　d. 设计确认和验证。

这种方法需要一个通用的信息模型来管理工件的语法和语义。尽管进程本身可以使用任何信息模型语言，但 Vitech 定义了一种系统定义语言（System Definition Language，SDL），用于它们的进程（也可以与它们的工具 CORE 一起使用）。

（5）喷气推进实验室（Jet Propulsion Laboratory，JPL）状态分析（State Analysis，SA）。最后一种方法利用基于模型和状态的控制架构来捕获系统需求和设计。该过程区分系统的状态和个人对该状态的了解。通常，系统状态的知识由比实际状态本身更抽象的方案表示。在一组模型中表示了系统如何从一个状态演变到另一个状态。最后，系统控制也由模型表示，但由于系统复杂，达到完全控制是不可能的。

面向对象方法、系统建模语言的建立和成熟以及实现这些方法和语言的工具和应用程序的激增，使人们更加意识到在系统工程中使用模型驱动方法的好处。尽管这种方法确实需要增加资源，但这样做的好处确实可以获得足够的投资回报。案例研究正逐渐被提供，以"证明"这种方法确实有效。在整个业界接受 MBSE 之前，需要更多的时间和经验；但是，它的基本原则是合理的。这种方法论和方式是软件和系统工程实践融合的又一步。

8.11　系统功能规范

在创建正式基础以指导后续工程设计阶段之前，概念定义阶段尚未完成。这种基础的关键是要完整而简明地描述系统所有必须设计的功能，以满足其操作要求。在重大政府收购中，这种声明通常被称为"系统规范"或"A -规范"。

系统规范可以被认为是系统方案的文本和图形表示。但是，它没有具体说明如何实现系统来执行其功能，而是规定了要执行的功能、精度以及条件。这样做时，必须以可测量的术语陈述定义，因为这些功能的工程实施将依赖于这些定义。

虽然在逻辑上系统规范的准备是概念定义阶段的一部分，但在竞争性的收购过程中，通常由成功的承包商团队在选择过程之后立即准备。在商业产品开发中，该过程不是正式的，而是在目的上相似。

系统规范文档应至少解决以下主题：

系统确定

  操作系统功能的任务和方案

  系统界面的配置和组织

  所需特性

  性能特征(硬件和软件)和兼容性要求

  RMA 要求

支撑要求

  运输、搬运和仓储培训

  特殊设施

特殊要求

  安保和人文工程

领导制定系统规范文档和大部分实际工作是系统工程的责任。

8.12　小　结

选择系统概念

概念定义阶段的目标是选择一种首选的系统配置,并确定系统功能规范以及开发计划和成本。

概念定义总结了概念开发阶段,为系统生命周期的工程开发阶段奠定了基础。确定首选概念还为开发和工程提供了基准。

构成概念定义的活动是:

- 性能需求分析——与运营目标相关;
- 功能分析和表达——为部件分配功能;
- 概念选择——通过权衡分析选择首选概念;
- 概念确认——确认所选方案的有效性和优越性。

性能需求分析

性能需求分析必须包括确保与系统操作站点及其后勤支持的兼容性。此分析还必须解决可靠性、可维护性和支持设施以及环境兼容性问题;必须特别关注从生产到系统配置的整个生命周期。最后,此分析必须解决未量化需求的确定。

功能分析与表达

功能系统构建块(第 3 章)对于功能确定是很有用的。优选方案的选择是系统工程功能,其制定和比较了一系列备选方案的评估。

功能分配

开发备选方案需要艺术和科学相结合。当然，前置系统可以作为进一步优选方案的基线（假设前任可用）。集思广益和其他团队的创新技术有助于开发替代产品。

概念选择

系统概念根据以下方面进行评估：

(1) 操作性能和兼容性；

(2) 项目成本和进度；

(3) 实现上述各项的风险。

项目风险可以认为由两个因素组成：系统未能实现其目标的可能性以及失败对项目成功的影响。

项目风险可能来自多个方面，如：

- 未经证实的技术；
- 性能要求很高；
- 严峻的运行环境；
- 资金或人员配备不足；
- 时间安排过短。

权衡分析是所有系统决策的基础。

概念确认

在概念选择中，应该进行权衡分析，如：

- 有组织的——建立一个独特的过程；
- 详尽无遗——考虑所有备选方案；
- 半定量的——使用标准的相对权重；
- 全面的——考虑所有主要特征；
- 有文件记录——完整描述结果。

开发选定概念的理由应该是：

- 表明需要满足的有效性；
- 说明选择概念而不是备选概念的原因；
- 描述程序风险和遏制手段；
- 提供详细计划的证据，如工作分解结构、系统工程管理计划等；
- 提供以前的经验和成功的证据；
- 当前生命周期成本计算；
- 涵盖其他相关问题，如环境影响。

系统开发计划

工作分解结构在系统开发计划中至关重要,并按层次结构进行组织。它确定了项目中的所有组成任务。

系统工程管理计划(或等效功能)通过系统生命周期确定所有系统工程活动。

系统架构

系统架构主要是系统的不同视角或视点的发展和表达。几乎所有系统架构至少有三个视角:

- 操作视角——从用户或操作员的角度进行系统表示;
- 逻辑视角——从客户或经理的角度进行系统表示;
- 物理视角——从设计者的角度进行系统表示。

架构框架确定了用于开发和呈现系统架构的结构和模型。这些框架旨在确保各个方案在表达各种观点时保持一致。

系统建模语言: UML 和 SysML

UML 提供了 13 个系统模型来表示系统的结构和行为。尽管 UML 是为软件开发应用程序开发的,但它已成功应用于软件密集型系统。系统建模语言与传统的结构化分析方法不同,它侧重于实体(由类和对象表示)而不是功能和活动。

SysML 是 UML 的扩展,可实现更完整的软件/硬件系统建模,并简化了传统系统工程自上而下的方法。SysML 内在强调了推动开发工作的需求。为了区分这两种语言,SysML 使用块作为其主要实体而代替类。

基于模型的系统工程

MBSE 背后的基本方案是,系统模型是在流程早期阶段开发的,并在系统开发生命周期内不断发展,直到该模型实际上变为构建到基线。在生命周期的早期,这些模型保真度较低,主要用于决策(与 8.8 节中的系统架构不同)。随着系统的发展,保真度不断提高,直到可以将模型用于设计。最后,模型再次转换为构建到基线。

系统功能规范

系统功能规范说明了系统功能描述、其所需的特性和支持要求。

习 题

8.1 描述作为概念定义阶段的输入的系统性能要求与作为输出的系统功能规范之间的三个主要差异(参见图 8.1)。

8.2　概念探索阶段和概念定义阶段都分析了几个替代系统方案。在两个阶段以及运行分析的方式中解释该过程目标的主要差异。

8.3　说明"功能分配"的含义，以及它在个人计算机中的应用。使用第3章中描述的功能元素作为构建块来绘制个人计算机的功能图。对于每个构建块，描述它执行的功能、它与其他构建块的交互方式，以及它与计算机系统的外部输入和输出的关系。

8.4　在"项目风险"小节中，列出了可能导致重大计划失败条件的五个示例，对于每个示例，简要说明该情况可能导致项目失败的后果。

8.5　在"选择策略"小节中，建议在比较不同方案时，不应将每个方案的个别标准的加权评估合并为每个方案的单一最优值（通常如此），但应保留评估的"简介"形式。解释这个建议的基本原理，并通过一个假设的例子来说明。

8.6　讨论如何使用权衡分析来确定用于分配缓解已识别的高、中项目风险的工作的优先级。

8.7　系统开发提案的"销售"部分列出了向负责做出决定的主管部门推荐的方法中的七个要素。通过在每种情况下解释当局在没有对该主题进行适当讨论时可能得出的结论来说明每个要素的效用。

8.8　(a) 为ATM系统制定顶级功能清单。限制不超过12个功能。

(b) 使用(a)中的功能绘制ATM的FBD。

8.9　(a) 确定普通台式计算机的功能。

(b) 识别常见台式计算机的部件。

(c) 将(a)中的功能分配给(b)中的部件。

8.10　假设您已在系统开发的概念定义阶段完成了功能分析和分配活动。

(a) 假设您有一些分配给多个部件（而不是单个部件）的功能。这对您的方案设计意味着什么？这有问题吗？

(b) 假设您有许多分配给单个部件的功能。这对您的方案设计意味着什么？这有问题吗？

8.11　将图8.4中的咖啡机FBD转换为IDEF0图。

8.12　绘制图8.4所示的咖啡机的物理框图。在图中，使用矩形框表示物理部件，并标记部件之间的接口。

8.13　绘制一个图，其中需要显示以下内容之间的关联和关系：

- 系统；
- 系统架构；
- 架构框架；
- 视点；
- 视图；
- 建模语言；
- 模型。

图中应包括7个矩形框（上面每个实体一个）和带标记的箭头，用于描述实体之间的关系。

8.14　将图 8.4 中的咖啡机 FBD 转换为 UML 活动图。

8.15　比较和对比最新版本的 DODAF 和 TOGAF,写一篇两页的短文。

8.16　假设您是一架新型私人公务机的系统架构师,要求该飞机能够为八位高管提供服务。假设您还被要求使用 DODAF 作为您的架构框架。确定并解释您将在架构中包含哪些视图。当然,对于这种类型的系统,DODAF 中的所有视图都不是必需的。

8.17　构建一个将 UML 模型映射到 DODAF 视图的矩阵。换句话说,哪个 UML 模型适合每个 DODAF 视图?（提示:许多 DODAF 视图将不适用,而其他视图将具有多个 UML 视图。请使用矩阵或表格。）

8.18　同习题 8.17,本题是将 SysML 模型映射到 DODAF 视图。

8.19　同习题 8.17,本题是将 UML 模型映射到 TOGAF 视图。

8.20　研究 MBSE 并撰写一篇文章,比较和对比 MBSE 与传统系统工程,如本书第 1～8 章所述。MBSE 的原理是什么? 有什么不同吗? 传统系统工程能否在没有重大升级的情况下实施基本原则?

扩展阅读

[1] Baker L，Clemente P，Cohen B，et al. Foundational Concepts for Model Driven System Design. INCOSE Model Driven Design Interest Group，INCOSE，July 2000.

[2] Balmelli L，Brown D，Cantor M，et al. Model-driven systems development. IBM Systems Journal，2006，45（3）：569-585.

[3] Blanchard B，Fabrycky W. System Engineering and Analysis：Chapter 3. 4th ed. Prentice Hall，2006.

[4] Brooks Jr F P. The Mythical Man Month — Essays on Software Engineering. Addison-Wesley，1995.

[5] Chase W P. Management of Systems Engineering：Chapters 3,4. John Wiley，1974.

[6] Chesnut H. Systems Engineering Methods. John Wiley，1967.

[7] Dam S. DOD Architecture Framework：A Guide to Applying System Engineering to Develop Integrated，Executable Architectures. SPEC，2006.

[8] Defense Acquisition University. Systems Engineering Fundamentals：Chapters 5，6. DAU Press，2001.

[9] Defense Acquisition University. Risk Management Guide for DoD Acquisition. 6th ed. DAU Press，2006.

[10] Department of Defense Web site. DoD Architecture Framework Version 2.02. http://cio-nii. defense. gov/sites/dodaf20.

［11］Eisner H. Computer-Aided Systems Engineering：Chapter 12. Prentice Hall，1988.

［12］Estefan J A. Survey of model-based systems engineering（MBSE）methodologies. INCOSE Technical Document INCOSE－TD－2007－003－02，Revision B，June 10，2008.

［13］Fowler M. UML Distilled：A Brief Guide to the Standard Object Modeling Language，3rd ed. Addison-Wesley，2004.

［14］Hoffmann H. SysML-based systems engineering using a model-driven development approach. Telelogic White Paper，Version 1，January 2008.

［15］International Council on Systems Engineering. Systems Engineering Handbook. A Guide for System Life Cycle Processes and Activities. Version 3.2，July 2010.

［16］Kasser J. A Framework for Understanding Systems Engineering. The Right Requirement，2007.

［17］Maier M，Rechtin E. The Art of Systems Architecting. CRC Press，2009.

［18］The Open Group. TOGAF Version 9 Enterprise Edition，Document Number G091. The Open Group，2009. http://www.opengroup.org/togaf/.

［19］Pressman R S. Software Engineering：A Practitioner's Approach. McGraw Hill，2001.

［20］Reilly N B. Successful Systems for Engineers and Managers：Chapter 12. Van Nostrand Reinhold，1993.

［21］Sage A P，Armstrong Jr J E. Introduction to Systems Engineering：Chapter 3. Wiley，2000.

［22］Schmidt D. Model-driven engineering. IEEE Computer，2006，39(2)：25-31.

［23］Stevens R，Brook P，Jackson K，et al. Systems Engineering，Coping with Complexity：Chapter 4. Prentice Hall，1998.

第9章　决策分析和支持

前面章节描述了系统工程师在复杂的新系统生命周期中必须做出的众多决策。可以看出,其中涉及许多高度复杂的技术因素和不确定性影响,例如不完整的需求、不成熟的技术、有限的资金以及其他技术和计划问题。为协助决策过程,我们设计出两种策略:一是系统工程方法的实践应用,二是将系统全生命周期构建为一系列明确的阶段。

决策有多种形式和多种情况。此外,每个人从醒来到入睡,几乎都在不断地做出决策。简而言之,不是每个决策都是一样的。也不存在一个统一的决策过程。当然,关于你早餐吃什么的决定与在哪里找到新核电站的决策不在一个水平线上。

决策并非独立于其背景。在本章中,我们将探讨系统工程师在开发复杂系统时通常所做的决策。因此,我们的决定本身往往会包含复杂性。然而这些都是必须做出的艰难决定。通常,这些决策将在一定程度的不确定性下做出——系统工程师将无法获得做出最佳决策所需的所有信息。即使有大量信息,决策者也可能无法在需要决策之前处理和整合这些信息。

9.1　制定决策

简单的决策通常只需要一些基本的信息和直觉。例如,决定早餐吃什么需要的信息——可用的食物、可用的烹饪技能以及能够投入多少时间。这个简单决策的结果是要准备的食物。但复杂的决策需要更多的投入、规划和产出。此外,收集的信息需要进行组织、整合(或融合),并向决策者提供足够的支持以做出"好的"决策。

图 9.1 描述了简化的复杂决策过程。更详细的过程将在本章后面介绍。

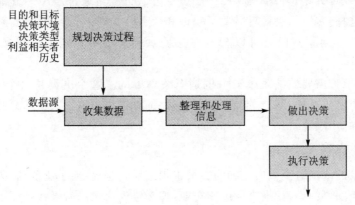

图 9.1　基本决策过程

显然,这一过程看起来似乎相当麻烦。但是,用于每个阶段的时间、精力和资源投入水平将取决于所需决策的类型、复杂性和范围。在大型政府采购计划中,正式决策可能需要数年时间,而相对简单的系统部件决策可能只需要数小时甚至更短时间。

每个阶段需要的时间都是不同的,即使"做出决策"也不一定是即时的。例如,如果需要不止一个人必须做出并批准该决策,那么这个阶段可能会非常漫长。如果需要达成共识,那么这个阶段可能会变得非常复杂,将涉及到政治、技术和计划等方面的考虑。政府立法机构是了解每个步骤所需资源很好的例子。规划、收集和组织通常由员工通过公开和私人听证会完成。做决策实际上是一个涉及多方面内容的过程,包括政治操纵、交易制定、营销、竞选活动和做出什么样的姿态。在许多情况下,这个阶段会持续几个月。

无论决策类型如何,或者通过何种讨论会进行决策,都必须考虑许多因素来启动和完成规划阶段。

决策过程中的因素

复杂的决策需要对流程的多维性有所了解,然后才能做出适当且有用的决策。在规划阶段需要考虑以下因素:

1. 目标和目的

在做出决策之前,我们需要问一个问题:利益相关者的目的和目标是什么? 这些在组织的不同层面可能会有所不同。很明显,线路主管的目标与项目经理的目标不同,而哪个优先级更高? 管理层在决策者之上的目标是什么? 应该做出决策以(尽可能)满足重要利益相关者的目的和目标。

2. 决策类型

决策者需要了解所需的决策类型。许多错误的决策源于对所需类型的误解。决策是二值逻辑吗? 或许在一定决策范围内我们可以这样认为。在这些情况下,需要做出简单的是/否决策。其他二值逻辑决策可能不是简单的肯定或否定,而是两个选项之间的选择,制造或购买就是一个典型的例子。更复杂的决策通常涉及一组备选方案中的一个或多个选择。最后,决策者需要了解谁和什么会受到影响。决策纯粹是技术性的,还是掺杂了个人因素? 但是可以肯定的是提供错误的决策类型会导致严重的负面后果。

同样,了解谁需要被纳入决策中也是至关重要的。这个决策是由个人做出的吗? 还是需要一个团体达成共识? 谁需要在实施之前批准该决策? 这些问题的答案会影响决策的时间和方式。

3. 决策背景

了解决策的范围对于做出正确的决策也很重要。全局(或企业范围)决策与系统部件决策大不相同。例如,如果决策影响企业,那么错误决策的后果将是深远的。决策背景涉及到对一些促成决策达成的关键问题和事件的理解,然而这很困难,因为决策背景的多维性会给决策者带来不同的目标：

- 技术性的,涉及物理实体,如子系统决策；
- 财务,涉及投资工具和数量；
- 人员,相关人员；
- 过程,涉及业务和技术程序、方法和技术；
- 程序性的,涉及资源分配(包括时间、空间和资金)；
- 时间,意味着需要做出决策的时间范围(这可能是动态的)；
- 遗留问题,涉及过去的决策。

4. 利益相关者

利益相关者可以定义为受决策结果影响的任何人(人或组织)。在做出决策之前,需要了解利益相关者对决策的看法。很多时候,这种情况并不存在——在作出决策之前,利益相关者无法得到确认。然而,一旦决策宣布或实施,我们可以确定所有受影响的人都会发表他们的意见。

5. 遗留决策

了解过去已经做出的相关决策,既有助于决策内容(如上所述),又可以满足当前决策所处的环境。如果决策者了解过去,就可以对后果和利益相关者建立更清晰的认知。

6. 支持数据

最后,需要及时提供必要的数据以支持决策。为确保收集恰当的信息以支持决策,一个连贯且即时的数据收集计划是必要的。所收集数据的准确性取决于决策类型和背景。很多时候,决策被不必要地延迟,因此在决策者采取行动之前,需要更高的准确度。

决策框架

如上所述,了解所需决策的类型对于规划和执行任何流程都至关重要。文献中提供了若干决策框架,以帮助理解决策类型。在表 9.1 中,我们提供了一个由几个控制范围组合而成的框架。

表 9.1　决策框架

决策类型	控制范围			
	操　作	管　理	战略规划	技术需要
结构化的	已知程序算法	政策法规、权衡分析、逻辑	历史分析、面向目标的任务分析	信息系统
半结构化的	定制的程序、启发式的决策	定制的政策、启发式的决策、逻辑	因果关系、ROI 分析概率	决策支持系统
非结构化的	直觉、实验性	直觉、实验性	直觉、创造力、理论	专家系统

有很多方法可以对决策进行分类。我们的分类侧重于三种类型的决策:结构化、半结构化和非结构化。

（1）结构化的。该类型的决策往往是常规的，在这一点上，背景环境是很好理解的，决策范围是已知的。通常可以获得支持信息，并且需要最少的组织或处理就能做出正确的决策。在许多情况下，可以在全球范围内或在组织内提供标准，以提供解决方案。结构性决策通常是在过去做出的；因此，一个富有经验的决策者在面临决策时往往会有类似或贴切的决策依据。

（2）半结构化的。该类型的决策不属于"常规"决策。尽管可能已做出类似的决策，但实际情况相差甚远，以至于过去的决策并不是正确决策选择的明确指标。通常情况下，即使特定方法不可用，也可以获得指导。许多系统工程决策都属于此类。

（3）非结构化的。非结构化的决策代表独特的复杂问题，通常是一次性的。由于缺乏经验或对情况的了解，有关新技术的决策往往属于这一类。首次决策属于这一类。随着经验的增长和决策的验证，它们可能会从非结构化决策过渡到半结构化。

除了类型之外，控制范围对于识别也很重要。每个范围内的决策具有不同的结构，拥有不同的利益相关者，并且需要不同的技术来支持。

（1）操作。这是系统工程关注的最低控制范围。操作控制是指从业人员级别——工程师、分析师、架构师、测试员等工作人员。在此控制范围内的许多决策都涉及结构化或半结构化决策。通常可以使用启发式、程序和算法来详细描述何时以及如何做出决策，或者至少为决策提供指导。在极少数情况下，当实施新技术或探索新领域时，非结构化决策可能会增加。

（2）管理。该控制范围定义了系统工程决策的主要级别——总工程师、项目经理，当然还有系统工程师。这种控制范围定义了决策的管理、指导或指导水平。通常，对于半结构化决策，可以使用策略、启发式和逻辑关系来指导系统工程师做出这些决策。

（3）策略计划。此级别的控制代表执行人员或企业级别的控制。半结构化决策通常依赖于因果关系概念来指导决策。此外，不确定性下的决策和投资决策通常在此控制范围内进行。

支持决策

支持这三种不同决策类型所需的技术水平各不相同。对于结构化决策，不确定性很小。数据库和信息系统能够清晰地组织和提供信息，从而做出明智的决策。然而，对于半结构化决策，简单地组织信息是不够的。需要决策支持系统（Decision Support Systems，DSS）来分析信息，融合来自多个来源的信息并处理信息，以发现趋势和模式。

非结构化决策需要最先进的技术水平和专家系统，有时称之为基于知识的系统。由于高度的不确定性，并且缺乏历史优先权和知识，因此需要从这些系统中进行复杂的推断，为决策者提供知识。

正式的决策过程

1976 年，赫伯特·西蒙（Herbert Simon）在管理决策科学方面的标志性工作中为管理者提供了一个由四个阶段组成的结构化决策过程。表 9.2 描述了该过程。

这个过程类似于图 9.1 中的过程,但提供了一个新的视角——决策建模的概念。这个概念指的是开发当前问题模型的活动,并预测决策者可用的每种可能的替代选择的结果。开发决策模型意味着创建一个表示决策环境和条件的模型。如果决策涉及工程子系统的权衡,那么该模型将是所讨论的子系统。代表不同的有效可选项的替代配置将在模型中实现,并会获得不同结果。然后对这些进行比较,使决策者能够做出明智的选择。

表 9.2 西蒙决策过程

阶段一:情报	确定问题 收集和整合数据
阶段二:设计	开发模型 确定备选方案 评估备选方案
阶段三:选择	搜索选择 了解敏感性 做决策
阶段四:实施	实施变更 解决问题

当然,在适用性和准确性方面,模型可能会变得非常复杂。可用资源通常为这两个属性提供约束。工程师倾向于追求较为广泛的适用性和更高的准确性,而现有的资源限制了实现这两个要求的可行性。所需的平衡是系统工程师的责任之一。确定从技术角度所期望的与从程序角度可能得到的内容之间的平衡,是系统工程师以外的人无法触及的平衡点。

尽管我们在前面的章节中使用了"模型"这个术语,但重要的是,要认识到模型具有各种形状和大小。电子表格可以成为决策的模型。复杂的数字仿真也可以是一个适当的模型。开发什么样的模型以支持决策取决于很多因素。

(1) 决策时间框架。决策者需要多少时间才能做出决策?如果答案是"不多",那么简单模型是唯一可用的资源,除非已经开发出更复杂的模型并已准备好使用。

(2) 资源。资金、人员、技能水平和设施/设备都限制了一个人开发和运用模型来支持决策的能力。

(3) 问题范围。显然,简单的决策不需要复杂的模型,而复杂的决策通常会需要。在某些方面,问题的范围将决定所需模型的范围和可靠性。问题范围本身也有许多因素,如决策的影响范围、利益相关者的数量和类型、决策空间中涉及的实体的数量和复杂性,以及政治约束。

(4) 不确定性。所需信息的不确定性水平也会影响模型类型。如果存在较大的不确定性,则模型中必须包含概率推理的一些表示。

(5) 利益相关者的目标和价值观。决策本质上是主观的,即使有客观的数据来支持它们也是如此。利益相关者的价值观会影响决策,反过来也会受到决策的影响。系统工程师必须确定如何表示价值,有些价值应该在模型中表示,而其他可以并且应该在模型外部表示。请记住,利益相关者的很大一部分价值都包括其风险承受能力。个人和组织对风险有不同的容忍度。工程师需要确定风险承受能力是嵌入模型中还是单独处理。

总之,建模是面对复杂性和不确定性时处理决策的有力策略。从广义上讲,建模用于关注复杂系统的特定关键属性,并从不太重要的系统特征中阐明它们的行为和关系。目的是通过剥离不直接与正在考虑问题相关的属性来揭示关键的系统问题。

9.2　贯穿系统开发过程的建模

本书中已经提到并说明了模型。接下来三个部分的目的是提供更有条理和广泛性的使用建模工具的图片,以支持系统工程决策和相关活动。本讨论旨在进行广泛的概述,目的是让人们意识到建模对系统工程成功实践的重要性。该素材必须限定于一些选定的示例,以说明最常见的建模形式。强烈建议进一步研究相关的建模技术。

具体来说,接下来的三个部分将描述三个概念:

(1) 建模:描述了系统开发中使用的一些最常用的静态表达。其中许多功能可以直接为系统工程师利用,特别是在开发的概念发展阶段,并且值得系统工程师熟练应用。

(2) 仿真:讨论在系统开发的不同步骤中,使用的几种动态表达形式。系统工程师应十分了解仿真有关的模拟的用法、价值和局限性,并应积极参与此类仿真开发的规划和管理。

(3) 权衡分析:描述了可选方案(Analysis of Alternatives,AoA)分析的建模方法。系统工程师应擅长权衡分析,并应该知道如何批判性地评估他人做出的分析。本节还强调了在解释基于不同实际模型的分析结果时应注意的事项。

9.3　为决策建模

如上所述,我们使用模型作为应对复杂性的主要手段,以帮助管理开发、构建和测试复杂系统的巨额成本。在这种情况下,模型被定义为"系统实体、现象或过程的一种物理的、数学的或其他逻辑表示"。我们使用模型来表示系统或系统的一部分,因此我们可以检查它们在特定条件下的行为。在一定条件下观察模型的行为并使用这些结果作为对系统行为的估计之后,我们可以对系统开发、生产和部署做出明智的决策。此外,我们可以通过模型表示技术和业务流程,以了解在各种环境和条件下实施这些流程的潜在影响。同样,我们从模型的行为中获得了洞察力,从而使我们能够做出更明智的决策。

建模仅为我们提供系统,其环境以及围绕该系统使用的业务和技术流程的表示。建模结果仅提供对系统行为的估计。因此,建模只是四个主要决策辅助手段之一,还有仿真、分析和实验。在许多情况下,没有一种技术能够减少做出正确决策所面对的不确定性。

模型的形式

系统的模型,可以被认为是用于模拟系统或系统元件的外观或行为的现实简化表示或抽象。模型没有通用的标准分类。在这里我们使用的是由 Blanchard 和 Fabrycky 创造的分类,他们定义了以下类别:

(1)图解模型是表示系统单元或过程的图示或表格。例如组织结构图或数据流程图(Data Flow Diagram,DFD)。此类别也称为"描述性模型"。

(2)数学模型使用数学符号来表示关系或函数。例如牛顿运动定律、统计分布以及系统运动的微分方程建模。

(3)物理模型直接反映了所研究的实际系统或系统单元的某些或大部分物理特征。它们可以是飞机或轮船的比例模型,或者是需要经历碰撞测试的汽车前部的全尺寸模型。在某些情况下,物理模型可以是真实系统的实际部分,如前面的例子中所示的,或者是需要经历降落测试的飞机起落架。又如显示陆地和海洋位置的地球球体,分子结构的球棒模型等。系统原型也被归类为物理模型。

上述三类模型,是按增加现实性和减少抽象性的一般顺序列出的,即以系统关系图开始,以生产原型结束。

Blanchard 和 Fabrycky 还定义了一类"仿真模型"。它们通常是物理上的,而不是几何上的等效物。就本节而言,它们将包含在物理模型类别中。

示意图模型

与所有工程学科一样,图形模型是系统工程中必不可少的交流手段。它们用大家易于理解的符号来表达图形关系。机械图或草图为要设计的部件建模;线路图为电子产品的设计建模。

图形模型作为一种沟通交流手段是不可或缺的,因为它们可以在必要时轻松、快速地绘制和更改。但是,它们也是最抽象的,只是包含了系统或单元的一种非常有限的形象。因此存在误解的风险,必须通过指定任何非标准和非显而易见的术语的含义来减少误解的风险。以下段落中简要描述了几种类型的图形模型。

1. 动 画

虽然动画不是一种典型的系统工程工具,但它是一种图形模型的形式,可以表现所模拟对象的某些明显特征。首先,它是对主题的一种简化描绘,往往简化到了极端的程度。其次,它可以夸张地强调和着重所选择的特征,以表达特定的思想。图 2.2 中从不同专家角度看理想导弹设计,以直观的方式说明了一种系统工程的需求,这比单独的文字传达效果更好。一个系统运行概念的图示可以很好地包含一个运行场景的动画。

2. 结构模型

在复杂产品的设计中,使用建模的一个熟悉的示例是建筑师用结构模型建造房屋。

对于打算根据自己的要求建造房屋的客户，通常会聘请建筑师将客户的愿望转化为计划和规范，以指导建筑商准确地建造房屋，以及在很大程度上指导建造者。在这种情况下，建筑师作为"住宅的系统工程师"，负责设计一个住宅，在满足业主对实用和美学的需求的同时，还要兼顾可承受能力、日程要求和当地建筑规范的约束。

建筑师在与客户交谈的基础上绘制一些草图，在此期间，建筑师调查和确定客户对住宅大小、形状和地点的一般期望。这些是图形模型，主要侧重于场地的外观和地点的取向。与此同时，建筑师草拟了一些可供选择的设计图，以帮助客户确定住宅的总面积和大致的房间布置。如果客户希望看到房子更接近真实的样子，建筑师可以用木头或纸板制作一个比例模型。这被归类为物理模型，即房屋模型。对于屋顶线条复杂或形状特殊的房屋，这种模型投资还是不错的。

上述模型，利用客户最易于理解的（图形）形式在客户和建筑师之间传达设计信息。住宅的实际建造是由许多专业人员完成的，而任何复杂系统的建造也是如此。有木匠、水管工、电工、瓦工等，他们必须根据他们能够理解和以适当建筑材料实施的更特定和具体的信息来施工。这些信息包含在图纸和规格说明中，例如布线布局、空调布线、管道铺设等。其中工程图是使用电气、管道和其他固定装置的特殊工业标准符号按比例和尺寸绘制的模型。这种类型的模型表现出了物理特征及房子的图形，但在使用符号代替部件图片时更为抽象。这些模型用于向建筑商传达详细的设计信息。

3. 系统模块图

当然，系统要比传统结构复杂得多。它们通常还会对环境的变化做出多种反应。因此，需要各种不同类型的模型来描述和传达其结构和行为。

最简单的模型之一是"模块图"。分层模块图具有树的形式，其分支结构表示系统连续层中各部件之间的关系。顶层由代表系统的单个方块组成；第二层由代表子系统的方块组成；第三层将每个子系统分解为部件，以此类推。在每一层，线条连接各方块到其父方块。图9.2显示了由三个子系统和八个部件组成的系统的通用系统模块图。

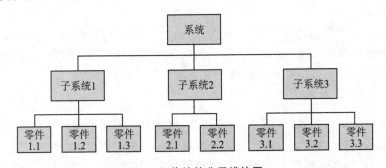

图9.2　传统的分层模块图

该模块图被视为一个非常抽象的模型，仅关注系统架构的单元及其物理关系。简单的矩形块是严格符号性的，没有试图描绘系统单元的物理形式。但是，该图确实非常清楚地传达了系统单元之间的一种重要关系，并确定了系统的组织原则。

子系统和部件之间更复杂的交互由更详细的图来描述。模块之间的相互作用可以通过标记连接线来表示。

4. 系统关系图

系统设计中另一个有用的模型是关系图,它表示所有可以直接或间接与系统交互的所有外部实体。我们已经在图 3.2 中看到了这种关系图。这样的图描绘了中心的系统,没有其内部结构的细节,被其所有相互作用的系统、环境和活动所包围。系统关系图的目的是将注意力集中在开发一整套系统要求和约束时应考虑的外部因素和事件上。这样做不仅需要可视化操作环境,还需要可视化带来的种种可运行步骤,例如安装、集成和运行评估。

图 9.3 显示了某民航客机案例的关系图。该模型代表了客机与各种外部实体之间的关系。系统关系图是描述和定义系统任务和操作环境的一个有用的出发点,显示了系统与所有可能与其操作相关的外部实体的交互。它还为制定系统运行情景提供了基础,这些情景代表了必须设计运行的不同条件。在商业系统中,"企业图"还显示了系统的所有外部输入和输出,但通常还包括相关外部实体的表达。

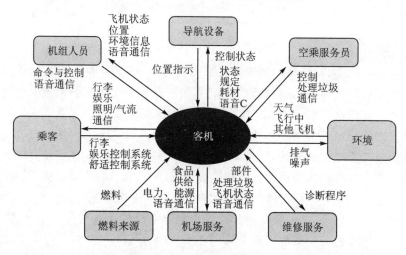

图 9.3 客机的系统文关系图

5. 功能流程图(Functional Flow Block Diagrams,FFBDs)

之前讨论的模型主要处理系统物理结构中的静态关系。系统及其部件的特征越显著,对环境变化的响应行为就越明显。这种行为是由系统响应某些环境输入和约束而执行的功能产生的。因此,为了模拟系统行为,有必要对其主要功能、如何导出以及如何相互关联进行建模。最常见的功能模型称为 FFBD。

FFBD 的示例如图 9.4 所示。该图显示了防空系统在检测、控制和参与方面的第一级功能,以及构成上述每个功能的第二级功能中的功能流程。注意将它们连接在一起的功能块的编号系统,还要注意,块中的名称表示功能,而不是物理实体,因此,所有名称都以动词而不是名词开头。FFBD 中功能块之间的箭头线表示控制流,在这种情况下,还可以表示信息流。请记住,控制流并不一定等同于所有情况下的信息流。在块之间流动的功能标识,可以在 FFBD 上表示为可选特征,但是预期不会像在软件 DFD 中那样完整。

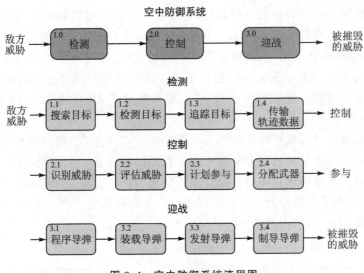

图 9.4　空中防御系统流程图

在上面的示例中,功能块的物理实现未表明,并且可能存在相当大的变化。但是,从功能的性质可以推断,在探测功能中可能包含一套雷达装置以及大量的软件;而控制功能主要是带操作显示的软件;交战功能主要是硬件,例如枪支、导弹或飞机。

功能流程图是由当时的美国无线电公司 FD Moorestown Division 开发的。该方法被命名为功能流程图和描述(F^2D^2),用于绘制系统层次结构的几个功能级别,从系统级别到子部件。这些图使用独特的符号来标识硬件、软件和人员功能,并显示在系统单元之间流动的数据。F^2D^2 图的一个重要用途是在"作战室"中,其中所有子系统的图都被置于会议室的墙上,并链接在一起以创建整个系统的图。这种显示方法在系统设计过程中是一种出色的交流和管理工具。

6. DFD 数据流程图

DFDs 用于软件结构分析方法中,采用离散点分析法进行计算机程序中各功能要素之间的交互建模。DFDs 还用于表示由硬件和软件部件组成的系统中物理实体之间的数据流。在任何一种情况下,标签都代表数据流,并带有对遍历接口的数据的描述。

7. 集成定义语言(Interated Dfinition Language 0,IDEF0)图

IDEF0 是系统活动模型的标准表示,类似于软件 DFD,并在第 8 章中已经进行了描述。图 8.3 描述了活动的规则。IDEF0 广泛用于复杂信息系统的建模。与 FFBD 和 F^2D^2 图一样,功能块为矩形,活动框的侧面具有唯一的功能。处理输入始终从左侧进入,从顶部进行控制,从底部进入机制或资源;输出在右侧退出。每个块的名称以英文元音开头,并带有标识其分层位置的标签。

8. 功能流程图(Functional Flow Process Diagram,FFPD)

前面描述的功能流程图模拟了系统或系统产品的功能行为。这些图在建模过程中同样有用,包括系统工程中涉及的过程。本书每章都有 FFPD 的例子。系统生命周期模型是过程 FFPD 的主要示例。在第 4 章中,图 4.1、图 4.3 和图 4.4 描述了系统开发和系统生命周期的各个阶段。在第 5~8 章中,第一个图显示了相应生命周期阶段与紧邻的阶段之间的功能输入和输出。

系统工程方法在第 4 章图 4.10 中建模,在图 4.11 中有更详细的建模。在这种情况下,功能块是构成系统工程方法的主要过程。每个块内部都是一个功能流程图,表示该块执行的功能。来自块外部的输入代表了有助于各个过程的外部因素。

第 5~8 章包含相似的功能流程图,以说明在系统开发的每个阶段中发生的过程。

FFPD 特别适合作为生产工人的培训辅助工具,以学员容易理解的方式将复杂的过程分解为其基本组成部分。所有流程图都有一个共同的基本结构,由三个元素组成:输入→处理→输出。

9. 三角系统模型

在尝试理解复杂系统的功能时,将它们分解为更容易理解的子系统和部件的方法非常有效。在大多数情况下,一种有效的通用方法是将系统及其每个子系统分解为三个基本部件:

(1) 感应或输入信号、数据或系统元件所操作的其他介质;

(2) 处理输入以推断对输入的适当反应;

(3) 根据处理元件的指令进行操作,以实现系统元件对输入的响应。

在前述的系统仿真的示例中,防空系统显示为由三个功能组成,即探测、控制和交战(参见图 9.4)。可以看到探测功能对应于输入部分,与处理部分相对应(或分析和控制响应),并且与响应动作部分接合。

然后,输入—处理—输出分段可以应用于每个子系统本身。因此,在防空系统示例中,探测功能可以进一步分解到雷达中,以感知来自敌机或导弹的反射,雷达信号处理器可以解决干扰及干扰造成的目标反射,以及自动检测和跟踪软件;该软件将信号与先前的扫描信号相关联以形成一条轨迹,并计算其坐标和速度矢量,以传输到控制子系统。其他两个子系统可以类似地解析。

在许多系统中,不止一个输入。例如,汽车由燃料提供动力,但由驾驶员操纵。输入—处理—输出分析将产生两个或更多功能流:跟踪燃料输入将涉及输送燃料的燃料箱和燃料泵、将燃料转换(处理)成扭矩的发动机,以及车轮,它们在路面上产生牵引力以推动汽车。第二组部件与转向汽车相关联,并且感知和决策由驾驶员完成,汽车响应方向盘旋转指令执行实际转弯。

10. 建模语言

以上统一描述的示意模型在部署时是相对独立的,因此,尽管它们已经使用了几十年,但在使用时仍需要参照工程师的经验。这些模型确实具有某些共同属性。总的来说，它们是以活动为重点的。

它们表达系统的功能，无论是活动、控制还是数据，甚至表示物理实体的框图也包括显示材料、能量或数据流的实体之间的接口。由于它们存在的时间比较久了（基本框图已经存在 100 多年了），我们倾向于将这些模型归为"功能模型"或"传统模型"。

当软件工程成为系统开发中的重要学科时，便为工程界提出了一个新的视角：面向对象分析（Object-Oriented Analysis，OOA）。OOA 不是基于活动，而是提供了基于对象的概念和模型，其中对象的定义非常广泛。从理论上讲，任何东西都可以成为一个对象。如第 8 章所述，目前统一建模语言（UML）现在是一种广泛使用的建模语言，用于支持系统工程和架构设计。

数学模型

数学模型用于表达数学语言中的系统功能和依赖性。在系统元素可以出于分析的目的被隔离并且其主要行为可以由能被理解的数学构造来表示的情况下，它们是最有用的。如果建模的过程包含随机变量，则模拟可能是一种更可取的方法。数学模型的一个重要优点是它们被广泛理解。它们的结果具有固有的可信度，前提是所得出的近似值可以被证明是次要的。数学模型包括表示确定性（非随机）函数或过程的各种形式。当数学模型被应用于特定系统元素或过程时，方程式、图形和电子表格是常见示例。

1. 近似计算

1.6 节"系统工程的力量"中，引用了使用近似（"信封背面"）计算对系统工程实践的至关重要性。对复杂计算或实验的结果进行"健全性检查"的能力，对于避免系统开发中代价高昂的错误具有不可估量的价值。

近似计算表示了数学模型的使用，这些数学模型是所研究的系统单元的选定功能特征的抽象表示。这些模型捕获了决定结果主要特征的主导变量，而忽略了使数学复杂化的高阶效应。因此，它们有助于理解系统元件的主要功能。

与任何模型一样，由于遗漏了可能很重要的变量，因此必须在充分了解其局限性的基础上对近似计算的结果做出解释。如果完整性检查与被检查的结果有明显偏差，则应在质疑原始结果之前检查近似值和其他假设。

在开发使用近似计算的方法时，系统工程师必须判断在每个具体情况下技术基础要深入到什么程度。

第一种选择是对原始分析的设计师进行询问。

第二种选择是请该学科的专家进行独立检查。

第三种选择是运用系统工程师自己的知识，通过参考手册或文本来扩充知识，并亲自进行近似计算。

当然，上述方案中的选择取决于具体情况。然而，在选定的关键技术领域中，系统工程师应该对基本原理有充分的熟悉，以便能够轻松地做出独立判断。开发此类技能是系统工程师集成多学科工作、评估系统风险，以及确定需要分析、开发或实验的领域的特殊角色的一部分。

2．基本关系

在工程和物理的每个领域中，系统工程师都应该了解或熟悉一些基本关系。牛顿定律适用于所有车辆系统。在结构元素处于应力的情况下，通常涉及梁、圆柱和其他简单结构的强度和弹性特性的关系。对于电子元件，系统工程师应该熟悉电子电路的基本属性。在大多数技术领域中都存在"经验法则"，它们通常基于基本的数学关系。

3．统计分布

每个工程师应熟悉随机噪声和其他简单自然效应的高斯（正态）分布函数特征。其他一些有趣的分布函数，比如瑞利分布，它在分析雷达杂波返回的信号、泊松分布、指数分布和二项分布方面很有价值；所有这些都遵循简单的数学方程式。

4．图　表

表示与显式数学方程不对应的经验关系的模型通常由图表描述。第 2 章中的图 2.1(a)是一个说明性能与开发成本之间的典型关系的图表。尽管以图形形式绘制的测试数据可以显示定量关系，但这些模型主要用于传达定性概念。条形图例如显示月生产变化或替代产品成本的条形图也是一种模型，可用于以更有效的方式而不是数字列表来传达关系。

物理模型

物理模型直接反映了所研究的实际系统（或系统单元）的一些或大部分物理特征。从这个意义上讲，它们是最不抽象的模型，也是最容易理解的建模类型。然而，根据定义，物理模型是对被模拟物的简化。它们可能只体现了整个产品的一部分；也可能是按比例缩小的版本或开发的原型。这些模型在整个开发周期中具有多种用途，如下面描述的示例。

1．比例模型

这些（通常）是建筑物、车辆或其他系统的小规模版本，通常用于表示产品的外观。比例模型在工程上的应用示例是测试风洞中的飞行器模型或在水洞或拖池中测试一艘潜水器模型。

2．实体模型

车辆的全尺寸版本、建筑物的部件或其他结构，用于开发包含操作员和其他人员住宿的系统的后期阶段。这些提供了人机系统接口的真实表示，可以在详细设计接口之前验证或修改。

3．原　型

前面的章节讨论了开发、工程和产品原型的构建和测试，均适用于当前的系统。尽管它们具有操作系统的大部分属性，但它们也代表了系统的物理模型。严格来说，它们仍然是模型。

基于计算机的工具正越来越多地用于代替实体模型，甚至原型。这些工具可以检测物理干扰,并允许许多以前用物理模型完成的工程任务用计算机模型完成。

9.4 仿 真

系统仿真是一种通用的建模类型,用于处理系统或其部件的动态行为。它使用数值计算技术对物理系统、功能或过程的软件模型进行实验。因为仿真可以体现系统的物理特性,所以它本质上不如前一节中讨论的许多形式的建模抽象。另一方面,仿真的发展可能是一项相当重要的任务。

在开发新的复杂系统时,几乎每一步都会使用仿真。在早期阶段,系统的特征尚未确定,只能通过建模和仿真进行探索。在后期阶段,通过使用仿真而不是使用硬件和原型进行测试,通常可以更早、更经济地获得其动态行为的估计值。即使可以使用工程原型,也是可以通过使用仿真来探索多种条件下的系统行为用来补充现场测试。仿真还广泛用于生成以测试为目的的综合系统环境输入。因此,在系统开发的每个阶段,必须将仿真视为潜在的开发工具。

有许多不同类型的仿真,我们必须区别静态仿真和动态仿真,确定性仿真与随机仿真(包含随机变量),离散仿真与连续仿真。为了将仿真与其在系统工程中的应用相关联,本节将仿真分为四类:运行仿真、物理仿真、环境仿真和虚拟现实仿真。所有这些都是完全或部分基于软件的,因为软件的多功能性可以执行几乎不需要的各种功能。基于计算机的工具也在部件或子部件级别执行模拟,这将被称为工程模拟。

运行仿真

在系统开发中,运行仿真主要用于概念开发阶段,以帮助定义操作和性能要求,探索备选系统方案,并帮助选择首选概念。它们是动态的、随机的和离散的事件仿真。此类别包括能够探索各种场景的操作系统的仿真,以及系统变体。

游 戏

分析运营任务领域的范畴称为运营分析。该领域旨在研究一种类型的商业、战争或其他广泛活动的特征,并制定最适合取得成功结果的策略。运营分析的一个重要工具是使用作战演习来实验评估不同作战方法的实用性。军方是依靠演习(称为战争游戏)来探索作战考虑因素的组织之一。

计算机辅助游戏是运行仿真的示例,涉及控制模拟系统(蓝队)与模拟对手(红队)交战的人员,裁判员观察行动的双方并评估结果(白队)。在商业游戏中,双方代表竞争对手。在其他游戏中,两个团队可以代表对手。

作战演习中涉及的系统行为通常是基于现有操作系统的行为,以及在下一代系统中可能出现的扩展。这些可以通过可变参数来实现,以探索不同系统功能对其操作能力的影响。

游戏模型有几个好处。首先,它使参与者能够更清楚地了解各种任务所涉及的操作因素,以及它们与系统不同功能的相互作用,从而转化为操作决策经验。其次,通过改变关键系统功能,参与者可以探索系统改进,以提高其有效性。第三,通过改变操作策略,可以开发出改进的操作过程和方法。第四,对游戏结果的分析可以提供一个基础,以便为改进的系统开发出一个更具明确陈述和优先排序的操作要求。

大型企业利用商业演习在一组合理的经济情景中识别和评估单个或多个商业周期的商业策略。尽管这些演习通常无法预测技术突破,但它们可以识别出可能导致行业范式转变的"突破性"技术。

军事组织出于多种目的进行各种演习,例如评估战斗情况下的新系统,分析运输人员和物资的新概念,或评估用于检测隐身目标的新技术。大屏幕显示器和一组计算机为演习提供了便利。地理上的显示是真实的,源自互联网和军事来源的全球详细地图。一个复杂的演习会持续一天到几周。这种体验对所有参与者都具有启发性。在缺乏实际运营经验的情况下,此类演习是获得对作战环境和任务需求的理解的最佳方式,而作战环境和任务需求正是系统工程的重要组成部分。

最后,政府组织和联盟开展地缘政治博弈,以评估国际参与战略。这些类型的演习往往很复杂,因为交互的维度可能会变得非常大。例如,了解国家对国家政策行动的反应涉及外交、情报、军事和经济(Diplomatic, Intelligence, Military, and Economic, DIME)的影响。此外,由于交互很复杂,标准的模拟类型可能不足以全面捕捉一个国家可能采取的行动领域。因此,专门开发了复杂的模拟来仿真国家实体的各个组成部分。这些部件被称为代理。

系统有效性仿真

在系统开发的概念探索和概念定义阶段,工作重点是对不同系统功能和体系结构进行比较评估。首先定义适当的系统性能要求,然后选择首选的系统方案作为开发的基础。制定这些决策的主要手段是使用计算机系统有效性仿真,特别是在概念定义期间择优系统方案的关键活动中。在系统生命周期的早期阶段,既没有时间也没有资源来构建和测试系统的所有元素。此外,精心设计的仿真可用于支持所推荐给客户的系统方案的优越性。现代计算机显示技术可以在真实的场景中呈现系统运行。

能够为比较候选概念的有效性提供基础的复杂系统的仿真设计是系统工程的主要任务。为了反映所有关键的性能因素,仿真本身可能很复杂。对系统性能的评估还需要设计和构建对操作环境仿真的模拟,这实际上考验了运行系统的功能。两者都需要可变,以探索不同的运行场景,以及不同的系统功能。

典型系统有效性仿真的功能框图如图 9.5 所示。仿真的主题是防空系统,其由中心的大矩形表示,包含主要子系统检测、控制和交战。左边是敌方的仿真,其中包含一个场景生成器和一个攻击生成器。右边是分析子系统,该子系统根据预期结果或其他参与的结果评估约定的结果。底部显示的操作员界面可以修改攻击次数和战术,还可以修改这些系统元素的性能,以确定对系统有效性的影响。

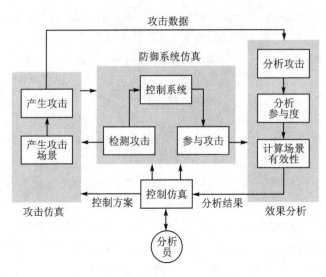

图 9.5　系统有效性仿真

因系统模型的变化引起的系统有效性变化的大小和方向应在决策之前进行健全性检查。这种检查涉及大幅度简化后的系统性能计算，最好由不直接负责设计或模拟的分析人员进行。

任务仿真

仿真的目标，即任务仿真的重点是系统作战模式的发展，而不是系统本身的发展。这种仿真的例子包括空中交通管制的进行、空间任务的最佳轨迹、汽车交通管理和其他复杂的操作。

例如，在探索行星、小行星和彗星的太空任务之前，必须对发射、轨道力学、终端机动、仪器操作以及涉及到航天器和任务控制程序中的其他重要功能进行详尽的模拟。在设计开始之前，使用模拟技术建立分析基础。

这样的仿真模拟了车辆及其静态和动态特性，可从各种传感器获得的信息以及环境的重要特征进行建模，并且如果合适的话，将这些项目呈现给系统操作员，以模仿他们在实际操作中看到的内容。模拟情况可以变化以呈现各种可能的情景、涵盖预期的操作情况的范围。操作员可以进行"假设"实验以确定最佳解决方案，例如一组规则、安全路线、最佳策略或操作需求所要求的任何内容。

物理仿真

物理仿真是系统元素的物理行为建模。它们主要用于工程开发阶段的系统开发，以支持系统工程设计。它们允许进行仿真实验，可以回答许多关于关键部件的制造和测试的问题。它们是动态的、决定性的和连续的。

所有高性能载具（陆地、海洋、空中或太空）的设计都主要取决于物理仿真的使用。仿真使分析师和设计师能够表示车辆的运动方程，外力的作用（例如升力和阻力）以及控制的动作(无论是手动还是自动)。可以进行尽可能多的试验来研究不同的条件或设计参数的影响。没有这些工具,现代飞机和宇宙飞船的发展就不可能实现。物理仿真并不能消除对详尽测试的需求,但它们能够研究各种各样的情况,并消除那些除少数替代设计之外的所有情况。在开发时间上的节省可能是巨大的。

【示例】飞机、汽车和航天器。

很少有技术问题像高速飞机的设计那样复杂。空气动力是非线性的,并且在亚声速和超声速状态之间变化很大。飞机结构上的应力非常大,可能会导致机翼和控制面弯曲。机翼和尾翼结构之间存在气流干扰效应,这种影响严重依赖于高度、速度和飞行姿态。仿真允许在六自由度模型(三个位置和三个旋转坐标)中逼真地表示所有这些力和效果。

当然,汽车的基本动作比飞机的动作简单得多。但是,现代汽车具有需要非常复杂的动态分析的特性。防抱死制动器的控制动力学是复杂且关键的,牵引力控制装置的控制动力学也是如此。安全气囊展开装置的作用更加关键和敏感,与乘客安全密切相关。在所有预期条件下这些设备都必须是可靠的。在这里,仿真是一个必不可少的工具。

没有现代仿真,我们就不会有太空计划。建造航天器和助推部件的任务,是执行多次燃烧将航天器送入轨道,可以在发射、部署太阳能电池板和天线后继续存在,通过照明、观察或通信控制其姿态,并执行一系列操作。没有各种仿真,在太空中进行实验根本是不可能的。国际空间站方案取得了显著的可持续性发展,因为每个任务都经过了近乎完美的模拟和演练。

半物理仿真

这是一种物理仿真形式,实际是系统硬件与计算机驱动的仿真相结合。导弹归航的制导设施就是这种仿真的一个例子。对于归航的动力学的实际实验,这种设施配备有微波吸收材料、可移动辐射源和实际导引头硬件。这构成了动态的"半物理"仿真,它实际上代表了复杂的环境。

另一个半物理仿真的例子是用于惯性部件和平台的开发测试的计算机驱动的工作台。工作台使部件运动和振动代表其预期平台的运动,并被测量,以测量结果仪器输出的准确性。图 9.6 显示了安装在运动平台上的惯性平台由操作员控制的电机驱动器和平台的反馈。运动分析器将工作台运动与惯性平台输出进行比较。

工程仿真

在部件和子部件级别上,有一些工程工具是前一节中描述的数学模型的扩展。这些主要由设计专家使用,但是系统工程师需要了解它们的功能和局限性,以便了解其正确的应用。

电子电路设计不再是通过使用实验板的反复试验的方法来完成的。模拟器可用于设计所需的功能,对其进行测试并对其进行修改,直到获得所需的性能。存在可以自动

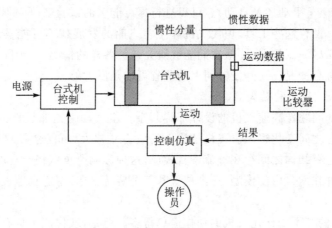

图 9.6　半物理仿真

记录和生成电路的硬件版本的工具。

　　类似地，可以借助仿真工具对诸如建筑物和桥梁的复杂结构进行结构分析。这种类型的仿真可以容纳构成结构的机械元件之间的大量复杂的相互作用，仅通过分析和测试去完成是不切实际的。

波音 777 飞机的开发

　　如前所述，波音 777 的几乎所有结构设计都是使用基于计算机的建模和仿真完成的。飞机成功的主要原因之一是界面数据高度的准确性，这使得飞机的各个部分可以分别设计和建造，然后易于集成。这项技术为梦想客机波音 797 奠定了基础。

　　上述技术彻底改变了硬件设计、开发、测试和制造的许多方面。对于在这些领域工作的系统工程师而言，必须首先了解工程仿真的应用和能力，从而能够有效地引导工程工作。

环境仿真

　　环境仿真主要用于工程测试和评估期间的系统开发。它们是物理仿真的一种形式，其中仿真不是系统的仿真，而是系统环境的元素。大多数此类仿真是动态的、确定的、离散的事件。

　　此类别旨在包括仿真（通常是危险的）操作环境，这些环境对于验证系统或系统元件的设计是困难的或过于昂贵的，或者是支持系统运行所必需的。示例如下。

1. 机械应力测试

　　设计用于在其使用寿命期间经受恶劣环境的系统或系统元件，例如导弹、飞机系统、航天器等需要承受仿真这些条件的压力。这通常通过机械振动台、振动器和冲击测试来完成。

2. 碰撞测试

　　为了满足安全标准，汽车制造商对其产品进行碰撞试验，其中以牺牲汽车车身来获得减轻乘客受伤程度的结构特点的数据。这是通过使用模拟乘客来完成的,在仿真人身上配有大量仪器,用于测量撞击造成的严重程度。整个测试和测试分析通常由计算机驱动来完成。

3. 风洞测试

在飞行器的开发中,不可或缺的工具是空气动力学风洞。尽管现代计算机程序可以模拟出流道对流道物体的作用力,但其行为的复杂性,特别是在声速附近,以及不同物体表面之间的相互作用,往往需要在设备中进行广泛的测试,以产生可控的流道碰撞条件的空气动力学装置或部件模型。在这样的设施中,空气动力学模型被安装在一个测量沿所有部件的力的装置上,由计算机控制来改变模型的攻角、控制表面变形和其他参数,并记录所有数据以供后续分析。

正如在比例模型的讨论中指出的那样,使用水洞和拖池水箱,在水面船体、潜水器的船体和转向控制的开发中使用类似的仿真。

虚拟现实仿真

现代计算机的强大功能使得生成观察者的三维视觉环境变得切实可行,该环境可以实时响应观察者的实际或仿真位置和观察方向。这是通过在数据库中所有的环境的坐标,重新计算观察者从其瞬时位置和不同视线角看到的方式,并将其投影到屏幕或通常安装在观察者身上的其他显示设备上来实现的。接下来简要描述虚拟现实仿真的应用示例。

1. 空间仿真

当可视化封闭空间的内部以及这些空间的连接出口和入口非常重要时,空间虚拟现实仿真通常是有用的。存在允许快速设计这些空间和室内装饰的计算机程序。虚拟现实功能使观察者可以在任何方向上"穿过"空间。这种类型的模型可用于房屋、建筑物、控制中心、存储空间、船舶部件甚至工厂布局的初步设计。这种类型的计算机模型的辅助特征是能够以二维或三维形式打印的,包括标签和尺寸。

空间虚拟模拟需要向计算机输入空间及其内容的详细三维描述。此外,观察位置可以通过观察者头戴式耳机中的传感器输入,也可以通过操纵杆、鼠标或其他输入设备输入到仿真中。虚拟图像是实时计算的,并投射到观察者的耳机或显示屏上。图 9.7 说明了一个房间两个墙面坐标之间的关系,一面墙放置了书柜,另一面墙上有窗户,拐角处是椅子,以及一个面向角落的观察者将如何看到其电脑生成的图像。

2. 视频游戏

商业视频游戏向玩家呈现了动态场景,其中动态的数字和场景可以响应玩家的命令。在许多游戏中,显示器的显示方式让玩家有身临其境的感觉,而不是做一名观众。

3. 战场仿真

战场上的士兵通常对周围环境、敌人阵地、其他部队等有极其有限的视野。军事部门正积极寻求方法,通过将当地情况与通信链接从其他来源收集到的情况信息相结合,

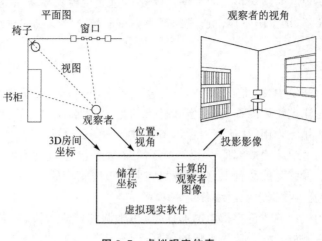

图 9.7　虚拟现实仿真

来扩展士兵的视野和认知。虚拟现实技术有望成为实现这些态势感知目标的关键方法之一。

系统仿真的开发

从本节可以推断，为支持复杂系统的开发，必须构建的几个主要仿真，其本身是很复杂的。

系统有效性仿真不仅要仿真系统功能，而且还可以真实地仿真系统环境。此外，它们必须被设计成具有可改变其关键部件以探索替代配置的性能。

在第 5 章中，建模和仿真被认为是系统工程管理计划的一部分。在大型的新程序中，各种仿真的使用很可能占系统开发总成本的很大一部分。此外，关于在仿真保真度和复杂度之间取得适当平衡的决策，需要彻底了解系统设计中的关键问题、技术和程序风险以及关键决策的必要时机。在缺乏仔细的分析和规划的情况下，为了防止关键参数的遗漏，模拟的精确度可能会格外严格。过度保真的结果是项目进度的延长和成本目标的超出。由于这些原因，系统仿真工作的规划和管理应该是系统工程的组成部分，并反映在管理规划中。

通常，将大型仿真软件开发保持在界限内的最有效方法是使用迭代原型，如第 11 章所述。在这种情况下，仿真系统体系结构被组织为执行基本功能的中央结构，并与一组表示系统主要运行模式的可分离软件模块相耦合，代表主要的系统操作模式。这允许在时间和精力可用的情况下，增加辅助功能，从而使仿真有限次地快速运行。

仿真验证和确认

由于仿真在系统开发的决策制定过程中起着至关重要的作用，因此仿真结果必须代表有关系统及其关键要素的预测行为的有效结论。为了满足这一标准，必须确定它们准确地代表了开发人员的概念描述和规范（验证），并且在其预期用途（验证）所需的范围内对真实世界准确表示。

因此,关键仿真的验证和证实必须是系统工程方向的整个系统开发工作的一个组成部分。在新的系统有效性仿真(通常很复杂)的情况下,建议检查其先前已经分析过的有效性的现有(前置)系统的结果。另一个有用的比较是对旧版本仿真的操作(如果存在)进行比较。

每个对系统开发有重大贡献的仿真也应在必要的范围内被记录,以描述其目标、性能规范、体系结构、操作概念和用户模式,还应提供维护手册和用户指南。

上述行为有时会被忽略,以满足日程安排和与其他活动的竞争。然而,虽然仿真通常不是项目可交付的成果,但由于它们在开发成功中的关键作用,因此在管理方面应同等重视它们。

即使仿真已经过验证和确认,但仍要记住,它毕竟只是一个模型,即简化和逼近现实。因此,不存在绝对有效的仿真。特别是,它只应用于已经过测试的规定应用。系统工程的责任是限制给定仿真的有效适用范围,并避免不必要地依赖其结果的准确性。

尽管存在这些注意事项,但仿真仍然是复杂系统开发中不可或缺的工具。

9.5　权衡分析

每当我们做决定时,无论大小我们都会进行权衡分析。当讲到权衡时,我们会下意识地选取一个表达我们想法的词,并不由自主地派生出了可能用于此目的、但效果不是特别好的各种组合。在一个有目的的层面,我们通过权衡来决定穿什么去野餐,或乘坐什么去商务旅行。因此,所有决策过程都涉及在其他行动方案之间的选择。我们通过比较彼此的备选方案并选择提供最理想的结果方案来做出决定。

在开发系统的过程中,必须制定数百个重要的系统工程决策,其中许多决策对开发的潜在成功产生重要影响。必须正式提出并由管理层或客户批准决策的案例,以及证明建议的行动方针的彻底性和客观性。在其他情况下,决策只需系统工程团队认同。因此,权衡过程需要根据其最终用途进行调整。为了区分一个正式的权衡研究,目的是向上级管理层推荐一个非正式的决策帮助,前者将被称为"权衡分析"或"权衡研究",而后者将被简单地称为"权衡"。两种情况下的一般原则相似,但实施可能会有很大不同,特别是关于文档。

基本权衡原则

可以将权衡过程中的步骤与表征系统工程方法的步骤进行比较,在系统概念定义阶段,采用首选系统方案的方式以满足运行目标。任何形式的权衡过程的基本步骤如下(系统工程方法中的相应步骤显示在括号中):

(1) 确定目标(需求分析)。 权衡过程必须首先确定权衡研究本身的目标。这是通过识别解决方案(即决策结果)必须满足的要求来实现的。

这些要求最好用有效性指标（MOE）来表示，尽可能在数量上表征备选解决方案的优点。

（2）备选方案的辨识（概念探索）。 为了提供一组备选方案，必须努力确定尽可能多的潜在行动方案，包括所有有希望的备选方案。任何不符合基本要求的应予以拒绝。

（3）比较方案（概念定义）。 为了确定备选方案的相对优缺点，应将备选解决方案相对于每个 MOE 进行比较。相对的优先级顺序由所有 MOE 的累积评级来判断，包括不同 MOE 之间的令人满意的平衡。

（4）灵敏度分析（概念确认）。 应通过检查其对假设的灵敏度来验证该过程的结果。MOE 优先级和候选评级应在反映数据准确性的限制内变化。只有一两个 MOE 评级较低的备选方案需要做重新检查，以确定这一结果是否可以通过相对简单的修改来改变。除非某个备选方案明显优越，并且结果对这些变化比较稳定，否则应进一步研究。

正式权衡分析和权衡研究

如上所述，当进行折中以获得管理层的支持建议时，必须以正式且完整的文件化方式执行和提供这些建议。与非正式决策过程不同，系统工程中的权衡研究应具有以下特征：

（1）按照定义的流程进行组织。它们是事先精心策划的，其目标、范围和方法在开始之前就已确定。

（2）考虑所有关键系统要求。包括系统成本、可靠性、可维护性、后勤支持、增长潜力等。成本通常与其他标准分开处理。结果应该体现出全面性。

（3）应详尽无遗。不只考虑制定系统工程决策的明显备选方案，而是进行搜索以确定值得考虑的所有选项，以确保不会无意中忽略那些有希望的选项。结果应该具有客观性。

（4）它们是半定量的。虽然在选择的比较过程中许多因素只能近似量化，但系统工程的权衡需要在可行的范围内量化所有可能的因素。特别地，从系统目标的角度来看，各个 MOE 相对于彼此具有优先级，以便使各个因素的权重达到最佳平衡。必须明确说明所有假设。

（5）具有完整的文件。必须对系统工程折中分析的结果进行详细记录，以便在需要重新考虑问题时进行审查并提供审计跟踪。应明确说明所有加权和得分背后的基本原理。所有结果应表明在逻辑上是合理的。

进行重要决策的正式贸易研究应包括以下段落中描述的步骤。虽然是线性呈现的，但是许多重叠可以并且应该在迭代子过程中耦合在一起。

第 1 步：明确目标。 要介绍贸易研究，则必须明确目标。这些应包括主要要求，以及确定所有备选方案必须满足的强制性要求；还应包括选择首选解决方案时将涉及的问题。目标应与系统开发阶段相对应。此时应确定运作环境以及与其他贸易研究的关系。在系统开发周期早期进行的权衡研究，通常在系统级别和更高级别进行。稍后在工程和实施阶段，将进行详细的部件级权衡研究。

第 2 步：确定可行的备选方案。如前所述，在着手进行比较评估之前，应努力确定若干备选方案，以确保具有潜在价值的备选方案不会被忽略。寻找备选方案的一个有用的策略是考虑那些特别重要特征的最大化。第 8 章中有关概念选择的部分说明了这种策略，建议根据以下内容考虑备选方案：

- 以前置系统作为基线；
- 技术进步；
- 创新的概念；
- 利益攸关方建议的备选方案。

在选择备选方案时，不应包括不符合强制性要求的备选方案，除非可以对其进行修改以使其符合资格。但是，保持强制要求的集合很小。有时，一种替代方案不完全符合强制性要求，但在其他类别中是优越的，或在很大程度上不能节省成本，因为它没有达到某个阈值。确保所有强制性要求确实是强制性的，而不仅仅是某个人的猜测或愿望。

在制定备选方案时要考虑的因素如下：

- 从来不是只有一种可能的解决方案。复杂问题可以通过各种方式和各种实现来解决。根据经验，我们从未遇到过一个有且只有一个解决方案的问题。
- 找到最佳解决方案且付出很少。简单来说，系统工程可以被认为是找到"足够好"的解决方案的艺术和科学。找到数学最优的成本是昂贵的，并且很多时候几乎不可能。
- 理解备选方案的不同之处。尽管在此步骤中未有选择标准（这是下一步的主题），但系统工程师应该了解区分备选方案的内容。无论您正在开发的系统类型如何，有些是显而易见的：成本、技术风险、可靠性、安全性和质量。即使其中一些也无法量化，但是，关于备选方案如何在这些基本类别中进行区分的基本概念，将能够剔除合理数量的备选方案。
- 在权衡研究期间对其他解决方案持开放态度。一旦确定了一组初始备选方案，就不要忘记这一步骤。很多时候，在正式权衡研究结束时，也可能出现有希望的其他选择。通常，出现的一种新选项，往往结合了两种或更多种原始备选方案的最佳特征。很多时候，在过程的早期阶段，确定这些备选方案是不可能的，或者至少是困难的。

分阶段进程。该步骤往往在不同的阶段发生。最初，应大量考虑各种备选方案。头脑风暴是一种无需评估其优点就可以捕获各种备选方案的有效方法。挑战参与者思维"跳出框限"以确保不会忽视任何选项。虽然想法有一些荒谬，但这往往会激发对其他合理选择的思考。根据经验，最初可以确定 40～50 种备选方案。当然，这不是我们的最终选择，它需要被删减。

只要还有三到五个以上潜在的备选方案，建议继续采用分阶段方法，直到减至可管理的组合数。减少备选方案的过程通常遵循等级排序过程，而不是定量折中和评分，以淘汰不太理想的备选方案。由于各种原因，可以取消成本、技术可行性、安全性、可制造性、操作风险等选项。这个过程还可能发现一些标准，而这些标准并不是有用的区分标准。后续阶段将集中少数备选方案，包括可能的备选方案。这些将会得到更彻底的分析。如下所述，将对这些进行更彻底的分析。

记住记录决策背后的选择和推理，包括可供选择的规格，使权衡尽可能量化。这个多级过程的结果是一套合理的可正式和全面评估的备选方案。

第3步：选择标准的定义。 区分替代解决方案的基础是从定义解决方案的要求中选择和参考一组选择标准。每个标准必须是产品的一项基本属性，用 MOE 表示，与产品的一项或多项要求有关。希望它是可量化的，以便可以客观地导出每个备选方案的值。

成本几乎始终是一个关键标准。可靠性和可维护性通常也是重要特征，但必须量化。对于大型系统，尺寸、重量和功率要求可能是重要的标准。在软件产品中，易用性和可支持性通常是重要的差异化因素。

所有备选方案在相同程度上拥有的特征不能区分它们，因此不应使用，因为纳入这些特征只会使重要的鉴别者变得模糊不清。而且，两个紧密相互依赖的特征远不及其中一个具有适当加权所能获得的更多。在特定的正式权衡研究中使用的标准数量可以有很大不同，但通常在 6～10 之间。较少的标准可能无法令人信服。更多的标准往往又会使这个过程变得笨拙而不增加价值。

第4步：选择标准分配权重因子。 在给定的一组标准中，并非所有标准在确定备选方案的总体价值方面都同样重要。通过为每个标准分配一个"加权因子"来考虑这种重要性差异，该加权因子放大了最关键的标准的贡献，即与最不敏感的标准相比，是总值最敏感的标准。这个程序执行起来通常会变得很麻烦，因为许多（如果不是大多数）标准是不可能以相同基准来衡量的，例如成本与风险，或准确性与权重。此外，相对临界性的判断往往是主观的，并且通常取决于用于比较的特定场景。

有几种备选的加权方案可供选择。所有这些都应该聘请领域专家来帮助做出决策。也许最简单的方法是将权重从 1 分配给 n（n 具有最大贡献）。虽然主观，但标准是相对于其他衡量的（而不是绝对衡量）。使用典型的 1 到 n 方案的缺点是，人们倾向于围绕中值分组，在这种情况下，为 $(1+n)/2$。例如，使用 1～5 比例可能实际上使用 1～3 比例，因为许多人通常不会经常使用 1 和 5。其他时候，人们倾向于给所有标准评定为高（或者 4 或者 5），这些结果相当于使用 1～2。

在分配权重时需要增加一些客观性，进行折中考虑。例如，我们仍然可以使用1～5量度，但是要使用最大数量的加权点；也就是说，所有权重之和不得超过最大值。一个好的起始最大总和可能是所有平均权重之和，即

$$\text{MaxSum} = \frac{(\text{MaxWeight} - \text{MinWeight})}{2} n$$

式中，MaxSum 是要分配的加权点总数；MaxWeight 是允许的最大权重；MinWeight 是允许的最小权重；n 是标准的数量。

因此，该方案将平均权重保持为常数。如果工程师（或利益相关者，取决于谁加权

标准)想要更高的标准,那么就必须减少另一个标准的权重。但是请记住,使用任何主观加权方案(任何使用"1 到 n"的方案),都要对相对重要性做出假设。"5"是"1"的相关性的 5 倍。这些数字用于计算以比较备选方案,确保方案合适。

如果需要更高的数学精度,则可以将权重限制为 1.0。因此,每个加权将是介于 0 到 1.0 之间的数字。该方案具有一些数学优势,这些优势将在本章后面介绍。一个合乎逻辑的优点是权重不受整数限制。如果一种备选方案比另一种方案重要 50%,那么这种方案可以代表这种关系;而整数则不能。使用电子表格进行计算时,请确保不要包含太多有效数字! 因为工程判断的可信度会迅速下降。

总而言之,确定加权方案很重要。需要仔细考虑备选方案的相对重要性类型;否则,工程师可能会在无意间使结果产生偏差。

第 5 步:为备选方案分配价值评级。这一步可能让很多人感到困惑。您可能会问,我们为什么不能简单地测量每个备选方案的标准值并在比较中使用这些值? 我们当然可以,但如果不以某种方式整合标准,就很难比较备选方案。每个标准可以使用不同的单位。那么,系统工程师如何将多个标准整合在一起,以便了解每种方案的整体价值评估呢? 举个例子,我们无法将面积(平方英尺)与速度(每秒英尺数)相结合。如果无法衡量标准怎么办? 这是否意味着根本没有使用主观标准? 事实上,主观标准经常用于系统开发(尽管通常与客观标准结合使用)。因此,我们需要一种将标准组合在一起的方法,而不必尝试整合不同的单元。基本上,除了测量每个备选方案的标准值之外,我们还需要执行其他的步骤。我们需要指定一个有效性值。

有几种方法可以为每个备选方案分配每个标准的值,每个都有自己的优势和特点。最终使用的方法可能不是系统工程师的选择,这取决于可以收集哪些数据。有三个基本选项:(1)主观价值法;(2)阶跃函数法;(3)效用函数法。

第一种方法依赖于系统工程师对每个标准的备选方案的主观评估。后两种方法使用实际测量并将测量值转换为值。例如,如果体积是以立方英尺为单位的标准,那么每个替代品都将被直接测量:以立方英尺为单位,每个替代品的体积是多少? 这三种方法的组合也经常使用。

主观价值法。选择这种方法后,程序会以类似于学生评分的等级来判断每个标准的相对效用,比如说 1～5,1=差,2=公平,3=满意,4=良好,5=优越。(如果考生在某项考核中没有通过,可能会被评为零分,甚至是负分,以确保考生在其他考核中得分较高,但仍将被拒考。)这是每个标准的/替代标准的有效性值。分配给给定标准对特定候选者的贡献的分数是分配给标准的权重和候选者在满足标准时分配的有效性值的乘积。

表 9.3 是可以为每个备选方案构建的通用示例,用于 4 个选择标准(它们未被描述,仅以 1～4 表示)。

在此方法中,值 v_i 将是 1～5 之间的整数(使用上面介绍的主观有效性评级),并且将由系统工程师分配。

表 9.3　选择标准的加权和积分

对于每种选择			
选择标准	权重	值	积分＝权重×值
1	w_1	v_1	$w_1 v_1$
2	w_2	v_2	$w_2 v_2$
3	w_3	v_3	$w_3 v_3$
4	w_4	v_4	$w_4 v_4$

阶跃函数法。 如果需要更客观的有效性评级（超过"差／一般／满意／良好／优"），并且可以测量每个标准的备选方案，然后可以构建简单的数学阶跃函数，将实际测量值转换为有效值。系统工程师仍然需要定义此功能并为一定范围的测量分配对应数值。使用体积示例作为标准，我们可以定义一个阶跃函数，该函数将有效值分配给某个数量的体积。假设体积越小效果越好，如果一个替代品填充 3.47 ft^3 的体积，则其有效值为 3。记住这个概念，因为我们将在下一个方法中使用。

体积/ft^3	值
0～2.0	5
2.01～3.0	4
3.01～4.0	3
4.01～5.0	2
>5.0	1

表 9.4 说明了这种方法。在这种情况下，实际测量每个标准的备选方案，结果是 m_i。然后使用阶跃函数将测量值转换为有效值 v_i。该标准的最终得分是测量值与 v_i 值的乘积，$m_i v_i$。将测量值转换为该值后，就不再使用实际测量值 m_i。

表 9.4　实际计量的加权和

对于每种选择				
选择标准	权重	测量值	值	积分＝权重×值
1	w_1	m_1	v_1	$w_1 v_1$
2	w_2	m_2	v_2	$w_2 v_2$
3	w_3	m_3	v_3	$w_3 v_3$
4	w_4	m_4	v_4	$w_4 v_4$

效用函数法。 第二种方法的改进是为每个标准开发效用函数，将其可测量的性能与 0～1 之间的数字相关联。与第二种方法一样，测量每个标准，但不是分配主观值，而是使用效用函数将每个测量值映射到介于 0～1 之间的值。

这种方法相对于第二种方法的优点是数学上的。正如在权重中使用效用函数（即使权重之和等于 1）一样，使用效用函数会将所有标准置于相同的基础上，即每个标准的有效性被限制在 0～1 之间。此外,如果使用效用函数,还可以利用效用函数的数学性质。这些将在下一节中介绍。

图 9.8 说明了一些实用程序功能的例子。效用函数可以是连续的或者离散的,线性的或者非线性的。

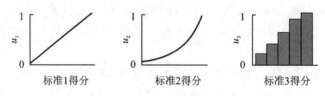

图 9.8　候选实用程序功能

如果使用效用函数,则计算每个标准的总分与第二种方法类似。分数只是权重和效用的乘积。表 9.5 描述了这些关系。

表 9.5　效用分数的加权和

对于每种选择				
选择标准	权重	测量值	效用	积分＝权重×效用
1	w_1	m_1	u_1	$w_1 u_1$
2	w_2	m_2	u_2	$w_2 u_2$
3	w_3	m_3	u_3	$w_3 u_3$
4	w_4	m_4	u_4	$w_4 u_4$

第 6 步:计算比较分数。组合若干备选方案得分的常规方法是计算每个标准的加权分数之和,得到总分。如果第二高的备选方案的得分在统计上较低,则具有最大值的候选者被判定为给出选择标准和权重的最佳候选者:

$$替代总分 = w_1 v_1 + w_2 v_2 + w_3 v_3 + w_4 v_4$$

这个过程很容易实现,但是将各个标准的分数加在一起往往会掩盖可能比最初假设更重要的因素。例如,备选方案可能会在必要的 MOE 上获得非常低的分数,而在其他几个方面获得高分。这种不平衡现象不应该模糊不清。强烈建议除了提供总分之外,还应包括每个备选方案的标准概况图。图 9.9 给出了三个备选方案的标准概况的概念示例。

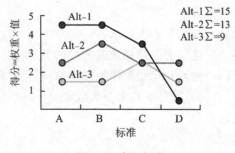

图 9.9　专业标准

很难确定三者中哪一个最佳，因为 Alt-1 在标准 D 上得分非常低，但在标准 A、B 和 C 上得分非常高。这样的结果是否显著？如果仅使用加权和，则 Alt-1 将是最佳候选者（总和为 5＋5＋4＋1＝15）。在最纯粹的形式中，Alt-1 因其最大的加权和而被选中，但是与往常一样，数字并不能说明全部情况，我们需要进一步分析。

第 7 步：分析结果。 由于必须依赖定性判断结果，加上许多标准的不可通约性，对权衡研究的结果应进行严格审查。当两个或三个最高得分并列并且无法产生决定性的获胜者时，这个过程尤为重要。

分析结果的关键步骤是检查各个备选方案概况（每个标准的分数）。在一个或多个标准上得分较差的备选方案可能不如在所有类别中得分均衡的备选方案。成本是另一个需要单独考虑的因素。

将各个分数相加的传统方法使用起来很简单，但它对较低分数的重视不足。不受此缺陷影响的技术是通过计算几个标准的分数的乘积（或几何平均值）而不是总和来得出备选方案的综合分数。如果备选方案在任何标准上得分为零，则产品函数也将为零，从而去掉该备选方案。具有相同属性的等效变体是对各个分数的对数求和。

测试权衡研究结果稳健性的传统方法称为"灵敏度分析"。灵敏度分析测试结果的稳定性，以确定各个加权因子和得分的微小变化。由于权重和分数分配的不确定性，应考虑实际的变化（20％～30％）。一个较好的方法是依次将每个标准设置为零，然后重新计算研究。当这些变化不改变最初的最佳选择时，该过程使得分析结果更加可信。

如果有重要的标准没有包括在评估中，还需要考虑另一项敏感性试验。例如风险、增长潜力、支持服务的可用性、产品或供应商的成熟度、易用性等。对于若干此类附加问题，其中一种备选方案可能更具吸引力。

权衡分析报告。 正式权衡研究的结果代表了系统或其他重要操作发展的重要里程碑，并将有助于确定今后的方向。因此，必须将它们传达给所有主要参与者，这些参与者可能包括客户、经理、技术负责人以及与相关主题密切相关的其他人员。这种沟通有两种形式：口头陈述和书面报告。

口头陈述和书面报告都必须包含必要的材料，以充分解释所使用的方法和得出结论的理由。其中应该包括：

- 陈述关于解决方案的问题和要求；
- 讨论与其他部件和子系统的假设和关系；
- 设定任务或操作考虑因素；
- 列出相关和关键的系统或子系统要求；
- 描述所选择的每种备选方案以及导致其选择的关键特征；
- 解释如何选择评估标准及其优先次序的基本原理（加权）；
- 为每个标准、每个备选方案分配特定分数的理由；
- 对结果比较的总结；
- 灵敏度分析及其结果；
- 分析最终结论并对其有效性进行评估；

- 建议采用研究结果或进一步分析；
- 参考技术、定量材料。

该演示文稿的目的是向计划决策者提供有价值的信息，以便做出明智的决策。它需要在充分的内容和太多细节之间进行仔细权衡以避免其混淆。为此，它应该主要由对主题适用的图表显示，要尽量少使用文字表格。另一方面，选择加权和评分的依据必须清晰、合乎逻辑且具有说服力。比较电子表格的副本可用作讲义。

书面权衡研究报告的目的不仅是提供计划决策依据的历史记录，更重要的是，如果在计划后期出现问题，可以为审查该主题提供参考。它代表了记录的分析及其结果。其范围为详细说明研究步骤提供了机会。例如，它可能包含图纸、功能图、性能分析结果、实验数据以及其他支持折中研究的材料。

权衡分析示例

对于选择软件代码分析工具的情况，表 9.6 给出了折中矩阵的示例。该表比较了五种候选商业软件工具与六种评估标准的评级：

- 运行速度，以"次/分"为单位；
- 每 10 次运行的误差；
- 在处理的申请数量方面具有多样性；
- 可靠性，以每 100 次运行的程序崩溃数衡量；
- 用户界面，从操作的简便、显示清晰度来看；
- 用户支持，通过帮助和修复的响应时间来衡量。

表 9.6　权衡矩阵示例

标准	权重	Videx		PeopleSoft		CodeView		HPA		Zenco	
		分数	加权分数	分数	加权分数	分数	加权分数	分数	加权分数	分数	加权分数
速度	4	5	20	5	20	3	12	3	12	5	20
准确性	5	2	10	4	20	3	15	4	20	2	10
多功能性	4	5	20	5	20	3	12	5	20	5	20
可靠性	4	3	12	2	8	3	12	5	20	4	16
用户界面	3	5	15	5	15	3	9	5	15	5	15
用户支援	3	2	6	1	3	3	9	4	12	5	15
加权总和			83		86		69		99		96
成本			750		520		420		600		910
加权总和/成本			0.11		0.17		0.16		0.17		0.11

1. 评　分

在 0～5 的范围内，将最大权重 5 分配给精确度——原因很明显，权重 4 分配给速度、多功能性和可靠性，所有这些都直接影响工具的实用性。用户界面和支持被指定为中等权重 3，虽然它们很重要，但它们并不像其他部分那样对工具的成功使用看得至关重要。

成本被单独考虑，以便将成本/效益视为单独的评估因素。

主观价值法用于确定原始分数。每个备选方案的原始分数按"5＝优越，4＝良好，3＝满意，2＝弱，1＝差，0＝不可接受"的等级分配。标准下方的行列出了加权分数的总和。最后两行列出了每个候选工具的成本以及总分与成本之比。

2. 分 析

比较表 9.6 中的综合得分，表明 HPA 和 Zenco 得分显著高于其他得分。然而，值得注意的是，CodeView 在所有标准上都获得了"满意"，而且成本最低。Videx、CodeView 和 HPA 在成本和效率方面基本相同。

通过改变标准权重进行灵敏度分析并不能解决 HPA 和 Zenco 之间的差异。然而，检查备选方案原始分数的概况突出了 Zenco 在准确性方面的较弱表现。加上其高昂的价格，这将使这个备选方案丧失资格。配置文件测试还强调了 PeopleSoft 的可靠性差和用户支持不足，以及 Videx 的准确性和价格都很低。相比之下，HPA 在所有类别中的得分均高于它的或高于它们的一半，并且优于它们的一半。

经过上述详细分析，建议选择 HPA 作为最佳工具，如果成本是决定因素，那么可以选择接受 CodeView。

数值比较的局限性

任何决策支持方法都为决策者提供信息，但不会替决策者做出决策。换句话说，权衡分析是决策的有价值的辅助手段，而不是成功的绝对可靠的公式。它用于以系统和逻辑的方式组织一系列输入，但完全取决于输入的质量和充分性。

上述折中示例说明，在做出最终决策之前需要仔细检查折中的所有重要特征。很明显，总候选分数本身掩盖了重要信息（例如，某些候选者的严重弱点）。同样清楚的是，传统的灵敏度分析不一定足以解决关系或测试得分最高的候选者的有效性。这个例子表明，备选方案之间的决策不应该只是一个数学运算。

此外，当 MOE 的相对权重基于定性判断而不是基于客观测量时，计算结果的自动算法会产生严重影响。一个问题是，这种方法往往产生可信度印象远远超出了输入的可靠性。除此之外，通常将结果呈现给比输入数据所保证的更重要的数字。只有在现有产品的特性被准确知道的情况下，输入才是真正的定量。

由于这些原因，绝对有必要避免盲目相信这些数字。第三个限制性是，权衡研究通常不包括计算中的假设。为了解决上述问题，重要的是在分析过程中给出加权因子分配的书面理由，四舍五入相关数量的有效数字，并对结果进行健全性检查。

制定决策

正如本节导言中所述，所有重要的系统工程决策都应遵循决策过程的基本原则。当决策不需要向管理层报告时，基本数据收集和推理仍应彻底。因此，所有正式和非正式的决策都应以系统的方式进行,使用关键要求来推导决策标准,确定相关的备选方案,并尝试在可行的情况下客观地比较备选方案的效用。在所有重要决策中,应征求同事的意见,通过集体判断的优势来解决复杂问题。

9.6　概率检查

下一节将讨论系统工程师在一组备选方案中做出决策时可用的各种评估方法。所有评估方法都涉及一定程度的数学,尤其是概率。因此,在描述这些方法之前,有必要对基本概率理论进行快速回顾。

即使在古典历史时期,人们也注意到有些事件无法准确预测。代表不确定性的最初尝试是主观的和非定量的。直到中世纪晚期才开发出一些定量方法。一旦数学成熟,概率论就可以建立在其原理基础之上。不久之后,概率就超出了机会和均等结果的博弈范围(从它开始的地方),开始应用了。然后,概率被应用于物理科学(例如热力学和量子力学)、社会科学(例如精算表和测量)和工业应用(例如设备故障)。

虽然现代概率论以数学为基础,但对于概率是什么以及应该如何使用它,仍然存在不同的观点:

(1) 经典。概率是有利情况与所有可能情况的比率。

(2) 概率论。概率是当试验的次数变成无限时,一个被明确定义的随机事件发生频率的极限值。

(3) 主观。概率是理想的理性主体对不确定事件的信任程度。这种观点也被称为贝叶斯。

概率的基础知识。本质上,概率表达对某事件发生或已经发生的可能性的程度。它表示为介于 0～1 之间的数字,包括 0 和 1。我们使用"概率"总是指不确定性,即有关尚未发生或已经发生的事件的信息,但我们对其发生的了解是不完整的。换句话说,概率仅指包含不确定性的情况。

作为一个常见的例子,我们可以估计在特定时间范围内某个区域的降雨概率。这通常被称为"几率",我们通常会听到,"今天你所在地区的降雨概率是 70%。"这是什么意思?除非给出精确的描述,否则它可能有不同的含义。一天结束之后,当天确实下了一段时间雨,我们不能说那天下雨的概率是 100%。我们不使用概率来指代已知事件。

概率已被某些公理和性质描述,下面提供了一些基本属性:

(1) 事件 A 发生的概率为 0～1 之间的实数。
$$P(A) \in [0,1]$$

(2) 事件 A 不发生可表示为 $\sim A$、$\neg A$ 和 A'(以及其他符号),其概率表示为
$$P(\sim A) = 1 - P(A)$$

(3) 事件发生域(即所有可能的事件)的概率始终为
$$P(D) = 1.0$$

（4）事件 A 和事件 B 并集的概率为

$$P(A \bigcup B) = P(A) + P(B) - P(A \bigcap B)$$

$$P(A \bigcup B) = P(A) + P(B) \quad （条件 A 和 B 是独立的）$$

这个概念如图 9.10 所示。

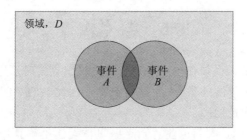

图 9.10　两个事件的联合

（5）在另一事件 B 发生时事件 A 发生的概率表示为 $P(A|B)$，公式如下：

$$P(A \mid B) = \frac{P(A \bigcap B)}{P(B)}$$

这个概念如图 9.11 所示。本质上，域被简化为事件 B，事件 A 的概率仅与 B 的域有关。

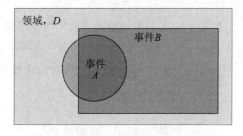

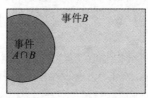

图 9.11　条件事件

（6）事件 A 和事件 B 交集的概率表示为

$$P(A \bigcap B) = P(A \mid B)P(B)$$

$$P(A \bigcap B) = P(A)P(B) \quad （条件 A 和 B 是独立的）$$

贝叶斯法则。利用上述性质和等式，Thomas Bayes（1702—1761）得出了一条重要的规则，被称为贝叶斯定理。该定理通常表示为

$$P(A \mid B) = \frac{P(B \mid A)P(A)}{P(B)}$$

该定理除了具有数学优势外,这种平等的非常实际的用法源于需要事件之间的条件关系的情况。例如,假设我们希望计算系统在一段时间内执行预防性维护后发生故障的概率。不幸的是,我们可能没有测量数据来直接计算这个概率。假设我们只有以下概率:

- 任何系统发生故障的概率(0.2);
- 系统在其生命周期内对其进行预防性维护的概率(0.4);
- 鉴于系统发生故障,系统进行预防性维护的概率(0.02)。

考虑到我们在其生命周期中进行预防性的情况,我们如何计算系统发生故障的概率? 让我们称 $P(F)$ 为系统在其生命周期内发生故障的概率, $P(M)$ 为系统在其生命周期内具有预防性维护的概率, $P(M \mid F)$ 表示为系统在某些时候发生故障,因此在其生命周期内都进行了预防性维护的概率。表达式分别为

$$P(F) = 0.2$$
$$P(M) = 0.3$$
$$P(M \mid F) = 0.02$$

我们可以使用贝叶斯定理来计算我们寻求的概率:

$$P(F \mid M) = \frac{P(M \mid F)P(F)}{P(M)}$$
$$= \frac{0.02 \times 0.2}{0.3}$$
$$= 0.013$$

鉴于我们在系统的整个生命周期中都进行了预防性维护,所以系统发生故障的可能性非常低,比任何系统出现故障的概率都低。

贝叶斯定理是计算条件概率的有力工具,但它确实有其局限性。贝叶斯定理假定我们有先验知识来应用它。在大多数情况下,在工程和科学领域,我们要么拥有该领域的先验知识,要么可以收集数据对其进行估计。在我们的例子中,先验知识是任何系统发生故障的概率,即 $P(F)$。如果我们没有这方面的知识,那么就无法应用贝叶斯定理。

我们可以收集系统故障有关的历史统计数据,以获得 $P(F)$ 的估计值。我们还可以测试系统来收集这些数据。但如果系统是新系统、新技术或新程序,那么我们可能就没有足够的历史数据,应用贝叶斯定理就不可能了。

现在我们已经回顾了概率的基础知识,我们能够调查和讨论当今系统工程中使用的评估方法的样本。

9.7 评估方法

在前面的部分中,我们介绍了一种进行权衡分析的系统方法。我们使用一个相当

简单的方案来评估一组加权选择标准的备选方案。实际上,我们使用的方法是更大的数学方法的一部分,称为多属性效用理论(Muliattribute Utility Theory,MAUT)。存在允许系统工程师评估一组备选方案的其他方法。有些人使用 MAUT 的形式结合更复杂的数学来提高准确性或客观性,有些人则采用完全不同的方法。本节从对 MAUT 的讨论开始,向读者介绍决策支持中常用的五种方法。同时也存在其他方法,包括线性规划、整数规划、实验设计、影响图和贝叶斯网络,仅举几例。本节简单介绍几种选定的数学方法。

本章"扩展阅读"提供了有关这些方法的更多详细信息的来源。

MAUT

由于其简单性,这种数学形式(属于运筹学范围)在所有类型的工程中得到了广泛的应用。它可以通过电子表格轻松实现。

如上所述,基本概念涉及确定一组评估标准,用于在一组候选者中进行选择。我们希望将这些标准的有效性值组合到一个指标中。但是,这些标准没有类似的含义允许它们整合。例如,假设我们有三个选择标准:可靠性、体积和重量。我们如何一起评估这三者? 此外,我们通常需要将一个属性换成另一个属性,那么,体积 x 和重量 y 的可靠性是多少? 此外,标准通常具有不同的单位。可靠性没有单位,因为它是概率;体积可以使用立方米为单位,重量可以使用千克为单位。我们如何将这三个标准合并为一个度量?

MAUT 对这个难题的解答是使用效用和效用函数的概念。效用函数 $U(m_i)$ 将选择标准 m_i 转换为效用的无单位度量。此功能可能是主观的也可能是客观的,具体取决于可用的数据。通常,效用是使用 $0 \sim 1$ 之间的标量来衡量的可以使用任何范围的值。

组合加权效用可以通过多种方式完成。上面提到了三个:加权和、加权乘积、加权效用的对数之和。通常,至少使用加权和作为开始。在灵敏度分析期间,可尝试其他术语组合的方法。

层次分析法(Analytical Hierarchy Process,AHP)

通常被人们广泛使用的辅助决策软件工具是基于层次分析法的,特别是在贸易研究领域。AHP 可以在 Excel 电子表格或商业工具(例如 Expert Choice)中应用。后者产生了各种分析图形和图表,可用于说明权衡研究报告中的数据。

AHP 基于成对比较,以得出加权因子和比较分数。在导出标准加权因子时,将每个标准相互比较,并将结果输入到导出相关因子的计算中。对于非正式折中,通过简单优先级获得的值通常在 AHP 得出的值的 10% 以内,因此在这种情况下几乎不需要使用该工具。另一方面,对于正式的权衡研究,通过使用 AHP 生成的图表可能使展示更具有可信度。

AHP 使用特征向量和矩阵代数计算加权因子。因此,该方法具有数学基础,尽管成对比较通常是主观的,增加了过程的不确定性。结果是这些标准中的加权因子分布,总和为 1。图 9.12 显示了使用 AHP 选择新车的示例决策的结果。使用了三个标准:样式、可靠性和燃油经济性。在这三个标准之间进行成对比较后,AHP 计算出权重,总和为 1。

图 9.12　AHP 示例

一旦计算出加权因子,就执行第二组成对比较。对于每个标准,这些比较是备选方案之一。该方法在这一阶段提供了两个结果。首先,在每个标准内单独评估备选方案。每个备选方案都提供一个介于 0~1 之间的标准评分,总和等于 1。

其次,该方法在所有标准中为每个备选项生成一个最终分数,在 0 和 1 之间,总和等于 1。图 9.13 显示了两组结果,每辆替代车(字母 A 到 D)给出每个标准的分数,然后将分数组合成单个最终分数。

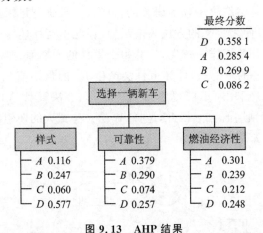

图 9.13　AHP 结果

仍然需要灵敏度分析来检查结果并进行必要的更改,以获得首选的备选方案。

决策树

制定决策是为了帮助决策者确定备选决策路径,以及评估和比较不同的行动方案。该概念利用概率理论来确定替代决策路径的价值或效用。

顾名思义,"树"用于表示问题。通常,使用两个符号,一个用于决策,一个用于可能发生且不在决策者控制之外的事件。图 9.14 描绘了一个简单的决策树,其中包含两个决策和两个事件。决策用矩形表示,指定为 A 和 B;事件由圆圈描绘,并指定为 E_1 和 E_2。在此示例中,每个决策都有两种可能的选择。事件也不止一个结果,每个结果都有相关概率。最后,每个决策路径的值显示在右侧。值可以是表示决策路径的定量结果的任何值。这包括资金、生产、销售、利润、保护的野生动植物等。

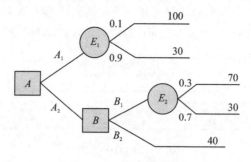

图 9.14   决策树示例

在这个例子中，工程师面临初步决策 A，她有两个选择：A_1 和 A_2。如果选择 A_2，则会发生一个事件，该事件为她提供 100 或 30 的值，概率分别为 0.1 或 0.9。如果选择 A_2，则会立即面临第二个决策 B，也有两个选择：B_1 或 B_2。选择 B_2 将导致值为 40，选择 B_1 将导致事件 E_2，有两个可能的结果。这些结果导致值为 70 和 30，概率分别为 0.3 和 0.7。哪条决策路径"最好"？

最后一个问题的答案取决于权衡研究的目标。如果研究目标是最大化决策路径的预期值，那么我们可以使用定义的方法来解决树（在此不再详述）。基本上，分析师或工程师会从价值（右侧）开始工作。首先，计算每个事件的预期值；然后在每个决策点选择最大的期望值。在我们的示例中，计算事件会产生 E_1 的预期值 37 和 E_2 的预期值 42。因此，决策 B 在选择 B_1 和 B_2 上获得值 42、值 40。现在决策 A 在两个预期值之间：A_1 产生值 37，而 A_2 产生预期值 42。因此，选择 A_2 会产生最大的期望值。

决策树解决方案如图 9.15 所示。

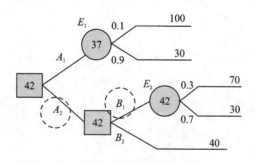

图 9.15   决策路径

当然，目标可能不是最大化期望值。它可能是为了最小化预期损失，或者是最小化最大损失，甚至是最大化价值。如果目标是这三个最大值中的最后一个，那么选择 A_1 将是优选的，因为只有 A_1 才能达到 100。选择 A_2 只有最大可能值 70。因此，权衡研究的目标是决定了如何解决树。

使用决策树的另一种方法是添加效用评估。基本上，我们使用实用工具而不是使用值。我们可能希望用效用取代实际价值的原因是将风险纳入等式。例如，假设我们有图 9.16 所示的决策树,已经解决了以最大化预期值的问题。但是,客户面临的风险极大。换句话说,客户会放弃更大的利润而不是损失大量的价值(在这种情况下,价值可能是利润)。

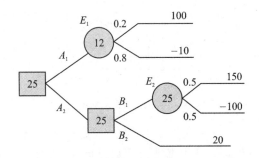

图 9.16 决策树解决方案

我们还可以开发一条效用曲线,用数学式表示客户的风险承受能力。图 9.17 提供了这样一条曲线。效用曲线显示客户是保守的——利润巨大,但损失是灾难性的。小的收益是好的,小的损失是可以接受的。

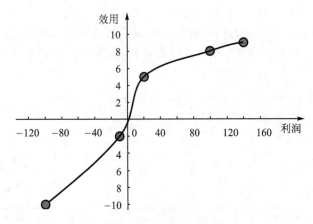

图 9.17 效用函数

通过用实用程序代替价值(在这种情况下为利润),我们得到一个新的决策树和一个新的解决方案。由效用曲线反映的客户的保守性质揭示了一个保守的决策路径:A_2—B_2,它产生的效用为 5,利润为 20。图 9.18 提供了新的决策树。

决策树是帮助决策者做出权衡决策的有力工具。它们的优势是将相互依赖的决策结合起来。虽然我们讨论的方法也可以代表这种情况,但数学方面会变得更加复杂。它们的缺点包括需要事件概率的先验知识。可以采用组合方法,因为决策树中的每个决策本身可以表示为正式的权衡研究本身。

成本效益分析(Cost-Benefit Analysis,CBA)

如果时间和资源允许,可以进行比上述更详细的权衡研究。这些类型的研究通常

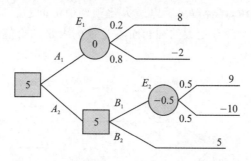

图 9.18　用效用函数求解的决策树

是由政策规定的，被称为 AoA。在许多情况下，最后一节的直接权衡研究方法是不够的。通常需要使用模型和高保真仿真进行详细分析，以衡量替代系统的有效性。在这些情况下，CBA 是有保证的。

　　CBA 的基本概念是衡量有效性并估算每种备选方案的成本。然后将这两个指标组合在一起，以便阐明它们的成本效益，即单位成本效率。通常情况下，备选方案的有效性是多维度量，成本通常分为几个主要组成部分：开发、采购和运营（包括维护）。在某些情况下（例如核反应堆），包括报废和处置费用。

　　结合成本-效益结果对于为决策者提供做出明智决策所需的信息至关重要。存在三种基本类型的成本效益分析，每种类型都有优势。图 9.19 说明了一维分析的三种类型。

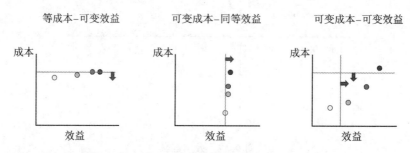

图 9.19　成本-效益整合示例

1. 等成本-可变效益

　　此类型将备选方案限制为单个成本级别或最大成本阈值。如果所有备选方案都受到相似或相同的成本限制，那么结果会在效益方面提供可观察到的差异，从而可以对备选方案进行简单排序。实质上，在比较备选方案时，成本被排除在外了。

　　该 CBA 的缺点包括难以将备选方案限制为相同或最大成本。示例包括选择成本范围内的系统，例如选择新车或购买设备。当然，有人可能会说这些决策不需要详细的分析，一个简单的权衡研究就足够了！更详细的例子包括军队的新型打击武器系统。最高成本水平通常包含在新系统的要求中，包括其关键性能参数（Key Performance Paramoter，KPP）。所有备选方案都必须低于成本阈值，只有这些系统备选方案的效益不同。

2. 可变成本-同等效益

这种类型将备选方案限制在单一效益水平或最低效益阈值。如果所有备选方案都被限制在相似或相同的有效性水平,则结果提供了可观察到的成本差异,从而实现了对备选方案的简单排序。从本质上讲,在比较备选方案时,效益是不需要考虑的。

该 CBA 的缺点包括难以将备选方案限制在相同或最小的效益水平。示例包括选择可以提供能量的发电厂。在这种情况下,能量水平或电量将是最低效益阈值。然后,选择将主要根据成本来判断。

3. 可变成本-可变效益

这种类型限制了备选方案的最高成本水平和最低有效水平。但是,超出限制的备选方案可以是成本和效益的任何组合。在某些情况下,没有确定任何限制,并且替代品可以"免费",不受任何成本和有效水平的影响。对于政府 CBA 来说,这种情况很少见,但这种形式的分析可能会有优势。当成本和效益限制被消除时,可以探索"开箱即用"型的备选方案。在某些情况下,提供低于最低效率的可能备选方案(例如,低于阈值的5%)可能比任何其他备选方案成本低 50%。决策者难道不想被告知这种可能性吗?然而,总的来说,建立最低和最高水平以保持备选方案的数量可管理,特殊情况可分开处理。

这种 CBA 类型的缺点是没有哪个选择明显比其他方法"更好"。每种备选方案都提供与其成本相称的有效性。当然,这不一定是坏事;然后决策者必须决定他想要的备选方案。在这些情况下,计算每单位成本的有效性是一个可以阐明决策的额外措施。

大多数系统属于这一类:新的车辆设计、新的宇宙飞船或卫星、新的软件系统、新的能源系统,等等。

当然,示例和概念图 9.19 都涉及单维应用程序。多维成本和有效性增加了复杂性,但仍然属于三种类型的 CBA 之一。处理多维 CBA 的两种通用方法是:(1)通常将效率和成本组合成一个单一的指标,通常采用 MAUT,然后应用上述三种方法中的一种;(2)使用有效性和成本概述向量,并将向量进行数学约束,而不是单一标量阈值。

质量功能部署(Quality Function Deployment,QFD)

QFD 作为质量改进计划起源于 20 世纪 60 年代的日本,Yoji Akao 博士于 1972 年开创了 QFD 的现代版本,他在《标准化与质量控制》杂志上发表了一篇文章,随后于1978 年出版了一本描述流程的书。福特汽车公司在 20 世纪 80 年代采用了该流程,将其引入美国。到 20 世纪 90 年代,美国政府内部的一些机构也采用了这一流程。

该流程的核心是 QFD 矩阵,即质量屋。图 9.20 描述了这个工具的一般形式,它由六个元素组成。QFD 质量屋也有更复杂的形式,但这里没有介绍。QFD 的基本用途是在设计过程中让设计工程师、制造商和营销人员专注于客户需求和优先级。它也被用于决策。

QFD 是开发满足关键客户优先级的设计目标的绝佳工具。它还被用于权衡研究,作为制定选择标准和权重的方法。质量屋的输出过程和分析是对备选子系统的技术评估，以及在技术描述中进行开发和制造每个部件的相对重要性和技术难度的评估。此输出位于图的底部。通过比较优先客户需求与技术部件选项以及确定其关系的特征来完成此评估。通常，确定关系类型或强度的子集。在图中，给出了四种不同的关系：强、中、弱和负。此外，使用相同的关系比例（由房屋顶部或屋顶的三角形表示）将每个技术部件与其他部件进行比较。然后使用数学（这里没有描述，但基于矩阵代数）来确定技术评估。

QFD 通常与贸易研究结合使用，要么为正式贸易研究提供投入，要么作为设计开发工作的一部分进行贸易研究。

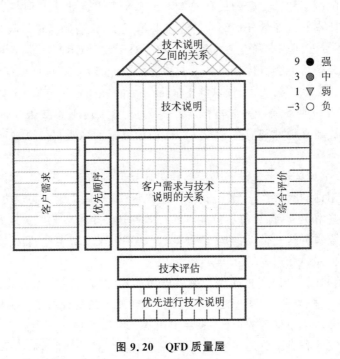

图 9.20　QFD 质量屋

9.8　小　结

制定决策

决策是一个包含多个步骤的过程。每个步骤的形式化程度取决于决策的类型和复杂程度。我们定义了一个决策框架，用于检查三种类型的决策：结构化、半结构化和非结构化。这种分类不是离散的，因为三种不同的类型表明且代表了从典型/共同/理解的结构化决策到非典型/直观/主观非结构化决策的连续性。

决策过程已被定义和理解了很长一段时间，几乎没有修改。该过程包括四个阶段：

准备和研究、模型设计和评估,方案选择和实施。

贯穿系统开发过程的建模

建模指导面对复杂性和不确定性的决策;建模阐明了关键问题的行为和关系。一种建模工具,即仿真,是动态行为的建模。其他工具,例如权衡分析技术,在各种选择中模拟决策过程。

为决策建模

模型可以分为三类:

(1)原理图模型使用图表来表示系统元素或过程。建筑师的草图,例如地板布局,是示意图模型的示例。系统框图对系统组织进行建模。它们通常以树状结构排列以表示分层组织,或者使用简单的矩形框来表示物理或其他元素。

系统关系图显示了与系统交互的所有外部实体,其中系统表示为"黑盒子"(未显示内部结构)。系统关系图描述了系统与其环境的交互。

FFBD 模型表示功能交互,其中功能元素由矩形表示,箭头表示元素之间的交互和信息、材料或能量的流动。元素的名称以动词开头,表示动作。FFBD 的示例和扩展包括系统生命周期模型、IDEF0 图和 F^2D^2。

FFPD 是相似的图,它们形成了复杂过程的层次描述。它们还将工艺设计与要求和规范相互关联。

由 UML 和系统建模语言(SysML)定义的图表是原理图模型的示例(请参见第 8 章)。

(2)数学模型使用数学符号来表示关系。它们是系统开发的重要辅助手段,对设计和系统工程都很有用。它们还对复杂分析和仿真的结果进行健全性检查。

(3)物理模型是系统或系统元素的物理表示。它们被广泛用于系统设计和测试中,包括测试模型、实体模型和原型。

仿 真

系统仿真处理系统和系统要素的动态行为,并应用于系统开发的每个阶段。仿真工作的管理是系统工程的责任。

计算机"战争游戏"是运行仿真的一个示例,其中涉及由两个玩家团队操作的仿真对抗系统。它们用于评估策略和系统变体的操作有效性。

系统有效性仿真评估替代系统架构,并在概念开发期间用于进行比较评估。有效性仿真的设计本身就是一项复杂的系统工程任务。开发诸如此类的复杂仿真必须在保真度和成本之间寻求平衡,因为这样的仿真本身就是系统,必须控制范围以获得有效和及时的结果。

基于物理或物理的仿真被用于高性能车辆和其他动态系统的设计中,它们可以节省大量的开发时间和成本。

半物理仿真包括耦合到计算机驱动机制的硬件部件。它们是物理仿真的一种形式,对动态操作环境进行建模。

环境仿真使系统和系统元素受到压力条件的影响。它们生成合成系统环境,以测试系统是否符合操作要求。

最后,基于计算机的工程工具极大地促进了电路设计、结构分析和其他工程功能。

权衡分析

在我们做出的每一个决策中(无论是个人还是专业),都会有意或无意地涉及权衡过程。权衡研究的一个重要问题是对替代品的刺激。交易者最终会从两个或更多备选方案中选择"最佳"行动方案。重大决策(在系统工程中是典型的)需要进行正式的权衡分析。

正式或非正式的权衡包括以下步骤:

(1) 定义目标。

(2) 确定合格的备选方案。

(3) 以 MOE 的形式定义选择标准。

(4) 根据选择标准对决策的重要性分配权重。

(5) 确定或制定每个标准的价值评级。

(6) 计算或收集每个备选标准的比较分数;结合每个备选方案的评估。

(7) 分析结果的基础和稳健性。

如有必要,对产品进行修改,并拒绝任何不能满足基本要求的替代方案。例如,删除在备选方案中没有显著区别的 MOE。将分配的值限制为最不准确的数量,并检查各备选方案分数的总"概况"。

权衡研究和权衡分析是决策的辅助手段——它们不是成功的绝对可靠的公式。数值结果会夸大准确性和可信度。最后,如果表面上的赢家不具决定性优势,则需要进一步分析。

概率检查

从本质上讲,概率是一种表达某人的信念或直接了解事件发生或可能发生的方法。它表示为介于 0 到 1 之间的数字,包括 0 和 1。我们使用"概率"一词总是指不确定性,即有关尚未发生或已经发生的事件的信息,但我们对事件的发生了解得并不完整。

评估方法

由于系统工程面临着不确定结果的复杂决策,因此它拥有一系列可用的辅助工具和技术。我们提供了五种这样的工具:

(1) MAUT 使用效用函数将选择标准转换为无单位的效用值,然后可以将其与其他效用函数组合以得出每个备选项的总值得分。

(2) AHP 是一种基于数学的技术,它使用标准的对比比较和一般权重的备选方案,并结合备选方案的效用分数,最后组合成最终分数。

(3) 决策树是表示决策选择的图形网络。可以为每个选择分配一个值和一个不确定性度量(在概率方面),以确定备选决策路径的期望值。

（4）CBA 是一种通常用于建模和仿真的方法,用于计算每单位成本的有效性或系统备选方案。

（5）QFD 定义了一个矩阵(质量屋),该矩阵结合了客户需要、系统规格、系统部件以及部件对整体设计重要性之间的关系。可以求解矩阵以生成系统备选方案的定量评估。

习　题

9.1　假设您需要决策在新汽车中使用哪种发动机类型。使用图 9.1 中的过程,描述确定决策高级汽车的新发动机类型的五个步骤。

9.2　确定利益相关者的以下决策:

（a）在新十字路口设计交通灯;

（b）新型气象卫星的设计;

（c）在新的中海浮标上选择一个通信子系统,该浮标用于测量不同深度的海洋温度;

（d）为新发电厂选择安全子系统;

（e）为一家大型公司设计一个新的企业管理系统。

9.3　给出每个决策类型的两个示例:结构化、半结构化和非结构化。

9.4　写一篇描述每种模型目的的文章:原理图、数学图和物理图。它们的优势是什么?

9.5　为新的边境安全系统开发关系图。该系统旨在保护两国之间的陆地边界。

9.6　在一篇文章中,比较三种类型的功能图:功能框图、功能流程图和 IDEF0。列出这三者的特征表格是解决此问题的良好开端。

9.7　描述游戏在其开发和最终设计中出现的有用的问题或系统存在的三个示例。

9.8　选择新车进行贸易研究。确定 4 个备选方案,3～5 个标准,并收集所需的必要信息。

9.9　为了说明进行贸易研究中的一些重要问题,请考虑以下简化示例。贸易研究涉及 6 个替代系统概念。使用了 5 个 MOE,每个 MOE 均等。为简单起见,现将 MOE 分别命名为 A、B、C、D 和 E。在为 6 个备选项的每个 MOE 赋值后,结果如下:

加权 MOE	A	B	C	D	E	总　数
概念 I	1	1	5	4	2	13
概念 II	3	3	2	5	4	17
概念 III	4	1	5	5	5	20
概念 IV	2	2	3	5	1	13
概念 V	4	4	4	4	4	20
概念 VI	1	1	1	3	3	9

请注意，其中两个高于其他，均获得相同的总分数。

根据上述评级资料，回答：

（a）您是否会认为概念Ⅲ优于、等于或低于概念Ⅴ？解释您的答案。

（b）如果您对此结果不完全满意，您会尝试获得哪些进一步的信息？

（c）讨论可能导致概念Ⅲ和Ⅴ之间更清晰，建议进一步研究的潜在机会。

9.10 假设您正在购买新的吸尘器，并且您决定进行贸易研究以帮助您做出决策。进行产品研究后将您的选择范围缩减为 5 种产品。

请执行以下步骤：

（a）确定 4 个选择标准，不包括购买价格或运营成本。

（b）为每个标准分配权重，用一句话解释你的理由。

（c）为每个标准构建效用函数，以口头方式或图形方式描述它。

（d）研究每种备选方案的标准的实际值。

（e）执行分析，计算每个备选方案的加权和。

（f）使用成本购买价格计算每种备选方案的有效性/单位成本。

（g）请描述您的购买选择以及任何理由。

扩展阅读

［1］Clemen R，Reilly T. Making Hard Decisions with Decision Tools Suite. Duxbury Press，2010.

［2］Defense Acquisition University. Systems Engineering Fundamentals：Chapter 12. DAU Press，2001.

［3］Marakas G M. Decision Support Systems. Prentice Hall，2001.

［4］Ragsdale C. Spreadsheet Modeling and Decision Analysis：A Practical Introduction to Management Science. South-Western College Publishing，2007.

［5］Sage A P. Decision Support Systems Engineering. John Wiley & Sons，Inc. ，1991.

［6］Simon H. Administrative Behavior. 3rd ed. New York：The Free Press，1976.

［7］Sprague R H，Watson H J. Decision Support Systems：Putting Theory into Practice . Prentice Hall，1993.

［8］Turban E，Sharda R，Delan D. Decision Support Systems and Intelligence Systems. 9th ed. Prentice Hall，2010.

第三部分　工程开发阶段

第三部分涉及将系统概念运用到硬件和软件部件中，将它们集成到整个系统中并且通过开发和运行测试这一过程来检验系统的运行能力。系统工程以分析、监督和解决问题的形式在这些活动中起着决定性的作用。

系统工程的一个关键应用是，去辨识和减少基于新技术应用的未验证部件，高压系统元件和其他风险来源所固有的潜在困难。这个主题将在第 10 章中详细讨论，第 10 章描述了潜在风险的典型来源、原型开发的使用以及验证测试和分析的过程。识别、优化和降低项目风险是系统工程的一个重要贡献。

第 11 章介绍软件系统工程的特殊特性，重点介绍硬件和软件开发之间的差异，以及为软件密集型系统引入通用生命周期模型，并讨论开发软件功能的主要步骤。

工程设计阶段是将系统架构部件实现为可生产、可靠、可维护，可以集成到满足性能要求的系统的工程化部件。系统工程的责任是监督和指导这一过程，起到监督配置管理的作用，并解决在此过程中不可避免出现的问题。在第 12 章"工程设计"中将讨论这些问题。

经过工程处理的系统部件被集成为一个完整的运行系统，并在生命周期的集成与评估阶段中进行评估。详细的系统工程规划是有效组织和执行这一过程的必要条件，是现实与时间、资源的经济性的最佳结合。第 13 章介绍了成功完成集成与评价过程的要素，这些要素表明该系统可进行生产和运行使用。

第 10 章　高级开发

10.1　降低项目风险

高级开发阶段是系统开发周期的一部分,其中所选系统概念中大部分的内在不确定性可通过分析、仿真、开发和原型设计得以解决。高级开发阶段的主要目的是将开发新的复杂系统的潜在风险降低到一个级别,该级别足以验证所有以前未验证的子系统和部件的功能设计。总体而言,出现严重问题的风险必须足够低,这样才能满怀信心地开始全面工程。此阶段的主要目标是在必要时进行开发,并验证对系统设计的合理技术方法,并向系统全面开发的决策者进行演示。

在第 5 章的"风险管理"中讨论了实现风险降低的一般方法。风险管理的组成部分被描述为风险评估,即识别风险并评估其严重程度,以及风险缓解,即消除或减少对开发的潜在损害。

本章涉及在复杂系统开发的早期阶段遇到的典型风险源及其缓解方法。

为了达到上述目标,必须将系统设计的定义及其描述的程度从系统功能设计提升到由经过验证的部件和设计规范组成的物理系统配置,以作为全面工程化的基础。在大多数复杂的新系统中,这需要子系统和部件的设计较为成熟。必须消除初始系统需求中的所有歧义,并且原始系统中的一些设计指标经常需要修改。

应该注意的是,所有新系统开发都不必经过正式的高级开发阶段。如果所有主要子系统都可以直接从经过验证的前置子系统或成熟的子系统中衍生而来,并且可以可靠地预测其特性,那么系统开发就可以进入工程设计阶段。大多数新型汽车就是这种情况,其中大部分零部件与以前的零部件直接相关。诸如安全气囊系统或控制排放系统之类的重要部件,会在新车型中进行单独制造和测试。

高级开发阶段在系统生命周期中的地位

高级开发阶段标志着系统开发从概念开发阶段过渡到工程开发阶段。如图 10.1 所示,它进入概念定义阶段之后,以系统功能规范和已确定的系统概念作为输入。它将系统设计规范和经过验证的开发模型作为输出传递给工程设计阶段。因此,它将系统工作的需求及其配置的概念方法转换为通常如何在硬件和软件中实现所需功能的规范。

图 10.1 中未显示的其他需要的输出包括:更新的工作分解结构(WBS)、修订的系统工程管理计划(SEMP)或其等价计划以及相关的计划文件。此外,系统架构需要被更新以反映最新的更改。

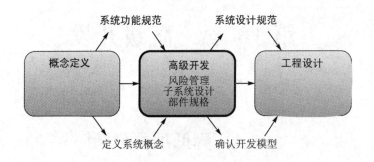

图 10.1　系统生命周期中的高级开发阶段

如上所述，在涉及广泛应用先进技术和/或未验证概念的复杂系统开发中，高级开发阶段尤其关键。要证明新技术足够成熟，以保证全面工程的启动，可能需要几年的大量开发工作。另外，可能需要开发新的制造工艺来支持所提出的新技术。在这种情况下，高级开发阶段通常与后续工程分开承包。

另一方面，与以前的系统类似，其并没有采用新技术，仅需要少量开发，就可能没有单独定义和管理的高级开发阶段。然而，相应的工作可能会包含在工程设计阶段的前端。但是，在进行详细工程设计之前，仍然必须完成将系统功能需求转换为系统实现概念和系统级设计规范中包含的任务。

设计实例化状态

表 10.1 描述了高级开发阶段中的系统实例化状态。可以看出，系统状态的主要变化称为"验证"，即验证所选概念的正确性，验证将其划分为各个部件，验证对部件和子部件级别的功能分配。因此，此阶段的开发重点是确定部件如何构造以实现其指定的功能。这些任务的完成方式是本章的主题。

高级开发中的系统工程方法

本章内容根据系统工程方法的四个步骤（请参见第 4 章）进行安排，其后用简短的一节讨论降低风险的方法，该方法在整个系统开发中使用，但在本章节特别重要。在此阶段中，系统工程方法四个步骤中每个步骤的主要活动（应用于那些需要开发的子系统和部件）简要概述如下，并表示在图 10.2 中。

需求分析，典型的活动包括：

- 分析系统功能规范，包括从运行和性能需求中衍生出来的规范，以及将其转换为子系统和部件功能需求的有效性；
- 确定需要开发的部件。

表 10.1   在高级开发阶段系统实例化状态

阶段 层次	需求分析	概念探索	概念定义	高级开发	工程设计	集成与评估
系统	确定系统功能和有效性	辨析、探索和综合概念	确定所选概念说明	确认概念		测试与评估
子系统		确定需求并确保可行性	确定功能和物理架构	确认子系统		集成和测试
部件			将功能分配给部件	定义规范	设计测试	集成和测试
子部件		可视化		分配子部件功能	设计	
零件					自制或外购	

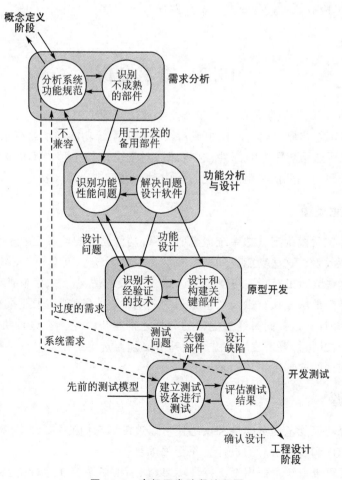

图 10.2   高级开发阶段流程图

功能分析和设计,典型的活动包括:

- 分析各功能到部件和子部件的分配,并辨认相似于其他系统的功能单元;
- 进行分析和仿真来解决突出的性能问题。

原型开发,典型的活动包括:

- 确定涉及未经验证的技术的物理实施问题,并确定将风险降低到可接受水平所需的分析、开发和测试水平;
- 设计关键软件程序;
- 设计、开发和构建关键部件和子系统的原型;
- 纠正测试和评估反馈的缺陷。

开发测试,典型的活动包括:

- 创建测试计划和标准以评估关键要素,开发、购买和定制特殊的测试设备和设施;
- 进行关键部件的测试,评估结果,并反馈设计缺陷或严格的需求,以进行更正,从而形成成熟且经过验证的系统设计。

10.2　需求分析

如上所述,高级开发阶段的初步工作主要致力于两个领域:

(1)重新审查在概念确定阶段中或后续制定的系统功能规范的有效性。

(2)确定所选系统概念的部件,这些部件对于全规模工程尚不成熟,(即没有在现有系统中验证过),因此应在高级开发阶段中对其进行进一步开发。

系统功能规范

在概念确定阶段确定首选系统概念时,系统功能已分配给各主要子系统,并且进一步细分为功能元素。这些功能设计概念随后体现在系统规范文档中,作为高级开发阶段的输入。这些规范的分析应考虑到概念确定阶段的情况。在通常情况下,如果是在几个月内以有限的资金执行以及竞争激烈的环境中进行的,则结果应被视为是初步的、可以修正的,并且必须要同时经过完整的分析才能得出结论。在设计决策被检验和证明之前,必须对其持怀疑态度。这并不意味着必须对选定的技术方法进行更改,而只是在未了解其推论的前提下不贸然采用它们。

需求来源

理解系统功能规范的重要性和敏感性可以追溯到它们的系统性能需求。这种理解对物理实现硬件和软件所需的设计决策至关重要。

应该重新审查系统生命周期支持环境,以识别维持系统在运行前及其运行寿命期间所面临的不同情况所需的功能。另外,还应检测对兼容性的要求,可靠性、可维护性、可用性（RMA），以及环境敏感性。此时，有关人机接口问题和安全性的规范已合并到子系统和部件规范中。

如前所述，某些需求经常未被说明，而另一些则不可估量。例如，可负担性和系统增长潜力通常没有明确解决。用户接口需求通常是定性的、不易测量的。上述每个问题与功能设计需求之间的关系都需要理解和说明。

与运行需求的关系

如果某些系统规范不能轻易满足，则有必要通过进一步追溯以获得它们的有效性和真实性（即它们与系统任务执行的关系，它们与系统的关系）。这种关系通常在系统定义的早期阶段被忽视，需要重新梳理，以便为系统工程师在开发过程中处理不可避免的问题提供信息依据。

获得这种理解以及对超出正式表述的运行因素的认知的一种方法是，与将来的系统用户建立联系。此类联系人并非总是存在的，但是当他们存在时，他们可以证明是非常有价值的。专门从事运营分析和进行系统现场评估的组织也是许多系统领域的有价值信息来源。在适当的情况下，应考虑使用户成为开发团队的成员。

与前置系统的关系

如果新系统有一个可以满足类似功能的前系统，那么重要的是，要充分了解两个系统的相同点和不同点，以及新需求与旧需求的区别和原因。这包括了解前系统的缺陷以及新系统如何消除这些缺陷。

当然，从这种比较中获得的收益程度取决于前系统关键人员的参与和开发记录的可取得程度。但是，至少这种比较应该为选择的方法或备选方案提供更多的信心。在前系统的关键人员参与开发时，他们对潜在问题和所汲取的教训的建议可能是无价的。

确定需求开发的部件

高级开发阶段的主要目的是确保系统所需的所有部件均已准备好进行全面工程开发。这意味着部件设计是合理的，能够在不存在功能或物理缺陷的重大风险的情况下进行实施。这就要求有不同的方法来满足需求。

上面的陈述表明，所有系统部件须处在使全部重要设计问题已得到解决的成熟水平上。提高成熟度的过程称为"开发"，因此高级开发阶段主要由专注于那些以前尚未达到必要性能水平的系统部件的开发工作组成。反过来，这意味着将进一步开发被确定不足以实施全面工程的所有部件，并验证其设计。那些被认为已经足够成熟且不需要开发的部件仍需要在接受工程处理之前通过分析或测试进行验证。

1. 部件成熟度的评估

确定一个给定的部件是否已充分验证可供大规模工程化，只能与已成功工程化和生产过的类似部件做比较。如果没有验证过的类似部件与新系统部件相似，通常可以从功能和物理两方面提出以下问题：

（1）是否有已验证过的类似功能和性能特征的部件？当有显著的区别出现时，它是否处在此部件显示的性能边界范围内？

（2）是否存在与现有部件使用相似材料和结构的部件？预期的压力、容许误差、安全性、寿命特性是否处在现有部件显示的限制范围内？

如果上述两个问题的回答都是肯定的，那么开发工作就不是必需的。然而，另一个关键问题是，是否对此部件与运行环境的功能交互和物理接口已有足够了解，而不需要开发和实验。

问题的答案取决于新部件的设计和已验证过部件的差异，是否可以从已知的工程关系中预测的，或者该关系过于间接和复杂而无法保证预测。不可预测的典型例子为处理人机接口，它很少能被充分理解而不用做实验去验证。

2. 风险分析

在确定了需要进一步开发的系统元素之后，下一步就是确定此类开发的合适的性质和范围。这里，系统工程知识和判断尤为重要，因为这些决策需要在进行全面开发工作的成本与由于开发不足而产生的固有风险以及随之而来的残余不确定性之间进行谨慎的平衡。在下面的段落中提到了将风险评估应用到系统开发中，并且在本章末尾的单独部分中对该方法进行了扩展。

3. 开发规划

从以上讨论中可以清楚地看出，高级开发阶段的规划应基于对拟议系统设计的成熟度进行逐项评估，以定义（1）未经验证设计特点的特殊性质和（2）解决残留问题所需的分析、开发和测试活动的类型。在大多数新系统中，不确定性集中在有限的几个关键区域中，因此开发工作可以集中在设计成熟度不足的那些部件上。

4. 降低风险预算

以上风险分析的结果和适当的风险减少措施应纳入详细的开发计划中，以指导高级开发阶段的分析、开发和测试工作。这样做的关键步骤是仔细修改计划开发的各个部件或子系统的工作量的相对分配。从潜在收益与投资比率的角度来看，相对分配是否对应于适当的平衡？每个分配是否足以获取所需的数据？如果通常情况下可用资源不能涵盖所有建议的工作，那么最好用一些保守的选择来替换一些风险最大的部件，而不是不验证它们就在系统中使用。因此，降低风险/开发计划应包含一个把开发工作分解为重要的多个开发工作的风险缓解安排。

【示例】未验证的部件。

表10.2列出了几个未验证部件的代表性例子，它们利用了新的功能或物理设计方法或加工方法。我们用这些例子来说明上述考虑。第一列表示设计方法的功能、物理和生产特性的相对成熟度。第二列以三个直条的相对高度来表示这三个特性的成熟度。第三列表明通常适合于求解每个新设计问题的开发形式。第四列列出待证实的特殊性质。当然，这些例子与实际复杂系统必须考虑的因素相比，已经十分简化了。但是，它们指明了有关高级开发过程的各个部件的分析和规划。表10.2说明了一个新系

统中的部件,可能有未验证特点的多种不同形式,每一个需求都有一个适合其特性的开发方法。至于选择开发策略的决策,就是系统工程的主要职责。下面三节描述了系统工程方法的其他步骤,有助于解决上述设计问题。

表 10.2 开发新部件

设计方法	成熟度	开发	确认
新功能 已验证的物理介质和 生产方法		快速设计、构建和测试原型	功能性能
新实施 已验证的功能和 生产方法		快速设计、构建和测试开发模型	工程设计
新的生产方法 已验证的功能和实施		对生产方法进行严格实验	生产方式
扩展功能 已验证的部件		设计和运行功能仿真	功能性能

【示例】天然气动力汽车。

使用天然气代替汽油作为燃料的汽车的开发提供了上述几个原则的一个例子。这一开发的双重目标是符合未来严格的汽车污染标准,同时又保留了传统现代汽车的所有理想特性,包括价格可承受性。因此,它试图通过将标准自动设计限制在燃料系统及其直接界面上,以最大程度地减少所需的更改。车身、发动机和其他部件的更改保持在最低限度。

但是,燃料子系统变化巨大,影响到车身后部的设计。要存储足够量的天然气才能获得期望的行驶里程,但存储体积又要小才能保证适当的行李空间,这就需要燃气的存储压力高于普通气罐的存储压力。为了减轻重量,最好不使用钢材,而是采用纤维卷绕的复合材料。为了保证最大安全性,容器设计应由一群圆罐组成,并固定在框架上以承受严重的后端碰撞。

此示例属于表 10.2 中的第三类。燃料容器的物理结构与常规容器的物理结构在设计和材料方面有很大不同。此外,不能从工程数据中得出碰撞时其爆炸安全性的大小,而必须通过试验来确定。燃料控制和加燃料装置也是新的设计。因此,必须进行大量的开发工作来验证设计,并且可能需要对几种设计变形进行比较测试。

直接与燃料子系统相接的部件,例如发动机和后车身结构,尤其是后备箱和悬架,也需要与燃料容器一起进行测试。与该系统单元无关的部件将不需要开发,但必须进行检查以确保未忽略重要的交互作用。

上面的示例说明了一个新系统的常见情况,该新情况与其前系统有很大不同,但仅限于几个部件。

10.3　功能分析与设计

由于现代技术的飞速发展,相比于需要被代替的旧系统,待研发的系统必然在性能上要求超过前者。

此外,当竞争对手的系统在功能上更新后,为了使研发的新系统具有较长的使用和运行寿命,有些需求将要求其性能超过当前的需要。尽管概念定义阶段应该排除过分冒险的方法,这些需求将需要应用高级开发,因此需要开发一些高级系统元素。

与当今许多基于计算机的自动化系统一样,系统性能的提高需要大大增加部件的复杂性。通常无法通过分析或仿真方法可靠地预测实现此类扩展的方法,而必须通过实验来确定。可以通过仿真来分析涉及动态行为并带有反馈的系统元素,但通常需要对实验模型进行构建和测试来为工程化奠定坚实的基础。

系统功能可能需要开发的常见情况是用户的需要和环境没有得到很好的了解,如通常需要决策支持和其他复杂的自动化系统就是这种情况。

在这种情况下,唯一可行的方法(尤其是在涉及用户接口时)是构建与关键系统元素相对应的原型部件,并通过实验测试其适用性。

总之,经常需要开发的三种类型的部件是:

(1) 具有超出先前证明、限制的扩展功能性能的部件;

(2) 执行高级复杂性能所需的部件;

(3) 与环境相互作用的部件没有被完全理解。

在随后的章节中将更详细地描述每一种。

扩展功能性能

识别其所需性能可能超出限制的系统元素(部件或子系统),可以通过参考第3章中讨论的功能系统构建块集来说明。表3.2列出了23个基本功能元素,分为四个类别:信号、数据、材料和能量。每个功能元素都具有确定其功能的许多关键特征。这些特征中的大多数都受其实施技术的物理特性和功能之间的基本相互依赖关系(例如,精度与速度)的限制。对新系统的功能需求超出了先前证明的限制,这表明可能需要部件开发工作或重新分配需求。

为了说明这种比较,表10.3列出了功能元素以及一些在新系统中最关键的特性。表10.3表明了系统工程方法在分析系统功能需求和确定开发目标中的应用。

在使用系统构建块来识别需要开发的功能元素时,第一步应将每个系统元素与其功能等效的通用元素相关联,然后将所需的性能与相应的已作为现有技术的一部分物理部件的性能进行比较。

给定一个近似的对应关系,下一步是查看是否可以通过已建立的工程关系来定量比较所需元素和现有元素之间的差异,从而确信此元素能在已验证性能和易于工程实践的基础上赋予工程实践。如果这种情况无法做到,则需要将指定的性能要求降低到一个可以适应的水平,或者规划一个开发和测试程序以获取必要的工程数据。

识别需要开发元素的过程通常是"风险识别"或"风险评估"过程的一部分。风险评估考虑了给定决策的可能影响,比如,要在全部目标成功或者失败的情况下选择一个特定的技术方法。因此,使用未经验证的系统元素会带来一定的风险,而且这种风险会导致设计目标不能实现。如果风险很大(例如,该元素未经验证但对整个系统的运行至关重要),则必须将该元素开发到可以证明和验证其性能的程度(即低风险)。风险管理在第 5 章中进行了讨论,并且在系统生命周期的所有阶段都会碰到。

表 10.3　系统功能元素的选定关键特性

功能元素	关键特性
输入信号	保真度和速度
传输信号	高功率,复杂波形
传感信号	增益、波束模式和多元素
接收信号	灵敏度和动态范围
过程信号	容量、精度和速度
输出信号	分辨率和通用性
输入数据	失真度和速度
过程数据	通用性和速度
控制数据	用户适应性和通用性
控制处理	架构、逻辑和复杂性
存储数据	容量和存取速度
输出数据	多功能
显示数据	分辨率
支撑材料	强度和通用性
储存材料	容量和输入/输出能力
反应材料	能力和控制
成型材料	能力、精度和速度
连接材料	能力、精度和速度
操纵部位	能力、精度和速度
产生推力	功率、效率和安全性
产生扭矩	功率、效率和控制
发电	功率、效率和控制
控制温度	能力和范围
控制运动	能力、精度和响应时间

高度复杂的部件

将功能构建模块视为系统架构部件有利于识别高度复杂的功能。同样重要的是要识别复杂的接口和交互作用，因为即使是中等复杂度的元素也可能以复杂的方式交互。接口之所以特别重要，是因为元素内部的复杂性可能在设计期间检测到并解决，而接口的复杂性所带来的问题可能要等到集成测试后才能显现出来，在那时才做出改变使它们正确运行可能会在时间和工作上付出很大代价。接口过于复杂表明系统划分不合适，系统工程师应发现并有责任解决它。当多个组织参与系统开发时，此问题尤为重要。

1. 专用软件

某些定制的软件部件本身是复杂的，因此是程序风险的来源，应予以相应的处理。

如果没有原型，以下三种类型的软件则很难进行分析，分别为实时软件、分布式处理和图形用户接口软件。在实时系统中，时序的控制可能会特别复杂，比如，当系统中断发生在不可预测的时间且具有不同的服务优先级别时。在分布式软件系统中，设计人员放弃了对系统数据位置以及联网数据处理器和存储器之间的处理的大部分控制。这使得分析系统运行过程极其困难。在图形用户接口中，需求通常是不完整的且随时可能改变。

此外，使此类系统具有非常高的灵活性，这本身就提高了复杂性。因此，上述特殊软件模式已经使计算机系统在当今的信息系统中如此强大和普遍，从而固有地产生了复杂性，这些必须通过高度严格的设计、广泛的实验和严格的验证来解决，包括正式的设计评审、代码"走查"和集成测试。第11章专门讨论软件工程及其特殊挑战。

2. 动态系统元素

通常需要开发和测试的另一种复杂性形式是闭环动态系统所固有的，例如用于自动控制的系统（自动驾驶仪）。当它们借助数字或模拟仿真时，它们通常会包含不易从其物理实施中分离出来的耦合和二次效果（如惯性部件柔性的安装）。

因此，必须构建和测试绝大多数此类系统元素，以保证全面解决系统整体稳定性问题。

系统环境定义

模棱两可的系统环境和不精确的外部接口也是必须仔细检查和阐明的设计问题。

例如，设计用来检测目标的雷达系统，由于天气和地面回波而存在的群集现象，由于可能运行和环境条件的多样性，以及对群集和匿名雷达传播引起的雷达散射物理现象的有限了解，而不能以良好准确的方式来表达其特征。同样，由于从以往任务获得的数据有限，空间环境也难以理解和描述，将系统放置在太空环境中的成本高昂，使得其测试和操作数据不如大气数据那么常见。

用户交互系统的操作包括人机接口，这在本质上很难确定。向用户显示信息以及接受和响应用户输入的系统部分,通常在物理上相对较简单,但在逻辑上却非常复杂。这种复杂性体现在几个层次上,有时从系统的顶层目标开始,例如在医疗信息系统的概念设计中,医生、护士、文职人员以及其他与系统交互的人员的需求往往定义不清且易变,容易引起争论。在较低层次,显示的形式、信息访问的格式(菜单、命令、语音等)、可移植性和数据输入方式都可能构成系统设计问题,如果不进行大量测试,就不能解决该问题。

汽车安全气囊的设计代表了另一种具有复杂环境接口且需要大量开发的部件。在这种情况下,气囊的启动条件必须深入地进行调查研究,从而在过于频繁的(和致残性的)虚警与对真实碰撞的保证响应之间建立一个合理范围。安全气囊的形状、大小、充气速度和使用后的缩回速度,必须在气囊膨胀力本身造成人员损害最小情况下为个人提供最大的安全性。该示例是仅可能用实验来确定系统与环境交互作用的代表。它还说明了一个系统部件的运行和功能是无法与其物理实现分离的。

功能设计

除确定需要进一步开发的系统元素之外,整个系统及其所有功能元素的功能设计和集成必须在此阶段完成。这是制定系统设计规范的必要步骤,也是工程设计阶段开始的前提条件。

1.功能和物理接口

在工程全面开始之前,确保整个系统功能合理划分十分重要,并且确保在工程设计阶段不需要进行重大更改。在对各个部件的详细设计做出重大承诺之前,必须仔细检查对子系统和部件及其相互作用的功能分配,以确保实现最大程度的功能独立性和最少接口的复杂性。这是必要的,从而每个部件都可以在不进行大量安装或调整的情况下与其他部件一起设计、构建、测试和组装。此项检查必须考虑在接口上提供故障隔离和可用的维护接口,以及有关部件以最少变化应对未来发展和拥有一个良好产品的全部其他系统工程特性。在此阶段强调系统功能和物理架构,因为设计应足够先进,以使此类判断有意义,但并不承诺做过度费时费钱的修改。

2.软件接口

前面已经指出,许多新的软件元素过于复杂,无法仅通过分析进行验证,因此需要在此阶段进行设计和测试。此外,许多硬件元素由软件控制或与软件交互。因此,作为一般规则,可以假设,但不代表所有软件系统元素可以首先设计,然后在系统开发阶段予以实施。

仿真的使用

虽然上述许多领域的问题都需要通过对实际的硬件和软件进行原型设计来解决,但还有一些领域可通过仿真来有效地探索。以下是一些示例:

- 动态元素。除了非常高的频率动态效果外,大多数系统动态都可以在合适的简化下进行仿真。通过仿真可以对飞机或导弹的六自由度动力学进行详细研究。

- 人机接口、用户接口是大多数复杂系统的控制元素。它们的正确设计，要求潜在用户积极参与此系统元素的设计。可以通过在开发的早期阶段提供接口的仿真来积累经验。
- 运行场景。运行系统通常会遇到各种以不同方式影响系统的场景。在可以进行系统原型化或现场测试前，采用可变输入条件的仿真来模拟不同的影响效果，非常有价值。

【示例】飞机设计。

为了说明仿真的使用，如第 7 章中的示例一样，某飞机公司正在考虑开发新型中程商用飞机。考虑的两个基本选项是使用涡轮螺旋桨发动机提供动力或使用喷气发动机提供动力。虽然这些选项的总体特征是已知的，但是具有各种类型和数量发动机的飞机的总体性能还未充分了解以做出选择。为获得必要的数据而建造原型机显然是不切实际的。但是，在这种情况下，仿真是用于达到此目的的一种实用且合适的方法，因为由此可以获得各种条件下飞机有关性能的大量工程数据。

由于在此阶段主要的问题是发动机的类型和数量，所以只需要具有飞行空气动力学和飞行动力学的一阶二维（即垂直和纵向）模型即可。各种发动机的性能参数可以表达为燃料流量、速度、高度等从实测数据得到的函数。通过这个简单的模型，可以针对各种设计参数（例如总重、发动机数量和负载）确定起飞距离、爬升率和最大巡航速度等变量的基本性能。假设此过程已得出推荐的配置，则将此简单仿真扩展到更高阶的具体情况，就可以为进一步分析提供必要的数据。因此，这样的仿真可以节省成本，并可以在每个工作阶段获得经验的积累。

为了验证或扩展上述原型发动机的分析结果可以在发动机测试设备中运行，在该测试设备中，气流和大气条件会在预期的飞行条件范围内变化。然后，可以将测得的发动机推力和燃油消耗纳入整体性能分析。更为实际的测试是将原型引擎安装在"母机"机翼下方的特殊吊舱中，母舱将以各种速度和高度飞行以便取得所需要的数据。在这种情况下，可以将母机本身视为一种开发设备。

10.4　作为降低风险技术的原型开发

在前面的章节中，我们讨论了识别、管理并最终降低风险的原理和技术。此时已确定了重要的问题区域，并且在高级开发阶段已全面实施了个别策略。但是，在开发新的复杂系统时，决定哪些部件和子系统以及有关其物理实施的问题，需要在全面工程化前做进一步开发和测试。通常这是一件较其他功能设计和性能来说更为困难和重要的事。

原因之一是许多物理特性（例如疲劳裂纹）不容易进行分析或仿真，需要对部件进行设计、制造和测试才能发现潜在的问题。以下段落描述了识别和解决此形式范围中问题的一般方法。

在早期风险管理活动中,用于识别潜在问题范围的系统工程方法是采取怀疑态度,尤其是对于不受以往或困难工程数据支持的设计方案。比如系统工程师提问:

(1) 可能出什么问题了?

(2) 如何让它们提先表现出来?

(3) 怎样才能使它们正确?

潜在的问题范围

在寻找潜在问题时,必须检查整个系统生命周期——工程、生产、存储、运行使用和运行维护,必须特别注意制造流程、“缺陷”(RMA)、后勤支持和运行环境。使用的方法是进行风险评估,比如:每个阶段可能包含哪些风险;未知因素(例如先前经验不足)的范围在哪里;对于每种潜在风险,必须确定该区域发生故障的可能性和影响范围。

与功能特性一样,其中建议的部件实施与经验,不同的、最可能的范围可以分为四类:

(1) 需要具有十分严格的物理性能,例如可靠性、耐用性、安全性或极严格的公差部件;

(2) 使用新材料或新工艺方法的部件;

(3) 能承受极端或恶劣环境条件的部件;

(4) 应用程序包含异常或复杂接口的部件。

这些类别的示例将在下面逐一讨论。

1. 异常高的性能

大多数新系统旨在提供远远超过其前代产品的性能。当此类系统更加复杂,且有更高的可靠性和使用寿命时,几乎总需要通过实验验证设计方法的有效性。

空中交通管制系统中使用的雷达就是一个要求有极高可靠性的复杂设备的例子。这些雷达通常无人操作,并且在维护期间必须连续数周不间断地运行。结合性能、复杂性和可靠性的要求,应特别注意详细的设计和广泛的验证测试。这些雷达的所有关键部件都需要在全面工程设计之前进行开发和测试。

现代飞机系统是要求在高压下以非常高的可靠性运行的又一示例。许多飞机的使用寿命为 30～40 年,仅需有限地更换承受较大压力的结构和动力部件。飞机部件的开发和测试尤其广泛。

载人航天飞行器中使用的部件在设计时必须特别考虑安全性和可靠性。发射和回收环境对航天器的各个部分和机组人员来说无疑是巨大的考验。这就需要采用特殊的程序来设想所有可能发生的事故,并确保这种可能发生事故的原因予以消除,或采用其他方法处理,如广泛地设计冗余。

很多类似系统并没有那么苛刻的要求,但是许多系统都需要出色的性能。例如,当今某些汽车的发动机到 50 000～100 000 英里时才需要维护。这样的可靠性能,需要多年的开发和测试才能达到。

2．特殊材料和工艺

随着技术的进步、新工艺和新制造技术的发展，不断生产出具有卓越性能的新材料。在许多情况下，正是这些新材料和新工艺使部件性能的提高成为可能。

表10.4列出了近年来开发的一些特殊材料示例，这些材料对其部件性能产生了重大影响。在每个新应用中，这些部件都经过了广泛的测试，以验证其预期的功能和避免不良副作用的影响。金属钛已被证明在许多应用中效果更好，然而它比钢或铝更难加工。粉末金属易于成型为复杂形状，但比普通金属强度差。一些新型黏合剂黏结非常坚固，但在高温下无法保持其强度。这些例子表明，在一个部件的关键元素中使用特殊材料需要仔细核查，并且在大多数情况下验收之前要在实际环境中予以测试。

表 10.4　特殊材料示例

材　料	特　性	典型应用
钛	高的强度比重，耐腐蚀	轻重量结构
钨	耐高温，难加工	电源
粉末金属	易于成型	复杂形状
黏合剂	高强度	复合结构
砷化镓	耐高温	可靠的微电子器件
玻璃纤维	传输光	光纤
陶瓷部件	强度好，耐高温	压力容器
塑料	易于成型，低重量，低成本	一般容器

此类考虑同样可以应用于加工部件的新工艺。生产过程自动化的广泛应用提高了精度和可重复性，降低了生产成本；但是它也带来了更大的复杂性，具有意外停运的风险，并且需要对新设备进行几年的开发和测试。

不幸的是，很难在其开发和全面测试之前评估引入新制造工艺的时间和成本。因此，指望预期一个新系统在新生产过程的可用性，必须确保在过程开发和工程上投入足够的时间和资源，或者必须具有一个不依赖于制造可用性的后备计划。

3．极端的环境条件

每个系统部件的正常运行取决于在其环境中表现出令人满意的运行能力，包括其生命周期内可能遇到的运输、存储和其他情况，如冲击、振动、极端温度和湿度等常见因素，以及辐射、真空、腐蚀性液体和其他可能的破坏性环境等特殊情况。

通常可以从它们的基本构成中推断出部件对不利环境的敏感性。例如，阴极射线管部件显示器固有属性为易碎；某些热机械部件，如喷气发动机，在非常寒冷的外部环境（离地表7英里中）以极高的内部温度运行，并对其内部零件施加着极高的压力；还有如飞机发动机中的涡轮机部件，其耐久性始终是一个潜在的问题。

军事装备的设计必须使其能够在较高的温度范围内工作，而且能承受战场上粗野的操作。在军事系统中，最新趋势是使用商业标准部件（例如计算机），以及放宽军用规格来减少费用。这带来了潜在的问题,需要特别注意。所幸这些商用设备通常具有较好的可靠性且设计得足够结实,可以承受没有经验者的运输和搬运。尽管如此,每个部件仍需要仔细检查,以保证它能在预期的环境中使用。较严格执行军用规定相比,这种环境使系统工程肩负了更大的责任。

4. 部件接口

系统设计中最容易被忽略的方面是部件接口。由于很少将其确定为关键要素,并且它们属于各个设计专家的领域,所以通常只有系统工程人员才负责其适用性。而且,许多迫切需要解决的问题经常会加进来,以保证正确接口管理的必要工作。物理接口需要具体设计,构造上不仅要保证其兼容性,而且其设计是一个费力费钱的过程,这使问题变得更加复杂。

为了克服上述障碍,需要采取特殊措施,例如建立接口控制组、接口文档和标准、接口设计审查,或者其他类似手段,以便及时发现缺陷来避免以后出现不匹配的情况。这些措施也为在工程设计阶段继续进行此活动提供了良好的基础。

部件设计

前面介绍了许多用来辨识需要开发工作的标准,便于这些部件设计的成熟程度足以全规模工程化。鉴于所建议设计方法的特定性质及其偏离情况,此类开发工作包括分析、仿真、设计和测试的某种组合。

显然,所需的开发程度可能相差很大。在某些极端情况下,仅对可以用检查和分析验证其合适性的步骤进行设计。例如,某些偏离其前身(主要在尺寸和装配上),而不是在性能或生产能力上不适合的零件,可以这样做。另一种极端的情况是,需要证实新材料、验证严格的制造公差(或其他生产条款特性)的部件,可能需要进行设计、构造和广泛测试。同样,决策还涉及系统工程的权衡——在程序风险、技术性能、成本和进度之间进行权衡,然后折中处理。

1. 并行工程

从上面可以看出,必须在计划的此阶段认真考虑 RMA、安全性和可生产性等问题,而不是推迟到工程设计阶段再考虑;否则,修改主要设计的高风险就会在后续阶段出现。这会影响到其他部件,甚至影响到整个系统。这是许多系统开发遇到的严重困难并导致成本和进度超出的原因。

为了将这种情况下固有的风险降到最低,精通生产、维护、物流、安全和其他最终项目考虑因素的专业工程师应参与到高级开发流程中,加入他们对设计和早期验证决策的经验。这种做法被称为"并行工程",是集成产品团队(IPT)功能的一部分,用于采购国防系统。"并行工程"不要与"并发"一词相混淆,"并发"通常用于同时执行系统生命周期的两个阶段(例如高级开发和工程设计)的实践,而非循序进行。将专业工程师有效地集成到开发过程中并不容易,须由系统工程师进行安排协调。

使并行工程有效的问题，在于设计专家，他们对自己的学科精通，但对其他学科知识有限，因而缺乏与其他学科专家交流的通用词汇（和兴趣）。根据系统工程师的定义，他们应该具有这样的常识、词汇和兴趣，可以担任协调者、翻译者，并在必要时可以担任指导者。重要的是，专业工程师应该对特定的设计要求有足够的了解，这样他们的意见才能更贴切和有意义。同样重要的是，部件设计专家必须对设计部件时所涉及的问题和方法有足够的知识，以产生可靠的、可生产的以及其他方面优良的产品。没有这种相互理解，并行工程过程可能完全无效。值得一提的是，这种相互学习可以提高每个后续系统开发人员的效率，从而提高整个工程组织的水平。

2. 软件部件

软件部件应该以类似的方式处理。对每个组成部分的复杂性进行评估，并制定和完善风险策略。特别复杂的部件，尤其是那些控制系统硬件的部件，可能需要在系统开发这个阶段以原型的形式设计并测试许多系统软件部件。这通常构成了工作的主要部分，并且对于整个系统的工作来说是至关重要的。

为了支持软件设计，需要有各种各样的支持工具（计算机辅助软件工程或（Computer-Aided Software Engineering，CASE）），以及一套开发和文档标准。这些工具和已建立的质量实践的存在是成功的软件系统开发的最佳保证。目前，评估一个组织软件工程成熟度的标准源自于卡内基梅隆大学（Carnegie Mellon University）运营的软件工程研究所（Software Engineering Institute，SEI）。如前所述，第 11 章将讨论与软件相关的特殊系统工程问题——嵌入式系统和软件集约系统。

设计测试

部件设计的过程是迭代的，就如系统的开发过程。这意味着，测试必须是设计的一个组成部分，而不只是在最后一步来确保设计是正确的。特别是在设计具有新功能的部件或使用未经验证的实现方法时。在这种情况下，适当的流程是"构建一点，测试一点"，在进程的每一步都提供设计反馈。这似乎不十分有序，但通常是最快和最经济的步骤，目的是验证大部分底层设计元素，在较简单的测试配置中，更容易确定结果，并尽早纠正错误。

如前所述，在此阶段给定部件设计的完成程度很大程度上取决于为其后续工程提供可靠基础所需要的功能。因此，如果一个部件的设计问题主要是在功能方面，那么可以通过仿真、比较来解决，从而确定哪一个最能满足系统所需的功能需求。然而，如果设计问题涉及物理特性，那么部件通常需要以原型形式设计和构建，然后在仿真操作条件的物理环境中进行测试。这种试验的设计和相应的试验设备将在下一节讨论。

快速原型

这是一个术语，描述了加速设计和构建一个部件、子系统测试模型的过程，有时是能在真实环境中早期测试的整个系统的测试模型。当用户需求没有经过系统操作模型的试验就不能很好地确定时，这个过程是最常被使用的。对于决策支持系统、动态控制系统和那些在不寻常环境中运行的系统,尤其如此。快速原型设计可以被认为是在将设计交付生产工程之前,进行全规模演示、阶段开发的一种情况。

在进行快速原型开发时,"快速"一词意味着遵守严格的质量标准,通常是系统开发的一部分。其目标是生成一个原型,该原型以所选的系统功能为特征,以便尽可能快地进行演示。所生产的原型产品仅用于验证需求。有时,一个原型被用作另一个快速原型开发迭代的基础。在这个过程中的风险是,将原型当成产品的压力会变得很大。遗憾的是,由于原型机的开发没有严格的质量标准,所以不适合生产。

在没有质量控制(例如,开发标准、文档和测试)的情况下,进行快速原型设计和开发原型产品的例子比比皆是。不幸的是,客户认为原型产品已经足够了,并要求开发人员提供用于生产的资料(毕竟,客户为原型支付了费用——他拥有它!)。一旦开始生产,缺陷很快就会显现出来,系统的开发和运行测试就会失败。最后,开发和生产会导致进度延误和成本超支。

快速原型是软件开发的先驱,将在下一章进一步讨论。

开发设施

这里所指的开发设施或环境测试设备,是指以现实和定量的方式模拟一个系统或其中一部分的特定环境条件的物理设施。它通常是一种固定的安装,能够用于表示不同系统或部件的各种物理和虚拟模型(或带有嵌入式软件的实际系统部件)。按系统/部件受环境影响的程度,它可以用于开发或验证测试。这些设施包含一组仪表,用于控制模拟环境并测量其对系统的影响。它们可以与系统仿真一起使用,通常由计算设备来分析并显示输出。

开发设施通常是一项重大投资;它通常处在一个专门的封闭建筑中和/或需要大的固定厂房。风洞是用来获取空气动力学数据的一种设备的例子。它包含大量的设备:测试室、空气压缩机、精确的力测量装置、数据还原计算机和绘图仪。通常情况下,建造和运行风洞的成本是如此之高,以致要由许多商业用户和政府用户来分担。当一个风洞被用来获取一些候选的空气动力学机身或控制表面的数据时,它可以被认为是一个开发工具;当它被用来提供一个高速气流的来源去检查一个完整的飞机控制表面时,它可以被认为是一种验证测试设备。

汽车制造商使用测试跟踪来辅助设计和测试新车型在开始生产前的最后原型验证。测试跟踪可以模拟加速老化下的各种磨损情况,例如,在粗糙路面上高速驾驶高负载的车辆。其他开发设施使用电磁辐射来测试各种电子设备,例如,测量天线模式,测试接收器灵敏度,检查射频(Radio Frequency,RF)干扰,等等。

大多数开发工具在进行测试时都利用某种形式的模型和仿真。通常情况下,被测试系统的某些部分是真的实物,而其他部件是仿真的。在各种射频干扰信号下,测试一个真实导弹搜寻器的无回波无线电射频舱就是一个例子。在这种情况下,计算机也可以模拟飞行器的飞行,它利用适当的空气动力学和动力学模型来求解运动方程。

承受外部应力、高温和真空条件的硬件部件的工程设计需要大量应力测试,如使用环境室和其他特殊测试设备。同样的设备也用来开发这些部件：振动和冲击设备、真空室、冷热室和许多其他工程测试设备在开发和工程阶段都是需要开发的。主要的区别在于，开发测试设备通常需要获取更多的性能数据和对结果的广泛分析。

10.5 开发测试

要确定已成功解决了在高级开发阶段发现的所有设计问题，就需要一个系统的分析、仿真和测试程序，不仅要对直接涉及的特定部件和子系统进行测试，而且还要对它们的接口以及与部件其他部分的交互作用进行测试。它还需要明确地考虑运行环境及其对系统性能的影响。

开发测试不应该与传统的"开发测试"和"运行测试"相混淆。开发测试通常包括在一系列测试环境下的工程系统中，在受控的场景下。这种类型的测试由开发人员执行。操作测试也在工程系统上进行，但是涉及到客户，并且在更实际的操作条件下进行，包括环境和场景。另一方面，"开发测试"是在子系统和部件上进行的，由开发人员执行。一个规划良好的开发测试程序通常需要以下步骤：

（1）制定测试计划、测试步骤和测试分析计划；

（2）研制或购买试验设备和专用试验设施；

（3）进行演示和验证测试，包括软件验证；

（4）试验结果分析与评价；

（5）修正设计缺陷。

下面简要讨论这些步骤。

测试和测试分析计划

在高级开发过程中，有时未被足够重视的步骤却是开发一个考虑周全的测试计划的重要步骤，其确定了系统设计是否足够成熟，是否可以进入工程设计阶段。

1. 开发测试计划的方法

总体测试方法的设计必须能够发现潜在的设计缺陷，并获取足够的测试数据，以识别这些缺陷的来源，并为消除这些缺陷提供良好的基础。这与以成功为前提并以很少的数据采集执行最小测试的方法完全不同。虽然后者的初始成本较低，但其不足之处往往会导致设计缺陷被忽视，从而导致程序中断和延迟，最终产生更大的成本。以下步骤提供了一个有用的清单：

（1）确定测试计划的目标。当然，主要的目的是根据一组选定的操作和性能需求来测试子系统和系统。然而，其他的目标也可能被引入：①在系统的特定方面增加客户的信心；②在高风险区发现潜在的设计缺陷；③公开展示所选择的功能；④展示与所选择的外部实体的接口。

（2）审查操作和最高级别的需求。确定必须评估哪些特性和参数。在开发过程早期,确定的关键性能参数必须包括在这个集合中。但是,通常不可能测试所有需求。

(3) 确定测试这些项目的条件。考虑上下限和公差。

(4) 审查导致选择所需要开发的部件和所涉及的设计问题的过程。

(5) 审查开发测试结果和设计问题的解决程度。

(6) 辨识所选部件与系统其他部分以及环境之间的所有接口和交互作用。

(7) 基于上述因素,定义适当的测试配置,这些配置将为测试相关部件提供正确的系统环境。

(8) 确定激励部件所必需的测试输入以及测量系统响应的输出。

(9) 定义测试设备和设施的需求,以支持上述测量。

(10) 确定进行测试的成本和人力需求。

(11) 制定测试计划,以准备、实施和分析测试。

(12) 准备详细的测试计划。

任何一个任务的重要性以及执行它所需要的工作量将取决于被测试的特定系统元素、可用于进行测试的资源以及相关的风险。无论如何,系统工程师必须熟悉所有这些项目,并且准备好做出对整个开发计划的成功产生重大影响的决策。显然,上述任务涉及系统工程师和测试工程师之间的密切协作。

2. 测试优先级

由于时间和成本的限制,测试计划过程通常是在很艰难的情况下进行的。这些限制要求对测试计划和测试设备进行严格的优先排序,以最有效的方式分配可用的时间和资源。这种优先级划分是系统工程的特殊任务之一,因为它需要对性能、进度和成本的可能结果进行比较、判断,审慎平衡大范围的各种风险。

这些注意事项对确定测试的配置特别重要。理想的配置是将所有部件放入整个系统的运行环境中。然而,这样的配置将需要整个系统的原型及其全部环境,其成本太高。最少的配置是一个单独的部件,对其所有接口单元进行简单仿真。更实际的中间选择是在对系统其余部分和运行环境的相关部分的仿真中,将要测试的部件合并到一个原型子系统中。在每一种情况下,选择特定的测试配置,都需要对风险、成本和应急计划进行一个复杂的平衡,这需要最高水平的系统工程判断。

3. 测试分析规划

如何分析测试结果与如何进行测试同样重要。应采取下列步骤:

(1) 确定必须收集哪些数据。

(2) 考虑获取这些数据的方法,例如,特殊的实验室测试、模拟、子系统测试或全部系统测试。

(3) 确定如何处理、分析和显示所有数据。

当测试是测量系统的动态性能时,详细的分析计划尤其重要,因此产生的数据流必须根据动态系统输入进行分析。在这种情况下,如果产生了大量的数据,则必须借助专门设计的计算机程序或现有程序的定制版本来进行分析。因此,分析计划必须准确地指定什么时候需要什么分析软件。

测试分析计划还应该指定测试配置、必要的测试点和辅助传感器，这些传感器将产生分析所需精度的测量结果。它还必须包含测试期间驱动系统的测试方案。虽然测试分析计划的细节通常是由测试工程师和分析人员编写的，但是测试和测试分析需求的定义是系统工程的任务。在确定测试配置、测试场景、测试分析和设计充分性标准之间的回路必须闭合。这些关系需要系统工程师的专业知识来确保测试产生分析所需的数据。

在测试人机交互和接口时需要特别注意，这种相互作用的评估通常不适合做定量的测量和分析，但是必须包含在测试和分析计划中。该领域必须有专家积极参与。所有上述计划都应该在高级开发阶段的早期到中期进行确定，以便在开始正式测试之前有时间来开发或者获得必要的支持设备和分析软件。

4. 测试和评估总体计划（TEMP）

在政府项目中，制定综合测试计划是一项正式要求，被指定为 TEMP 的计划，首先作为概念定义的一部分进行准备，然后在开发的每个阶段进行扩展和实例化。与其说 TEMP 是一个测试计划，不如说它是一个测试管理计划。因此，它并没有详细说明如何评估系统或使用什么程序，而是针对计划要做什么和什么时候做。系统 TEMP 工作的典型内容如下：

系统介绍：
- 任务描述；
- 运行环境；
- 有效性和适宜性的度量；
- 系统描述；
- 关键技术参数。

综合测试计划摘要：
- 测试计划时间表；
- 管理；
- 参与组织。

开发测试和评估：
- 采用的方法；
- 配置描述；
- 测试的目标；
- 事件和场景。

操作测试和评估目的：
- 配置描述；
- 测试的目标；
- 事件和场景。

测试和评估资源总结：

- 测试的项目；
- 测试地点；
- 测试仪器；
- 测试环境和地点；
- 测试支持的操作；
- 电脑仿真及模型；
- 特殊需求。

测试设施和专用测试设备

在前几章中已经指出，为了系统测试和评估而仿真系统运行环境是任务的一个重要部分，有时近似于系统设计和工程工作本身的规模。在高级开发阶段，系统开发这一问题不仅非常重要，而且代价也高。因此，判断仿真所需的逼真度和精度是系统工程的重要职能。与此相关的内容也将在第 13 章中讨论。

提供适当的测试设备和设施取决于系统的性质，以及开发人员是否有使用类似系统的经验。因此，开发新的航天器需要大量设备，包括真空室、模拟空间和发射环境的震动设备、发送/接收数据的空间通信设备，以及防止在建造和测试航天器时受到污染的洁净室。其中一些设施在"开发设施"小节中作了说明。有了这些设备和设施的充分补充，已建的航天器开发者就可以节省新开发所需的成本和时间。然而，即使以前的系统开发可以提供大量这样的设备，每个新计划也都不可避免地需要不同的设备组合和配置。技术变化的速度既创造了新的需求，也创造了新的机会，这一点在系统测试领域不亚于在系统设计领域。

1. 创建测试环境

验证主要部件或子系统的测试环境的设计和构建需要设备真正地生成所有输入功能和输出测量结果。它还需要预测和生成一组输出，这些输出表示如果系统元素根据其需求进行操作，那么它应该生成什么。而后者则要求存在数学模型或物理模型，用于将测试输入转换为预测的系统输出，以便与测试结果进行比较。

上述操作由一个功能流程图 10.3 表示，它是图 8.2 的测试和评估模块的扩展。图左侧的四个函数显示了测试环境的设计如何创建一个预测测试模型和一个测试场景，该模型和测试场景反过来又激活了一个测试激励发生器。测试激励会激活被测试的系统元素（部件或子系统），系统元素的数学或物理模型也会使用测试激励来创建一组相应的预测输出，以便与实际的测试输出进行比较。图 10.3 右侧的函数代表了对测试结果的分析和评估，下文将在随后的小节中进一步描述。

2. 测试软件

测试支持和分析软件在实际全部的开发中需要特别注意，并且必须按当前的系统要求进行定制。确定它的目标和详细的需求是系统工程主要任务之一。如果还涉及用户（人机）接口，任务将变得更加复杂。这种支持软件最好用快速原型开发，最好有负责

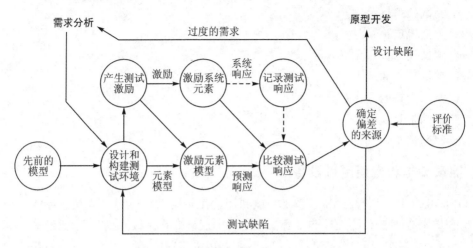

图 10.3　系统元素的测试和评估过程

安装和使用它的测试工程师和分析师的大力投入。由于这个原因和测试软件开发固有的难度，因此尽早开始这项任务很重要。

3. 测试设备确认

与任何系统元素一样，用于系统设计确认的测试设备本身也需要测试和验证，以确保其足够准确和可靠以便作为系统性能的一种度量。这个过程需要仔细地分析和考虑，因为它经常会加强设备测量能力的限制。这项任务往往被低估，并且没有分配足够的时间和精力。

演示和确认测试

在新系统的开发过程中，验证系统设计的实际测试通常是最关键的阶段。高级开发阶段的主要工作被认为是解决已确定的设计问题，即消除已知的未知数。而且很幸运，它成功地解决了系统设计中最初的绝大多数不确定性。但是，每个新的复杂系统不可避免地也会意外遇到"未知的未知数"。因此，这也是高级开发阶段的一个主要目标，即在进行大规模的工程之前发现这些特点。为此，验证测试旨在使系统经受足够广泛的情况，以暴露一直未发现的设计缺陷。

1. 处理测试失败

由此可见，上述过程既是必要的，同时也存在计划风险。当一个测试发现了一个"未知的未知数"时，通常它表现为系统元素无法正常工作。在某些情况下，失败的影响是巨大的且可见的，如测试一种新飞机或导弹。由于故障是不可预料的，因此需要一段时间才能实施建议的解决方案。在此期间，故障对系统开发的影响可能很严重。由于是否继续实施工程设计阶段的决策取决于系统设计的成功验证，因此可能会出现计划中断，并且如果不能相对快速地找到适当的解决方案，则整个计划可能会陷入危险的困境。

当发生上述情况时,系统工程师不可或缺。他们是项目工作人员中仅有的有能力汇集必要知识和经验的人员,以指导寻找系统测试中意外问题的解决方案。通常,在给定部件的设计中发现的缺陷无法通过局部修复来克服,但是可以通过系统相关部分的更改来弥补。在其他情况下,分析可能显示故障在测试设备或程序中,而不是在系统本身。在某些情况下,分析可以表明,所讨论的特定系统性能需求不能完全根据操作需求来确定。在这些和其他情况下,加速搜索和确定最理想的问题解决方案由系统工程领导,作为说服项目管理人员、客户和其他决策者的一项任务,让他们相信所推荐的解决方案值得他们的信任和支持。

2. 测试和系统生命周期

在前几章中已经指出,新系统不仅要在实际操作环境中运行,而且还必须设计成能够在其整个生命周期中暴露的条件下生存,例如运输、存储、安装和维护。这些条件常常没有充分完善,特别是在系统设计的早期阶段,只会在纠正成本极高的阶段意外地引发问题。由于这些原因,设计验证确认必须包括系统预期会遇到的所有条件的明确规定。

3. 设计修改的测试

如上所述,测试计划必须预料到可能出现暴露设计缺陷的意外结果。因此,它必须安排时间和资源来验证设计更改,以弥补这些缺陷。通常情况下,测试计划是建立在100%成功的假设上的,很少或不考虑意外事件。在开发新的复杂系统时经常出现时间和成本超支,这主要是由于这种不切实际的测试计划导致的。

测试结果的分析和评估

图 10.3 的右半部分描述了评估测试结果所涉及的操作。被测部件或子系统的输出要么被记录下来供后续分析,要么与模拟元素模型的预测值进行实时比较;然后对结果进行分析,以揭示所有重大差异,确定其来源,并评估是否需要参照一套评价标准采取补救措施。这些准则应该在测试之前,在仔细解释系统需求和理解系统元素的关键设计特性的基础上制定。

应该注意的是,作为测试差异原因的第一处要查找的地方是测试设备或过程的缺陷。这主要是因为验证测试设备所需的时间和精力通常少于被测试系统元素的设计。

能否成功地使用测试结果来确认设计方法或确定特定的设计缺陷,完全依赖于获得高质量的数据及其在系统需求方面的正确解释。有效的测试分析的一个基本要素是由分析师、测试工程师和系统工程师组成的一个多才能、有经验的分析团队。分析师的功能是应用分析工具和技术,将原始测试结果转换为对特定系统元素性能的度量。测试工程师将他们对测试条件、传感器和其他测试变量的深入了解贡献给系统分析。系统工程师将上述知识应用于借助相关的系统性能来解释测试的结果。

追踪所述系统要求性能上的缺陷,在修正缺陷、要求重大重新设计时显得特别重要。在这种情况下,必须严格审查需求,以确定是否可以在不显著降低系统有效性的情况下降低需求,而不是花费时间和成本来实施系统更改,以充分满足需求。鉴于在测试分析过程中发现的任何缺陷的潜在影响,快速完成分析并将其结果用于影响以后的测试,以及启动可能需要的进一步设计调查是至关重要的。

用户接口评估

在系统设计的验证过程中,用户/控制者与系统之间的接口和交互是一个特殊的问题,在决策支持系统中尤其如此。在这些系统中,系统响应严重依赖于人工操作员对复杂信息输入的快速而准确的解释,这些信息由基于计算机的逻辑驱动的显示器辅助输入。空中交通管制员的工作就是这种接口性质的例子。然而,即使在信息密集程度低得多的系统中,提高自动化程度的趋势也使用户接口更加交互并且更加复杂。即使是个人电脑和用户之间的基本接口变得更加直观和强大,但对非专业用户来说,也显得更加复杂和困难。

对用户接口控件和显示的测试和评估会存在一些问题,因为除了最原始的特性(如显示亮度)外,接口天生就无法进行客观的定量测量。用户在体验、视觉和逻辑技能以及个人喜好等方面的巨大差异,也会影响他们对特定情况的反应。此外,设计团队的成员不是评估用户接口的唯一对象,相反,应尽最大努力聘用类似系统的操作员。

尽管如此,有效的用户接口对于大多数系统的性能至关重要,因此有必要在可行的情况下计划和执行对该系统功能的最实质性评估。这一点特别重要,因为在开发之初就确定用户需求存在固有的困难。因此,当用户第一次面对操作系统的任务时,一定会感到惊讶。

快速原型设计在用户接口领域非常有效。在整个系统甚至整个人机接口设计之前,可以开发原型并与潜在用户进行演示,以征求对信息表示偏好的早期反馈。

用户接口的评估可分为四个部分:

(1) 易于学习使用操作控制;

(2) 视觉情况显示的清晰度;

(3) 信息内容对系统操作的有用性;

(4) 在线用户帮助。

其中,(1)和(4)并不是系统基本操作的明确部分,但是它们的有效性对用户接口的性能起着决定性的作用。因此,必须充分注意用户培训和基本用户帮助,以确保这些因素不会影响对基本系统设计特性的评价。

与大多数其他设计特征相比,应该对用户接口进行测试,以预期发现并修复不足之处。为此,在可行的情况下,应向用户提供可供选择的设计方案,而不是必须用单一的设计方案来表示用户的满意程度。这通常可以由软件而不是硬件来实现。

与其他操作特性(如可靠性、可生产性等)的情况一样,与人机接口相关的设计应该包括人为因素专家和潜在用户的参与。对开发者来说,后者的参与是为了获得客户的建议所必要的。在这种情况和其他情况下,客户在开发过程中的参与可以极大地提高最终产品的实用性和可接受性。

用户接口的有效性评价不受定量工程方法的限制,应将系统工程师扩展到人机交互作用中去。这种互动的某些方面的人士(通常是心理学研究者)大多是专家(例如,在视觉反应中),应与其他专家一起参与评价过程。系统工程的职责就是规划、指导和确认借助哪些系统设计更改可以使用户最有效地解释测试及其分析。系统工程师必须学习足够的人机交互基础知识,以便进行必要的技术领导和系统级决策。

设计缺陷的修正

前面所有的讨论都集中在发现系统设计中的潜在缺陷上,这些缺陷可能在开发和测试过程中没有被消除。如果开发总体上是成功的,那么剩下的缺陷将被证明是相对较少的,但是如何消除它们并不总是容易的,也不是微不足道的工作。此外,在计划中于这点上,几乎总是为进行这种慎重的重新设计和重新测试提供很少时间和资源。因此,就像前面提到的,必须有一个高度快速和优先的工作,来快速地把系统设计以一个相对较高的成功期望纳入全规模化过程。这种工作的规划和领导是系统工程一个特别的重要责任。

10.6 降低风险

如第 5 章所述,在系统生命周期中,降低风险的主要部分应该在高级开发阶段完成。重申一下,高级开发阶段的主要目的是减少开发新系统的潜在风险,将之前未经验证的子系统和部件的风险降低到已经验证的系统的水平。

开发风险的典型来源在功能分析、设计和原型开发部分进行了描述。它们中的大多数被认为是由于对新技术、设备或流程缺乏足够的认知而出现的,而这些新技术、设备或流程本来是系统设计中的关键元素。因此,此阶段的风险降低过程相当于通过分析、仿真(或实现)和测试获取额外的认知。

我们提出两种主要的方法来降低这个阶段的风险:原型开发(硬件和软件)和开发测试。虽然这两种方法都可以更早地实现(在很多情况下应该是这样),但是直到高级开发阶段,才有足够的关于系统架构(功能和物理)的信息来正确地实现原型类型和高级测试。

项目经理和系统工程师都可以使用其他降低风险的策略。从项目经理的角度来看,有几种获取策略可用于降低风险,具体取决于资源的级别:(1)在主要技术或过程未成熟的情况下,并行开发工作,开发替代技术或过程;(2)替代性集成策略,以强调替代接口选项;(3)一种在技术成熟时设计功能增量的增量开发策略。

除了原型设计和测试之外,系统工程师还可以使用以下几种策略:(1)在物理原型设计上增加对建模和仿真的使用,以确保对环境和系统过程的深入了解;(2)在设计之前进行接口开发和测试,部件可用于降低接口风险。无论最终采用何种降低风险的策略,项目经理和系统工程师都要携手合作,以确保在适当的时候降低风险。

开发费用

规划降低风险的工作时必须做出的关键决定是通过什么方式以及应该开发的每个风险区域的范围。如果开发风险区域的范围有限，则剩余风险将仍然很高。如果范围很广，降低风险所花费的时间和成本就会增加整个系统的开发成本。寻求适当的平衡，需要行使专家的系统工程判断力。

如第 5 章所述，关于某一特定组成部分应进行多少开发的决定，应成为风险管理计划的一部分。该计划的目标是将管理每个重大风险区域的总成本最小化。这种"风险一成本"是所采取的分析、仿真、设计和测试的成本总和，以及缓解剩余风险到进行工程设计阶段所要求低水平的成本，即"开发成本"与"缓和成本"之和。

通过改变开发的性质和数量，就可以对最合适的平衡进行判断。因此，对于关键的、不成熟的部件来说，这种平衡要求需开发到原型阶段，而对于非关键的或成熟的部件，就只需要分析便可。

10.7 小 结

降低项目风险

高级开发阶段的目标是通过分析和开发来解决大多数的不确定因素（风险），并验证系统设计方法作为全面工程化的基础。高级开发的输出是系统设计规范和一个经过验证的开发模型。

对于包含广泛的高级开发或未经验证的概念（可能涉及几年的开发工作）的系统，高级开发尤其重要。高级开发所包括的活动如下：

- 需求分析——有关需求的功能要求；
- 功能分析和设计——识别性能问题；
- 原型开发——建立和测试关键部件的原型；
- 测试和评估——验证关键部件的成熟度。

需求分析

需要对系统功能规范进行分析，以便将它们与操作需求（特别是那些不容易满足的需求）中的原始需求联系起来。还应注意到它们与前一种系统部件的不同之处。

功能分析与设计

可能需要进一步开发的部件包括：

- 实现一个新功能；
- 是现有功能的新实现；

- 对现有类型的部件使用新的生产方法；
- 扩展已验证部件的功能；
- 包含复杂的功能、接口和交互作用。

作为降低风险技术的原型开发

需求开发的计划风险可能来自以下几种情况：
- 异常高的性能要求；
- 新材料和新工艺；
- 极端的环境条件；
- 复杂的部件接口；
- 新的软件元素。

开发测试

为了确认风险的解决方案而进行的验证测试需要制定正式的测试计划（TEMP）。此外，必须开发测试设备；必须进行验证试验；必须对测试结果进行分析和评估。测试的结果可以引导设计缺陷的修正。然而，特殊的测试设备和设施往往是一项重大投资。因此，对接口设计进行早期的实验探索是十分必要的。

系统和部件的模型在系统开发中被广泛使用。仿真在开发的所有阶段都越来越重要，在需要开发人员和分析人员的动态系统和软件分析中也很重要。

开发设施是模拟环境条件的设备用于开发测试和部件评估。它们是一项重大投资，需要长期的业务人员。

降低风险

风险评估是一种基本的系统工程工具，在整个开发过程中都要用到它，尤其是在高级开发阶段。它包括识别风险来源、风险可能性和危急程度。

习 题

10.1 系统工程方法以相似的四个步骤应用于高级开发阶段，就像之前的概念定义阶段一样。对于方法中的每一步，将这两个阶段的活动相互比较，用您自己的话说明它们如何相似，如何不同。

10.2 在高级开发阶段，哪些具体活动属于"降低风险"阶段？举例说明，给出真实（或假设的）系统的每个活动的例子。

10.3 为什么有很多新兴复杂系统在采用不成熟的技术后带来了巨大的风险？举例说明这些选择在何处以及如何取得成功，而在哪些地方没有奏效。

10.4 表 10.2 说明了包含系统不同方面的四种发展情况。每种情况都需要进行不同的开发活动来验证结果。根据给定的条件解释这四个开发过程的基本原理。

10.5 在对空中交通管制系统进行重大升级的过程中,要排除的三个重大风险是哪些? 您会建议采用哪些系统工程方法来减小这些风险?(考虑未能按时完成的问题以及安全问题。)

10.6 需要扩展功能性能的部件通常需要进一步开发,该部件性能远远超出先前部件的限制。如表10.3所列,请给出四个功能元素类别(信号、数据、材料和能量)中每一个功能元素的例子,并给出您选择例子的理由。

10.7 图形用户接口软件通常难以设计和测试,解释为什么这样? 给出至少三种情况来说明您的观点。对于每种情况,您会建议哪种类型的开发测试?

10.8 闭环动态系统往往难以分析和测试。为此,经常需建造特殊的测试设施。画出评价一种使用光学传感器进行远程监视的无人机(UAV)的测试设备。假设测试设备包括一个实际的光学传感器,其他系统部件同时仿真。指出仿真中的哪些元素是被测系统的一部分,哪些元素表示外部输入。标记所有模块的输入/输出线。

高级开发的系统工程职责之一是了解系统概念如何被接受、转换、消耗并产生信号、数据、材料和能量的四种功能元素。为了说明这个概念,对于习题10.9～10.13,请使用大多数服务站都能找到的标准自动洗车系统,其中,汽车通过自动传送带进入封闭的洗车设备,在离开设施前经历几个阶段的活动。对于每个问题,请构造一个包含四方面"接受"、"转换"、"消耗"和"生成"的列表。

10.9 在"接受"列中,描述系统将从所有外部实体接收什么信号。在"转换"列中,描述这些信号的转换以及系统将把这些信号转换成什么信号。在"消耗"列中,描述系统将消耗什么信号以及用于什么目的。请注意,系统将转换或消耗其所有输入信号。在"生成"列中,描述系统将生成哪些信号输出。

10.10 在"接受"列中,描述系统将从所有外部实体接收哪些数据。在"转换"列中,描述这些数据的转换以及系统将把这些数据转换成什么。在"消耗"列中,描述系统将消耗哪些数据以及用于什么目的。请注意,系统将转换或消耗其所有输入数据。在"生成"列中,描述系统将生成哪些数据用于输出。

10.11 在"接受"列中,描述系统将从所有外部实体接收哪些材料。在"转换"列中,描述这些材料的转换以及系统将把这些材料转换成什么。在"消耗"列中,描述系统将消耗什么材料以及用于什么目的。请注意,系统将转换或消耗其所有输入材料。在"生成"列中,描述系统将生成哪些材料用于输出。

10.12 在"接受"列中,描述系统从所有外部实体接收的能量。在"转换"列中,描述这些能量的转换以及系统将把这些能量转换成什么。在"消耗"列中,描述系统将消耗什么能量以及用于什么目的。请注意,系统将转换或消耗其所有输入能量。在"生成"列中,描述系统将为输出产生什么能量。记住,能量可以有几种形式。

扩展阅读

［1］Blanchard B，Fabrycky W. System Engineering and Analysis：Chapter 5. 4th ed. Prentice Hall，2006.

［2］Brooks Jr F P，The Mythical Man Month — Essays on Software Engineering. Addison-Wesley，1995.

［3］Chase W P. Management of Systems Engineering：Chapter 9. John Wiley & Sons，Inc. ，1974.

［4］DeGrace P，Stahl L H. Wicked Problems，Righteous Solutions. Yourdon Press，Prentice Hall，1990.

［5］Eisner H. Computer-Aided Systems Engineering：Chapter 13. Prentice Hall，1988.

［6］Maier M，Rechtin E. The Art of Systems Architecting. CRC Press，2009.

［7］Martin J N. Systems Engineering Guidebook：A Process for Developing Systems and Products：Chapter 10. CRC Press，1997.

［8］Pressman R S. Software Engineering：A Practitioner's Approach. McGraw Hill，1982.

［9］Reilly N B. Successful Systems for Engineers and Managers：Chapter 13. Van Nostrand Reinhold，1993.

［10］Sage A P. Systems Engineering：Chapter 6. McGraw Hill，1992.

［11］Sage A P，Armstrong Jr J E. Introduction to Systems Engineering：Chapter 6. John Wiley & Sons，Inc. ，2000.

［12］Shinners S M. A Guide for Systems Engineering and Management：Chapter 5. Lexington Books，1989.

［13］Stevens R，Brook P，Jackson K，Arnold S. Systems Engineering，Coping with Complexity：Chapter 11. Prentice Hall，1998.

［14］Systems Engineering Fundamentals：Chapter 4. SEFGuide-12-00. Defense Acquisition University (DAU)Press，2001.

第 11 章 软件系统工程

先进的信息技术(IT)是许多人所说的"信息革命"的驱动因素,它改变了现代工业、商业、金融、教育、娱乐的面貌——事实上,也改变了发达国家的生活方式。它实现了通过自动化取代由人类执行的任务的这一壮举,完成较以前可能更为复杂的操作,并以更快的速度和更高的精度执行。这种功能不仅带来了一系列新的、复杂的软件控制系统,而且还嵌入到几乎所有形式的车辆和电器中,甚至儿童玩具中。

前面章节讨论了系统工程原理和实践在所有类型的系统和系统单元中的应用,而没有关心它们是用硬件还是软件实现的。然而,与系统工程相比,软件工程已经沿着一条独立的道路进行了发展。直到最近,这两条道路才开始交汇。在这里面,许多原理、技术和工具都是相似的,并且研究促进了两个领域的不断发展融合。

"软件系统工程"这个术语是由瀑布图之父温斯顿·罗伊斯博士在软件工程史的早期提出的,用来表示两者之间的自然关系。但是,这个术语并未被不断发展的软件界所采用,并且"软件工程"这个术语成为了该领域的绰号。

在 21 世纪的前 10 年里,这两个领域有更多的共同点这一事实已为两界所认可。"旧的"术语重新出现,表示系统工程原理和技术在软件开发中的应用。当然,思想的流动是双向的,在系统工程中产生了新的概念——面向对象的系统工程(Object-Oriented Systems Engineering,OOSE)。今天,无可否认,软件在现代复杂系统中的作用正在不断扩大。

但是,软件工程和软件系统工程这两个术语不是同义词。前者是指独立或嵌入式的软件产品的开发和交付。后者是指将原理应用于软件工程学科。

因此,本章将重点介绍软件系统工程,以及软件工程与系统的关系。换言之,我们将从使用软件来实现更大系统的需求、功能和行为的视角进行讨论分析。这不包括我们讨论中的独立商业应用程序,例如我们今天都在使用的无处不在的办公软件。虽然系统工程原理可以应用于这些类型产品的开发,但我们不会讨论这些问题。

软件组成

我们将软件定义为三个主要部分:

- 指令。被称为"计算机程序"或简称为"代码"的软件包括由各种硬件平台执行的一系列指令,这些硬件平台提供有用的特性、功能和性能。这些指令在细节、语法和语言的层次上各不相同。
- 数据结构。除了指令集之外,还有数据结构的定义,这些数据结构将存储信息以供指令进行操作和转换。
- 文档。最后,软件包括必要的文档来描述软件的使用和操作。

这三个部分一起被称为"软件"。软件系统也是满足系统定义的软件(如上所述)(参见第 1 章)。

11.1 应对复杂性和抽象性

工程软件和硬件之间最根本的区别之一是软件的抽象性。由于现代系统在许多关键功能上都依赖于软件,因此应着重于对复杂系统的软件部分进行工程设计的独特挑战,并对系统工程师最感兴趣的软件工程基础知识进行概述。

在前面的章节中,我们讨论了系统工程师与设计/专业工程师之间的关系。通常,系统工程师扮演负责系统开发技术方面的首席工程师的角色。同时,系统工程师与程序员一起确保开发出适当程序。两者共同合作,促使程序成功。设计工程师通常向系统工程师汇报(非正式的,如果不直接向他们报告)。

关于软件工程的一个观点是,软件工程师仅仅是负责系统功能一部分的另一位设计工程师而已。由于功能最终将要分配给软件,这就要求软件工程师以软件代码的形式实现这些功能和行为。作为这样一个角色,软件工程师与工程部门的同事们在一起,使用编程代码作为其工具来开发子系统和部件,而不是物理设备和零件。图 11.1 是 IEEE 软件系统工程流程图,它使用传统的" Vee"图描述了这种观点。

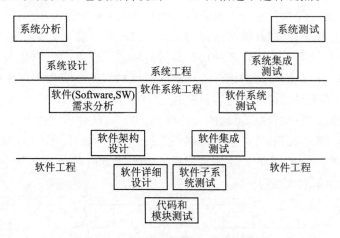

图 11.1 IEEE 软件系统工程流程图

一旦为软件开发(或组合的软件/硬件实现)分配了子系统,就会开始开发软件需求、体系架构和设计的子过程。在将这些软件部件集成到整个系统之前,需要进行系统工程和软件工程步骤的组合。

遗憾的是,这种观点倾向于促进系统和软件开发团队之间的"独立性"。在设计之后,硬件工程师和软件工程师开始各自的开发。然而,软件的本质要求在系统设计的早期设计出软件开发策略,在 Vee 图中这被描述为第二个主要步骤。如果在设计阶段硬件和软件是"分开的",那么在系统设计期间或结束时,开发和实现这些部件过程中的差异将导致系统开发工作在时间上变得不平衡。

因此，在系统分析阶段，软件开发必须比传统开发更早地引入其中。虽然图中没有显示，但是系统架构设计现在已成为此过程构成系统分析的主要部分。在这个活动中，软件系统工程会被考虑。

软件在系统中的角色

软件的开发与 20 世纪下半叶的数字计算的发展同步，而数字计算的发展又受到半导体技术的发展的推动。软件是数据系统的控制和处理单元（请参阅第 3 章）。它是一种指导数字计算机对数据源进行操作以将数据转换为有用信息或操作的方法。在计算机的早期，应用软件来使计算机的原始版本能够为第二次世界大战中炮兵计算明细表。今天，软件被用于控制从单片机到功能强大的超级计算机，以执行无限多种的任务。这种通用性和潜力使软件成为现代系统（无论简单的还是复杂的）中必不可少的组成部分。

虽然软件和计算机硬件有着千丝万缕的联系，但它们的发展历史却截然不同。计算机主要由半导体芯片组成，在设计和操作上趋于标准化。因此，特定应用程序的所有处理需求都已整合到软件中。通过这种功能的划分，我们能将所有精力投入到提高计算机的速度和功能上；同时，由于计算机的标准化和大规模的生产、销售，计算机的成本也降低了。与此同时，为了满足不断增长的需求，软件的规模和复杂性都在提高，软件已成为大多数复杂系统的主要部分。

图 11.2 中显示了软件在计算机系统中的作用（传统视图）。该图显示了软件的分层，以及与用户和运行它的计算机之间的关系。用户可以是人工操作员，也可以是另一台计算机。可以看到，用户通过各种接口与所有层进行交互。图中显示了用户界面被包裹在所有的软件层中，直接与硬件进行最低程度的交互。应用程序层的软件是计算机系统的核心，其他层支持的是应用程序。

现代软件系统很少出现在单独的计算机中。如今，软件可以在路由器、服务器和客户端的复杂的网络中找到，所有这些都在系统的多层架构中。图 11.3 描绘了在一系列网络上利用瘦客户端的简化三层体系架构。在体系架构的每个部件中，都驻留有如图 11.2 所示的类似层次结构。

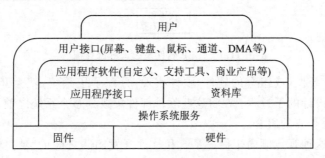

图 11.2　软件层次结构

可以想象，计算机系统（不应称为计算机网络）的复杂性已经大大提高。软件不再

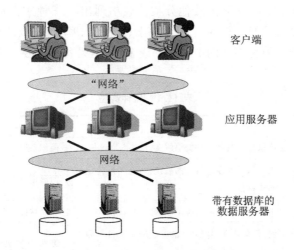

图 11.3　概念上的三层架构

专用于单一平台,甚至平台类型,而是必须跨异构硬件平台运行。此外,除了管理各个平台之外,软件还可以管理复杂的网络。

由于软件的复杂性及其在复杂系统中日益重要的作用,软件开发现已成为系统开发中不可或缺的一部分。因此,系统工程应将软件工程作为一门不可或缺的学科,而不仅仅是作为实现功能的另一项设计工程。

11.2　软件开发的本质

软件类型

在过去的几十年中,虽然软件被多次分类,但我们发现,其中大多数可以整合为三大类:

(1) 系统软件。此类软件为其他软件提供服务,并且不能单独使用。这种类型的经典示例是操作系统。计算机或服务器的操作系统为其他常驻软件提供了多种数据、文件、通信和接口服务(仅举几例)。

(2) 嵌入式软件。此类软件提供了较大系统的特定服务、功能或特征。由于其基本原理是将功能分配给特定子系统(包括基于软件的子系统),因此这种类型最容易在系统工程中识别。在卫星、防御、国土安全和能源等系统中,很容易找到这种类型的示例。

(3) 应用程序软件。此类软件提供解决特定需求的服务,被视为"独立运行"。应用程序软件通常与系统软件和嵌入式软件进行交互以利用其服务。示例包括流行的办公应用程序——文字处理器、电子表格和演示文稿。

尽管这三个类别涵盖了当今各种软件,但是它们并没有提供对现有多个专业的任何见解。给出了表 11.1，以提供其他分类。表中列出了三种主要的软件类别以供比较。本文还另外给出了四个类别：工程/科学、产品线、基于 Web 的和人工智能。虽然这四种类型都属于三种主要类别中的一种或多种，但是每种类型也处理软件社区中的特定方面。

表 11.1　软件类型

软件类型	简　介	示　例
系统软件	系统软件为其他软件提供服务	操作系统、网络管理员
嵌入式软件	嵌入式软件存在于较大的系统内，并实现特定的功能或特征	图形用户界面、导航软件
应用程序软件	应用程序软件是解决特定需求的独立程序	商业软件、数据处理器、过程控制器
工程/科学软件	工程/科学软件利用复杂的算法来解决科学和工程学中的高级问题	仿真、计算机辅助设计
产品线软件	产品线软件主要在各种用户和环境中广泛使用	文字处理、电子表格、多媒体
基于 Web 的软件	基于 Web 的软件(有时称为 Web 应用程序)是专门为广域网的使用而设计的	互联网浏览器、网站软件
人工智能软件	人工智能软件使用非数值算法来解决复杂问题	机器人技术、专家系统、模式识别、游戏

软件系统的类型

软件已成为几乎所有现代复杂系统的主要组成部分，但根据软件系统组成部分所执行的功能的性质，系统工程的任务可能会有很大的不同。尽管对不同类型的系统没有统一分类，但区分三种类型的软件系统是有用的，这三种类型的系统为：嵌入式软件系统、软件密集型系统和计算密集型系统。术语"软件主导的系统"用来包括一些常见的软件系统。

表 11.2 列出了以软件为主导的三类系统的特点和常见的例子，下文将更详细地加以说明。

表 11.2　软件类别——主导系统

特　性	嵌入式软件系统	软件密集型系统	数据密集型计算系统
目的	更快、更准确地执行自动化系统	处理大量信息以支持决策或获取知识	解决复杂问题，通过计算和仿真对复杂系统建模
功能	算法、逻辑	处理事务的	计算
输入	传感器数据、控件指令	信息、对象	数据数值模式
处理	实时计算	处理、图形用户界面、联网	非实时计算
输出	动作、软件产品	信息、对象	信息
时间	实时的、连续的	间断的	预定

续表 11.2

特 性	嵌入式软件系统	软件密集型系统	数据密集型计算系统
示例	空中交通管制、 军事武器系统、 飞机导航和控制	银行网络、 机票预订系统、 网络应用	天气预测、 核效应预测、 建模与仿真
硬件	小型和微型处理器	N 多层架构	超级计算机
典型用户	操作员	管理人员	科学家、分析师

1. 嵌入式软件系统

嵌入式软件系统(也称为软件形态系统、实时系统或社会技术系统)是硬件、软件和人的混合组合。这类系统的主要操作由硬件完成,而软件起重要的支持作用。例如车辆雷达系统、计算机控制的制造机器等。软件通常是执行关键的控制功能以支持操作人员和硬件部件的工作。

嵌入式软件系统通常是连续运行的,特别是在嵌入式微处理器上(因此得名),因此软件必须实时运行。在这些系统中,软件通常设计成按照从系统流向子系统级的需求设计到部件中。可以为单个软件部件或作为子系统运行的一组部件指定需求。在这些系统中,软件的作用范围可以从家用电器的控制功能到军事武器系统中高度复杂的自动化功能。

2. 软件密集型系统

软件密集型系统包括所有的信息系统,主要由计算机和用户网络组成。在这些网络中,软件和计算机通常在操作人员支持下执行全部的系统功能。例如,航空订票系统、分布式销售系统、财务管理系统等自动信息处理系统。这些软件密集型系统通常间歇地响应用户输入,对延迟的要求不像实时系统那么严格。另一方面,软件属于系统级的需求,需要直接与用户需求挂钩。这些系统可以非常大,并且分布在扩展的网络上。万维网就是软件密集型系统的一个特殊示例。

在软件密集型系统中,软件是所有层次包括系统控制本身的关键。因此,必须从一开始就对它们进行系统设计。它们中的大多数可以被认为是"事务处理"系统(财务、机票预定、命令和控制)。它们通常围绕含有领域信息实体的数据库来建立,必须访问这些领域信息实体才能完成正确的事务。

3. 数据密集型计算系统

与上述软件系统类别显著不同的一类软件系统,是数据密集型计算系统,包括用于执行复杂计算任务的大型计算资源,例如天气分析和预测中心、核效应预测系统、高级信息解密系统和其他计算密集型操作。

这些数据密集型计算系统通常作为计算设施运行,通常在超级计算机或高速处理器上进行计算。在某些情况下,计算是由一组并行处理器完成的,并为并行操作设计了计算机程序。

数据密集型计算系统的开发需要一种与其他系统类似的系统方法，然而，大多数都是一类中的一种，包含了非常特殊的技术方法。因此，本章将重点讨论与更为常见的软件（嵌入式和软件密集型系统）相关的系统工程问题。

硬件和软件之间的区别

本章一开始就指出，硬件和软件之间有许多根本的差别，它们对以软件为主导的系统的系统工程有着重大的影响。每个系统工程师都必须清楚地认识到这些差异及其重要性。下面的段落和表 11.3 专门描述了软件与硬件的显著区别。

(1) 结构单元。 大多数硬件部件由标准的物理零件组成，例如齿轮、晶体管、电动机等。绝大多数是实现常用功能的单元，例如"产生扭矩"或"处理数据"（请参阅第 3 章）。相反，软件结构单元可以用多种不同的方式来组合，以形成确定由软件执行的功能的指令，没有一组有限的常见功能构建块，例如构建硬件子系统和部件。主要的例外是某些软件编程环境中包含的通用库函数（例如三角函数）和某些主要与图形用户界面函数相关的商业软件"部件"。

(2) 接口。 由于物理部件特别不好定义，所以软件系统往往比硬件系统接口更多，且内部连接更深入、更不可见。这些特点使它更难实现良好的系统模块化以及控制局部变动的影响。

表 11.3 软件和硬件的区别

属　性	硬　件	软　件	系统工程的复杂性
结构单元	物理零件、部件	对象、模块	通用构建块很少，部件重用很少
接口	在部件边界可见	看不见，深入渗透	界面控制困难，模块化缺乏
功能性	受功率和精度限制	无固有限制（仅限于硬件）	程序非常复杂，难以维护
大小	受空间和重量限制	无固有限制	模块非常大，难以管理
互换性	需要工作量	看似容易，但有风险	很难配制管理
失效模式	在失误前产生	突发失败	故障的影响更大
抽象性	由物理单元组成	文本和符号	难以理解

(3) 功能性。 对硬件来说，有物理性的约束；对软件的功能来说，不存在内在的限制。因此，系统中大部分关键的、复杂的和非标准的操作通常分配给软件来完成。

(4) 大小。 硬件部件的大小受到体积、重量和其他约束的限制，但对计算机程序来说，大小没有内在的限制，特别是在现代存储技术下。许多基于软件的系统的规模庞大，这构成了一个主要的系统工程挑战，因为它们体现了大量的客户定制系统的复杂性。

(5) 可互换性。 与在硬件单元中进行更改所需的工作相比，通常误以为在软件中进行更改很容易（即，"仅仅"更改几行代码）。由于前面提到的复杂性和接口问题，软件变更的影响更加难以预测或确定。一个"简单"的软件变更可能需要重新测试整个系统。

(6) 失效模式。 硬件在结构和操作上是连续的，软件是数字的、不连续的。硬件通常在发生故障之前就会产生失灵，而且往往在有限的区域内发生故障。软件故障往往是突发的,经常导致系统崩溃。

(7) 抽象性。硬件部件由机械图、电路图、方框图和其他表示形式来描述,这些表示形式是工程师容易理解的物理元素的模型。软件本身是抽象的。除了实际的代码之外,架构图和建模图也是高度抽象的,并且每个图都受到其信息上下文的限制。抽象可能是软件和硬件之间最基本的区别。

表 11.3 总结了上述差异,这些差异深入地影响复杂软件占主导地位的系统的系统工程。如果没有认识到这些差异并有效地估计它们,可能会导致一些重大项目出现重大故障,如尝试现代化的空中交通控制系统、哈勃望远镜的初始数据采集系统、火星着陆航天器和机场行李处理系统。

对于大多数没有软件工程经验的系统工程师来说,他们须具备一些此学科的基础知识。下面几节将简要概述软件和软件开发过程。

11.3　软件开发生命周期模型

正如前面几章所描述的,每个开发项目都要经历从初始阶段到完成的一系列阶段。生命周期模型的概念是,一种用于计划项目成功执行所需的活动、人员配置、组织、资源、时间表和其他支持活动有用的管理工具。它还有助于建立里程碑和决策点,以帮助保持项目的进度和预算。

第 4 章描述了一个适用于开发、生产和部署的典型的新型大型复杂系统的生命周期模型。它包括一系列步骤,从建立一个新系统的真实需求开始,系统地进展到设计一个满足需求的技术办法;设计一套能有效、可靠及经济地推行系统概念的硬件/软件系统;验证其性能;以及生产尽可能多的单元直到支付给用户/客户。

在嵌入式软件系统中的各软件单元执行体现在部件或子部件中的关键的功能。因此,它们的系统生命周期受系统和主要子系统性质的限制,一般遵循系统的步骤特性,如第 4 章和第 6~10 章所述。嵌入式软件系统生命周期的一个重要特征是:没有软件元素本身的生产,只有运行软件的处理器。同样,有必要引起注意的是,各软件单元的规模复杂得令人难以置信,而且通常在系统运行中扮演着关键角色。因此,需要考虑采取特殊措施降低这一领域的风险。

基本的开发阶段。系统工程方法被认为包含 4 个基本步骤(见图 4.10):

(1) 需求分析;

(2) 功能定义;

(3) 物理定义;

(4) 设计确认。

因此,软件开发过程也可以分为 4 个基本步骤:

(1) 分析;

(2) 设计,包括结构、程序的设计等;

（3）编码与单元测试，又称实现；

（4）测试，包括集成测试和系统测试。

尽管这些步骤与系统工程方法不完全一样，但是每个步骤的总体目标都非常接近。

应该注意的是，像系统工程方法一样，软件过程的不同版本使用不同的名称和步骤，或阶段的不同名称被分割成一个或多个基本步骤。例如，设计可以分为概要设计和详细设计。单元测试有时会与编码结合，或者分开单独进行。系统测试有时被认为是集成加测试。必须记住，这种分步的表述就是一种过程的模型，因此可能会有变化和解释。

对于由通信、金融、商业、娱乐和其他信息用户主导的软件密集型系统来说，有各种可用的生命周期模型。下面简要介绍几个比较突出的例子。关于软件生命周期的详细讨论，在本章的参考资料和其他资源中都能找到。

与系统生命周期模型一样，各种软件过程模型都包含相同的基本功能，主要区别在于执行步骤的方式、活动的顺序以及在某些情况下代表它们的形式。总体而言，软件开发通常分为四类：

（1）线性软件开发模型。与正式的系统开发生命周期模型一样，线性软件开发模型也包括一系列步骤，通常带有反馈，从而开发软件产品。线性软件开发模型在具有良好理解和稳定的需求、合理的进度表和资源，以及良好记录的实践环境中可以很好地工作。

（2）增量模型。增量模型使用与线性模型相同的基本步骤，但在多次迭代中重复该过程。此外，在每次迭代中，并不是每个步骤都按照相同的详细程度执行。这些类型的开发模型在系统开发时会在递增的时间点提供部分功能。它们在具有稳定要求的环境中运行良好，在该环境中，在开发完整系统之前，需要部分功能完成设计。

（3）演化模型。演化模型与增量的概念相似，但是开发过程开始时在尚不了解最终产品的特性和属性的环境中可以很好地工作。演化模型以非生产形式（例如原型）提供有限的功能，用于实验、演示和熟悉。随着系统通过这三个过程来满足用户的需求，反馈对于演化模型至关重要。

（4）敏捷开发模型。敏捷开发模型在很大程度上偏离了我们前面确定的 4 个基本步骤。使用线性、增量和演化模型，这 4 个步骤被组合成不同的序列，并以不同的方式重复。在敏捷开发环境中，这 4 个步骤以某种方式组合在一起，它们之间的关联就丢失了。"敏捷"方法适用于结构和定义不可用的环境，并且在整个过程中变化是恒定的。

除了上述 4 个类别的基本开发模型外，还提供实践和发布了特别的开发模型。两个众所周知的示例是基于部件的开发模型和面向方面的开发模型。这些特殊用途的模型具有特定但有限的应用。在此我们先不讨论这些特殊模型。

线性开发模型

"瀑布模型"是经典的软件开发生命周期模型，也称为"时序"模型（见图 11.4）。它由一系列步骤组成，系统地从分析到设计，到编码和单元测试，再到集成和系统测试。

带有反馈的瀑布模型(参见图 11.4 中虚线箭头)描述了在进入后一步前,对前一步的输入做调整以解决未预料到的问题。瀑布模型与传统的系统生命周期最为接近。表 11.4 列出了系统生命周期各阶段的目的以及瀑布生命周期阶段的相应活动。

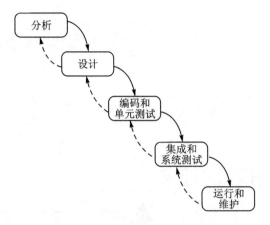

图 11.4 经典瀑布模型开发周期

表 11.4 系统生命周期与瀑布模型

系统阶段	目 的	瀑布阶段
需求分析	确定系统需求和可行性	分析
概念探索	推导必要系统	分析
概念确定	选择首选的系统架构	设计
高级开发	建立和测试有风险的系统单元	设计(和原型)
工程设计	设计系统部件以满足性能要求	编码和单元测试
集成与评价	集成并验证系统设计	集成和系统测试
生产	生产和分配	无
运行和支持	运行	维护

多年来,基本的瀑布模型已经演化成许多变体,包括一些已经不能再被描述为线性的变体。瀑布模型与其他模型相结合,形成了可以被划分为两个或多个模型组合的混合模型。虽然基本的瀑布模型在今天的现代软件工程中很少使用,但是它的基本原则得到了广泛认可,这将会在以下两个部分中得到证明。

增量开发模型

基本增量模型包含两个概念:

(1) 重复执行软件开发的基本步骤以构建多个增量;

(2) 在流程的早期实现部分操作功能,并随着时间的推移构建该功能。

图 11.5 使用基本瀑布模型的步骤描述了此过程。读者注意,并非每个增量的所有步骤都执行到相同的详细程度。例如,分析阶段在第二和第三增量中可能不需要像在

第一增量中那样受到同样的关注。初始分析可能涵盖所有增量的需求、要求和功能确定，而不仅仅是第一个。类似地，通过第二次迭代，可以很大程度上完成软件系统的总体设计，而在第三次迭代中将不需要进一步的设计。

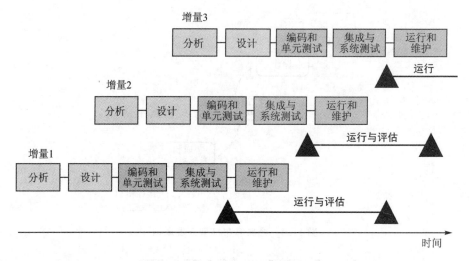

图 11.5　软件增量模型

　　增量开发的另一个方面涉及增量发布，有时称为"构建"。当发布一个新的增量时，旧的增量可能会被取消。在其最纯粹的形式中，一旦释放了最后一个增量，所有较早的增量都将退役。当然，当客户完全满意一个增量（导致多个增量，从而导致软件的版本）或者未来的增量被取消时，这种情况就会出现。这在图中用三角形表示。

　　快速应用程序开发（Rapid Application Development，RAD）模型（有时称为"一次完成"模型）的特点是递增开发过程的周期非常短。它是瀑布模型的一种迭代形式，具体取决于先前开发的或商业上可用的部件。它的使用最适合于有限规模商业应用软件开发，这些软件可以进行相对快速和低风险的开发，并且其市场化程度取决于先于竞争对手的部署。

演化过程模型

　　在没有很好地定义用户需求和/或开发复杂度高到足以招致重大风险的情况下，最好采用演化方法。其基本概念包含早期软件产品或原型的开发。该原型并非旨在用于实际运营、销售或部署，而是用于帮助确定和改进需求或降低开发风险。如果原型的目的是识别和改进需求，那么通常在开发的设计阶段就构建系统的实验版本，或者表现出用户界面特征的代表性部分，并按预期进行操作。用户或预计用户的代理人，借助软件的灵活性，通常可以相对快速、廉价地设计、构建这样的模型。由于此模型不适合生产，因此无须注意正式的方法、文档和质量设计。

　　除了构建试用用户界面以完善要求之外，与高级开发阶段一样，软件原型设计通常还被用于一般的风险降低机制，可以及早对新的设计结构进行原型设计，以改进方法。

还可以及早开发和测试与其他硬件和软件的接口,以降低风险。例如一个空中交通管制系统,通常需要通过在现场测试系统的初步模型来发现系统接口的实际需求。

演化模型最常见的形式也许就是螺旋模型。它与图 4.12 中所示相似,但通常形式化程度较低,周期更短。图 11.6 描绘了螺旋开发模型的一个版本。它的形式与图 4.12 中所示有所不同,从中心开始并向外盘旋。不断扩大的螺旋线代表了连续的原型,这些原型经过反复完善系统,以达到客户目标。最终,在最后的螺旋/原型上应用精加工步骤,得到成品。

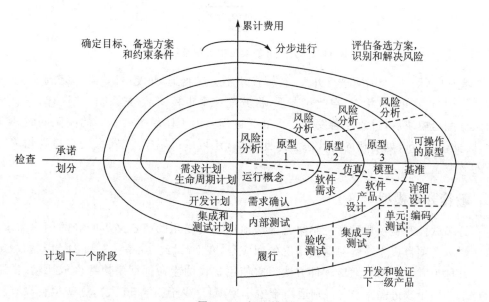

图 11.6　螺旋模型

对于所有演化方法,在使用原型后,规划原型(或螺旋形)在什么位置部署和放置非常重要。使用螺旋方法的例子比比皆是,我们使用实际用户或代理人开发和测试了一个或两个原型。但是,在体验了原型之后,客户宣称产品满足需求,并要求立即交付。不幸的是,如果没有正式的程序和方法,也没有在原型开发中遵循的一般质量保证,那么"最终产品"就无法在现场部署(或出售给市场),即使部署后,也会出现问题。我们的建议是,原型应在完成其目的后就丢弃,并且应警告客户有关将原型部署为操作系统所涉及的重大风险。

属于演化类别的第二个模型是并发开发模型。这种方法消除了序列和增量这两个概念,并同时开发所有阶段。该模型通过定义软件开发状态来实现此方法。软件模块以其所属的状态标记。定义了正式的状态转换标准,使软件模块可以从一种状态转换到另一种状态。开发团队应专注于单个状态的特定活动。图 11.7 描绘了与这种类型的模型相关的示例状态转换图(State Transition Diagram,STD)。

最初应将软件模块分配为"等待开发"状态。可以将这种状态视为开发团队的队

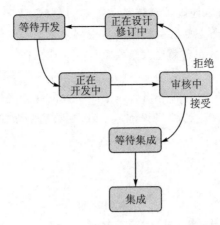

图 11.7　并行开发模型中的状态转换图

列。除非指派了一个团队进行开发，否则模块不会过渡到"开发中"状态。完成后，模块将过渡到"正在审核"状态，在此状态下，将分配一个审核团队（或人员）。同样，只有将团队分配给模块后，过渡才会发生。重复此过程。由于模块是由不同的团队同时开发的，因此模块可以处于相同的状态。除此之外，还可以采用推/拉式系统来提高相关团队的效率。

敏捷开发模型

许多软件开发项目的常见结果是无法适应不断变化的或定义不明确的用户需求，从而影响了项目成本。针对这种情况的回应是，在 20 世纪 90 年代末和 21 世纪初制定了一种称为"敏捷"的自适应软件方法。它使用迭代的生命周期来快速生成原型，供用户评估并用于改进需求。它特别适用于中小型项目（少于 30～50 人），这些项目没有明确定义需求，并且客户愿意与开发人员合作以获得成功的产品。最后，特别重要的一点是，敏捷方法取决于客户/用户的参与。

没有客户对这种高交互级别的付出，敏捷方法会招致重大风险。

正如它的支持者所定义的，敏捷方法基于以下假设并满足以下条件：

（1）需求（在许多项目中）不是完全可预测的，并且在开发期间会发生变化。一个推论是，在同一时期内客户的优先级可能会发生变化。

（2）设计和构造应该集成在一起，因为在测试实现之前很少能判断设计的有效性。

（3）分析、设计、构造和测试是不可预测的，并且不能以足够的精确度进行计划。

这些方法严重依赖于软件开发团队同时进行开发。正式的需求分析和设计不是单独的步骤，它们被合并到软件的编码和测试中。此概念不适用于胆小的客户，因为这需要高度信任。但是，敏捷方法代表了软件开发的飞跃，与传统方法相比，敏捷开发可以更快地生成功能强大的软件。

敏捷方法包括许多最新的过程模型：

（1）自适应软件开发（Adaptive Software Development，ASD）。侧重于三个活动

的连续迭代：推测、协作和学习。初始阶段着眼于客户的需求和使命。第二阶段是协作，它利用协同人才的概念共同开发软件。最后阶段是学习，它向团队、客户和其他利益相关者提供反馈，包括正式的审查和测试。

（2）极限编程（Extreme Programming，XP）。侧重于四个活动的连续迭代：规划、设计、编码和测试。需求是通过使用用户描述（非正式的用户特性和功能描述）来确定的。这些描述在迭代过程中被组织和使用，并作为最终测试的基础。

（3）敏捷侧重于短时间内（30 天）的迭代周期，并有强大的团队。这个过程产生了几个不同成熟度的迭代，用这些迭代来学习、适应和进化。在每个周期中，都会发生一组基本的活动：需求、分析、设计、演化和交付。

（4）特性驱动开发侧重于短时间迭代（通常约 2 周），每个迭代都交付用户看重的实际功能（特性）。最终，功能被组织和分组到模块中，然后集成到系统中。

（5）Crystal 系列敏捷方法侧重于将一套核心的敏捷方法适应于单个项目。

在所有上述方法中，质量和鲁棒性是产品的必需属性。因此，应该建立迭代而不是丢弃（与增量方法和螺旋方法相反）。所有基于不确定需求的项目在决定使用的方法时都应考虑上述原则。

通常，软件开发生命周期遵循第 3 章和第 5～10 章中所述的逐步降低风险和系统"实例化"的模式。本章的其余部分采用类似的结构。

软件系统升级

由于 IT 的飞速发展，数据处理器、外围设备和网络的相关发展，以及引入软件的通用性，系统软件会频繁地做重大修改或升级。在大多数情况下，升级是由与开发者不同的人进行计划和实施的，这会导致出现接口疏忽或性能缺陷的可能性。这种情况需要系统工程人员参与和控制，他们可以从系统角度计划升级设计，并确保进行适当的需求分析、接口标识、模块化原理的应用，以及在各个级别的全面测试。

当要升级的系统是在普遍使用现代编程语言之前进行设计时，可能会遇到严重的问题，即无法使用现代数据处理器不再支持的过时语言。这种传统软件通常无法在现代高性能处理器上运行，并且必须重写或翻译成现代语言的程序，这些程序有数十亿行代码。在许多情况下，前者的成本令人望而却步，而后者尚未普及。结果是，这些系统中的许多系统继续使用过时的硬件和软件，并由仍然能够处理过时的技术的越来越少的程序员进行维护。

11.4　软件概念开发：分析和设计

前面各节中描述的传统软件生命周期中的分析和设计步骤通常对应于本书第二部分中体现的概念开发阶段。这些活动定义了系统软件单元的要求和体系架构。分析和设计之间的分界线在不同的项目和从业者之间可能有很大的不同，有广泛的领域被称为设计分析或设计建模。因此，下面的小节将重点放在系统工程师特别感兴趣的方法和问题上，而不是术语上。

需求分析

开发任何新系统的先决条件是，确实需要它，且有可行的开发方法并且该系统值得开发和生产。在大多数软件密集型系统中，软件的主要作用是使遗留系统中由人或硬件执行的功能实现自动化，从而以更低的成本、更少的时间和更准确的方式实现这些功能。这种需求问题变成权衡预期的性能和成本收益与开发和部署新系统的一个问题。

在原本由人或硬件执行的关键操作将被软件取代的新系统中，用户对它们的需求通常是不一致的，而且在不进行构建和测试的情况下，很难确定最佳的自动化程度。此外，一个广泛的市场分析通常是必要的，以估计一个自动化系统的接受程度和这种结果的成本和培训要求。这种分析通常还包括市场渗透、客户心理、引荐试验和公司投资策略等问题。

可行性分析。 决定进行系统设计就要求证明技术的可行性。在软件领域，几乎任何事情都是可行的。现代微处理器和内存芯片可以适应大型软件系统，没有像硬件部件那样的明确的尺寸、耐用性或精度限制，因此，技术上的可行性易于得到保证。这是软件的一大优势，但也会带来复杂性和承担挑战性的要求。然而，由此产生的复杂性本身可能证明起来太困难且昂贵。

软件需求分析

新系统的需求分析工作的范围通常取决于软件是嵌入式软件系统中的一个单元，还是包含整个软件密集型系统。但是，在任何一种情况下，运动概念的开发都应发挥重要作用。

1. 嵌入式软件系统部件

如前所述，嵌入式软件系统中的软件单元通常在部件层，视为是计算机系统的配置项（Computer System Configuration Items，CSCI）。它们的需求在系统和子系统层生成，通常以正式的需求规范文档分配给 CSCI。预计由软件团队设计和构建符合这些规范的产品。

通常，这样的规范是由系统工程师在对软件功能和限制知识不足的情况下生成的。例如，结合以高精度的大动态范围，这可能会过分强调系统的计算速度。其他需求不匹配可能是由于系统和软件工程师之间存在沟通差异导致的。因此，软件开发团队有责任对分配给软件的需求进行彻底分析，并对任何不具备第 7 章中描述的特征问题提出质疑。这些原因也构成了将软件工程师纳入顶层需求分析过程的良好依据。

2. 软件密集型系统需求

如前所述，在软件密集型系统中，软件支配着各个方面，并且在系统需求分析的最高级别上也必定是一个问题。因此，整个系统需求的制定必须经过软件系统工程师的分析和参与。

开发软件密集型系统的系统需求的基本问题与所有复杂系统基本相同。但是,对原先由人所执行的关键控制功能改为依靠广泛软件自动化的系统要求来说,有几个特殊问题。先前已经指出了一个特殊问题,即基于软件可扩展的不合理的性能预期。另一个问题是客户群的多样性,他们几乎不了解软件自动化的功能,因此通常不是很好的需求来源。

这些因素和其他因素的后果阻碍了可靠需求的推导,通常会导致基于软件的系统需求中相当程度的不确定性和流动性。这是使用原型、快速应用开发或渐进开发的主要原因,所有这些都产生一个系统的早期版本,用户可以对其进行实验以修改和巩固所需系统特性的初始假设。

今天,软件需求开发存在多种变化。当然,许多取决于所使用的软件开发模型的类型。但是,无论选择哪种模型,都存在一些通用的功能。图 11.8 从最高点的用户需求开始描绘了软件需求的层次结构。这些需求被分解为所需的功能和性能要求,最后是规范。如果所讨论的系统是嵌入式软件的,则层次结构的较高层通常在系统层执行,并且将需求或规范分配给软件子系统或部件。

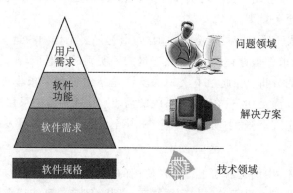

图 11.8 用户需求、软件需求和具体说明

如果所讨论的系统是软件密集型系统,则层次结构的较高层是必需的。在这些情况下,可能需要单独的过程来开发并完善需求。文献中已经提供了几种方法。图 11.9 给出了一个通用过程。对于此工作至关重要的是,将 4 个步骤进一步划分为多个步骤:

(1) 需求获取。这个步骤看似简单,但实际上可能更具挑战性。克服用户和开发人员之间的语言障碍并不简单。尽管已经开发了促进该过程的工具(例如,以下所述的用例),但是用户和开发人员根本不会讲相同的语言。从与利益相关者和用户的直接交互(包括访谈和调查)到间接方法(包括观察和数据收集),存在许多可获取的方法。当然,原型设计是更有效的方法。

(2) 需求分析和协商。第 7 章介绍了一系列分析和完善需求的方法。它们既适用于软件,也适用于硬件。通常,这些技术涉及检查需求集的四个属性:必要性、一致性、完整性和可行性。需求细化之后,就需要接受它们,这是协商的开始。与客户讨论需求并完善需求,直到达成协议。在可能的情况下,对需求进行优先级排序并解决有问题的

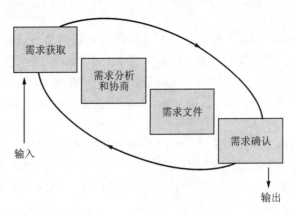

图 11.9　软件需求生成过程

需求。然后执行更高级的分析，检查以下属性：业务目标一致性、模糊性、可测试性、技术需求和设计问题。

（3）需求文档。文档编制是显而易见的步骤，但是由于每个人都希望对需求进行记录，因此可能经常忽略。我们之所以将其包括在内，是因为它在向整个开发团队表达和分配需求方面至关重要。

（4）需求确认。这一步可能会令人困惑，因为许多工程师在这一步中包含了分析，也就是说，每个需求都被评估为一致的、连贯的和明确的。但是，我们在第（2）步中已经执行了这种类型的分析。在此上下文中的验证是指对整个需求集进行最终检查，以确定需求集是否最终满足用户/客户/父系统的需求。有几种方法可以进行需求验证，如：原型设计、建模、正式审查、手动开发和检查，甚至验证过程中可开发测试用例。

3. 用　例

如第 8 章所述，用例是需求工程师常使用的工具。用例最好被描述为一个故事，描述一组参与者在特定情况下如何与系统交互。因为环境集可能很大，甚至是无限的，任何系统的可能用例的数量也很大。需求工程师、开发人员、用户和系统工程师的职责是将用例的数量和种类限制在那些将影响系统开发的用例之内。

用例代表了一种强大的工具，可以弥合用户、利益相关者和开发人员之间的语言鸿沟。所有人都可以理解需要执行的事件和活动序列。尽管用例是为描述软件系统行为和特性而开发的，但是它们经常被系统领域用来描述任何类型的系统，而不考虑软件实现的功能。

4. 接口需求

不论系统形式如何，需求分析的一个主要阶段是辨识系统的所有外部接口，以及要求它们在系统内处理的每一个输入、输出的关联。这一过程不仅提供了所有相关需求的检查清单，而且还提供了产生外部结果所需的内部功能之间的一种连接。在所有以软件为主导的系统中，这种方法特别有价值，因为系统和它的环境之间有许多微小的互操作，否则这些互操作在分析过程中可能会被忽略。

系统架构

在第 8 章中可以看到,在复杂的系统中,将它们划分为相对独立的子系统是绝对必要的。这些子系统可以作为独立的系统构建块来设计、开发、生产和测试,同样地,将子系统再划分为相对独立的部件也是非常必要的。这种方法通过将相互依赖的单元进行分组并突出它们的接口来处理系统复杂性。在系统工程方法中,这一步称为功能确定或功能分析和设计(见图 4.10)。

在基于硬件的系统中,划分过程不仅通过将系统细分为可管理的单元来降低系统的复杂性,而且还将与工程学科和工业产品线(例如电子、液压、结构和软件)相对应的单元集合在一起。在软件密集型系统中,按学科进行划分是不合适的,因软件固有的复杂性使得将系统划分为可处理的单元变得更加必要。软件有许多子学科(算法设计、数据库、事务处理软件等),在某些情况下,它们可能提供了划分标准。在分布式系统中,连接网络的特性可以用来推导系统的体系架构。

1. 软件构建模块

划分过程的目的是实现高度的"模块化"。指导软件部件定义和设计的原则与指导硬件部件设计的原则,在本质上是相似的,但是因其实现的本质不同,导致了设计过程中的显著差异。一个基本的区别是有关常见的构建模块不同,如在第 3 章中所描述的。特别对用于商业和科学的应用程序(例如,文字处理器、电子表格和数学软件包),有大量的标准商业软件包,但用于系统部件的很少。除去一般情况也有例外,即在低复杂性信息系统中大量使用的商业现成(COTs)软件部件。

软件部件的另一个来源是通用对象(Common Objects,COs)。它们在某种程度上相当于标准硬件零件,如齿轮或变压器,或更高层次的发动机,或内存芯片的软件。它们最常用于图形用户界面(Graphical User Interface,GUI)环境中。CO 概念由微软公司开发的分布式通用对象模型(Distributed Common Object Model,DCOM)表示。一种更与厂家无关的设施是公共对象请求代理体系架构(Common Object Resource Broker Architecture,CORBA),这是一个由对象管理组织(OMG)定义的标准,OMG 是一个致力于与供应商无关的软件标准的组织。然而,这些 CO 部件只占系统设计的很小一部分。结果是,尽管在"重用"方面做了很多努力,但是绝大多数的新软件产品在很大程度上都是独一无二的。

2. 模块化的划分

尽管缺少标准部件,但软件程序仍然可以是良好结构化的、具有一种有序层级的模块划分和良好定义的接口。同样的模块化原则也适用于计算机程序,以尽量减少适用于硬件部件的功能元素之间的相互依赖性。

模块化分区原理如图 11.10 所示。上面的模式显示了"绑定"的单元,也称为"内聚",它度量软件模块中的各项之间的相互关系(用带有颜色名称的框表示)。最好是"紧密"地绑定,所有紧密相关的项都应该放在一个单独的功能区域中。相反,不相关和/或可能不兼容的项目应该位于不同的区域。

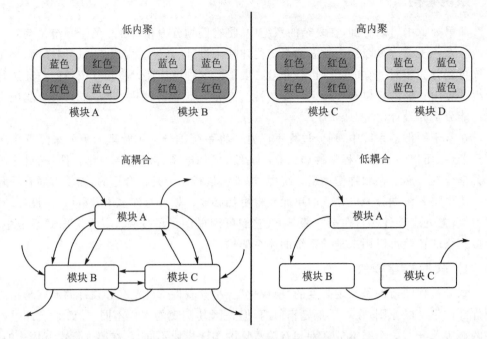

图 11.10　模块化分区原理

图 11.10 下面两个图说明了"耦合"的单元，它度量不同模块（框）内容之间的交互作用。在"高耦合"情况下，模块中的任何更改都可能指示其他两个模块中的变化。相反，使用"低耦合"，模块之间的交互作用被最小化。理想的安排（通常只能部分实现）如图 11.10 所示，其中模块之间的交互较简单，并且数据流是单向的。由于涉及不同的设计方法，下面将进一步讨论这个主题。

框架建模。如第 10 章所述，模型是系统工程必不可少的工具，用于使分析人员和设计人员可以理解复杂的结构和关系。在以软件为主导的系统中，尤其如此，在这种系统中，介质的抽象性质使其在形式和功能上几乎无法被理解。

用于软件系统建模的两种主要方法是结构化分析和设计与面向对象的分析和设计（OOAD）。前者是围绕称为过程和功能的功能单元组织的。它基于层次结构并使用分解来处理复杂性。一般来说，结构化分析被认为是一种自顶向下的方法。

OOAD 是围绕"对象"的单元组织的，"对象"表示实体，并用其相关函数封装数据。它的根源在于软件工程，并且侧重于信息建模，使用类来处理复杂性。通常，OOAD 可以被认为是一种自下而上的方法。

结构化分析与设计

结构化分析使用四种一般类型的模型：功能流图（FFBD）、数据流图（DFD）、实体关系图（Entity Relationship Diagram，ERD）和状态转换图（STD）。

FFBD。有多种形式。我们在第 8 章中介绍了其中一种，即功能块图（见图 8.4）。

FFBD 与此类似,不同之处是,连接(由箭头表示)表示控制流,而不是描述类似于方框图的功能接口。由于 FFBD 合并了排序(这是功能框图(FBD)和集成定义 0 (IEDF0) 格式都做不到的),所以逻辑断点由求和描述。这些构造使面向过程的概念描述成为可能。几乎任何流程都可以使用 FFBD 进行建模。图 11.11 是 FFBD 的一个示例。

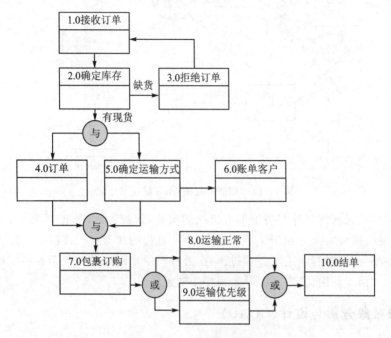

图 11.11 功能流图示例

与所有功能图一样,层次结构中的每个功能都可以分解为子功能,并且可以在每个级别开发相应的关系图。功能图是结构化分析中描述系统行为和功能的标准方法。

DFD。该图主要由一组表示功能单元的"气泡"(圆圈或椭圆)组成,这些"气泡"由标有单元之间流动的数据名称的线来连接。数据存储由一对平行线表示,外部实体为矩形。图 11.12 显示了小型公共图书馆系统结账功能的 DFD。

一个系统通常由多个层次的数据流图表示,从一个只有一个气泡的关系图开始,系统围绕外部实体矩形方块(见图 3.2),逐步将上层的每个气泡分解为辅助的数据流。对于系统工程师来说,软件数据流图类似于功能流程图,只是缺少了控制流。

ERD。ERD 模型定义了数据对象之间的关系。在其基本形式中,实体显示为矩形,并由表示它们之间关系的线来连接(在菱形中显示)。除了这个基本的 ERD 表示法之外,该模型还可以用来表示对象之间的层次关系和关联类型。这些模型广泛地应用于数据库设计中。

STD。STD 状态转换图对系统如何响应外部事件进行模拟。状态转换图显示系统经过的不同状态,导致它从一种状态转换到另一种状态的事件,以及为实现状态转换而采取的操作。

数据字典。除了上面的图表外,一个重要的建模工具是系统模型中使用的所有数

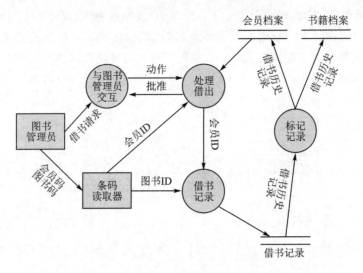

图 11.12　数据流程图：图书馆还书核对

据、功能和控制元素的名称和特征的有组织的集合，这被称为"数据字典"，是理解图表表达的必要组成要素。它相当于罗列数据、声明过程的接口及硬件组成，然后是对数据进行操作的一系列过程的定义。通过函数/过程调用来跟踪函数关系并不困难，因此可以构建一个"函数调用树"来跟踪整个程序中的函数流。

面向对象分析与设计（OOAD）

正如在第 8 章中所讨论的，面向对象分析与设计采用了一种完全不同的软件架构设计方法。它定义了一个程序实体"类"，它封装了数据和函数，从而产生了更独立、更健壮、本质上更可重用的程序构建块。类还具有"继承"属性，以使"子"类能够使用其"父"类的所有或部分特征，从而减少冗余。对象被定义为类的一个实例。

在面向对象（Object-Oriented，OO）方法中，分析和设计步骤之间的界限并不是由从业者精确定义的，但通常是在理解和试验的过程中转变为综合系统的体系架构形式。此步骤还包含一些试验，但其目标是生成满足系统需求的软件的完整规范。

在面向对象方法中，体系架构的构建包括将相关的类安排到组中（称为子系统或包），并定义组内和组之间的所有关系/职责。

面向对象方法在现代信息系统的许多重要事务处理中特别有效。例如库存管理、财务管理、航班预订系统等程序中，对物理或数字对象进行处理。面向对象方法对于主要进行算法和计算的程序不太适合。

1．建模和功能分解

面向对象设计（Object-Oriented Design，OOD）同样有利用精确定义和广泛建模语言（统一建模语言，UML）的优点。这为程序开发的所有阶段提供了一个强大的工具。UML 的特点在第 8 章中进行了描述。

面向对象方法的一个缺点是它没有遵循一个基本的系统工程原则，即通过将系统划分为低耦合的子系统和部件来处理复杂性。

这是通过功能分解和分配的系统工程步骤来完成的。通过关注对象(事物)而不是函数,面向对象设计倾向于自下向上构建程序,而不是固有的系统工程方法中的自顶向下的方法。

面向对象设计确实有一个结构单元,称为用例,它基本上是一个功能实体。如上所述,用例将系统的外部接口(参与者)与内部对象连接起来。应用"用例"来设计体系架构的上层,并在下层引入对象,可以促进系统工程原理在软件系统设计中的应用。这种方法在 Rosenberg 的《用例驱动的 UML 对象建模》一书中有描述。

2. UML 的优势

UML 语言是结合了面向对象分析与设计领域中主要方法论者的最佳思想。它是唯一标准化、得到良好支持和广泛使用的软件建模方法。因此,它作为软件架构信息在组织内部和参与开发计划的个人之间交流的高级形式。

此外,UML 已成功地应用于软件密集型系统项目。UML 的部分内容还经常用于系统工程中,以帮助沟通概念,并弥合工程师和用户之间(例如用例图)以及软件和硬件工程师之间(例如通信图)的语言鸿沟。

UML 的一个主要优点是存在一些商业工具,这些工具支持构建和使用 UML 图集。在此过程中,这些工具存储图中包含的所有信息,包括名称、消息、关系、属性、方法(函数)等,以及其他描述性信息。上述结果是一个组织良好的数据库,该数据库将自动检查其完整性、一致性和冗余性。此外,许多工具还具有将一组图转换为 C++或 Java 源代码,再转换为程序的特性。许多工具还提供有限程度的逆向工程,即将源代码转换为一个或几个顶级 UML 图。这些功能可以在设计过程中节省大量时间。

其他方法

由于以软件为主导的系统日益增长的重要性及其固有的复杂性和抽象性,已经导致了许多结构化和面向对象方法的变体的产生。下面简要讨论其中两个比较值得注意的变体。

1. 鲁棒性分析

这是面向对象方法的一个扩展,作为面向对象分析(什么)和设计(如何)之间的一个链接。它将对象分为三类:

(1) 边界对象,它们将外部对象(参与者)与系统链接起来;

(2) 实体对象,包含数据和执行服务(功能)的主要对象;

(3) 控制对象,指导边界对象和实体对象之间的交互作用。

鲁棒性分析为每个 UML 用例创建了一个鲁棒性图,其中涉及处理用例的对象被划分为边界对象和实体对象,并通过控制对象进行链接。图 11.13 显示了自动化图书馆核对利用情况的鲁棒性图示例。它看起来像一个功能流程图,并且易于理解。

在初步设计过程中,鲁棒性图被转换成类图、序列图和其他标准 UML 图。控制对象可以保留为控制器形式,或者它们的功能可以被纳入到其他对象的方法中。对于系

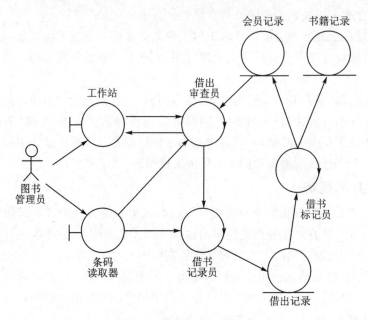

图 11.13　鲁棒性图：图书馆核对

统工程师来说，鲁棒性分析能够很好地对面向对象分析和设计方法进行说明。

2. 功能类分解（Function-Class Decomposition，FCD）

一种将结构化分析与面向对象方法相结合的混合方法，称为功能类分解。它的目的是将复杂系统自顶向下分解成层次的功能子系统和部件，同时识别与每个单元相关的对象。

如前所述，传统的面向对象的方法倾向于自底向上设计系统，很少指导如何将对象分解到程序包中。这导致了一个"扁平"的模块化组织。功能类分解方法尝试使用功能分解来定义，将对象集成到其中的分层体系架构，从而提供一种自顶向下的系统分区方法。这样做的结果就是将功能分解和分配的重要系统工程原理引入到了面向对象软件系统设计中。

功能类分解使用迭代方法对系统的较低层次进行划分，同时也添加了较低层次功能所需的对象。UML类图是在前几个层次分解之后引入的。功能类分解方法的开发人员已经演示了它在许多大型系统开发中的成功应用。

11.5　软件工程开发：编码和单元测试

软件工程开发的过程包括在概念开发阶段开发的系统部件的体系架构设计，实现为能控制计算机执行所需系统功能的可运行软件。下面概述了此过程中的主要步骤及其系统工程内容。

程序结构

软件被视为包含指令的计算机程序单元。

1. 程序的构建块

计算机程序可以被认为是由几种类型的子单元或构建块组成的。按照大小降序排列，计算机程序的细分及其通用名称如下：

（1）一个"模块"或"包"构成了整个程序的主要部分，执行一个或多个程序活动。一个中型到大型的程序通常由几个到几十个甚至几百个模块组成。

（2）在面向对象程序中，类是由一组"属性"（数据单元）和一组相关的"方法"或"服务"（功能）组成的单元。对象是类的实例。

（3）函数是一组用于对数据执行操作并执行控制相关功能的处理流的指令。一个"实用程序"或"库函数"是操作系统提供的常用变换（如三角函数）。

（4）"控制结构"是一组控制执行顺序的指令。控制结构的四种类型如下：

（a）序列：一系列的指令；

（b）条件分支：if（条件）…then（操作 1），else（操作 2）；

（c）循环：do while（条件）或 do until（条件）；

（d）多分支：case（key 1）：（操作 1）…（key n）（操作 n）。

（5）"指令"是计算机的"说明性"或"可执行"命令，由关键词、符号、数据和函数名组成。

（6）语言的关键词、符号或数据单元、函数名称。

最后，"数据结构"是相关数据单元（例如"记录"、"数组"或"链表"）的组合。

如前所述，软件没有可与标准硬件零件和子部件（例如泵、电动机、数字存储芯片、机柜以及其他简化设计和制造生产硬件的其他子部件）相比的通用部件。大多数软件部件是定制设计和构建的。

2. 程序设计语言（Program Design Language，PDL）

一种用传统的结构化分析和设计方法实现软件设计的方法，称为程序设计语言，有时也称为"伪码"。它由高级指令组成，其控制结构类似于实际的计算机程序，但它由文本语句组成，而不是由编程语言中的关键词和短语组成。程序设计语言生成的程序列表可以被任何软件工程师轻松理解，并且可以一定程度上直接翻译成可执行的源代码。

3. 面向对象设计表达

可以看到，面向对象设计生成了一组图表和描述性材料，包括构成中间程序构建块的已定义对象。通过使用 UML 支持工具，可以将设计信息自动转换为计算机程序的体系架构。

编程语言

编程语言的选择是软件设计的主要决策之一。它取决于系统的类型，例如，软件是嵌入式的、软件密集型的还是数据密集计算型的，是军用的还是商用的，是实时的还是交互式的。虽然它常常受到软件设计人员编程水平的限制，但是应用程序的性质还是首要的。一种语言可能会影响软件产品的可维护性、可移植性、可读性和其他各种特性。表 11.5 列出了常用的计算机语言。

第四代语言（Fourth-Generation Language，4GL）和专用语言

4GL 是典型的专用语言，它是采用更高级别的方法来完成特定领域问题的解决方案。这些 4GL 通常与数据库系统耦合，并且与结构化查询语言（Structured Query Language，SQL）的使用相关。4GL 工具的一个关键特性是使编程语言环境尽可能接近问题域的自然语言，并提供交互式工具来创建解决方案。例如，在工作站上与程序员交互地创建用户输入表单。程序员输入标号并标识允许的输入值和限制，然后"屏幕"成为应用程序的一部分。4GL 可以加快特定应用程序的开发时间，但通常不能在不同厂家的产品之间移植。

表 11.5　常用计算机语言

语　　言	结构组成	主要用途	描　　述
Ada 95	• 对象 • 函数 • 任务 • 程序包	• 军事系统 • 实时系统	为军事系统做快速设计，大部分已被 C＋＋替代
C	函数	• 操作系统 • 硬件接口 • 实时应用 • 一般用途	一种功能强大的通用语言，具有极大的灵活性
C＋＋	• 对象 • 函数	• 模拟 • 实时应用 • 硬件接口 • 一般用途	一种功能强大的通用语言，可实现面向对象的构造
COBOL	子程序	商业和金融应用	一种有稍许自编文档的语言，是遗留业务系统的主要语言
FORTRAN	• 子程序 • 功能	• 科学 • 数据分析 • 模拟 • 一般用途	一种长期存在的通用语言，主要用于计算密集型程序
Java	• 对象 • 功能	• 内部应用 • 一般用途	衍生自 C＋＋，一种独立于平台的解释性语言

续表 11.5

语　言	结构组成	主要用途	描　述
Visual Basic	• 对象 • 子程序	• 图形应用 • 用户界面	一种允许对子程序对象进行图形处理的语言
汇编语言	• 子程序 • 宏	• 硬件控制 • 驱动器	一种用于原始操作的语言,可以实现完整的机器控制

　　在许多特殊领域,已经开发出许多非常高效的高级语言。这类语言通常采用它们所服务的领域的术语和结构。这些专用语言的目的是尽可能地模拟其中的问题域,并在提高可靠性的同时减少开发时间。在许多情况下,为了易于使用和开发,此类语言的特殊用途、性质可能会限制性能。在进行定制软件开发时,系统工程师应探索所需专业领域中语言的可用性和实用性。表 11.6 列出了为特定应用程序域(例如专家系统和互联网格式)开发的许多专用语言。

表 11.6　一些专用的计算机语言

计算机语言	结构组成	主要用途	描　述
Smalltalk 及变体	对象	• 数据库应用程序 • 仿真	原始的面向对象语言
LISP	列表	• 人工智能应用 • 专家系统	一种基于列表操作的语言
Prolog	• 对象 • 关系	• 人工智能应用 • 专家系统	一种强大的基于逻辑的语言,其中包含许多变体
Perl	• 声明 • 功能	• 数据测试操作 • 报告生成	具有内置文本处理功能的便携式语言
HTML	• 标记 • 身份标识 • 测试元素	格式化和超链接的文件	具有独特但语法简单的文档标记语言
XML	• 标记 • 身份标识 • 字符串/文字	• 格式化 • 域识别和链接	具有独特复杂语法的文本数据标记语言
PHP	• 标记 • 身份标识 • 字符串/文字 • 命令	服务器脚本	文档产生控制语言

编程支持工具

　　为了支持开发计算机程序来实现软件系统设计,一套编程支持工具和有效使用它们的培训是必不可少的。对系统工程师和程序管理员来说，充分了解它们的用途和功能是必要的。

1．编辑器

编辑器为程序员提供了输入和更改源代码和文档的方法。编辑器增强了对专用计算机语言的编程数据输入。一些编辑器可以进行定制，以帮助强化编程方式操作。

2．调试器

调试器是允许应用程序以受控方式运行并进行测试、调试的程序。调试器有两种主要类型：符号调试器和数字调试器。符号调试器允许用户使用源代码的语言引用访问变量和参数。数字调试器在汇编或机器代码级别运行。用编程语言编写的计算机指令称为"源代码"。要将程序员产生的源代码转换为可执行代码，需要使用额外的一些工具。

3．编译器

编译器将源代码转换成一种与硬件兼容的中间格式（通常称为目标代码）。在这个过程中，编译器检测语法错误、数据声明的遗漏和许多其他编程错误，并识别出有问题的语句。

编译器是源代码专用的，通常特定于数据处理器。各种语言的编译器之间可能不兼容。重要的是，要知道哪些标准制约哪些编译器，并了解与代码可移植性相关的任何问题。有些编译器自带编程开发环境，这就提高了程序员的工作效率并简化了程序文档的处理过程。

4．链接器和加载器

链接器可以将几个目标代码模块和库链接在一起，形成一个内聚的可执行程序。如果存在一个混合语言应用程序（常见的有 C 和 Java），则需要在多种语言上工作的编译器和链接器进行组合。帮助管理复杂应用程序链接的工具，在软件开发的管理和控制中是必不可少的。加载程序将链接的目标代码转换为将在指定环境中运行的可执行模块。它通常与链接器结合在一起使用。

软件原型

软件系统生命周期部分描述了使用原型方法（一次使用或递归地使用）的几种模型。软件原型的目的与硬件系统相同，就是通过构建和测试不成熟的子系统或部件来降低风险。在软件系统中，经常或频繁使用原型的三个原因如下：（1）需求定义不明确；（2）功能未经验证；（3）构建原型不需要非常大量的工作，仅需编写代码。

通常，原型被认为是一个测试模型，使用后将被抛弃。在实践中，系统原型常常成为演化开发过程中的第一步。这种策略的优点是，在原型的设计特性由于用户的反馈而得到改进之后，仍然保留这些设计特性，并且在最初的编程工作的基础上进行构建。然而，它要求原型程序是使用有规则的、良好规划的和文档化的过程来设计。这就限制了这个过程的速度。这种策略的选择显然必须基于项目的特定需求和环境。表 11.7

列出了探索性原型和演化性原型的典型特征,前者会被抛弃,后者会被演化。

表 11.7 两种原型的典型特征

方　面	探索性原型	演化性原型
目的	• 确认设计 • 探索需求	• 演示 • 评估
产品性质	• 算法 • 概念	• 设计 • 编程
环境	虚拟的	可运行的
配置管理	非正式的	正式的
测试	部分的	严格的
最终使用	一次性的	为进一步构建基础

原型工作的成功在很大程度上取决于测试环境的真实性和逼真度。如果测试设置不够真实和完整,原型测试可能不足以验证设计方法,而且有时可能会产生误导。测试的设计应如原型设计本身那样得到专家的同等重视程度。如在硬件系统中,这是系统工程监督的一个关键领域。

软件产品设计

在典型的硬件系统开发中,产品设计包括将开发原型硬件部件(可能称为"实验电路板")转换为可靠、可维护和可生产的单元。在此过程中,功能性能得以保留,而物理实体则可能发生很大的改变。这些工作大部分是由在生产、环保包装、材料及其制造方法等方面具有专门技能的工程师完成的,目的是使最终产品能够高效、可靠地生产出来。

在系统的软件单元上,产品的设计过程是不同的。软件中没有所谓的"生产"过程。然而,生产产品的其他方面仍然存在。由于软件中的大量接口,可维护性仍然是一个关键特性。通过更换故障部件(硬件中的备用部件)进行修复,这种方法在软件中不起作用。一个有效的用户界面是操作软件的另一个关键特性,但在系统的初始版本中通常无法实现良好的用户交互界面。

因此,通常需要付出相当大的努力才能使一个计算机程序成为一个可供他人使用的软件产品。Fred Brooks 认为这个工作量是开发一个工作程序所需工作量的三倍。然而,在软件工程领域,没有一个专业团队类似于硬件生产和封装工程师。相反,"产品化"必须由负责其基本功能的同一设计人员合并到软件中。这种宽泛的专业知识,通常在一般的软件设计人员中是没有的,其结果是软件产品的可维护性常常令人不太满意。

1. 计算机用户界面

如前所述,工程操作软件系统的一个至关重要的部分就是用户界面的设计。计算机界面应提供有关系统状态的、清晰和良好组织的、图像形式的显示信息,以便有效地协助决策过程；另外，还应提供简单而迅速的控制模式。选择适当的接口模式、显示格式、交互逻辑和相关因素通常需要原型设计以及有代表性的用户的测试。

由计算机接口提供的最常见的控制模式是菜单交互、命令语言和对象操作。表11.8简要列出了这些指标的一些比较特性。

表 11.8　计算机接口模式比较

模　式	描　述	优　势	劣　势
菜单交互	从操作列表中选择	• 用户偏好 • 准确	• 选择有限 • 速度有限
命令模式	缩写的操作命令	• 灵活 • 快速	• 培训期长 • 易犯错误
对象操作	点击或拖动图标	• 直观 • 准确	• 灵活性中等 • 速度中等
图形用户接口	点击图形按钮	Visual Basic 和 Java 支持	• 灵活性中等 • 速度中等
触摸屏幕和字符识别	触摸或在屏幕上书写	• 简单 • 灵活	易于出错

发展最快的计算机界面模式是对象操作模式，其中对象通常被称为"图标"。除了表11.8中列出的特征外，信息的图形化通常可以比文本更好地表达含义。与其他方法相比，它们使用户能够可视化复杂的信息并形成推断，从而更快地做出更少错误的决策。图形用户接口最常见于PC操作系统，如苹果OS和Microsoft Windows。互联网的威力在很大程度上归功于它的GUI格式。

对于系统工程师来说，图形用户界面既是机遇又是挑战。机遇是指以高度启发性和直观的形式向用户呈现无限可能性的信息。挑战也来源于此，即大量的选择促使设计师不受固有形式的限制，不断优化。由于图形用户接口涉及复杂的软件设计，所以，如果系统工程师没有注意到这个危险，就有要付出成本代价和影响进度安排的风险。

2. 先进的模式

在设计计算机控制系统的用户界面时，由于该领域技术发展迅速，因此有必要考虑特殊优势的非传统模式。以下简单介绍三个示例。

【示例】语音控制。

语音识别软件提供了一种快速、简单的输入形式，使得用户可以自由地进行其他操作。目前，可靠的操作在一定程度上仅限于从固定的词汇表中精选发音清晰的单词，具备逐步提高理解句子的能力。

【示例】可视化交互。

计算机图形可为决策者生成显示建模的结果、可能的操作，实时做"如果……怎么样"的模拟。可视化交互仿真（Visual Interactive Simulation，VIS）是可视化交互建模

（Visual Interactive Modeling，VIM）的一种高级形式。

【示例】虚拟现实。

虚拟现实是一种 3D 交互模式，用户戴一副立体眼镜和头盔。头部运动会生成图像的模拟运动，该运动与眼睛在虚拟场景中所看到的相对应。越来越多的任务都采用了这种显示，例如复杂结构的设计和飞行员培训。除此之外，它们也可用于战场情况和游戏。

单元测试

系统开发的工程设计阶段从各个系统部件的工程化开始，这些部件的功能设计已经确定，并且技术方法在前一阶段已经验证。在生成的工程化部件准备好与其他系统部件集成之前，必须测试其性能和兼容性，以确保其符合要求。在软件开发中，这个测试阶段称为"单元测试"，主要关注每个单独的软件部件测试。

单元测试通常作为"白盒"测试进行，即基于部件的已知配置的测试。这些测试主要针对设计的关键部分，例如复杂的控制结构、外部和内部接口、时序或同步约束等。

对于附加的测试问题，软件的一个补偿特性是：测试设备本身几乎完全是软件，并且通常可以快速地设计和构建。但是，测试设计的工作必须像系统设计一样，仔细规划和执行。

一个给定部件或主要模块的单元测试通常由一系列测试用例组成，每个测试用例被设计用于测试控制路径、数据结构、复杂算法、时序约束、关键接口或它们的某些组合。测试用例应设计为测试单元需要执行的每个功能。由于通常有太多的方法来测试它们，因此选择测试用例需要用系统工程判断。

应记录在单元测试中发现的错误，并就何时以及如何纠正这些错误做出决策。在决定哪些测试用例重复以前，必须认真考虑任何纠正性的变动。

11.6　软件集成与测试

系统集成与评估这个主题在第 13 章中具体讨论。其中的一般性技术和策略也同样可以应用于嵌入式软件系统的软件部件和软件密集型系统。这种讨论清楚地表明，系统开发过程中这个方面是至关重要的，它必须经过仔细的规划、专业的执行和严格的分析，并且其所需的工作量占整个开发工作量的大部分。

在系统层次上，以软件为主导的系统的测试目的和策略与第 13 章中描述的类似。在软件部件层次上，有必要使用更接近设计用于测试软件单元的测试方法。本章的其余部分主要讨论复杂软件程序和软件密集型系统的集成和测试方法。

测试硬件部件和子系统的目标有很多，包括减少技术、程序风险以及验证规范。与政治、市场营销和传播有关的其他目标也是系统测试程序的一部分，但是，在较低层次的元素上，测试硬件和软件的目标趋于一致。

对于软件,测试的目标通常归为一类:软件的验证或确认。此外,实现此目标的一般方法是发现并识别程序无法执行其指定功能的所有实例。从无法满足基本要求的情况到编码错误导致崩溃的情况。与一般的看法相反,最有价值的测试是找到迄今未发现的错误实例,而不是使程序碰巧产生预期结果的实例。由于复杂系统的输入情景多种多样,因此后者的结果可能只是意味着程序碰巧处理了该测试中施加的特定条件。

验证和确认

"验证"和"确认"这两个术语不仅仅适用于软件,它们同样适用于硬件和系统,但它们在软件环境中的使用率经常高于其他领域。验证只是确定软件是否正确、准确地实现功能和方法的过程。这些功能通常在软件规格说明中都有。换言之,验证确定我们是否实现了产品。

与验证不同,确认是确定软件是否满足用户或客户需求的过程,即验证确定我们是否实现了正确的产品。

测试通常是用于执行验证和确认的主要方法,尽管不是唯一的方法,但是,具有鲁棒性的测试程序可以满足两种评估类型的大部分要求。

测试软件的差异

虽然测试软件的一般目标可能与测试硬件系统元素相同,但是本章开头所述的硬件和软件之间的基本区别使得软件测试技术和策略有很大的不同。

(1) **测试路径**。不受约束地使用控制结构(分支、循环和开关),可以通过一个相对较小的程序创建大量可能的逻辑路径。这使得测试所有可能的路径不切实际,并迫使选择有限数量的案例。

(2) **接口**。软件模块之间通常有大量的接口,并且它们的深度和有限的可见性,使得很难找到关键测试点,且难以确定测试过程中遇到的差异来源。

(3) **抽象**。与硬件设计文档相比,软件的设计描述更加抽象,并且可直观理解的也较少。这使测试计划变得复杂。

(4) **变化**。在软件中更改显然很容易,因此需要相应地、更频繁地重新测试。本地更改通常需要重复系统级测试。

(5) **失效模式**。许多软件错误的灾难性本质有两个严重的后果:一个是对系统运行的严重影响;另一个是故障源的及时诊断常常受系统的不可操作性阻碍。

集成测试

随着系统部件逐渐链接在一起,可在部分组装的系统上执行集成测试。第13章将复杂系统的集成描述为必须仔细计划和系统执行的过程;对于软件系统,也是如此,本章中讨论的原理和一般方法,也同样适用。

回归测试

在集成测试序列中,每个部件的添加都在先前集成的部件之间产生了新的交互,这可能会改变它们的行为,并使早期成功测试的结果无效。回归测试是重复此类测试中选定的一部分以确保发现新生产的差异的过程。与典型的硬件系统相比,典型的软件系统交互次数更多、更复杂且不那么可见,因此有必要更频繁地进行回归测试。

回归测试的一个问题是,除非谨慎使用,否则测试的数量可能会超出实际范围。因此,测试策略中应该包括对要重复的测试用例的仔细选择:必须在不充分和过于严格之间取得平衡,以得到可用且可负担的产品;需要一种系统工程方法来规划和执行集成测试。

确认测试

验证测试旨在确定一个系统或一个主要子系统是否执行了满足系统运行目标所需的功能。验证测试由一系列测试场景组成,这些场景共同运行关键的系统功能。

验证测试的规划和测试用例的设计也需要系统工程方法。对测试结果的分析也是如此,它需要全面了解系统需求和任何严重偏离标准要求性能的偏差产生的影响。在系统开发的这个阶段,如何处理测试差异的决策是至关重要的。在着手进行纠正性更改或寻求偏差之间进行选择时,需要对决策、程序成本、计划和系统性能的影响有深入的了解。通常,最好的做法是调查测试设备的运行情况,因为测试设备本身偶尔会出现故障,并要求在严格控制的条件下重复测试。

1. 黑盒测试

关于单元测试的部分,将白盒测试描述为解决了部件的已知设计特征。对于黑盒测试验证和其他系统级别的测试,将被测系统视为输入到输出的传递函数,无需对其内部工作进行任何假设。因此,黑盒测试是白盒测试的补充,并且可能发现接口的错误、不正确的功能、初始化错误以及关键的性能错误。

2. Alpha 和 Beta 测试

对于为许多用户使用的软件产品,就像许多商业软件的情况一样,大多数生产者在发布产品之前,都有许多潜在的客户在使用这个软件。Alpha 测试通常在开发人员在场的受控环境中进行,由客户的员工来进行,开发人员记录错误和其他问题。在没有开发人员在场的情况下,在客户的地点进行的测试为 Beta 测试。客户记录错误和操作问题,将其报告给开发人员。在这两种情况下,给客户带来的好处是有机会熟悉先进的新产品,开发人员则避免了投放包含用户缺陷从而导致大大削弱市场销售能力的产品的风险。

11.7 软件工程管理

第 5 章讨论了管理复杂系统开发的基本要素，第 6～10 章进行了具体讨论。本节讨论软件主导系统管理的相关内容，这些方面受到了软件特征的显著影响，系统工程师也应该认识到这些问题。

软件工程的计算机工具

软件支持工具是协助开发和维护软件程序的软件系统。在任何大型软件开发工作中，支持工具的可用性和质量对软件产品的成败有重要影响。支持工具被用于产品生命周期的各个方面，并且在商业市场上变得越来越广泛。因此，系统工程师和项目经理应该适当地考虑用于大型软件开发项目的工具需要非常大量的投资这一事实。

编程支持工具这一更具体的主题在 11.5 节中作了简要介绍。以下各节讨论综合计算机辅助软件工程（CASE）工具及其一些典型的应用程序。

1. 计算机辅助软件工程

计算机辅助软件工程是被设计成尽可能多地标准化软件开发过程的一组工具。现代计算机辅助软件工具围绕着面向图形的图表工具，设计这些工具允许设计者定义软件应用结构、程序和数据流、模块或单元，以及其他方面。通过使用良好定义的符号，这些工具为开发周期的需求分析和设计阶段提供了基础。

2. 需求管理工具

对操作、功能、性能和兼容性系统需求的推导、分析、量化、修订、跟踪、验证、证实和文档化已经扩展到整个系统生命周期。对于复杂的系统开发，它是一项涉及操作、合作和技术问题的关键而严格的任务。一些基于计算机的工具在商业上是可以买到的，它们可以帮助创建一个有组织的数据库，并提供自动校验、可追溯性、报告准备和其他有价值的服务。

3. 软件度量工具

有几种商业工具和工具集可用于自动测量计算机程序的有关语义结构和各种复杂的技术特性。（参见后面关于度量的部分。）

4. 集成开发支持工具

已经有一些工具提供了一套兼容的集成支持功能，在某些情况下，还提供了从其他制造商导入和导出数据的功能。例如，一些工具集成了项目管理、UML 图表、需求分析和度量获取功能。这些工具简化了维护软件开发相关领域之间信息一致性的问题。

5. 软件配置管理（Configuration Management，CM）

系统开发中的配置管理已在第 10 章中详细讨论。它的重要性随系统的复杂性和关键性增加而增加。在软件系统中，严格的配置管理是在工程开发阶段及之后最关键的活动。造成这种情况的一些原因可以从"硬件和软件之间的差异"一节中推断出来：

（1）软件的抽象性和缺少定义良好的部件，使得它难以理解。

（2）软件有很多的接口；它们的层级很深，因而很难追踪。

（3）任何变化都可能传播到系统深层次中。

（4）任何更改都可能需要重新测试整个系统。

（5）当一个软件系统失效时，它通常会突然崩溃。

（6）软件的灵活性使得软件更改看起来很容易。

能力成熟度模型集成(Capability Maturity Model Integration, CMMI)

软件的抽象本质，以及它在功能、复杂性或大小方面缺少固有的限制，使得软件开发项目比同等规模的硬件项目更难管理。

从事生产软件密集型系统或部件以及满足固定的进度和成本的业务组织，通常无法实现其目标，因为它们的管理实践不适合软件的特殊需求。为了帮助此类组织生产成功的产品，在政府资助下运营的卡内基梅隆大学软件工程学院（Software Engineering Institute, SEI）设计了一个模型，该模型表示组织要达到给定的"成熟度"水平所需的能力。这被称为能力成熟度模型（Capability Maturity Model, CMM）。此模型定义了一组成熟度级别，并规定了表征每个级别的一组关键过程范围。该模型提供了一种通过一组特定的测量来评估给定组织能力成熟度水平的方法。CMM 已被接受为行业标准。它与软件的国际标准 ISO 9000 相关但不等效。

软件和系统工程以前拥有独立的成熟度模型，直到 SEI 发布了第一个集成的CMM，将之前的几个模型合并为一个单独的集成模型，称为 CMMI。如今，CCMI 关注三个特定领域：产品和服务开发；服务的建立、管理和交付；产品和服务获取。在撰写本书时，该模型的最新版本是 CMMI 1.2 版。

CMMI 本质上是一种过程改进方法。该模型背后的关键概念是了解组织流程的当前成熟度并确定未来的目标成熟度水平。因此，CMMI 的一个方面是成熟度级别的正式定义。这些适用于组织，而不是项目，尽管随着项目的规模和复杂性的增长，组织与项目之间的分界线可能变得模糊。

1. 能力成熟度等级

CMM 定义了 6 个能力等级和 5 个成熟度等级，如表 11.9 和表 11.10 所列。CMMI过程是完全制度化的，为每个级别定义了关键性能区域（Key Performance Areas, KPAs），并用于确定组织的成熟度级别。每个 KPA 由一组目标和处理这些目标的关键实践进一步定义。SEI 还定义了用于确定 KPA 目标是否已经实现的关键指标。这些指标用于 CMM 评估组织的能力成熟度水平。

表 11.9　能力等级

能力等级 0：不完整 "不完整流程"是指未执行或部分执行的流程。该流程领域的一个或多个特定目标没有得到满足，并且这个级别不存在通用目标，因为没有理由将部分执行的流程制度化
能力等级 1：已执行 "已执行流程"是指满足过程区域特定目标的流程。它支持并启用生产工作产品所需的工作
能力等级 2：托管 "托管流程"是已执行（能力等级 1）的流程。该流程具有支持该流程的基本基础结构。按照监督的要求策划和执行；雇用有足够资源来产生可控产出的技术人员；有利益相关者参与；受到监视、控制和审查；并评估是否遵守其流程说明
能力等级 3：已定义 "已定义流程"是一种托管（能力等级 2）的流程，根据组织的定制准则从组织的标准流程中量身定制，并向组织流程资产提供工作产品、度量和其他流程改进信息
能力等级 4：量化管理 "量化管理流程"是使用统计和其他定量技术控制的定义（能力等级 3）流程。建立质量和过程绩效的量化目标，并将其用作管理过程的标准。质量和过程绩效可以用统计术语来理解，并在过程的整个生命周期中得到管理
能力等级 5：优化 "优化流程"是一种定量管理（能力等级 4）的流程，它是基于对流程固有的、变异的、常见原因的理解而得到改进的。优化流程的重点在于通过渐进式和创新性改进来不断提高流程性能的范围

表 11.10　成熟度等级

成熟度等级 1：初期 流程通常是临时的和混乱的
成熟度等级 2：托管 组织的项目保证了流程按照政策进行规划和执行；这些项目雇用了技术人员，这些人员有足够的资源来产生可控的产出；让利益相关者参与；受到监视、控制和审查；并评估是否遵守其流程说明
成熟度等级 3：已定义 流程已得到很好的表征和理解，并在标准、程序、工具和方法方面进行了描述。随着时间的推移，该组织的标准流程会不断建立和完善。这些标准流程用于在整个组织中建立一致性。项目通过根据定制指南定制组织的一组标准流程来建立其定义的流程
成熟度等级 4：量化管理 组织和项目建立质量和流程绩效的量化目标，并将其用作管理流程的标准。定量目标基于客户、最终用途、组织和流程实施者的需求。 质量和流程性能可以用统计术语来理解，并且可以通过缩短流程生命周期来进行管理
成熟度等级 5：优化 组织基于对流程内在变化的、常见原因的定量理解，可以不断改进其过程

CMMI 被业界广泛使用,特别是大型系统和软件开发组织。美国国防部规定了主要采用 CMMI 3 级能力演示。然而,获得 CMMI 认证所需的投资是相当大的,一般估计从 1 级到 2 级或从 2 级到 3 级,需要 1～2 年的时间。

2. 系统工程的意义

对 KPA 的检查表明,它们解决了项目管理、系统工程和流程改进问题的组合。在第 2 级,解决需求管理和 CM 的 KPA 显然是系统工程的责任,而项目计划、项目跟踪和监督以及分包管理则主要是项目管理功能。在第 3 级,系统工程师直接关注软件产品工程、组间协调和同行评审。在较高级别,重点主要放在基于流程结果的定量测量的流程改进上。

软件度量

度量是用于评估流程、发现问题并为改进流程或产品提供基础的定量度量。软件度量可以分为项目度量、过程度量与技术度量。

1. 项目度量

软件项目度量是关系到项目管理是否成功的度量,即需求的稳定性、项目计划的质量、对项目时间表的遵守、任务描述的内容、项目评审的质量等。它们基本上与用于跟踪管理实践的项目相同。更关注软件开发中项目度量的一个理由是,新软件任务的可靠规划和评估在传统上更为困难。项目度量标准应该根据项目的形式、大小和其他特殊特性进行调整。

2. 过程度量

软件过程度量如前面关于软件能力成熟度评估部分所述,是建立过程标准实践的基础。这些标准确定了一组需要处理的过程范围,但通常不规定应该如何处理它们,而是要求确定的实践要得到定义、记录和跟踪。

3. 技术度量

软件技术度量主要关注评估软件产品的质量,而不是管理或过程。从这个意义上说,它们通过识别软件中特别复杂、不够模块化、难以测试、注释不充分或质量不高的部分来帮助设计。这些措施有助于直接改进产品,有助于改进导致缺陷的设计和编程实践。目前有许多被设计用来跟踪技术软件度量的商业工具。

4. 度量的管理

软件度量在开发良好的实践以及提高生产力和软件质量方面是有用的。然而,它们也可能被误用,给项目和软件人员带来负面的结果。重要的是,在度量标准的管理中遵守一些原则:

(1) 每个度量的目的必须被所有相关人员清楚地理解,这样才会有益且值得收集和分析。

(2) 在给定项目上收集的度量应符合其特征和重要性。

（3）度量收集的结果应主要由项目使用，以增加其成功的可能性。

（4）结果绝不能用于威胁或赞扬个人或团队。

（5）在使用收集的数据之前，应该有一个过渡期来引入新的度量。

展望未来

信息系统的持续增长给软件技术的改善施加了巨大的压力，即使其跟上不断增长的需求，也不能最大程度地减少重大软件项目失败的风险，而近年来这种风险的发生非常频繁。此外，许多商业软件的不可靠性使许多计算机用户感到失望。以下是一些可能满足上述某些需求的趋势。

1. 过程改进

CMMI 等软件过程标准的建立和广泛采用，极大地加强了软件设计学科的应用。他们把工程实践和管理监督引入了源于科学和艺术的文化。对于大型的、良好的项目，这些方法可以显著降低失败率。对于具有宽松定义需求的小型项目，敏捷方法吸引了许多追随者。

2. 编程环境

计算机辅助编程环境，如 Visual Basic，可能会继续改进，以提供更好的自动错误检查、程序可视化、数据库支持，以及其他旨在使编程更快和更少出错的特性。将语法检查、调试和其他编程支持功能与更强大的用户界面集成到环境中，可能会继续提高生产率和准确性。

3. CASE 工具集成

需求和配置管理工具正与建模和其他功能集成，以促进大型软件程序的开发、升级和维护。这些工具的集成使程序模块能够跟踪需求，并管理复杂系统功能中出现的大量数据元素。尽管此类工具的开发成本很高，但它们的增长以及随之而来的生产率的提高很可能会持续下去，尤其是，如果更多地强调减少熟练使用这些工具的时间和成本。

4. 软件部件

重用软件部件一直是一个主要的目标，但是它的有效实现是一个例外，而不是规则。商业 GUI 部件的可用性就是一个例外，它支持窗口和下拉菜单等功能。随着自动化交易系统（金融、旅行、库存等）的普及，许多其他标准部件可能会被识别出来，并投入商用。自动化业务系统在开发成本和可靠性方面的收益可能非常大。

5. 设计模式

可重用部件的另一种方法是设计模式的开发。Gamma 等人在这方面的一项开创性工作定义了 23 种基本的面向对象函数模式，并描述了每种模式的一个示例。这些模式被细分为三类：构建各种类型对象的创建模式、操作对象的结构模式和执行指定功能的行为模式。虽然这种方法似乎很有希望创建通用的软件构建块，但到目前为止还没有被大量的开发人员采用。

6. 软件系统工程

以软件为主导的系统开发中最重要的进步可能来自于系统工程原理和方法在软件系统设计和工程中的有效应用。尽管软件和硬件技术在本质上存在许多差异，但研究人员正在积极探索缩小这一差距的手段。SEI 开发的 CMMI 在一个通用的框架中阐明了系统工程和软件工程，可能更有助于形成共同的展望。然而，在这个方向上的真正进展必须包括对当前软件方法的扩展和技术指导，以促进模块化划分、清晰的接口、架构可视性，以及良好设计系统的其他基本特点的实现。对复杂软件为主的系统的持续需求，可能会加速将系统工程方法引入软件开发的工作中。

11.8　小　结

软件工程和软件系统工程并不是同义词。前者指的是独立或嵌入式软件产品的开发和交付。后者指的是原理在软件工程学科中的应用。我们认为软件有三个主要部分：指令（又称代码）、数据结构和文档。

应对复杂性和抽象性

在过去的 20 年里，软件的角色已经发生了变化，即大多数现代系统都是由软件主导的。因此，软件工程已经成为系统开发的一个完整部分。

软件开发的本质

软件可以分为：

（1）系统软件，向其他软件提供服务；

（2）嵌入式软件，在较大系统内提供功能、服务或特性；

（3）应用软件，作为独立系统提供服务。

使用软件的系统可以分为以下三种：

（1）嵌入式软件系统，是硬件和软件的混合。虽然主要是硬件，但该系统使用软件来控制硬件部件的动作。例如大多数的交通工具、宇宙飞船、机器人和军事系统。

（2）软件密集型系统，由计算机和网络组成，由软件控制。该系统使用软件来执行几乎所有的系统功能，包括所有自动化的复杂信息功能。例如财务管理、机票预订和库存控制。

（3）数据密集型计算系统，是用于执行复杂计算任务的大规模计算资源。例如天气分析和预测中心、核效应预测系统、高级信息解密系统和其他计算密集型操作。

软件与硬件有本质的区别，包括：

（1）软件结构单元的无穷可变性。

（2）通用的软件部件很少。

（3）软件被赋予最关键的功能。

（4）接口多、更深层、不可见；软件的功能和大小几乎没有固有的限制；软件易于变动。

（5）简单的软件更改可能需要大量的测试；软件通常会突然失效，没有警告的迹象。

（6）软件是抽象的，很难可视化。

软件开发生命周期模型

以软件为主导的系统的生命周期通常与第 4 章描述的系统工程生命周期相似。虽然有很多的生命周期模型，但我们可以定义四种基本类型：

（1）线性式——一系列步骤，通常带有反馈。

（2）增量式——重复一系列步骤以生成增量功能，直到最终增量（包括全部功能）为止。

（3）演化式——与增量式类似，不同之处在于早期的增量旨在为实验、分析、熟悉和演示提供功能。后期的增量会受到早期增量经验的严重影响。

（4）敏捷式——将软件开发的典型步骤以各种形式组合在一起，以实现快速而稳健的开发。

软件概念开发：分析和设计

嵌入式软件系统的性能要求是在系统层次开发的，应由软件开发人员进行验证。

软件密集型系统的性能要求应建立在与客户/用户密切互动的基础上，并可能需要通过快速原型验证。它们不应该过分强调软件的可扩展性。

软件需求通常使用四个步骤来开发：从用户、客户和利益相关者外获取，与客户分析和协商，形成文档以及验证。

设计软件系统的两种主要方法是结构化分析与设计以及面向对象分析与设计。结构化分析着重于功能架构、使用功能分解，并将程序模块定义为主要结构单元。该方法从上至下进行功能分配。相反，面向对象分析与设计专注于将对象的"类"作为程序单元，并使用操作封装数据变量。这种方法使用迭代而不是自顶向下的开发方式。

其他方法包括鲁棒性分析，它关注最初的面向对象体系架构设计、功能类分解，以及结构化和面向对象方法的组合。

UML 支持面向对象开发的所有阶段。UML 提供了 13 种类型的图，展示了系统的不同视图，并且得到了广泛的应用，且已被行业标准采用。

软件工程开发：编码和单元测试

软件开发的工程设计阶段执行软件体系架构设计和计算机指令，以执行规定的功能。该阶段生成用高级语言（源代码）编写的计算机程序，并在接受之前对每个程序单元进行"单元测试"。

编程语言必须与软件类型和编译器相匹配。它必须符合设计方法论,并要求有使用该语言的有经验人员。

迭代开发的原型有两种形式:(1)探索性模型,一旦实现其目的就将被抛弃;(2)演化的模型,并在此基础上演化。在后一种情况下,必须从一开始就以高质量制造。

人机接口是所有软件密集型系统的关键要素。这些类型的接口通常使用交互式图形格式,可能包括语音激活和其他先进技术。

软件集成与测试

测试软件系统比硬件涉及更多的测试路径和接口,并且需要特殊的测试点来诊断故障及其来源。在排除故障后,通常需要进行系统级的重新测试。

Alpha 和 Beta 测试使新系统接受客户的测试,并在产品广泛发布之前,暴露出用户的问题。

软件工程管理

CM 对于软件主导的系统至关重要,因为 CM 本身就很复杂,并且具有许多深层的接口。由于软件负责控制某些最关键的系统功能,因此往往会频繁地变化。

CMMI 为组织建立了 6 个能力等级和 5 个成熟度等级,并为每个等级建立 KPA,为评估组织的整体系统和软件工程能力提供了基础。

习　题

11.1 参考图 11.1,列出图中所示每个模块的两个特定示例。对于每个模块的一种情况,请描述沿着模块之间的线所显示的路径流动的数据的类型。

11.2 查找(如有必要)个人计算机的数据处理器(CPU)的主要子部件。绘制子部件及其互连的框图。用自己的话描述每个子部件的功能。

11.3 对表 11.1 所列的三种以软件为主导的系统示例进行扩充,列出每种类型的另外两个示例。简要说明为什么将每个示例放入所选类别中。

11.4 以自动化超市杂货库存管理系统为例,绘制系统关系图。假设主程序数据库来自一个中央办公室。忽略储备卡持有者的特殊折扣权。

11.5 对于同一示例,定义自动杂货系统在处理每个单独的杂货项目中执行的功能。区分以条形码和按重量出售的情况。

11.6 画出处理杂货项目的功能流程图,并绘制习题 11.5 中提到的两个备选分支。

11.7 写出上述自动超市杂货系统涉及的对象及其属性,并绘制与习题 11.6 中描述的过程相对应的活动图。

在习题 11.8～11.12 中,假设您被要求为一个多层建筑的电梯系统开发一个软件。

该系统将包括五层楼、三部电梯和一个地下停车场。

11.8 为该软件系统开发 20～25 个功能和性能要求，并对您的需求列表进行分析，以确保最终列表是鲁棒性的、一致的、简洁的、非冗余的和精确的。

11.9 （a）确定本软件系统的 8～12 个顶层功能。

（b）使用（a）中的函数为本系统绘制 FFBD 图。

11.10 （a）确定本软件系统的 8～12 类。每个类都应该有一个标题、属性和操作。

（b）绘制类图，显示（a）中各类之间的关系。

11.11 （a）确定电梯系统的 8～12 个顶层硬件部件。

（b）找出（a）项所述系统的软硬件部件之间的接口。在第一列中，标记为"硬件部件"，标识软件需要接口的部件。在第二列中，标记为"输入/输出"，标识接口是输入、输出还是两者都是。在第三列中，标记为"传递的内容"，标识软件和硬件之间传递的内容。

11.12 制定本软件系统的运行测试计划。测试计划应该包括一个目的、不超过 5 个测试的描述，以及每个测试和被测试的需求之间的联系。

扩展阅读

[1] Booch G，Rumbaugh J，Jacobson J. The Unified Modeling Language User Guide. Addison Wesley，1999.

[2] Brooks Jr F P，The Mythical Man Month— Essays on Software Engineering：Chapter 8. Addison-Wesley，1995.

[3] Bruegge B，Dutoit A H. Object-Oriented Software Engineering：Chapters 1-7. Prentice Hall，2000.

[4] DeGrace P，Stahl L H. Wicked Problems，Righteous Solutions：Chapter 3. Yourdon Press，Prentice Hall，1990.

[5] Denis A，Wixom B H，Roth R M. Systems Analysis Design：Chapters 4，6，8-10. 3rd ed. John Wiley & Sons，Inc.，2006.

[6] Eisner G. Computer-Aided Systems Engineering：Chapters 8，14. Prentice Hall，1 988.

[7] Eisner H. Essentials of Project and Systems Engineering Management：Chapters 10，12. John Wiley & Sons，Inc.，1997.

[8] Gamma E，Helm R，Johnson R，Dlissides J. Design Patterns. Addison-Wesley，1995.

[9] Kendall K E，Kendall J E. Systems Analysis and Design：Chapters 6，7，14，18. 6th ed. Prentice Hall，2005.

[10] Maier M，Rechtin E. The Art of Systems Architecting：Chapter 6. CRC Press，2009.

[11] Pressman R S. Software Engineering：A Practitioner's Approach：Chapters 20-24. 6th ed. McGraw-Hill，2005.

[12] Rechtin E. Systems Architecting：Creating and Building Complex Systems：Chapter 5. Prentice Hall，1991.

[13] Reilly N B. Successful Systems for Engineers and Managers：Chapters 13，14. Van Nostrand Reinhold，1993.

[14] Rosenberg D. Use Case Driven Object Modeling with UML：Chapters 1-4. Addison-Wesley，1999.

[15] Rumbaugh J，Blaha M，Premerlani W，Eddy F，Lorenson W. Object-Oriented Modeling and Design：Chapters 1-3. Prentice Hall，1991.

[16] Somerville. Software Engineering：Chapters 2，4，6，7，11. 8th ed. Addison-Wesley，2007.

第 12 章　工程设计

12.1　实现系统构建块

工程设计阶段是新系统开发的一部分,该阶段需要设计所有部件,使它们组成一个整体来满足系统的运行要求。这是一项密集且高度有组织的工作,侧重于在系统可能承受的条件下设计可靠、可维护和安全的部件,并且这些部件在既定的成本和计划目标内是可生产的。虽然在先前的阶段中已经建立了满足上述目标所需的一般设计方法,但在工程设计阶段中需要建立详细的内部和外部接口,并且这也是第一个将设计在软件和硬件层面上进行部署和实现的阶段。

第 10 章曾指出,在高级开发阶段,任何未经证实的部件都应进一步开发,直至所有有关其功能和物理性能的重大问题都已解决。然而,开发复杂新系统的经验表明,一些"未知问题"几乎总是逃过检测,直到在部件设计和集成期间才被发现。因此,在工程设计阶段的应急计划中应预料到这种情况。

工程设计阶段在系统生命周期中的地位

如图 12.1 所示,工程设计阶段在系统工程生命周期中位于高级开发阶段之后,集成与评价阶段之前。高级开发阶段的结果作为该阶段的输入往往被视为系统设计规范和经过验证的系统开发模型。图中未显示的输入还包括适用的商业部件和零件,以及在此阶段将使用的设计工具和测试设备。它输出到集成与评价阶段的是详细的测试和评估计划,以及一整套经过全面设计和测试的部件。在此过程中,需要使用并更新一些程序管理规划文档,例如工作分解结构、系统工程管理计划(SEMP)以及测试和评估总计划(TEMP),或其他等效文档。从图 12.2 中可以看出,集成与评价阶段通常在工程设计结束之前就已经开始,以适应测试计划、测试设备设计和相关活动。

设计实例化状态

表 12.1 展示了工程设计阶段系统实例化状态的变化。可以看出,之前阶段中的"可视化"、"确认"和"验证"操作已被更具决定性的术语"设计"、"制造"和"测试"所取代,这些术语代表了实施决策,而不是临时性的提议。这体现了本阶段的特点,即前一阶段的概念和开发结果最终通过统一而详细的系统设计融合在一起。

在工程设计阶段的开始,不同部件的设计成熟度可能会有显著差异;这些不同将反映在部件实体状态的差异上。例如,从前置系统中派生出来的一些部件可能已经完全

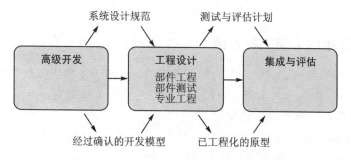

图 12.1 系统生命周期中的工程设计阶段

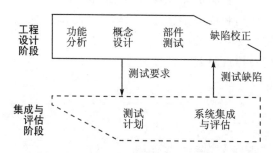

图 12.2 工程设计阶段与集成和评价阶段的关系

设计好,并在与新系统所选择的配置基本相同的情况下进行了测试,而利用新技术或创新功能的其他部件可能只是处于试验原型阶段。而且,在工程设计阶段结束时,必须消除部件工程状态最初的这种不同,并在详细的硬件和软件设计和构造方面充分"实例化"所有部件。

表 12.1 工程设计阶段系统实例化状态

阶段	概念开发			工程开发		
层次	需求分析	概念探索	概念定义	高级开发	工程设计	集成与评估
系统	确定运行目标	辨析、探索和综合概念	用规范确定所选概念	确认概念		测试和评估
子系统		确定需求和可行性	确定功能和物理架构	确认子系统		集成和测试
部件			将功能分配给部件	定义规范	设计和测试	集成和测试
子部件		可视化		将功能分配给子部件	设计	
零件					制造或购买	

此阶段的主要工作是确定内部部件之间以及与外部实体之间的接口和交互作用。经验表明,系统工程的侵袭性技术领导对于迅速解决工程设计中出现的接口不兼容问

题是至关重要的。

工程设计中的系统工程方法

在工程设计过程中,系统工程方法(见第 4 章)的四个步骤中每个步骤的主要活动如图 12.3 所示。步骤 3 和步骤 4 组成这个阶段的主要工作如下:

(1)需求分析。典型的活动包括:

- 分析系统设计需求的一致性和完整性;
- 确定所有外部和内部交互和接口的需求。

(2)功能分析和设计(功能定义)。典型的活动包括:

- 分析部件交互作用和接口,识别设计、集成和测试问题;
- 分析具体的用户交互模式;
- 设计和制作用户接口原型。

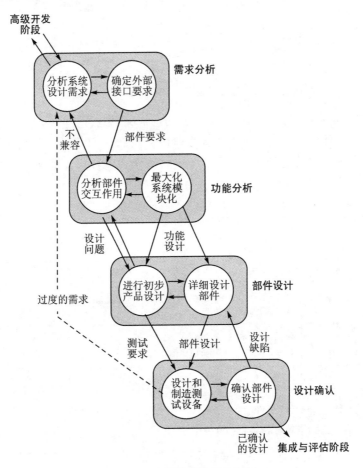

图 12.3 工程设计阶段流程图

(3)部件设计(物理定义)。典型的活动包括:

- 列出所有硬件、软件部件和接口的初步设计；
- 在审核后对具体的硬件设计和软件代码进行实现；
- 构建工程化部件的原型版本。

（4）设计确认。典型的活动包括：

- 对工程部件进行功能、接口、可靠性及产品化的测试和评估；
- 纠正缺陷；
- 编制产品设计文档。

12.2　需求分析

在高级开发阶段，系统功能规范被转换成一组系统设计规范，这些规范定义了我们所选择和验证的设计方法，以充分满足系统的运行目标。与开发过程的前几个阶段一样，必须对这些规范进行相关性、完整性和一致性分析，以构成完整工程化的良好基础。特别地，必须考虑由于时间和外部事件而引发的变化。

系统设计需求

回顾一下，高级开发阶段的重点是针对那些在分析、设计、开发和测试方面需要进一步成熟以充分证明其有效性的系统部件。这些是具有最大开发风险的部件，因此必须仔细分析它们的设计方法，以确保将剩余风险降低到可管理的水平。例如，必须重新检查最初定义不明确的外部接口描述的部件，以解决任何剩余的不确定性。

在此阶段，必须特别检查已确定为存在一定风险，但还没有达到需要特殊开发工作程度的部件，以及需要在更高层次或压力更大的环境中执行的先前已验证过的部件。这些分析的结果应作为工程设计过程中风险管理规划的输入。（参见 5.4 节"风险管理"）

外部系统接口需求

由于整个系统在之前的阶段中没有进行过物理组装，因此其与环境的接口设计可能没有得到严格的考虑。因此，在进行工程设计之前，必须对系统层面的环境接口进行全面的分析。

（1）用户接口。如前所述，系统与用户之间的功能交互和物理接口常常不仅很重要，而且很难充分确定，特别是当新系统的潜在用户第一次与系统进行物理交互之前，并不能真正的知道如何可以操作它。因此，除了非常简单的人机接口外，应尽早建立一个用户控制台、显示器和控件的原型模型，使用户能够对系统输入的各种响应进行检查，并设计可选的接口以供用户进行试验。如果在高级开发阶段没有充分地做到这一点，就必须在工程设计的早期阶段做到。

与系统维护相关的用户接口包括故障隔离、部件替换、后勤保障和一系列相关问题。在工程设计阶段之前，接口设计通常鲜少得到关注，这一疏忽可能导致需要重新设计之前定义的部件接口。

（2）**环境接口**。在确定受冲击、振动、极端温度和其他潜在破坏性环境影响的外部接口时，必须再次考虑系统生命周期的所有阶段，包括生产、运输、存储、安装、操作和维护，并要在每一步中预测与环境的所有交互作用。接口单元，如密封件、接头、防辐射罩、绝缘体、减震器等，应在必要时进行检查和重新定义，以确保其在最终设计中适用。本章后面讨论接口设计的部分将更全面地讨论以上提到的一些主题。

装配和安装要求

除了通常的设计要求外，系统设计还必须考虑在操作现场进行系统装配以及安装的所有特殊要求。这对于必须分段运输的大型系统而言尤其重要。例如舰载系统，其子系统需要安装在甲板下。在这种情况下，舱口和通道的大小应使最大的部件可以通过。飞机上的系统安装也是一个例子。甚至各种建筑也对货梯的负荷和尺寸大小也有限制。任何情况下，当需要进行现场组装时，系统设计就必须考虑系统将在何处"拆开"以及如何重新组装。例如，如果采用螺栓进行物理结合，那么这些紧固件的位置和尺寸就必须考虑装配所需的扳手的尺寸和位置。许多开发人员，都经历过没有足够的空间来执行规定的组装程序的窘境。

当发现装配过程困难且执行缓慢时，可能会出现另一个现场问题。一个典型的例子是美国中西部一家大型酒店大堂的空中过道。在一个大型的晚会上，许多人在这个空中过道上跳舞，导致过道倒塌，并造成人员伤亡。对这一事故的调查显示，其组装方式在现场进行了设计更改，因为原先指定的长螺纹支撑杆很难安装。为了使组装更容易，做了微小设计变化，但因此增加了杆结构两倍的负荷。事故原因应归咎于那些参与设计更改的人。但是，如果最初的设计者对装配过程中可能遇到的困难关注更多一些，这种问题和由此产生的事故可能就不会发生。

风险缓解

如前几章所述，在开发和工程过程的规划中，考虑项目风险是必要的步骤。在高级开发阶段，风险评估指识别需要进一步成熟以消除或大大减少应用新技术或复杂功能产生的潜在工程问题的部件的过程。在工程设计阶段开始之前，这些风险应该通过进一步开发解决。反过来，通过应用风险管理将剩余的项目风险降低到可以容忍的水平，且风险管理可以识别并寻求缓解（减轻或最小化）残留风险的可能性和影响。在"部件设计"（12.4 节）部分中简要讨论了缓解风险的方法，而在第 5 章中进行了更详细的讨论。

关键的设计需求

在一定程度上，先前的分析表明，特定的需求对工程设计施加了超额的压力，这是认真探索其放宽的可能性从而降低设计失败风险的最后机会。

12.3 功能分析与设计

工程设计阶段的重点是系统部件的设计。就各组成部分的功能定义而言,可以假定各部分的主要功能分配已在前几个阶段完成,但它们的相互作用尚未最后确定。功能分析和设计步骤的主要目标是,以最大化部件相互独立的方式来定义部件之间以及与系统环境之间的交互,从而促进它们的收购、集成、维护,以及未来系统升级的简便性。

本节强调功能分析和设计的三个重要方面:

(1) 模块化配置:简化系统部件之间以及与环境之间的交互作用;

(2) 软件设计:确定模块化软件体系结构;

(3) 用户接口设计:定义和演示有效的人机接口。

模块化配置

在工程设计阶段,功能分析和设计步骤的一个最重要的目的是定义部件和子系统之间的边界,从而最小化它们之间的交互作用(即它们相互依赖)。

这可以确保以下几点:

(1) 每个部件都可以作为一个独立的单元进行定制、开发、设计、制造和测试;

(2) 当与其他部件组装时,该部件应能正常工作,无需进一步调整;

(3) 一个有缺陷的部件可以直接用一个等价的可互换部件替换;

(4) 一个部件可以自我升级而不影响其他部件的设计。

具有上述特征的系统设计被称为"模块化"或"分区化"。这些特性同时适用于硬件和软件部件。它们依赖于物理和功能交互作用,但后者是基础的,并必须在确立物理接口之前确定。

功能单元

第 3 章中定义的系统功能单元是高度模块化的系统构建模块的例子。这些构建模块是根据以下三个标准来选择的:

(1) 重要性:每个功能单元执行不同的重要功能,通常包括几个基本功能。

(2) 奇异性:每个功能单元在很大程度上属于单个工程学科的技术范畴。

(3) 通用性:在各种系统类型中都可以找到每个单元执行的功能。

每个功能单元被视为一种类型的组成单元的功能体现(见表 3.3),这是现代系统中常见的构件。它们的"共性"特征源于它们在功能和结构上都是高度模块化的。因此,新系统的功能单元应尽可能使用标准构件模块。

软件设计

前面已经提到,软件部件的开发和工程化与硬件部件有很大的不同,因此有单独一章专门讨论软件的特殊系统工程问题和解决方案（第11章）。以下各段包含与本章有关的几个主题。

1. 原型软件

前几章指出，软件在大多数现代复杂系统中的广泛使用，通常需要在高级开发阶段以原型的形式设计和测试许多软件部件。常见的实例为嵌入式实时程序和用户界面。在工程设计阶段开始时就存在这样的原型软件，这就产生了一个问题：是否要在工程系统中重用它？如果要重用，又该如何调整它以达到这个目的？

从头开始重做原型软件可能会非常昂贵。但是，在需要时，其重用需要仔细评估和修订。要成功重用，必须满足以下条件：

（1）原型软件必须是高质量的，即按照与工程版本相同的标准设计和构建（可能除了正式的审查和文档外）。

（2）需求的变化必须是有限的。

（3）软件应该是功能完整的或与直接相关的软件兼容的。

在上述条件下，现代计算机辅助软件工程（CASE）工具可以帮助进行必要的分析、修改和文档化，从而将原型软件集成到工程系统中。

2. 软件方法

第11章辨识了软件工程的许多直接关系到系统工程师的关键方面。在软件分析和设计中有两种主要的方法：结构化分析及面向对象的分析和设计。前者也是相对更成熟的方法围绕通常称为过程或函数的功能单元进行组织，并在模块或包中组装。在良好的结构化设计中，通过调用参数在过程之间传递数据值，使用最少的外部寻址（全局）数据。面向对象分析（OOA）和面向对象设计（OOD）是较新的软件系统开发方法，它们被普遍认为在复杂性管理方面具有先天的优势，这种管理的复杂性在所有大型的、信息丰富的系统中都是一个关键问题。在开发硬件和软硬件组合系统时使用面向对象的方法已经变得越来越普遍，通常被称为面向对象系统工程（OOSE）。这种方法的细节将在下面的单独章节中进行描述。因此，今天的系统工程师需要了解这些方法的基本要素和能力，以便评估它们在系统开发中的适当地位。

用户接口设计

在复杂系统中，最关键的单元是那些与对系统的控制有关的单元，类似于汽车中的方向盘、油门器、变速杆和刹车。在系统术语中，这些单元统称为"用户接口"。它们的关键性在于它们在大多数系统的有效运行中所起的重要作用，以及将一个具体的系统需求设计为与多种不同的人工操作员多变性都相容的过程。如果几个人同时操作系统的不同部分，那么他们之间的相互作用会带来需要额外考虑的设计问题。

用户控制的主要单元包括：

（1）显示：提供给用户包含指明可能需要用户操作的系统状态信息。它们可以是显示屏幕上的刻度盘、文字、数字或图形，也可以是打印输出、声音或其他信号。

（2）用户响应：用户根据有关系统操作和控制的知识对显示进行解释，并据此对要采取的措施做出决定。

（3）用户命令：用户采取的使系统将其状态或行为更改为所需状态的操作。它可能是控制杆的移动，从显示的菜单中选择项目、键入命令，或系统被设计为响应的另一种信号形式。

（4）命令执行器：用于将用户的行动转换为系统响应的设备。这可能是直接的机械或电气链接，或者在自动化系统中可以是解释用户命令并激活相应的响应设备的计算机。

综上所述，用户-系统接口的设计确实是一个多学科的问题，属于系统工程领域。即使是被视为一门独立学科的人因工程学，它也在感觉和认知方面，实际上被分割成许多专业。虽然已经进行了大量的研究，但作为工程设计基础的量化数据很少。因此，每个新系统都会出现其特有的问题，通常需要进行实验来确定其接口需求。

随着计算机自动化在现代系统中日益广泛的应用，由计算机驱动的显示和控制成为首选的用户接口媒介。计算机接口有利于以一种清晰、有组织性的图形界面给使用者显示系统的状态信息。简化决策过程，提供更简单和方便的控制。

第 11 章简要介绍了计算机控制模式、图形用户界面和人机交互的高级模式，如语音控制和视觉现实。

功能系统设计图

作为一个需要被集成到复杂系统的部件，建立功能体系结构的系统级表达以确保与交互系统单元设计相关的所有人员能够理解，这一点变得越来越重要。在第 8 章中详细讨论过功能图。

12.4 部件设计

工程设计阶段的部件设计步骤的目标是将系统单元的功能设计实现为具有可兼容和可测试接口的工程硬件和软件部件。在这一阶段，系统部件作为工程项目已经不存在了，它们作为单元被设计、构建和测试，被集成到子系统中，然后在集成与评价阶段组装成工程原型。此阶段的相关工程工作比系统生命周期中的任何其他时间都更加繁重。在任何复杂的新系统设计过程中，都会不可避免地出现意料之外的问题；它们是否能及时解决取决于迅速和果断的行动。这种高层次的活动和任何未预见到的问题对项目成功执行的潜在影响，往往会在此期间对系统工程造成很大的压力。

在重要国防和空间系统的发展中，工程设计工作分为两个步骤：初步设计和详细设计。虽然初步设计通常是在系统架构下开始的，但是许多官方项目会继续建立一个子阶段，在这个阶段初始架构被转换为初步设计。在批准后续步骤之前，客户要对每个步骤进行正式的设计评审。这一高度受控过程的目的是，确保在高额投入硬件和软件设计的全面实施之前进行充分的准备。这种一般的方法，尽管没有其形式化的部分，但也可以应用于任何系统开发。

上述设计过程所关注的系统细分层次称为"配置项"（CI）。该层次与此处称为"部件"的层次最接近。应注意，在常见的工程术语中，术语"部件"的使用比本书更宽松，有时还用于较低层次的系统元素，即在此标识为子部件。"配置管理（CM）"（9.6节）中将进一步讨论"配置项"和"配置基线"。

初步设计

初步设计的目的是证明所选择的系统设计符合系统性能和设计规范，可以在既定的成本和进度约束下，通过现有方法进行生产。然后提供了一个下一步详细设计的框架。如前一节所述，大部分功能设计工作是初步设计的一部分。

初步设计的典型产物包括：

- 设计和接口规范（B规范）；
- 支持设计和效果折中研究；
- 实物原型、模型和测试板；
- 接口设计；
- 软件顶层设计；
- 开发、集成和验证测试计划；
- 工程专业研究（返修流程、生产能力、后勤支持等）。

对所有上述项目来说，主要的系统工程的输入和审查是必不可少的。其中特别重要的是，在功能设计过程中确定的功能模块在硬件和软件中实现的方式。这通常需要对部件之间的边界进行详细的调整，以确保物理接口和功能交互尽可能简单。如果高级开发阶段还没有解决所有重大风险，则需要进一步分析、仿真和实验来支持初步设计过程。

初步设计审查（PDR）

在政府项目中，初步设计审查通常由采购部门进行，以保证初步设计的完成。对于主要的商业项目，公司管理层扮演客户的角色。该过程通常由商业或非营利的系统工程组织领导或支持。这种评审可能持续几天，如果发现需要额外的工程，还需要增加几个后续会议。

初步设计审查通常关注的问题包括主要的（例如，子系统和外部）接口、风险范围、长周期项目和系统层的折中研究；需要审查设计要求和规范、测试计划和后勤支持计划。系统工程对PDR过程来说，核心是准备好处理上述领域中可能出现的任何问题。

在正式的初步设计审查之前，开发团队应该安排一次内部审查，以确保提交的材料是合适、充分的。评审过程的准备、组织和质量是至关重要的。这对于商业系统而言同样重要，即使审查过程可能不那么正式，因为开发的成功在很大程度上取决于这个阶段的设计质量。

初步设计的完成相当于建立了已分配的基线系统配置（见12.6节）。

详细设计

详细设计的目的是对构成整个系统的最终项目进行完整的描述。对于一个大型系统，需要大量的工程工作来生成所有必要的计划、规范、图纸和其他文档，以证明开始制造的决定是正确的。产生一个特定部件的详细设计的工作量取决于它的"成熟度"，即它之前被验证设计的程度。对于新开发的部件，通常需要构建原型并在仿真运行条件下进行测试，以证明其工程设计是有效的。

典型的详细设计产品包括：

- 草拟 C、D、E 规格（生产规格）；
- 子系统详细工程图纸；
- 原型硬件；
- 接口控制图纸；
- 配置控制计划；
- 详细的测试计划和步骤；
- 质量保证计划；
- 详细的后勤支持计划。

系统工程输入对接口设计和测试计划来说很重要。必要时，必须执行详细的分析、仿真、部件测试和原型设计，以解决风险区域。

关键设计评审 (CDR)

详细产品设计的关键设计评审的一般流程与初步设计审查相似。关键设计评审通常更广泛，可以分别用于硬件和软件配置项目。关键设计评审检查图纸、线路图、数据流图、测试和后勤供应计划等，以确保其可靠性和充分性。CDR 中涉及的问题部分取决于 PDR 中确定为关键的问题，因此计划会根据 PDR 之后进行的其他分析、模拟、测试电路板（或中间试验板或原型测试）进行进一步审查。

与初步设计审查一样，系统工程在此过程中起着至关重要的作用，特别是在接口和集成与测试计划的审查方面。同样，在正式关键设计评审之前必须进行内部审查，以确保在正式会议上不会出现未解决的问题。但是如果它们发生了，通常系统工程会被指派承担尽快解决这些问题的责任。

详细设计的完成会导致产品基线的变化（请参见 12.6 节）。

计算机辅助设计 (CAD)

微电子革命极大地改变了硬件单元的设计和制造过程。它并没有给日益复杂的系统的开发和生产带来相应的成本增加和可靠性下降。机械零件的计算机辅助设计的引入彻底改变了这些零件的设计和制造方式。更引人注目的是，其以大容量和大功率的微电子芯片形式取得了电子学的爆炸式发展，以及与它们有关的主要产品——数字计算。

1．机械部件

计算机辅助设计允许工程师在计算机工作站进行复杂机械形状的详细设计，而不需要绘制传统的图纸或模型。该设计存放在计算机数据库中，可以在任何位置、任何放大倍数和任何横截面上进行检查。同样，数据库可用于计算应力、重量以及相对于其他部件的位置和其他有关信息。设计完成后，数据可以转换成加工指令，并转移到数控机器上，进行按设计绝对精度的计算机辅助制造。它还可以生成所需的任何形式的生产文档。

这项技术对设计和制造过程的显著影响是，一个零件被正确设计和制造，后续所有重复件也能正确处于加工机器的公差范围内。另一个重大影响是方便机械部件之间相互集成。由于部件的物理接口可以在三维空间中精确地指定，因此，按照公共接口规范创建的两个相邻部件组合在一起时将完全匹配。现在一个复杂的微波天线可以被设计、制造和组装成一个精细的调谐装置，而不需要几个月的反复试验来确定天线设计的特性。该技术还极大地省去了以前用于使零件适合给定图案的复杂夹具和固定装置，也无需专门制造的量具或其他检查装置来检查零件是否符合规定的公差。

2．电子元件

现代技术使大多数电子元件的设计发生了革命性的变化，甚至超过了机械部件的变化。处理几乎完全是数字化的，利用标准的内存芯片和处理器。所有的部件，如线路板、板架、接线器、设备机架等，都是严格按标准可以购买的，所有的物理接口都符合标准。此外，数字电路中，电压很低，产生很少热量，而且电气接口是数字流的。输入和输出可以使用以计算机为基础的测试设备进行生成和分析。

大多数电路组装在标准电路板上，并通过编程的机器互连。大多数电路功能通常不包含单独的电阻器、电容器、晶体管等，而是集成在电路芯片中。芯片的设计和制造比电路板具有更高的自动化水平。自20世纪80年代初以来，基本部件（例如晶体管、二极管和电容器）及其连接的逐步小型化导致每18个月部件密度和工作速度增加一倍（摩尔定律），这一趋势至今尚未结束。然而，为复杂的新芯片创建装配线的成本已逐渐增加至数亿美元，因而限制了能够竞争生产大型存储器和处理芯片公司的数量。另一方面，制造较小的定制芯片的成本不高，并且具有良好的性价比。

处理高功率和高电压的部件，如发射机和电源，通常不适合采用上述技术，而且在大多数情况下，仍然必须定制和精心设计，以避免可靠性问题（见后面的部分）。

3．系统工程方面的考虑

对于系统工程师来说，这些开发是至关重要的，因为它们对部件成本、可靠性和设计可行性有着至关重要的影响。因此，系统工程师需要对可用的自动化工具、其功能和限制，以及它们对部件性能、质量和成本的影响有充分的了解。这些知识对于判断所提议的部件的估计性能和成本是否可现实，以及它们的设计是否充分利用了这些工具至关重要。

同样重要的是，系统工程师要了解用于设计和制造的自动化工具的改进速度，以便在系统开发周期后期需要它们时更好地评估它们的能力。这对于预测竞争性发展以及在淘汰之前可能的系统有效寿命方面也很重要。

【示例】波音 777。

波音 777 客机作为大规模自动化设计和制造的先驱,其开发受到了广泛的关注。波音公司声称,这是第一架没有经过一个或多个阶段的原型地面和飞行测试而设计和制造的大型飞机。现实这一成就主要基于四个因素:(1)飞机结构的全部零件利用自动化设计和制造;(2)通过多年开发和实验获得的空气动力学和飞机结构的高度知识;(3)基于计算机分析工具的应用;(4)高度集成和敬业的工程团队。因此,飞机机体面板是直接从基于计算机的设计数据中进行设计和制造的,并且在组装时可以完美地组合在一起。这种方法已用于整个飞机机身和相关结构的设计和制造。

应该指出的是,波音 777 型的发动机,无论是由普惠集团还是劳斯莱斯公司制造,在交付前都经过了彻底的地面测试,因为对喷气式发动机的了解和可预测性还没有达到机身的水平。此外,波音 777 的设计并没有体现出与以往机型的根本不同。因此,作为一个整体系统,777 的开发周期并没有像它表现出来的那样与传统的顺序有很大的不同。然而,它生动地阐释了自动化在某些现代系统中的力量。

可靠性

系统的可靠性是指系统在一定的条件下、在一定的时间内正确地执行其功能的概率。因此,一个系统的总可靠度(P_R)就是其功能所依赖的每个部件正确发挥作用的概率。在形式上,可靠性定义为 1 减去系统或部件的故障分布函数 $F(t)$。表达式为

$$R(t) = 1 - F(t) = \int_t^\infty f(t)\mathrm{d}t$$

式中,$F(t)$ 为故障分布函数;$f(t)$ 为 $F(t)$ 的概率密度函数。$f(t)$ 可以遵循任意数量的已知概率分布。失效函数的一种常见表示形式是指数分布

$$\text{pdf:} \ f_X(x) = \begin{cases} \lambda \mathrm{e}^{-\lambda} & x \geqslant 0 \\ 0 & \text{其他} \end{cases}$$

$$\text{cdf:} \ F_X(x) = \begin{cases} 1 - \mathrm{e}^{-\lambda} & x \geqslant 0 \\ 0 & \text{其他} \end{cases}$$

$$E(X) = \frac{1}{\lambda} \ ; \quad \text{Var}(X) = \frac{1}{\lambda^2}$$

这种分布被广泛地用于通用元件近似可靠性,例如与电气和机械设备有关的那些。使用指数分布的一个优点是它与可靠性相关的各种特性:

$$f(t) = \frac{1}{\theta} \mathrm{e}^{-t/\theta}$$

式中,θ 为平均寿命;t 是感兴趣的时间段。

$$\lambda = \frac{1}{\theta}$$

式中,λ 为失效率。

$$R = \mathrm{e}^{-t/M}$$

式中，R 为系统可靠性；$M = \mathrm{MTBF}$，是"平均故障间隔时间"，解释如下：通过使用指数分布，我们可以很容易地计算个体的可靠性，并通过简单的数学运算来获得近似可靠性，如下所述。

计算概率取决于各个系统部件的配置。如果部件按系列排列，每个部件取决于其他部件的操作，则系统总概率等于每个部件可靠性（P_r）的乘积，即

$$P_R = P_{r_1} \times P_{r_2} \times \cdots \times P_{r_n}$$

例如，如果一个系统需要由 10 个关键部件串联组成，其可靠性必须达到 99%，那么每个部件的平均可靠性必须至少达到 99.9%。

如果系统包含并行配置的部件，表示操作中的冗余，则使用不同的等式。例如，如果两个部件并行运行，则系统的总体可靠性为

$$P = P_{r_1} + P_{r_2} - (P_{r_1} \times P_{r_2})$$

对于纯并行部件，比如上面的例子，至少有一个部件可以有效地运行整个系统。冗余性将在下面进一步讨论。

在大多数情况下，一个系统由并联和串联两部分组成。请记住，对于上面的两个例子，时间被认为是概率定义的一部分。根据包含 t 的失效分布函数定义和计算 P_{r_i}，对于指数分布，P_{r_i} 表示为 $1/\mathrm{e}^{-t/M}$。

对于必须连续运行的系统，通常用 MTBF 来表示它们的可靠性。在刚刚提到的 10 部件系统中，如果系统平均 MTBF 必须是 1 000 小时，则部件平均 MTBF 必须是 10 000 小时。很明显，从这些方面考虑，一个复杂系统的部件必须满足极其严格的可靠性标准。

由于系统故障几乎总是发生在部件或以下层次，因此可靠性设计的主要责任在于了解部件和子部件，以及部件如何工作和制造等细节的设计专家身上。然而，实现给定可靠性水平的难度在不同部件之间存在很大差异。例如，大部分由集成微电路组成的单元可以被认为是非常可靠的，而电源和其他高压元件则承担了高的可靠性要求，因此需要一个更大比例的整体可靠性"预算"。因此，有必要在各部件之间分配允许的可靠性要求，以便在可行范围内平衡实现各部件之间必要可靠性的负担。这种分配是系统工程的一种特殊责任，必须基于对类似功能和结构部件的可靠性记录的全面分析之上。

许多具体的可靠性问题不能完全由部件设计者决定；这些问题不仅应在正式审查时加以审查，而且还应在整个设计过程中受到监督。这些问题包括：

（1）外部接口：暴露在环境中的表面必须防腐蚀、防裂、防辐射、防结构损伤、防热应力和其他潜在的危害。

（2）部件安装：在运行或运输过程中受到冲击或振动的系统，必须为易碎部件配备合适的防冲击固定支架。

（3）温度和压力：承受极端温度和压力的系统必须对系统或部件提供保护措施。

（4）污染：易受灰尘或其他污染物影响的部件必须在洁净室条件下组装，必要时需密封。

（5）高压部件：处于高压下的部件，如电源，需要特殊的保护以避免短路或电弧击穿。

（6）工艺：需要精密工艺的部件应设计成易于检查，以发现运行中可能导致故障的缺陷。

（7）潜在的危险：对于没有正确地制造或使用，可能会出现操作危险的部件，设计时可靠性裕度要大一些。这包括火箭部件、烟火、危险化学品、高压容器等。

1. 软件的可靠性

软件不会产生破碎、短路、磨损，也不会发生其他类似多处引起硬件故障原因而失效。但是，由于软件故障而导致复杂系统出现故障的频率与硬件故障频率相当，有时甚至更高。电脑键盘被"死锁"，或者试图在"计算机故障"时购买机票，任何人都遇到过这类现象。由于系统越来越依赖于复杂的软件，所以其可靠性也变得越来越重要。

软件运行失败是由于代码错误造成的，也就是说，计算机程序缺陷导致意外情况发生，从而导致系统产生错误的输出，或者在极端情况下造成中止（"崩溃"）。导致此类事件的条件示例包括无限循环（始终不中止的重复序列，因而导致系统挂断），分配给数据队列的内存空间溢出（这会导致多余的数据覆盖指令空间，从而产生"垃圾"指令）和对外部中断的错误处理（导致输入或输出的丢失或错误）。

如第 11 章所述，不可能通过检查来发现复杂代码中的所有缺陷，也不可能做到设计足够严格的测试来发现所有可能的缺陷。编写可靠软件的最有效方法是雇佣有经验的软件设计人员和测试人员，并结合严格的软件设计步骤，例如：

（1）高度模块化的程序架构；

（2）具有可控数据操作的规范编程语言；

（3）需要详细注释、严格的编码规范；

（4）设计评审和编码复审；

（5）所有关键接口原型化；

（6）正式的配置管理；

（7）独立的验证和证实；

（8）利用稳定性测试来消除"早期失效率"。

2. 冗余性

必须极其可靠地运行复杂系统，例如空中交通管制系统、电话网络、电网和客机，需要使用冗余或备用子系统或部件来达到不间断运行的水平。如果电网线路被雷击，其负载可以最少的中断服务切换到另一条线路上。如果飞机起落架的控制电机发生故障，可以采用手动操纵将其放下。空中交通管制具有多个层次的后备预案，以在主系统发生故障的情况下维持安全（尽管性能下降）运行。

以下给出了并联元件可靠性的计算公式。并联元件可靠性的另一个观点是，失效概率为各系统模式失效概率的乘积。由于可靠性（P_R）＝1－故障概率（P_F），所以具有两个冗余（并行）子系统的系统可靠性是

$$P_R = 1 - (P_{F_1} \times P_{F_2})$$

上述两可靠性方程等价性可由读者自己证明。例如，如果一个系统可靠性要求是99.9%，而一个关键子系统可靠性设计不能优于99%，那么此时提供一个后备子系统，将并行子系统的有效可靠性提升到99.99%（1−0.01×0.01＝0.999 9）。

系统本身必须能实现重构，即通过自动切换到备用部件来代替发生故障的部件，还必须结合适当的故障传感器和切换逻辑。一个常见的示例是计算机的不间断电源的运行，如果外部电源中断，将自动切换为电池电源。电话网络不仅会在线路发生故障时自动切换路径，还会在线路拥挤时自动切换路径。这种自动开关系统的固有问题是，附加的传感器和开关增加了进一步的复杂性，并且容易发生故障。另一个是复杂的自动重构系统可能会因整个系统的灾难性崩溃而对一组意外情况产生过度反应。此类事件可以发生在许多电网断电和电话停机时。可自动重构的系统需要在所有可能的条件下进行极为全面的系统工程分析、仿真和测试。如载人航天计划，在熟练地做到这一点之后，可靠性将达到空前的水平。

3. 提高可靠性的技术

存在几种技术来提高甚至最大化系统设计中的可靠性。有几个已经讨论过了：

- 系统模块化。增加系统部件的模块化，以实现部件之间的松耦合。这将最大程度地减少串联部件的数量和导致系统故障的可能。
- 冗余。通过并行操作部件，或自动将控制和运行转移到备用部件的开关来增加部件冗余度。
- 多个功能路径。在不增加冗余部件的情况下，提高可靠性的技术包括在系统设计中包含多个功能路径。有时称为"运行通道"。
- 降额部件。降额是指在应力条件下大大低于额定性能值的情况下使用部件以达到设计可靠性裕度的技术。

有几种方法和技术可用来分析失效模式、影响和缓解策略。五种常用技术（此处未描述）分别为失效模式影响及危害性分析（FMECA）、故障树分析、临界使用寿命分析、应力强度分析和可靠性增长分析。我们鼓励读者探索其他技术作为有效的分析策略。

可维护性

系统的可维护性是指易于达到保持系统处于完全可运行条件下所需功能的一种度量。系统维护有两种形式：（1）如果系统在运行过程中发生故障，则进行维修；（2）进行定期维护，包括进行测试以检测和修复在待用期间发生的故障。高度的可维护性要求在设计系统部件及其物理配置时，应对如何执行这些功能有明确而详细的了解。

对于要修复一个系统故障，首先必须确定故障的位置和性质，即进行故障诊断，系统设计应提供容易和快速诊断的方法。在需要维修的情况下，设计必须与后勤保障计划相吻合，以确保可能出现故障的部件能够在最短时间内进行备货和更换。

与硬件故障不同，软件不能替换出故障的部件，因为软件故障是由代码中的错误引起的。因此,必须识别代码中的错误并修改代码,必须格外小心,并做更改记录。为了防止相同故障在系统的其他单元中引发,必须结合其程序进行纠正。因此,软件维护可能是一个关键的功能。

在运行期间,系统可维护性的度量是平均修理/恢复时间(MTTR)。"修理时间"是指检测和诊断故障的时间、保证任何必要的更换零件的时间以及进行更换或修理时间的总和。"恢复时间"包括系统完全恢复运行并确认其运行准备状态所需的时间。

1. 内置测试设备(Built-In Test Equipment,BITE)

降低系统的平均修理/恢复时间的直接方法是结合辅助传感器,这些传感器能检测故障的发生,当系统因故障无法操作或无效时,向操作员发送要求进行维修的信号,并指示出故障的位置。这种机内设备可以有效地减少检测故障的时间,并且可以将诊断集中在特定功能上。在大多数现代汽车中都存在这种内置故障检测和信号装置的示例,这些装置可感测并发出气囊或防抱死制动状态、低油位或电池电压低等任何故障指示的信号。在控制复杂的系统(例如飞机控制系统、发电厂的运行以及医院的重症监护室)中,此类设备是至关重要的。在自动重构系统中(参见前面的"冗余性"小节),内置传感器向自动控制器而不是系统操作员提供信号。

机内测试设备的使用带来了两个重要的系统层次问题。首先,它增加了系统的总体复杂性,从而增加了潜在的故障和成本。其次,它本身就有可能出现错误指示,这反过来又会影响系统的有效性。只有对这些问题进行详细检查,才能在过少和过多的系统自我测试之间达到一个良好的平衡。系统工程承担着实现这种平衡的主要责任。

2. 可维护性设计

为了确保系统设计的可维护性,必须解决的问题是从系统层次开始,然后扩展到部件部分。它们包括:

(1)模块化系统体系结构:高度的系统模块化(具有简单接口的内置部件)对于全部三种维护形式(修复运行故障、定期维护和系统升级)来说,绝对至关重要。

(2)可更换部件:在本地修理有故障的零件通常是不切实际的,因此包含该零件的部件必须由相同的备用部件来更换。此类单元必须易于获得,更换简单安全,并作为后勤支助供应的一部分。

(3)测试点和功能:为了确定一个特定的可替换单元的故障位置,必须有一个测试点和功能的层次结构,允许短序列的测试以收敛到故障单元上。

为了实现上述目标,必须着重在整个系统定义、开发和工程设计过程中做可维护性设计。除了设计之外,详尽的文档和培训也是必不可少的。

可用性

对于一个不连续运行的系统来说,其运行效用的一个重要度量被称为系统可用性,即在调用时它将正确执行其功能的概率。可用性可以表示为系统可靠性和可维护性的简单函数,在修复时间相对较短、故障率较低时较好。

$$P_A = 1 - \frac{MTTR}{MTBF}$$

式中，P_A 为当调用时系统将执行其功能的概率；MTBF 为故障间隔平均时间；MTTR 为恢复的平均时间。

该公式表明，系统的可维护性与可靠性同样重要，并强调了快速故障检测、诊断部件维修或更换的重要性。它还指出后勤支持的重要性，以确保可立即获得所需的替换零件。

可生产性

对于大量生产的系统，如商用飞机、汽车或计算机系统，减少与制造过程相关的成本是一个主要的设计目标。表示相对系统生产成本的特征称为"可生产性"。可生产性的问题几乎全部与硬件部件有关，因为复制软件的成本只是存储介质的成本。

可生产性设计是设计专家的主要工作领域。然而，系统工程师需要充分了解制造过程和其他生产成本问题，以确认可能导致成本增加的特性，并据此指导设计。这样的考虑对于系统工程师实现系统性能（包括可靠性）、计划安排（及时性）和成本（可承担性）之间的最佳平衡是必要的。

一些用来提高可生产性的措施是：

（1）最大限度地使用商用部件、子部件甚至成品部件，这也降低了开发成本；

（2）将机械零件的尺寸公差设置在生产机械的正常精度范围内；

（3）设计用于自动制造和测试的子部件；

（4）最大限度地使用冲压件、铸件和其他适合高速生产的工艺；

（5）使用易于成形或加工的材料；

（6）子部件的最大标准化，如电路板、机箱等；

（7）最大限度地利用数字电路和模拟电路。

如前几章所述，可生产性的目标以及其他专业的工程特性，应该在生命周期的早期就被引入系统设计过程。但是，将可生产性应用于特定设计特征的过程主要发生在工程设计阶段，这是设计过程的一部分。第 14 章专门讨论生产和有关系统工程的内容。

风险管理

第 5 章中列出的所有缓解风险的方法均与工程设计阶段包括分析和测试的部件设计步骤相关。包含剩余风险因素的部件必须采用特殊的技术管理和监督，以确保及早发现和解决设计问题。当一个给定设计的可接受性要求在运行条件下进行测试时，例如用户界面，可能需要快速进行原型设计和提供用户反馈。停顿在必须冻结设计时无法解决第一线设计问题的情况下，所选方法固有的风险仍然高得无法接受，就必须启动一个备份方案来替代首次设计，可能有必要启动后备工作以设计更保守的替换产品。另外，明智的做法是放宽对系统有效性收益较小的要求。以上所有措施都需要系统工程来指导。

12.5 设计确认

设计确认在整个系统生命周期的工程开发阶段的各个层次进行。本节主要关注部件系统构建模块的物理实现的验证。

测试计划

验证部件设计和构造的测试计划,是整个测试和评价计划的一个重要组成部分。它包括两种类型的测试:在部件设计过程中的开发测试和确保最终产品设计符合规范的单元合格性测试。

由于三个方面的原因,部件测试计划必须在工程设计阶段的早期阶段进行。第一,相对系统本身部件来说,所需的测试设备通常很复杂,并且需要一段时间来设计和构建。第二,测试工具的成本通常代表了系统开发成本中非常重要的一部分,并且必须包含在总成本公式中。第三,测试计划必须由设计工程师、测试工程师和系统工程师参与的团队工作,通常是跨组织的,有时是跨合同线的。从这些详细的计划中,可以推导出测试操作的所有阶段的测试过程。

在系统层次测试计划中,系统工程必须在部件测试计划的开发中起主要作用,即决定应该测试什么,在开发的什么阶段,达到什么样的准确度,应该获得什么数据,等等。系统工程的一个重要贡献是,确保被识别为可能有风险的部件各特性要经受测试,然后确认消除或减小它们。

部件制造

在前面几节中已经讨论了设计过程的目标,包括根据图纸、电路图、规范和其他形式的设计表示(在纸上和计算机数据中表示)定义的设计决策。为了确定设计实际可达到所需部件性能的程度以及部件是否将与其他部件正确连接,必须将设计转换为物理实体并进行测试。这要求制造硬件单元,并对单个软件部件进行编码。在制造之前,要在设计人员和制造人员之间进行评审,以确保所设计的内容在设备加工的能力之内。

实现过程很少是单向的(即非迭代的)。设计缺陷经常在实施过程中甚至在测试之前被发现和纠正,特别是在硬件部件中。尽管 CAD 大大降低了尺寸和其他不兼容的概率,但必须预料到,为了获得成功的功能产品,必须对设计进行一些更改。

在部件工程的这个阶段,用于生产的工具(如计算机驱动的金属成型机和自动装配设备)很少有可用的,所以最初的制造通常使用手工操作的机器和手工装配来进行。然而,重要的是,要使用非常规制造工艺制造的任何部件都必须采用实际制造工艺的实验进行复制。这对于确保原型过程过渡到生产工装有效至关重要。在产品到达生产工厂之前,生产人员应参与产品的验收,这将有助于加快产品的生产速度。

对于复杂的电子电路,最终实现完全合适的设计会与预计的最初制作模型有很大的变化。因此，习惯上先以较开放的"实验电路板"或"实验板"形式（带有初步的封装限制）制造和测试这些电路，以便在将部件封装为最终形式之前方便更改电路。然而，对现代自动化工具来说，通常更有效的是直接进行封装配置，尽管这可能要求在最终实现合适的设计之前要制作几个这样的封装。

开发测试

工程开发测试的目的与生产验收测试的目的不同之处在于，后者主要关注是否应接受或拒绝部件，而前者不仅必须量化每个差异，还必须帮助诊断其来源。可以预料到，将会出现设计差异，并且需要更改设计以符合要求。因此，部件测试在很大程度上是开发过程的一部分。此时的更改必须经由所有相关方同意的"工程变更通知"来引入变更，以避免混乱、不协调的更改。

开发测试涉及验证部件的基本设计，应关注它的性能，特别是系统内对其运行来说那些关键的特点，或高度受压的，或新开发的，或期望这种形式的器件运行在早先没有达到的水平的那些特性。

这些测试还着重于设计的特性，这些特性会受到恶劣环境条件的影响，例如冲击、振动、辐射等。

对于易磨损的部件，如运动部件，开发测试还应包括耐久性测试，通常在加速条件下进行几个月，以模拟多年的磨损。

1. 可靠性和可维护性数据

尽管在开发过程中可能无法使用与产品中相同零件来制作部件，但实践是，通过记录运行和测试过程中的所有故障并确定其来源以尽早开始收集可靠性的统计信息。这样可以减少在产品中继续出现初始故障的可能性。当要建造的单元数量太少而无法收集足够的生产部件统计样本时，这一点尤其重要。另外，质量保证工程师参与此过程也至关重要。

开发测试还必须检查测试点的充分性和易测性，以便在系统维护期间提供故障诊断。如果系统维护需要拆卸部件和更换子部件（如电路板），这种情况也必须予以评估。

2. 测试操作

部件开发测试是设计过程的一部分，通常由首席设计工程师领导的团队在设计小组中进行，该团队由设计团队的成员以及在部件测试方面有经验的其他工作人员组成。团队人员应该非常熟悉测试工具和可能需要的特殊测试工具的使用。测试设置和分析程序的有效性、充分性应该由系统工程来监督。

系统工程师（和测试工程师）必须了解的一个重要知识点是，一个部件明显满足某些测试目标的故障可能不是因为设计有缺陷，而是测试设备或测试程序有缺陷导致的。这对于一个部件初次用新设计的测试装置测试时尤其如此。因此需要经常进行测试设备的本身测试。这是两个或多个交互和接口的部件之间难以保证完美兼容的直接结果，无论它们是系统单元还是测试设备单元（硬件或软件）。因此，应该安排一段初步测试期,以适当地将新部件与其测试设备集成在一起,并且不应该在消除所有测试错误之前开始单元测试。

3. 变更控制

在关键设计评审之后,复杂系统的详细设计被冻结并置于正式配置管理之下(请参阅 9.6 节)。这意味着,此后任何拟议的设计更改都需要证明、评估和正式批准,通常需要"配置控制委员会"或等效组织来批准。通常仅在书面的工程变更请求的基础上授予此类批准,该书面变更请求中包含对测试过程所发现的缺陷的性质的精确定义,以及所建议变更对系统性能、成本和进度的影响进行全面分析。该请求还应权衡其他补救措施,包括可能放宽要求,以及对进行(或不进行)更改相关的风险和成本进行深入评估。这种正式的流程并不是要阻止更改,而是要确保以有序且有文件记录的方式进行更改。

质量测试

在将一个产品化的部件("第一单元"测试)交付给集成设备之前对它进行测试,这类似于在生产线外对单元进行验收测试。合格测试通常比开发测试有更多的限制,但更多的是定量测试,关注的是单元与接口公差的准确一致性,以便与配套的系统部件准确匹配。

因此,用于此目的的设备应该与生产测试设备非常相似。其鉴定试验通常比产品在使用过程中所受的条件更为严格。

只有将单个系统部件插入到与它作为整个系统的一部分运行的环境相同的环境中,才能严格地完成对其设计的验证。对于复杂的部件,精确地再现其环境是不现实的。因此,必须使用与这种情况非常接近的测试装置。

由于部件是由不同的工程团队开发和制造,而且常常是由独立的承包商来完成,这个问题变得更加困难。在软件程序这一块,设计师可能来自同一家公司,但通常不了解彼此的设计细节。因此,系统开发人员面临的问题是确保部件设计人员按照系统集成期间使用的相同标准测试他们的产品。当然,关键的一点是,每个部件的接口必须设计得与它们的连接部件和环境完全一致。

1. 公　差

为了确保装配和互换性,部件接口的规范包含对每个尺寸或其他接口参数的指定公差。公差表示与标称参数值的正负偏差,以确保合适的装配。公差的分配要求在方便制造和保证满足配合与性能之间取得平衡。当可生产性或可靠性受到显著影响时,系统工程师需要平衡这两方面。

2. 计算机辅助工具

计算机辅助设计和计算机辅助制造的广泛使用极大地简化了上述设备应用的问题。使用这些工具,可以将部件规范转换为数字形式,并直接用于其设计。CAD 的数据库可以在系统开发人员、部件设计人员和生产人员之间进行电子共享。同样的数据可以用于自动化测试设备。

在电子设备领域，从芯片到电路板，从机箱到接线器，标准商用部件的广泛使用，使得接口互连较定制部件容易得多。这种开发在测试和集成上比较经济，并节省部件的成本。微型化使得更多的功能可以在电路板上实现，或者封装在电路芯片中，从而最小化了电路板的相互连接和数量。

3. 测试操作

进行部件鉴定测试以确保最终生产的部件设计满足其作为整个系统一部分的所有要求。因此，它们较开发测试更为正式，并且由测试组织来进行，有时是在系统承包商的监督下进行。设计工程支持测试操作，尤其是在测试设备调试和数据分析期间。

测试工具

必须设计一套用于验证系统部件的性能和兼容性的测试工具，以提供一组适当的输入，并将结果输出与规范中规定的输出进行比较。实际上，它们构成了一个模拟器，该模拟器可以对部件的物理和功能环境（系统外部和内部）进行建模，并测量所有重要的交互作用和接口。从功能上讲，这种模拟器可能与设计要测试的部件一样复杂，并且其开发通常需要相当水平的分析和工程工作。此外，要评估一个部件是否符合规定的参数公差值，通常需要测试设备的精度要优于部件参数容许变化的好几倍。这一要求有时需要比现有的精度更高的精度，这需要专门的工作来开发所需要的功能。

开发测试工具通常可以使用，或从其他工程改造得到。此外，标准的测量仪器，例如信号发生器、频谱分析仪、显示器等，都可以作为并入计算机驱动的测试装置。另一方面，高度专业化和复杂的部件（例如喷气发动机）可能需要提供专用且配备多种仪器的测试设备，以在部件开发过程中或者有时在生产过程中支持测试。

在任何情况下，在部件开发过程中支持设计和测试所需的特殊工具必须在工程设计阶段的早期进行设计和制造。此外，由于在生产过程中也需要类似的工具来测试这些相同的部件，因此应努力确保工程和生产测试设备的设计和制造是密切协调和相互支持的。为了将这些测试工具的成本控制在可接受的范围内，通常需要大量的系统工程工作来支持它们的设计和性能需求的规划和确定。

系统工程的作用

从以上讨论中可以明显看出，系统工程在部件验证过程中起着至关重要的作用。系统工程师应定义总体测试计划，指定应测试哪些参数以及达到什么精度，如何诊断偏差以及应如何分析测试结果。系统工程还必须指导改变的发起和控制过程。要在"测试不足"和"测试过度"之间取得适当的平衡，这就需要了解每个测试对系统的影响，包括总体成本。反过来，这也取决于对部件和系统其他部分与环境交互作用的最原始知识的了解。

12.6 配置管理

一个复杂的新系统的开发被认为可以分解为一系列的步骤或阶段,在这些步骤或阶段中,系统的每个特性都是根据相继的更具体的系统需求和规范来定义的。在系统开发的各个阶段中保持系统设计的连续性和完整性的系统工程过程称为"配置管理"。

配置管理过程通常在概念探索阶段逐渐开始,该过程首先是在备选系统概念之间进行权衡之后,根据功能要求确定了所选的顶级系统配置;然后,它在工程开发阶段的整个阶段不断发展,最终达到系统生产规格。由于在工程设计阶段配置管理的强度和重要性最大,因此本章将更全面地描述配置管理过程。正式配置管理的术语包括两个基本元素,即配置项和配置基线。下面分别简要介绍。

配置项(CIs)

配置项是一个系统元素,它是描述和正式设计控制系统的基础。在系统确定的早期阶段,它可能处于子系统层次。在以后的阶段中,它通常对应于本书所定义的层次结构中的一个部件(请参见第 3 章)。像部件一样,CI 被认为是系统的基本构建块,由单个组织设计和构建,必须确定其特征并控制与其他构建块的接口,以确保其在整个系统内正常运行。通常硬件配置项(HWCI)和计算机软件配置项(CSCI)有区别,因为在确定和控制它们的设计中使用了根本不同的过程。

配置基线

在系统生命周期中,管理演化系统设计的一个重要概念是配置基线。最广泛使用的表格为功能、分配和产品基线。表 12.2 显示了通常定义每个规范的阶段、描述它的规范类型以及指定的主要特征。

表 12.2 配置基线

基 线	定义阶段	规范的形式	规范的特征	规范的单元
功能的	概念定义	A	功能规范	系统
分配的	工程设计	B	开发规范	配置项
产品的	工程设计	C、D、E	产品、过程规范	配置项

功能基线描述了系统功能规范,因为它们来源于概念定义阶段的系统性能需求,并作为高级开发阶段的输入。

分配基线是在工程设计阶段定义的,因为通过分析和测试可以验证对系统部件(CI)的功能分配。最终的开发规范定义了每个 CI 的性能规范,以及为满足特定目的而开发的技术方法。

产品基线是在工程设计阶段根据详细设计规范确定的。它由产品、过程、材料规格和工程图组成。

接口管理

本书始终强调，对系统构建模块之间以及与系统环境之间的接口和交互的确定和管理是一项重要的系统工程功能。这一功能体现在配置管理的概念中，无论它是否按照上面所述的配置项和基线正式确定。因此，借助于系统工程组织必要的人员和程序来执行这一职能是项目管理的职责。

有效确定和管理给定接口的主要条件，是确保负责配置管理设计的所有关键人员和组织参与。通常，这是通过接口配置工作组（ICWG）或其等价组织来完成的，其成员要具有技术知识并有权代表他们的组织协商确定一个完全的、兼容的、立即可达到的相应接口。在大型系统中，通过正式的签署程序来确保各方对接口协调文档（ICD）一致同意是必要的。其文档格式取决于所记录的接口类型，但是在工程设计阶段，必须在数据和图纸方面详细具体，完全可以指定接口条件，各个部件开发人员完全可以独立设计和测试他们的产品。

变更控制

对于开发新的、先进的系统来说，更改是至关重要的。尤其是利用不断发展的技术来充分提高系统性能让使用寿命更长。因此，在系统开发的形成阶段，最好保持足够的设计灵活性以适应相关的技术机遇。这种灵活性的代价是，每次更改都不可避免地影响相关的系统单元，并且往往需要一系列扩展，最后远远超出了最初的关注范围。因此，进行大量系统工程分析、测试和评估来管理系统演化过程是必要的。

随着设计的成熟，与适应变更相关的工作量和成本迅速增加。在工程设计阶段当详细制定系统设计时，就不再继续寻求进一步提高的可能。因此，冻结系统设计，并采用正式的变更控制程序来处理必要的修改，例如不兼容、外部更改或意外的设计缺陷所要求的修改。这通常发生在完成关键设计评审或其等价评审成功之后。

通常将提议的更改归为Ⅰ类，或者类似更改具有系统或计划层次的影响，例如成本、进度、主要接口、安全性、性能、可靠性等。系统层次变更的正式变更控制通常由指定的小组执行，该小组由具有公认的技术和管理专业知识的资深工程师组成，能够对性能、成本和进度进行判断。对于大型程序，该小组称为变更控制委员会。它必须由系统工程部门来指导，但通常向最高计划层进行报告。

12.7 小 结

实现系统构建块

工程设计阶段的目标是根据性能、成本和进度要求设计系统部件。此阶段还建立统一的内部和外部接口。

工程设计最终将新系统的各个组成部分实例化,重点是系统构建模块的最终设计。构成工程设计的步骤是:

- 需求分析:识别所有接口和交互作用;
- 功能分析与设计:关注模块化配置;
- 部件设计:设计和制作所有部件的原型;
- 设计确认:测试和评估系统部件。

需求分析

外部系统接口需求在开发的这一点上尤其重要。用户接口和环境的交互作用,需要特别注意。

功能分析与设计

功能设计强调三个方面:

- 模块化配置:简化交互作用;
- 软件设计:模块化结构;
- 用户接口设计:有效的人机互动。

模块划分将"紧密捆绑"的功能组合成"松散捆绑"的模块。

部件设计

主要的国防和空间系统工程分为两个步骤:初步设计,然后是初步设计评审;详细设计,最后是详细设计评审。

工程设计过程的重点是配置项。它们基本等同于本书中定义的部件。

初步设计的目标是证明所选择的设计符合系统性能和设计要求,能够在成本和进度目标范围内生产。初步设计评审集中于主要接口、风险范围、长期领先项目和系统层折中研究。

详细设计的目的是对产生组成整个系统的最终项(CI)进行完整的描述。关键设计评审检查图纸、计划等,以确定其合理性和充分性。在详细设计方面,CAD 彻底改变了硬件实现——机械部件设计现在可以用软件进行分析和设计。数字电子产品是小型化、标准化的,不需要实验模型。波音 777 的开发表明了自动化工程的威力。

可靠性必须在部件层次进行设计,其中接口、环境和工艺都是易受影响的范畴。此外,软件必须建立严格的标准和原型化。在需要极端可靠性的地方,通常通过冗余来实现。测量可靠性通常包括平均无故障时间间隔。

可维修性需要快速的故障检测、诊断和修复能力。MTTR 是一种典型的可维护性度量。BITE 用于检测和诊断故障。

可用性度量系统在调用时准备就绪的概率:可用性随 MTBF 而增加,随 MTTR 而减少。

可生产性度量的是系统部件的生产便捷性，以及使用商用部件、数字电路和宽公差带来的好处。

设计确认

测试计划必须尽早规划，因为测试设备需要大量的时间来设计和制造。此外，必须尽早分配测试成本，以确保有足够的资源。最后，测试计划是整个团队的工作。

开发测试是设计过程的一部分，应该开始积累关于故障的可靠性的统计数据。这些测试失败通常是由测试设备或程序引起的，因此应进行计划，因为关键设计评审之后的更改需要经过正式的配置管理（CM）认证。

质量测试验证部件可供集成应用，并关注部件接口。不管测试阶段如何，测试工具必须与系统集成过程保持一致。

配置管理

配置管理是一个保持系统设计连续性和完整性的系统工程过程。系统开发中定义的主要配置基线包括：

- 功能基线：系统功能规范；
- 分配基线：系统开发规范；
- 产品基线：产品、工艺和材料规格。

配置项（CI）是用于描述和正式控制系统设计的系统单元。

习　题

12.1　尽管在高级开发阶段致力于开发关键系统部件，但在工程设计阶段仍可能出现未知的未知因素。讨论系统工程师在这些"未知的问题"之前应该采取什么应急措施。回答中应该考虑对成本、进度、人员分配和测试程序的潜在影响。如果工作中有这样一个现实生活示例，请您以此进行讨论。

12.2　外部系统接口在工程设计中尤为重要。以一个新地铁系统的设计为例，列出六种需要特别注意的外部接口，并说明您的答案。

12.3　模块化或分段系统设计是良好系统设计实践的基本特征。以某乘用车为例，从模块化的角度讨论其主要子系统，描述哪些是模块化的，哪些不是。对于后者，请说明它们如何偏离了模块化设计，以及原因。

12.4　初步设计评审是工程设计中的一个重要事件，并且系统工程师在评审中起着关键作用。假设您（系统工程师）被指派为评审一个重要的初步设计的主要代表，讨论一下您将采取什么具体行动来准备这次会议。您如何准备那些可能会引起争议的项？

12.5　个人笔记本电脑已经被证明是非常可靠的产品，尽管它有许多接口，由各种各样的人使用,几乎是连续运行,并包括大量的内部运动部件(如软盘驱动器、硬盘驱动器、光盘驱动器)。它是一种可在多种环境(温度、冲击、振动等)下工作的便携式设备。列出有助于笔记本电脑可靠性的六个设计特点。对于列表中的每个条目,估计该条目占计算机总成本的多少。排除高、中、低的等级就足够了。

12.6 在"风险管理"一节中列出了六种处理计划风险的方法。对于这六种方法中的四种,给出两种情况下该方法可以用于降低风险的例子,并解释如何使用。

12.7 设计更改对于开发新的和先进的系统至关重要,尤其是要利用不断发展的技术。因此,在系统开发过程中,必须保持一定程度的设计灵活性。但是,随着设计的成熟,更改设计的价格会随之增加。假设您是开发新型商用喷气飞机的系统工程师,请在工程设计阶段的前期、中期和后期各进行两种类型的设计更改。

扩展阅读

[1] Alexander C. The Timeless Way of Building. Oxford University Press,1979.

[2] Badiru A B. Handbook of Industrial and Systems Engineering:Chapters 8,9,11,15. CRC Press,2006.

[3] Blanchard B,Fabrycky W. System Engineering and Analysis:Chapters 4,5. 4th ed. Prentice Hall,2006.

[4] Brooks Jr F P. The Mythical Man Month—Essays on Software Engineering. Addison-Wesley,1995.

[5] Dieter G E,Schmidt L C. Engineering Design:Chapters 1,2,9,13,14. 4th ed. McGraw-Hill,2009.

[6] Ebeling C E. An Introduction to Reliability and Maintainability Engineering:Chapters 1,2,5,8,9,11. Waveland Press,Inc.,2005.

[7] Eisner H. Computer-Aided Systems Engineering:Chapters 14,15. Prentice Hall,1988.

[8] Hyman B. Fundamentals of Engineering Design:Chapters 1,5,6,10. 2nd ed. Prentice Hall,2003.

[9] Lacy J A. Systems Engineering Management:Achieving Total Quality,Part Ⅱ. McGraw Hill,1992.

[10] O'Connor P D T. Practical Reliability Engineering:Chapters 1,2,7. 4th ed. John Wiley & Sons,Inc.,2008.

[11] Pressman R S. Software Engineering:A Practitioner's Approach,McGraw Hill,1982.

[12] Rechtin E. Systems Architecting:Creating and Building Complex Systems:Chapter 6. Prentice Hall,1991.

[13] Reilly N B. Successful Systems for Engineers and Managers：Chapters 8-10. Van Nostrand Reinhold，1993.

[14] Sage A P. Systems Engineering：Chapter 6. McGraw Hill，1992.

[15] Shinners R M. A Guide for Systems Engineering and Management：Chapter 3. Lexington Books，1989.

[16] Systems Engineering Fundamentals：Chapters 6 and 10. Defense Acquisition University (DAU Press)，2001.

[17] Systems Engineering Handbook：A Guide for System Life Cycle Processes and Activities，INCOSE - TP - 2003 - 002 - 03.2，Section 4. International Council on Systems Engineering，2010.

第 13 章　集成与评估

13.1　集成、测试与评估整个系统

顾名思义,集成与评估阶段的目的是将新系统的工程部件装配和集成为有效运行的整体,并证明该系统满足所有的业务需求。目的是使系统的工程设计符合实际生产和后续运行使用的需求。

正如前面所提到的,系统工程的生命周期模型将集成与评估定义为系统开发的一个单独阶段,因为它们的目标和活动与前面提到的工程设计大不相同。这些区别还体现在从事技术工作的主要参与者的变化中。

如果一个新系统的所有模块构建都采用了正确的工程化方法,并且准确实施了构建模块的设计,则它们的集成和后续评价将相对简单。实际上,当一个承包团队在技术迅速发展的时期内开发一个复杂的系统时,上述条件无法全部实现。因此,系统集成与评价的任务始终是复杂而困难的,并且需要专业技术团队在系统工程领导下尽最大的努力完成。

集成与评估工作的成功,高度依赖于各个阶段完成的预先计划和准备。在概念探索结束时需要制定详细的试验和评价总计划,并在其后一步骤加以阐述(请参阅第 10 章)。在实践中,直到进入设计阶段之前,这种规划通常是相当笼统的,原因如下:

(1)具体的测试方法取决于不同系统单元的物理实现。

(2)在系统开发的早期阶段,测试计划中的人员或资金配置很少分配到足够的优先级。

(3)模拟系统的运行环境几乎总是复杂且代价很高。

因此,集成与评估阶段可能会提早开始准备,但进度比原计划的安排要慢得多。本章主要介绍此阶段需要进行的活动、常见问题以及克服所遇障碍的一些方法。

集成与评估阶段在系统生命周期中的地位

从前几章可以看出,测试与评价的一般过程在系统开发每个阶段都是必不可少的部分,充当系统工程方法的验证步骤。通常可以将其定义为展现那些产品(在本例中为系统单元,例如子系统或部件)关键属性所必要的活动体现,并将其与期望进行比较,以推断产品成功的活动和过程的先前准备。在集成与评估阶段,测试和评价过程成为核心活动,最终复制整个系统的预期运行环境,并在复制的环境中复现系统进行评价。

图 13.1 和图 13.2 表明了集成与评估阶段及其在系统生命周期中紧邻的阶段间关

系的两个不同方面。图 13.1 是功能流程图,展示从工程设计转变到生产和运营的集成与评估阶段。它在工程设计阶段的输入是一个工程原型,包括部件、测试和评估计划以及测试需求。集成与评估阶段的输出是系统生产规格和经过验证的生产系统设计。图 13.2 是调度安排和工作层次图,它展示了集成与评估阶段与工程设计阶段的重叠。

集成与评估阶段与工程设计阶段在主要目的、活动和技术参与者项目之间的差异,将在下一节中总结。

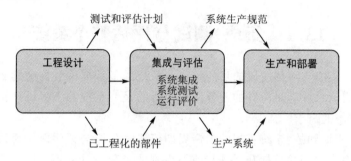

图 13.1　系统生命周期中的集成与评估阶段

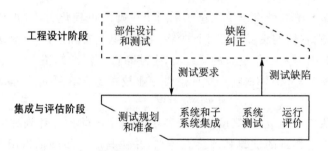

图 13.2　集成与评估阶段与工程设计阶段的关系

1. 计划的重点

工程设计阶段重点在于单个系统部件的设计和测试,并且通常由许多不同的工程型组织执行,而系统开发人员则对系统工程和程序管理进行监督。另一方面,集成与评估阶段涉及将这些工程部件组装和集成到一个完整的工作系统中,创建一个全面的系统测试环境并评估整个系统。因此,尽管这些活动在时间上重叠,其目的却截然不同。

2. 计划的参与者

集成与评估阶段的主要参与技术小组是系统工程、测试工程和设计工程。它们的功能如图 13.3 的维恩图所示,其中展示了每个技术小组的主要活动和共有活动。事实证明,系统工程主要负责定义测试需求和评价标准。它与测试工程共同承担测试计划和测试方法的责任,并与设计工程共同收集数据。测试工程师负责测试和数据分析;他通常会在此期间提供大部分技术工作。在许多程序中,设计工程部门主要职责是测试设备的设计;另外,还负责部件设计更改,以弥补测试与评估过程中暴露的缺陷。

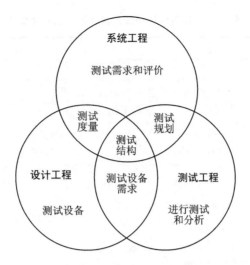

图 13.3 系统测试与评估团队

3. 关键问题

系统集成过程,代表了第一次将完全设计好的部件和子系统相互联结,并使它们作为统一的功能实体。尽管有最佳的计划和工作,但几乎可以肯定,包含新开发单元的系统的集成会暴露出意料之外的不兼容性。在开发的后期,这种不兼容问题必须在几天之内解决,而不是几周或几个月。在系统评价测试中发现缺陷时,也是如此。解决此类关键问题的任何崩溃程序都应在系统工程师与项目经理密切合作的领导下解决。

4. 管理审查

大规模的系统开发计划,代表了政府和(或)工业资金、资源的重要承诺。当开发到系统集成和测试阶段时,管理审查成为需求重要来源。任何实际或表面上的故障都会被视为警报,并且迫切予以解决。最重要的是,此时计划管理者和系统工程领导者必须拥有最高层管理者的充分信任以及采取行动的权利。

设计实例化状态

表 13.1 中展示了集成与评估阶段中系统实例化状态。标识此阶段主要活动的表项位于右上角,与前几个阶段中向下渐进的活动明显不同。这对应于这样的事实:在其他各阶段中,各活动被认为是单个部件构建模块的逐步实例化、可视化、功能定义和物理定义、制造和测试等状态。相反,在集成与评估阶段的活动,被看作是一个运行实体的整体系统的实例化,通过物理上完成从部件到子系统,然后再从子系统到整个系统的集成和测试。

表 13.1　在集成与评估阶段上系统实例化状态

层　次	概念开发			工程开发		
	需求分析	概念探索	概念定义	高级开发	工程设计	集成与评估
系统	确定系统功能和有效性	辨析、探索和综合	确定所选概念和规范	确认概念		测试与评估
子系统		要求并确保可行性	确定配置	确认所选子系统		集成和测试
部件		选择、确定功能	定义规范		设计和测试	集成和测试
子部件		可视化		将功能分配给子部件		
零件					选择或采购	

　　实例化状态的一个重要特点（没有在表 13.1 中明确展示）是交互作用和接口的特征。此过程应在前面的阶段完成，但是在整个系统装配完成之前不能完全验证。因此，在集成新系统时，必定会暴露某些不可避免的不兼容性。快速识别和解决它们是系统工程中应予以优先考虑的事情。完成接口和交互作用的集成，在系统实例化中可能未显示出很大的增长，但实际上，它是实现指定功能的必要（有时是困难的）步骤。

　　通过表 13.1 最后一列所示的活动，可以进一步扩大和强调对集成与评估阶段中活动和目标的这种看法。这在表 13.2 中得到了证明，其中第一列与表 13.1 中的集成层次相对应。第二列表示其中相应系统单元被评价的环境性质；第三列表示期望的活动目标；第四列是确定扩展相应于表 13.1 中各条目的活动性质。表中向上进行的活动序列，从测试部件开始，将它们集成到子系统中，然后再集成为整个系统。这个过程先在仿真的运行环境中，最后在系统运行的实际环境过程中评价系统。因此，如前所述，在集成与评估阶段，实例化的过程被认为是系统整体的，代表整个运行系统由早先物理上进行实例化部件的综合。

表 13.2　系统的集成与评估过程.

集成层次	环　境	目　的	过　程
系统	实际运行环境	证明运行性能	运行测试与评估
系统	模拟的运行环境	证明符合全部需求	开发测试与评估
系统	集成设备	完全的集成系统	系统集成和测试
子系统	集成设备	完全的集成系统	子系统集成和测试
部件	部件测试设备	验证部件性能	部件测试

集成与评估中的系统工程方法

　　由于集成与评估阶段的结构不符合前面各阶段的特征，系统工程方法的应用也不同。在此阶段,需求分析或问题定义步骤与测试规划对应,即准备一个关于如何进行集成和评价测试的全面计划。由于系统及其部件的功能设计,已在之前的阶段中完成,所以此阶段的功能确定步骤包括测试设备和设施,并且应该将其定义为测试准备工作的一部分。物理定义或综合步骤对应于子系统和系统集成,这些部件已在之前的阶段中实施。设计确认步骤对应于系统测试与评估。

本章主要章节结构按照上述顺序进行。但是,将测试规划和测试设备确定合并到"测试计划和准备"一节,并将系统测试与评估划分为两段:开发系统测试以及运行系统测试与评估。这两段对应于表 13.2 的第四列,从第四行向上读的各过程。

1. 测试规划和准备

活动通常包括:

- 评审系统需求,并确定集成和系统测试的具体计划;
- 确定测试需求和功能结构。

2. 系统集成

活动通常包括:

- 用序列集结和组成单元测试的方法来集成被测试的部件为子系统,子系统集成为整个运行系统;
- 设计和构建支持系统集成过程,并证明端到端运行所需的集成测试设备和设施。

3. 开发系统测试

活动通常包括:

- 在整个运行范围内执行系统层次测试,并将系统性能与预期的进行比较;
- 开发适用于所有系统运行模式的测试场景;
- 消除所有性能缺陷。

4. 运行测试与评估

活动通常包括:

- 在一个完全真实的运行环境中,在一个独立测试机构的监理下,进行系统性能的测试;
- 度量全部运行需求的符合程度,评价系统准备完全规模生产和运行配置的程度。

13.2 测试计划和准备

如前面章节提到的,测试与评估计划从早期阶段开始,贯穿整个系统开发过程,并不断扩展和完善。随着系统设计的成熟,测试与评估过程变得越来越准确和关键。当开发接近工程设计阶段结束时,整个系统集成与评估的规划和准备本身就是一项重大活动。

测试和评估总体计划(TEMP)

在第 10 章中曾指出,收购方案通常需要准备正式的测试和评估总体计划(TEMP)。TEMP 中涵盖的许多主要项目,也可以很好地适用于商业系统的开发。作为参考的目的,在第 10 章中进行了充分的描述,下面列出了 TEMP 规定格式的主要要素:

(1) 系统简介:描述系统及其任务和运行环境,并列出有效性度量;

(2) 集成测试计划摘要:列出测试计划进度日程和参与组织;

(3) 开发测试与评估:描述目的、方法和主要事件;

(4) 运行测试与评估:描述目的、测试配置、事件和情景;

(5) 测试与评估资源摘要:列出测试项目、地点、仪表和支持运行。

在本章的最后部分将详细地介绍第(3)条和第(4)条。

测试和评估计划与系统开发的类比

测试与评估规划过程的重要性如表 13.3 所列,它显示了该过程与整个系统开发之间的相似性。"系统开发"过程中显示了四个主要步骤中每个主要活动。"测试与评估规划"中显示了相应的活动。从表中可以看出,组成测试与评估规划过程的任务是:在真实性程度和测试方法之间的权衡、目标的确定、每个测试事件所需资源,以及开发的具体手续和测试设备的决策。在强调这些活动之间的对应关系时,此表还给出了测试与评估工作的范围及其对成功开发系统的重要性。

比如从表 13.3 推论出,集成和评估阶段特定计划必须在工程设计过程之前或与之同时开发。这个必要性是为了提供设计和建造特殊的系统集成和测试设备所需的时间。测试计划的成本核算和调度安排是计划至关重要的部分,因为系统测试的成本和所需的时间经常被低估,从而严重影响了整个计划。

表 13.3　系统开发与测试评估计划并行

系统开发	测试与评估规划
需求: 确定现场所需的能力	目的: 决定测试计划所需的复杂程度
系统的概念: 分析开发一个系统概念的性能、调度安排和成本之间的折中	测试的概念: 评价开发一个概念的测试方法、调度安排和成本之间的折中
功能设计: 将功能需求转化为(子)系统的两级规范	测试计划: 将测试需求转化为每个测试事件和所需资源的描述
具体设计: 设计组成系统的各种部件	测试手续: 针对每个事件开发详细的测试程序和测试工具

系统需求评审

在准备具体的测试计划之前,需要进行系统层次的运行和功能需求的最终评审,以确保在工程设计阶段不会再有变动影响系统的测试与评估过程。这种变动的三个可能来源,描述如下:

(1)客户需求的变更。在开发一个复杂的新系统的几年期间,客户的需要和需求很少保持不变。对软件提出的变更需求看起来容易合并,但是经常被证明是不成比例的昂贵和耗时。

(2)技术的变动。随着系统开发时间的推移和关键技术尤其是固态电子技术的快速发展,诱惑人们利用新设备或新技术来获得显著的性能提升或节约成本;迫切地利用这种先进技术的竞争性,使产品的性能有所提高。然而,这种改变通常会带来巨大的风险,尤其是在工程设计阶段的后期做出变动。

(3)计划中的变动。影响系统需求且不可避免的变动可能来自计划性的原因。最普通的情况是,由于普遍资源竞争而导致资金不稳定。缺乏足够的资金来支持生产阶段,可能会导致开发进度的延误。此类事件通常超出计划管理的控制,必须通过调度安排和资金分配的变化来适应。

关键的问题

在测试规划、准备系统集成与评估期间,有几种情况需要特别注意。其中包括:

(1)监督。在重大开发的最后阶段,管理监督尤其密集。系统测试,特别是现场测试,可被视为计划成功的指标。测试故障会引起广泛注意和关键的调查。测试计划必须提供必要的资料,以便能够迅速、充分地向计划管理人员、客户和其他有关当局说明任何事故和补救措施。

(2)资源规划。测试操作,特别是在计划的后期,在人力和资金上都是昂贵的。在开发各阶段,经常会出现超支和延误,从而影响测试计划和预算。只有通过仔细规划,确保在需要时提供必要的资源,才能避免这类严重的问题。

(3)测试设备和设施。支持测试运行的设施必须与系统开发同时设计和构建,以便在需要时准备就绪。此类设施的预先规划至关重要。同样,在可行的情况下,在开发和运行测试之间共享设施也很重要,以便将资金维持在限制内。

测试设备的设计

如第 11 章所述,系统单元以及整个系统的测试都需要测试设备和设施,这些设备和设施可以使用外部输入来刺激被测单元,也可以测量系统响应。该设备必须满足精确的标准:

(1)准确性。输入和测量的精度应比系统单元输入和响应的公差高出几倍。必须有校准标准,以确保测试设备正确校正。

(2)可靠性。测试设备必须高度可靠,以最大程度地减少由于测试设备错误引起的测试误差。它应该配备自测试的监视器或经常校对。

（3）灵活性。为了最大程度地降低成本，测试设备应设计成多用途的，但不能牺牲精度和可靠性。经常可以使用一些为部件测试而设计的设备。

在设计测试设备之前，重要的是要完全确定测试程序，以避免以后进行重新设计实现测试设备与被测部件或子系统之间的兼容性。这再次强调了早期和全面测试计划的重要性。

下面几段将讨论测试与评估过程中集成、系统测试和运行评价部分特有的测试准备的几个问题。

集成测试规划

系统集成过程的准备，取决于系统部件和子系统的开发方式。当子系统的一个或多个部件包含新技术方法时，整个子系统通常在交付给系统承包商之前由同一组织开发和集成。例如，飞机发动机通常在交付给飞机开发商之前，已被开发和集成为一个单元。相反，使用成熟技术的部件通常会有规范，并作为单独的构建模块交付。系统承包商工厂的集成过程，必须处理由相应承包商那里交付的各种部件、子系统或中间装配件。

如前面所述，子系统和系统层集成的过程能得到集成设备的支持是十分重要的。这必须提供必要的测试输入，环境约束，电源和其他服务，输出测量传感器、测试记录仪和控制站。其中许多是为特定应用而定制设计的。在开始集成之前，必须对设备进行设计、建造和校准。在13.3节"系统集成"中介绍了一种典型的物理测试配置以供集成测试。

开发系统测试规划

为系统级测试做准备，以确定系统已经满足性能需求，并且系统已经准备好不仅仅是集成测试过程的正常扩展的运行评价。集成测试必须着重于确保系统的部件和子系统在形式和功能上相互配合。系统性能测试远远超出了这一目标，并测量系统作为一个整体如何响应其指定的输入，以及它的性能是否满足开发开始时建立的需求。

一个测试计划的成功或失败在很大程度上取决于整个工作的周密规划和精确详细的程度，测试设备已良好工程化和测试过，以及测试和资料分析团队对任务的彻底理解。系统测试中的问题很可能是由测试设备的故障、不合理的手续或步骤，或人为错误、不正确的系统运行引起的。因此，必须在与系统开发相同的严格规范下对测试设备进行工程化和测试。许多计划遭受指定测试过程的时间和工作量不足的限制，并且由于系统测试期间的延迟和过高的成本付出了这种错误的经济代价。为了最大程度地降低这种后果出现的可能性，必须尽早规划测试计划，并且要充分具体确定和估计所需设施、设备和人力的成本。

运行评估规划

由于运行评价通常由客户或测试机构执行,因此其规划必须与集成和开发测试的规划分开制定。但是,在许多大型系统开发中,系统层次的测试成本迫使尽可能多地共同使用开发测试设备和设施。

在某些情况下,联合开发人员、客户测试与评估计划进行,其中早期阶段由开发人员指导,后期各阶段由客户或客户的代理机构指导。这样的合作计划,优点是在开发人员和客户之间提供最大程度的、有利的信息交换,而且这也有助于避免误解,并快速解决在此过程中遇到的意外问题。

另一个极端情况是,运行测试与评估计划由特殊的系统评价机构以特别正式的方式最大程度地独立于开发人员执行。但是,即使在这种情况下,对于开发人员和系统评价机构而言,建立沟通渠道以尽量减少错误信息和不必要的延迟出现的可能性也很重要。

13.3　系统集成

在具有许多交互作用部件的新复杂系统的工程设计中,只有在系统完全装配好并证明可以作为一个整体运行完成之后,才能开始在系统层次进行测试。通常,这些单元之间的某些接口可能不匹配或功能不正常,或者它们之间的一个或多个交互作用超出规定的公差范围。只有非常简单的系统可以在几个中间的集结层次上不经测试就装配。因此,经验表明,无论对各个部件进行的测试有多彻底,它们始终存在无法预见的不兼容性,这些不兼容性在系统单元整合之前不会暴露出来。此类差异通常需要在集成系统正常工作之前对某些部件进行修改。反过来,这些修改通常要求对测试设备或手续进行相应的变动,并且必须反映在所有相关文档中。本节阐述了集成一个典型复杂系统所涉及的一般过程和问题。

一个复杂系统的成功和迅速集成取决于它如何良好地划分子系统,这些子系统之间具有简单的交互作用和本身可以进一步划分为良好的定义的部件。可以将集成过程看作是划分的逆过程。通常,它分两个步骤完成:(1)各个子系统由其部件集成;(2)将子系统装配并集成到整个系统中。在两个步骤之间,被装配的单元都要进行测试,以确定它们是否符合预期并相互协同。当它们不能做到时,指定特殊的测试程序来发现需要纠正的特定设计特点。在整个过程中,系统集成以有序、逐步的方式进行,每次添加一个或两个系统单元,然后进行测试以证明其正常运行,然后再进行下一步。这个过程保持对过程的控制和简化差异的诊断。逐步集成系统的代价是,测试设备必须在每一步都模拟系统缺失部分的相应功能。但是,证明具有这种开发大规模系统的能力、经验,从长远来看,成本效益显著。在大型软件程序的集成中,通常是通过将"程序执行"模块连接到"剩余的"或不起作用的模块来完成的,这些模块依次被起作用的模块一一替换。

确定最有效的装配顺序和选择最优测试间隔,对于最小化完成集成过程所需的工作和时间至关重要。由于系统层次的知识和专业的测试知识对于确定此过程都是必不可少的,因此通常将任务分配给由系统工程师和测试工程师组成的特定任务团队。

物理测试配置

集成测试,要求通用和易于重构的集成测试工具。要了解它们的操作,从系统单元测试配置的通用模型开始很有用。该模型如图13.4所示,并描述如下。

被测系统单元(部件或子系统)由图顶部中心的方框表示。输入发生器将测试命令转换为期望系统单元能接收的、在功能或物理上绝对复现的输入。这可能是覆盖期望测试条件范围的一串典型输入。相同或模拟形式的输入信号也被输入到单元模型中。输出分析器转换并未借助量化物理度量的任何输出为这种量化形式。不管测试中获得的数据与单元模型的预测响应是否进行实时比较,还应将其与测试输入和其他条件一起记录下来,以备后续分析使用。在出现差异的情况下,可以对问题的根源进行更详细的诊断,并在以后与适当修改的单元的结果中进行比较。可以看到,图13.4顶部的物理构建块实现了图13.3的相应单元功能。

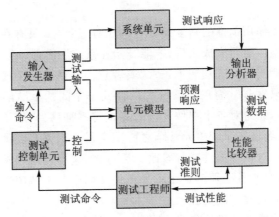

图 13.4 系统单元的测试配置

单元模型(如图13.4的中心所示),具有精确再现所测试部件或子系统功能并对每个输入按其性能规格产生响应的功能。单元模型可以采用多种形式。在极端情况下,它可能是系统单元本身的经过特殊构造和证实的复制本。另一方面,它可能是单元的一种数学模型,如果预测的性能是输入的明确功能,这种模型则可能像查表一样简单。它的配置方式决定了驱动它时所需的输入形式。

测试管理引入了图13.3的基本测试结构中未表示的功能。由于复杂系统大多数单元的测试是一个复杂的过程,因此需要测试工程师积极监督,通常通过控制台来支持。这样就可以根据关键测试结果实时借助所要求的功能解释,因此,如果观察到明显的偏差,就可以改变测试的进程。

性能比较器根据测试工程师提供的测试准则,将测得的系统单元输出与单元模型的期望输出进行匹配。只要启动以快速诊断与预期结果的偏差来源(正如前面提到的),就可以实时进行比较和评价。评价准则旨在反映运行性能对个别性能参数的依赖性。

大多数实际测试配置比图 13.4 中简化的例子要复杂得多。例如,测试可能涉及来自不同形式系统单元几个来源的同时输入(如信号、材料和机械等),其中每个都需要不同类型的信号发生器。同样,通常有几个输出,就需要几种不同的测量设备,来将它们转换成能与预期输出比较的形式。这种测试还可能涉及一系列代表典型操作序列的编程输入,所有这些操作都必须正确处理。

上面的讨论非常清晰地表示,系统单元的测试配置中包含的功能必须与系统单元本身的功能相同。因此,设计测试设备本身就是一项与开发系统单元难度相当的任务。能使任务更简单的一个因素是测试设备运行的环境通常是良性的,而系统运行环境通常很严峻。另一方面,测试设备的精度必须大于系统的精度,以确保不会影响特定单元性能产生重大的测量偏差。

子系统集成

如前所述,子系统(或系统)与其组成部件的集成通常是逐步装配和测试的过程,其中系统地组合零件、定期测试装配件,以尽早在设计过程中发现并纠正任何错误接口或部件功能。进行此过程所需的时间和工作,在很大程度上取决于测试事件的熟练组织和设备的有效使用。下面讨论了一些最重要的注意事项。

应该选择集成系统部件的顺序,以避免需要构造特殊的、模拟子系统内部件的输入发生器,也就是说,除了集成子系统外部来源的那些模拟输入以外。因此,在装配的任意一步上,要添加的部件都应具有可从外部输入的发生器或先前装配的部件的输出派生的输入。

上述方法是指,子系统集成应该从仅有外部输入的部件开始,这些输入要么来自系统环境,要么来自其他子系统。此类部件的例子包括:

(1) 子系统的支持结构;

(2) 信号或数据输入部件(例如,外部控制传感器);

(3) 子系统电源。

上述方法在简单子系统集成中的应用如图 13.5 所示。该图是图 13.4 的扩展,其中被测试的子系统由三个部件组成。图中部件的配置是有选择的(有目标的),使得每个部件具有不同的输入和输出组合。因此,部件 A 具有来自外部子系统的一个输入和两个输出:一个是到 B 的内部输出,另一个输出到其他子系统。部件 B 没有外部接口,也就是说,从 A 获取其输入和产生输出到 C。部件 C 有两个输入:一个是外部的,一个是内部的,除此之外,对另一个子系统有一个输出。

此测试配置的特点:

(1) 一个复合输入发生器,用于为子系统提供两个外部输入,一个到 A,一个到 C;

(2) 从接口在 A 和 B 之间以及 B 和 C 之间的内部测试输出;辨识整体性能偏差所

需要的，外加上外部子系统的输出 A 和 C。

（3）一个复合单元模型，其中包含由组成部件执行的功能，以及提供测试接口的预测输出。

按照上述集成序列方法，图 13.5 中的配置将按以下方式装配：

（1）从没有内部输入的 A 开始。测试 A 的输出。

（2）添加 B 并测试其输出。如果有故障，核对来自 A 的输入是否正确。

（3）添加 C 并测试其输出。

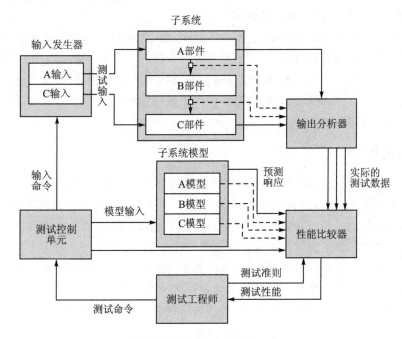

图 13.5　子系统的测试配置

以上集成顺序不需要构造输入发生器来提供内部功能，应该迅速聚焦到故障部件或接口的来源。

上述方法在大多数情况下都有效，当然特殊情况必须仔细审查。例如，可能存在的安全问题，有必要增减步骤以规避不安全的测试条件。关键部件暂时不能获得，可能需要单元被替代或仿真。特别关键的单元可能比理想的顺序更早地进行测试。在确定集成顺序之前，系统工程的判断可以应用于检查这种问题。

1. 测试行为和分析

要确定集成过程中的给定步骤是否成功，需要将部分装配的部件的输出与模型预测的期望值进行匹配。进行这种比较所需的工作量取决于测试配置和图 13.5 中性能比较模块包含的分析工具的自动化程度。测试和分析工具的复杂精确性与分析工作本身之间的权衡是规划集成过程时要做的关键决策。

在调度安排和计算集成工作的成本时，必须预期的是，尽管所有部件大体都已通过前面的质量测试,但观察到所测性能与模型预测的性能存在许多偏差。必须首先详细记录每个差异,确定偏差的主要来源;然后设计出最适当消除或解决该差异的方法,以处理每个差异。

应该强调的是,实际上,在集成过程中观察到的大多数故障通常是由部件故障以外的原因引起的。一些最常见的问题范围是测试设备或有问题的测试手续、对规格的误解、不合理的公差以及人为错误。

这些将在后续段落中讨论。

在测试设备中经常发现故障的原因有以下几个:

(1)分配给设计和制造测试设备的计划工作量远远少于在部件设计上花费的工作量。

(2)测试设备必须比部件更精确,以确保其公差不会明显偏离预计的观察偏差。

(3)用于单独测试单个部件的设备不应该与集成测试设备中包含的设备完全相同,或者其校准应该不同。

(4)由于不可能准确地建模测试单元的行为,因此通过单元模型对被测单元的预期性能的预测可能不完善。

通常,部件之间接口和交互的规格,允许接口部件的设计者做出不同的解释。装配部件时,这可能导致严重的不匹配。没有一种切实可行、万无一失的方法可以完全消除这一潜在问题的根源。但是,可以通过在设计相关的硬件或软件之前发布每个接口规范,对每个接口规范进行严格的评审和注意,来最大程度地减少这些可能问题的数量。事实证明,在大多数情况下,建立一个包括所有相关承包商接口的协调团队是有好处的。

为了确保机械、电气或其他单元的接口能够正确配合并相互协同,每个单独单元的规格必须包括在相互交接的量中允许的公差(与规定值的偏差)。例如,如果接口部件通过螺栓固定在一起,则每个部件中螺孔的位置必须规定其名义尺寸的正负公差。这些公差必须考虑到生产机械的精确度,以及标准螺栓尺寸的正常变化。如果规定的公差太严格,则会在制造中产生过多的次品。如果规定的公差太松,则偶尔会出现误调,从而导致匹配故障。

人为错误是测试失败的常见原因,并且是无法完全避免的。此类故障可能是由于培训不足、测试程序不明了或不具体、测试方法过于复杂或要求苛刻、疲倦或粗心造成的。此类错误在测试过程的规划、执行和支持中的任何时候都可能发生。

2. 改 变

如果测试将诊断出的故障问题追踪到部件的设计特征,则有必要快速确定解决问题的最实用和有效的方法。在开发阶段,应该对设计进行严格的配置管理。由于任何重大变化都将导致高昂成本并可能引发混乱,因此,必须探索避免或减小这种变化的所有方法并研究几种方法。如果涉及重大的计划成本和调度安排变更,则必须在计划管理层做出最终决定。

如果没有可用的"快速解决"办法,可以考虑寻求放弃以偏离一定规格的初始数量的生产批量,从而在发布生产之前有足够的时间设计和验证更改。仔细分析显示,偏差对运行性能的影响不足以保证进行更改的成本,因此可以永久放弃。系统工程分析是在这种情况下确定最佳行动方案并提倡获得管理层和客户批准的关键。

整体系统的集成

全系统与其子系统的集成是基于管理各子系统集成相同的一般原则,如前几段所述。主要区别在于相对规模、复杂性和关键性。在此阶段遇到的故障更难追踪,修复成本很高,并且对总体程序成本和进度有更大的潜在影响。因此,必须对测试程序进行更详细的计划和指导。在这种情况下,应用系统工程监督和诊断专业知识比在系统开发的早期阶段更为重要。

系统集成的测试设备

相关研究指出,通常需要特殊设计的设备来支持系统及其主要子系统的集成和测试。对于整个系统的装配和集成更应如此。通常,在系统开发过程中会逐渐建立起这样的设备,以作为降低测试风险的"测试平台",并且可以从子系统测试设备中部分装配而成。

与子系统集成测试设备一样,系统集成设备必须提供位于子系统之间内部边界上的测试点以及在正常系统输出中提取数据;还应该将其设计得足够灵活,以适应系统更新。因此,集成测试设备的设计必须实现测试环境,测量和数据分析功能,它本身就是一项系统工程的主要任务。

13.4　开发系统测试

系统集成过程曾着重于保证部件及子系统的接口、匹配和功能达到设计要求。一旦实现了这一点,系统就可以作为一个统一的整体进行首次测试,以确定它是否满足其技术需求,例如性能、兼容性、可靠性、可维护性、可用性(RMA)、安全性等。上述过程称为系统满足其规范的验证。由于演示成功的系统验证的责任是开发过程的必要部分,因此它是由系统开发人员执行的,被称为开发的系统测试。

系统测试的目的

虽然开发的系统级测试的主要重点是满足系统规范,但还必须有系统满足用户运行需要的能力的证据。如果在这方面存在任何重大问题,则应在系统宣布可以进行运行评价之前解决它们。因此,测试过程需要使用真实的测试环境、广泛且准确的仪表以及缜密分析的过程,将测试输出与预测值进行比较,并确定任何差异的性质和来源,以帮助迅速解决这些差异。从实际意义上讲,测试应包括"预演"以进行运行评价。

对于复杂系统,系统已经准备为大规模生产和运行使用,在采集和证实过程中必须获得几个管理实体的允许。这些通常包括与系统开发和生产签有合同的采购或分配机构(客户),并且对于面向公众使用的产品,需要符合安全和环境条例的一个或多个管理机构(审定者)或环境法规。此外,客户可能拥有独立的测试机构,必须由它通过在系统的运营价值上的测试。对于商业客机,客户是航空公司,认证机构是联邦航空管理局(Federal Aviation Administration,FAA)和民航委员会(Civil Aeronautics Board,CAB)。

系统层次测试的主要先决条件是,部件和集成测试已经成功编写了文档。由于底层的测试不足而导致部件或子系统中的系统测试失败时,系统评价计划存在严重延迟的风险。此时,计划中所需的"推后"是耗时的、昂贵的,并且可能使计划经受一次严格的管理审查。因此,除非开发人员和客户在整个系统设计以及测试设备和测试计划的质量方面有很高的信心,否则不应该启动系统测试程序。

尽管做了认真的准备,但在测试过程中,可能还会出现某些问题。因此,必须提供快速识别此类意外问题来源的方法,并确定在可接受的成本和时间范围内可以采取哪些措施来纠正这些问题。系统工程的知识、判断和经验是处理此类"后期"问题的关键因素。

开发的测试规划

国防临时条例关于发展测试与评估的规定指出,此计划应:
* 确定要测试的特殊技术参数;
* 汇总测试事件、测试情景和测试设计的概念;
* 列出要使用的所有模型和仿真;
* 描述如何表达系统环境。

系统测试的配置

系统测试要求测试配置设计成被测系统能承受所有输入和各种环境条件,即能实际复制(或仿真)和测量全部重大的响应和系统需要执行的运行功能。在系统层次的需求和规范中确定哪些测量是重要的源。下面总结了系统测试配置中必须表达的主要单元,并在本节的后续段落中进行讨论。

1. 系统输入和环境

(1) 测试配置必须表明影响系统运行的所有条件,不仅包括主要的系统输入,还包括系统与其环境的交互作用。

(2) 在可行的情况下,上述条件应尽可能多地准确复制系统在其预期运行中遇到的条件。其他对象应该模拟,以真实地代表它们与系统的功能交互。

(3) 如果不能将真实的运行输入作为总测试配置的一部分进行复制或模拟(例如,以超声速飞行的飞机受到雨水的影响),那么应该进行特殊的测试,在这些测试中可以复制这些功能和测量它们与系统的交互作用。

2. 系统输出和测试点

(1) 评估性能所需的所有系统输出应转换为可测量的量,并在测试期间进行记录。

(2) 测量和记录还应使测试的输入和环境条件能修正为输入随输出的变化而

变动。

(3) 应该监视足够数量的内部测试点，以便在特定的子系统或部件中追踪任何偏离期望测试结果的原因。

3. 测试条件

(1) 为了使客户能够成功运行承包商的系统测试，重要的是，在可能的范围内可视化和复现系统在运行评价期间最有可能承受的各种条件。

(2) 一些系统测试可能会故意过度对系统选定部分进行加压测试，以确保系统极端条件下的鲁棒性。例如，通常规定，当系统承受过大压力而不是突然崩溃时，系统需要"温和地"降压。这种类型的测试还包括验证使系统能恢复到完整功能的过程。

(3) 只要可行，客户运行和评价机构的人员应参与承包商的系统测试。这提供了系统和运行知识之间的相互交换，可以有助于更好地规划和进行更切合实际的系统测试以及更权威的测试分析。

测试情景的开发

为了能在预期的实际条件范围内评估一个系统，如顶层系统需求中所定义的，必须规划一个结构化的测试顺序来充分探索所有相关的案例。应设法在每个测试事件中结合多个相关目的，从而使整个测试系列不会时间过长和代价过高。此外，测试进行的次序还应在前面测试结果的基础上来规划，并且在非期望结果的事件中要求尽量少的重新测试。

上述类型的组合系统测试，认为是符合测试情景所进行的测试事件，该测试事件确定了要施加在系统上的一系列连续测试条件。整体测试目的，被分配到一组这样的场景中，并且按照测试事件次序进行安排。规划测试情景的是系统工程师在测试工程师的帮助下要完成的一项任务，因为他需要深入了解系统的功能以及内部和外部的交互作用。

在给定场景中，几个特定测试目的相结合，通常要求系统的运行或环境输入必须变化并对经历不同的系统模态或加强系统的功能。必须对这些变化进行正确排序来产生大量的有用数据。决定是否激活给定测试事件必须取决于先前测试的成功结果。同样，情景的测试计划必须考虑测试结果超出期望限度，可能会导致中断测试顺序，如果中断，那么应考虑在何时恢复测试序列。

系统的性能模型

在描述系统部件的测试和集成时，部件的模型是必要的一环，是预测该部件如何响应给定的一组输入。该模型通常是物理、数学和混合单元的组合，或者完全是计算机仿真。

在预测复杂系统整体的期望行为时，构建一个能够具体复现整个系统行为的性能模型，通常是不切实际的。因此，在系统层次测试中，观察到的系统性能通常在两个层次上分析。第一是，借助系统需求文档中详细说明的整体性能特征。第二是，要求某些关键行为的子系统或部件层次。当整体测试不能产生预期的结果,并且需要找到差异的来源时,后者尤其重要。

决定在系统测试层次上模拟的合适程度,很大程度上是系统工程的职能,在该职能中,对某些功能没有建模引起的风险与建模带来的工作量进行权衡。由于对所有内容进行测试都是不切实际的,因此,测试特性的优先级以及模型预测的优先级,必须基于对忽略特定特征的、相对风险的系统层次进行分析。

系统性能模型的设计、工程化和验证本身就是一项复杂的任务,必须通过应用与系统工程本身相同的系统工程方法来执行。同时,必须竭尽全力将建模和仿真工作的成本限制在整个系统开发的可承受部分。现实与建模之间的成本平衡是系统工程中较困难的任务之一。

工程化的开发模型(Engineering Development Model,EDM)

如前面指出,系统测试过程通常需要在最终系统生产之前对所有系统进行测试。因此,有时出于测试目的,有必要构造一个原型,称为"工程化开发模型(Engineering Development Model,EDM)",尤其是在非常大型的复杂系统中。EDM 必须在形式、匹配和功能上尽可能接近最终产品。因此,EDM 的生产和维护成本可能很高,并且必须基于整体利益来制定它们的开发计划。

系统测试的实施

承包商系统测试的进行通常由测试组织领导,该组织还参与集成测试阶段,并且非常熟悉系统设计和运行。除此之外,还有许多其他重要参与者。

1. 测试参与者

如图 13.3 所示,系统工程师应该从一开始就积极地参与规划测试计划,并且应该已经认可了总体测试计划和测试配置。同样关键的,系统工程职能是解决实际测试结果与预测测试结果之间的差异。如前面指出的,这些差异可能产生自多种来源,必须迅速追溯到负责的特定系统或测试单元;必须采取系统层次的方法来设计最有效和破坏性最小的补救措施。

设计工程师也是关键参与者,特别是在测试设备的工程化和分析的测试过程中遇到的任何设计问题。在后一种情况下,他们要能快速而专业地作出弥补缺陷所需要的设计更改。

工程专家,如可靠性、可维护性和安全工程师等工程专家,是各自领域的重要参与者。特别重要的是,人机接口测试专家的参与,这在运行评价阶段可能是至关重要的。数据分析师必须参与测试规划来确保获取适当的数据以支持性能和故障诊断分析。

正如前面提到的,当系统测试是在开发人员的指导下时,客户和(或)客户的评价机构通常作为过程的观察者参加,并将利用这一机会为即将进行的运行评价测试做准备。在此期间,有利于客户测试人员接受一些运行培训。

2. 安　　全

每当进行系统测试时,测试计划中必须有一部分阐述专门针对安全规定的条款。最好的方法是指派一个或多个安全工程师到测试团队,让他们负责有关安全的全部问题。许多大型系统具有危险暴露的移动部件、热技术和/或爆炸性器件、高电压、危险辐射、有毒材料以及其他在测试过程中需要采取防护措施的特性。军事系统尤其如此。

除了系统本身之外,外部测试环境还可能带来安全问题。安全工程师必须向所有参与测试的人员介绍可能存在的潜在危险,进行专门培训并提供任何必要的安全设备。系统工程师必须全面了解所有安全问题,并且准备好必要时协助安全工程师。

测试分析与评价

测试分析从具体比较系统性能开始,即作为测试激励和环境的一种功能,从系统性能模型的预测性能开始。任何偏差都会触发一系列旨在解决差异的行动。

诊断差异的来源

在原因不明显的所有差异中,需要系统工程判断、辨识最佳的行动方案。时间永远是最重要的,但绝不像系统层评价的中期那样重要。测试差异的原因可能是由于故障在(1)测试设备,(2)测试程序,(3)测试执行,(4)测试分析,(5)被测试系统,(6)偶尔出现、过于严格的性能要求。如前所述,故障通常可追溯到前四个原因之一,因此在考虑紧急系统匹配之前应消除这些故障。但是,由于很少有时间同时探究可能的原因,因此通常谨慎地并行追踪其中的几个原因。在这里,在系统内的许多测试点处获取数据,对于快速缩小搜索范围和指明探究工作的有效优先级至关重要。这也是为什么在实际测试之前必须对测试程序进行充分了解和演练的原因。

处理系统性能的差异

如果问题被追踪到被测系统,那么就需要确定问题是否次要、易于纠正,或严重到无法理解,在这种情况下,可能要求延迟,或者不严重,获得承包商和客户同意纠正措施。

上述决定涉及系统工程师最重要的活动之一。他们需要对系统设计、性能要求和运行需求以及"可能的技术"有全面的了解。在此阶段的计划中,很少有重大差异可以迅速得到纠正;任何设计更改都会引发设计文档、测试程序、接口规格、生产调整等方面的一系列变动。在许多情况下,可能存在消除差异的不同方法,例如通过软件而非硬件变动。许多变化远远超出了其原来位置。处理此类情况通常需要一支"勇猛能干的团队",以迅速解决问题。

对系统所做的任何变动都会引起一个问题,即更改是否需要重复先前通过的测试,这是另一个严重影响计划进度安排和成本的系统工程问题。

如果无法及时消除系统性能差异来满足既定的生产目标,那么客户可以选择接受已发布的系统设计进行有限的生产,前提是该产品在其他方面适用。只有在对所有可行的备选方案进行了详尽的分析之后,才可以做出这样的决定,而且通常会在以后将初始生产系统重新安装到完全兼容的设计中。

13.5 运行测试与评估

在子系统和系统测试的前期,做比较的基础是根据功能设计的理想实施来预测期望性能的一种模型。在系统运行评价中,将测试结果与运行需求本身进行比较,而不是将它们转换为性能需求做比较。因此,该过程着重于借助运行需求的系统设计确认,而不是根据规格进行验证。

新系统的运行评价,由客户或代表客户的独立测试机构进行。这种评价由一系列测试组成,这些测试使系统在与预期使用环境相同或非常相似的环境中执行预期功能。系统满足其运行需求的令人满意的性能是正式投产和部署的必要先决条件。对于商用飞机等对公众使用的系统,也要由负责审批产品的安全性、环境适应性和其他受政府管制的特性的政府机构来做特殊检测或检查。

运行测试的目标

运行测试与评估着重于运行需求、任务的效果和用户的合适性。运行评价的主题通常是系统的预生产原型。期望在开发测试期间将消除所有明显的错误,而任何以后可能导致评价测试停止的重大事故,则等开发人员将其消除。通常可用于运行评价的时间和资源有限,要求仔细确定测试目标的优先级。普遍适用的高优先级测试列表包括:

(1) 新特点。旨在消除先前系统中的缺陷的功能可能是变化最大,不确定性最大的地方。测试其性能应该具有最高优先级。

(2) 环境的敏感性。对严酷运行环境的敏感性是最不可能经过充分测试的区域。有时,运行评价是使系统承受与设计要碰到的条件极为相似的第一个机会。

(3) 可互操作性。由于受非标准通信规约和其他数据链路特性的限制,与外部设备的兼容性使得在系统的测试连接到相同或功能相同的外部单元时,如同它连接到其运行环境一样重要。

(4) 用户接口。系统用户/操作员能够很好地控制其操作,即系统人机接口的有效性必须确定。这包括评价所需培训的数量和形式、培训辅助的合适程度、展示的清晰度以及决策支持的效果。

【示例】客机的运行评价。

商业飞机的功能是将大量乘客及其行李从给定位置快速、舒适和安全地送到目的地。其运行配置可以用一种所谓的"上下关系图"来表示,如图 13.6(a)所示。该图列出了主要的运行输入和输出,以及影响系统运行的周围环境和支持环境。除乘客和行李外,主要输入是燃料、飞行机组人员和导航辅助。为了清楚起见,图中省略了许多次要但重要的功能,例如与乘客的舒适性有关的功能(食物、娱乐等)。运行的飞行环境包括飞行媒介、压力、温度、风速变化和极端天气,系统必须在对其主要功能影响最小的情况下进行设计。

图 13.6(b)是客机在其运行测试模式下的对应图。与图 13.6(a)的比较表明,测试输入复现了运行输入,除了大部分乘客和行李都是模拟的以外。测得的输出包括来自飞机仪表和特殊测试传感器的数据,从而能评价有关效率、乘客舒适度和安全性有关的性能因素,并允许重建任何飞行异常的原因。除了恶劣天气条件(例如风切变)外,运行测试环境要复现运行环境。为了补偿复现恶劣天气的困难,可能会故意使被测飞机承受超出其正常运行条件的压力,来确保已建立足够的安全裕度能承受严酷的环境。此外,还可在风洞测试、特殊装备的机棚或仿真系统中产生可控的严酷飞行条件。

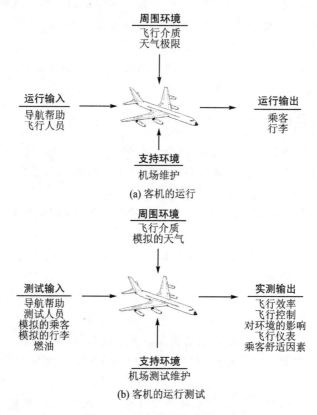

图 13.6 客机的运行及其测试

测试的规划和准备

用于指导运行评价的测试计划和程序,不仅提供进行运行测试的必要指导,而且还应规定任何需要进一步采取的行动,即由于各种原因而无法在先前的测试中完成的行动,或达到更高可信度所需要的重复行动。还应指出,尽管有适用于大多数系统测试配置的通用原则,但每个特定的系统可能都有特殊的测试需要,必须将其纳入测试计划中。

重要系统运行评价的测试规划的广泛范围,可以由测试和评估总体计划(TEMP)来说明。它要求运行测试与评估的计划,应该:

- 列出待检验的关键运行问题,以确定运行的适用性;
- 确定对上述问题关键参数;
- 确定运行情景和测试事件;
- 确定要使用的运行环境以及测试限制对有关运行有效性结论的影响;
- 辨识测试的条款和必要的后勤支持;
- 阐明测试人员的培训需求。

1. 测试与评估的范围

评估计划必须包括以下方面的确定:适当的工作范围,测试的条件必须现实,许多系统特性必须被测,必须测量哪些参数才能评价系统性能以及准确性。每一个方面的确定都涉及对结果有效性的可信度与测试与评估工作成本之间的权衡。反过来,对结果的可信度取决于测试条件代表预期运行环境的真实性。测试与评估现实性与评估计划成本之间的一般关系如图 13.7 所示。它遵循经典的渐减汇报定律,在此定律中,随着测试复杂性接近完全的环境实际情况和精确的参数测试,成本不断上升。

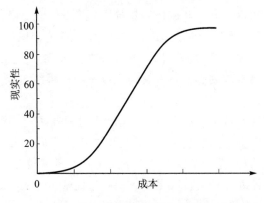

图 13.7 测试的现实性与成本

"测试多少次足够"的决定,本质上是一个系统工程问题。它要求有运行目的的基本知识,这些目的与系统性能之间的关系如何,哪些系统特性最关键,至少能很好证明,关键性能因素和其他同样重要需要权衡因素的测量有多困难。它还需要测试工程师、设计工程师、工程专家和系统运行使用专家的意见。

2. 测试的情景

系统运行评价应按照一组仔细规划的测试情景进行,每个情景都由一系列事件或特殊的测试条件组成。目的是以最有效的方式,即花费最少的时间和资源验证所有的系统需求。

测试事件的规划及其顺序,不仅必须最有效地利用测试设备和人员,而且还必须进行排序使每个测试都建立在先前一个测试之上。系统和外部系统间的联结的功能正常运行，例如通信、后勤和其他支持功能，这对于系统本身的成功测试至关重要，因此必须首先进行测试。同时，所有测试设备，包括数据采集，均应重新校准和重新审核。

3. 测试程序

在运行测试中，为每个测试事件进行充分的准备、规定测试程序尤为重要，因为测试的结果对于计划的成功尤为关键。而且，与开发测试人员相比，用户测试人员通常对被测系统的具体运行不太熟悉。测试手续应有审视文件说明及经过完全性和准确性的详尽评审；应该解决测试现场的准备工作、测试设备的配置、系统的设置以及每个测试的逐步进行步骤；应描述每个测试参与者所必需的行动，包括数据采集中参与的人员。

4. 分析计划

必须为每个测试事件准备一个分析计划，规定所获得的数据将如何进行系统正确性能的评估；应当对集体测试计划进行评审，以确保它们结合起来能获得确立系统在满足其运行需求有效性所需的所有措施。这项评审需要系统工程监督来提供必要的系统层次的观点。

人员培训

这些测试是在非系统开发团队成员的指导下进行的，这使得评价任务特别具有挑战性。因此，准备进行运行评价的重要部分，是将技术系统知识从开发组织和获取机构转移到负责规划和执行评价过程的机构。这至少在开发系统测试期间就已经开始，最好是获得评价机构的测试规划和分析人员的积极参与。系统工程人员应准备引导进行必要的知识转移。

尽管上述知识转移对每个人都是有利的，但此过程通常是不适当的。这是因为很少为此目的指定大量资金，并且适合的人员往往被其他优先任务所占用。另一个常见的障碍是过分的独立精神，促使某些评价人员避免参与预评价测试阶段。因此，通常都由组织中经验丰富的计划经理或首席系统工程师来完成。

测试设备和设施

由于运行评价的重点是整体的系统性能，因此对于单个子系统的运行只严格要求有限的数据。另一方面，重要的是必须迅速辨别和解决任何系统性能差异。为此，通常允许系统开发人员对所选子系统或部件的性能进行辅助测试。用于开发测试的设备通常也适用于此目的。评价机构和开发人员的优势在于，监视并记录足够数量的系统测试点的输出，从而在需要时支持对系统性能进行详细的测试后诊断。

如前所述，每个系统所承受的条件必须代表其预期的运行环境。在上面的商用客机示例中，运行环境恰好不同于可轻松复现的飞行条件，只能在该客机能够安全处理的不利天气条件下进行测试。在大多数复杂系统的评估中，这种侥幸的情况并不常见。地面运输车辆的运行测试要求选择特殊地形，以强调其在大范围条件下的运行性能。

依赖于外部通信的系统需要特殊的辅助测试仪器来提供此类输入,并接收任何相应的输出。

测试的实施

如果系统开发人员参加,他们将以观察者身份或更常见的支持者的身份参加。在后一角色中,他们协助进行故障排除、后勤支持和提供特殊测试设备。在任何情况下都不允许他们影响测试的进行或解释。因此,他们通常可以在帮助快速解决意料之外的困难或误解方面发挥关键作用。

在进行每一次测试之前,操作人员应该全面了解测试目标、将要执行的操作以及各自的职责。如前面指出的,人为失误和测试设备出错通常是测试故障的最普遍原因。

1. 测试的支持

评价测试的运行和后勤支持,对于测试的成功和及时执行至关重要。由于这些测试与关键的计划决策(例如,全面生产的授权或运营部署)相关联,所以开发人员和客户管理层都密切关注它们。因此,必须与相关人员一起提供足够的消耗品和备件、运输和处理设备,以及技术数据和手册。测试设备必须经过校准并配备齐全人员。如前所述,应从系统开发人员那里获得支持,使工程技术人员能够迅速解决可能使测试无效或延迟测试的微小系统差异。

2. 数据的获取

在前面的章节中已指出,在运行评价期间获取的数据通常比在系统测试期间收集的数据少得多。然而,至关重要的是要全面、精确地测量端到端的系统性能。这意味着,"基本真理"必须用仪表仔细监测系统所承受的全部外部条件,记录各测量值供以后测试和分析。外部条件包括所有功能系统输入和重要的环境条件,尤其是那些可能干扰或影响系统运行的条件。

3. 人机界面

在大多数复杂的系统中,都有各种人机界面,操作人员通过界面可以观察信息并与系统交互,这是实现整体系统性能的关键要素。一个典型的例子是空中交通管制员。尽管从各种传感器输入的数据是自动的,但关键的决定必须由交通管制员做出,并根据控制台上显示的信息以及从飞行员处收到的报告采取措施。类似的操作员功能是许多形式的军事作战系统的一部分。

在这样的操作员交互中,系统性能将取决于两个相互关联的因素:(1)操作员培训的有效性和效果;(2)人机界面单元的设计水平。在运行测试期间,系统性能的这一方面将是总体评价的重要部分,因为操作员的不当操作通常会导致测试失败。当确实发生此类错误时,通常很难找到它们。它们可能是由于操作员反应缓慢(例如,站了多个小时后的疲倦),操作员控件放置不当和/或显示符号或其他许多相关原因引起的。

4. 安 全

就开发系统测试而言,必须付出特殊的努力以确保测试人员和测试区域附近居民的安全。对于军用导弹测试射程的情况，将提供仪器来检测任何失控的迹象，在这种情况下，射程安全员会向导弹发送命令，启动自毁系统以终止飞行。

测试分析和评价

运行评价的目的，曾经被看作是确定开发的系统是否满足客户的需求，即验证其性能是否满足运行要求。评价数据分析的深度随具体和全部子系统"行不行"的结论而变化。

在某些情况下，一个独立的评价机构可能会判断一个新系统在满足用户的运行目标方面存在缺陷，其程度无法通过一个小的系统设计或手续性更改来解决。这种情况可能是由于开发过程中运行需求的改变、操作原理或条例的改变，或者仅仅是评价者与获取机构之间的意见分歧而引起的。这种情况通常通过妥协来解决，其中设计的变动是通过与开发者协商的合同进行修订，或者暂时放弃，或者同意有限数量的生产。

测试报告

由于注意力集中在运行评价测试的结果上，因此必须及时提供所有重要事件的报告。通常在评价过程中，发布几种不同形式的报告。

1. 速查报告

这些在重大测试事件之后立即提供初步测试结果。此类报告的重要目的是通过陈述所有相关事实并将其置于正确的角度，以防止对显著或意外的测试结果造成误解。

2. 状态报告

它们是特定重大测试事件的定期报告（例如，每月一次）。它们设计的目的是使感兴趣的各方普遍了解测试程序的进展。在完成数据分析和最终报告前，测试程序结束时可能会有一份累计测试结果的临时报告。

3. 最终评估报告

最终报告包含详细的测试结果，它们是相对于系统预期功能的评价，以及相对于其运行适合的建议。它还可以包括修改建议，以消除测试程序中识别的任何缺陷。

13.6　小　结

集成、测试与评估整个系统

集成与评估阶段的目标：将新系统的工程化部件集成到一个运行的整体中，并证明该系统满足其所有运行要求。

集成与评估阶段的产出：

- 经过确认的生产设计和规范；
- 生产和后续运行使用的资源。

组成集成与评估的活动：
- 测试规划：确定测试问题、测试情景和测试设备；
- 系统集成：将部件集成到子系统和整个系统中；
- 开发的系统测试：验证系统符合规格；
- 运行测试评价：证实系统满足运行要求。

测试计划和准备

集成与评估"实例化"作为整体的系统，并从各个部件中综合出一个功能全面的系统。这些活动解决了所有剩余的接口和交互问题。

国防系统要求有一个正式的测试和评估总体计划（TEMP），它涵盖了整个系统开发过程中的测试与评估规划。

在准备测试计划之前，应先审查系统的要求，以便允许在系统开发期间更改客户要求。因为后期引入先进技术总是会引起风险。

系统集成与评估过程中的关键问题包括：
- 在系统测试期间进行密集的管理审查；
- 由于开发超期而导致测试调度安排和资金变动；
- 准备测试设备和设施。

系统测试设备的设计必须满足严格的标准，其精度必须比部件公差的精度要高，可靠性必须很高以避免测试失败。最后，设计必须适应多种使用和故障诊断。

系统集成

通常测试配置包括：
- 被测系统单元（部件或子系统）；
- 部件或子系统的物理或计算机模型；
- 提供测试激励的输入发生器；
- 测量单元测试响应的输出分析器；
- 控制和性能分析单元。

组织子系统集成，应该最大程度地减少特殊部件的测试发生器，建立在以前的测试结果上，并监视内部测试点，以进行故障诊断。

测试失败通常不是由于部件故障引起的，而是测试设备可能不合适。此外，接口规范可能会被错误解释，或者接口公差可能会不匹配。最后，测试计划和培训不合适，或手续不足，都会导致人员出错。

集成测试设备对于复杂系统的工程化必不可少，并且是一项重大投资。但是，它们可能在系统的整个生命周期中都是有用的。

开发系统测试

开发系统测试的目的是验证系统是否满足其所有规格，并获得有关其满足运行需求的能力的证据。

系统的测试环境应尽可能切合实际——所有外部输入都应该是真实的或仿真的。运行评价中的条件应是预期的。此外，若不能实际复现效果，则应通过特殊测试来实施。但是，应考虑整个系统的生命周期。

必须仔细计划测试事件，应结合相关的测试目的以节省时间和资源。需要准备充分、灵活、详细的测试方案，以应对意外的测试结果。

必须开发一个预测的系统性能模型。这是需要系统工程领导、工作的一项重要任务。工程开发模型（EDM）对此非常有用。

开发测试由一个协调的团队进行，该团队由以下人员组成：

- 系统工程师，他们确定测试需求和评估准则；
- 测试工程师，他们进行测试和数据分析；
- 设计工程师，他们设计测试设备和纠正设计的差异。

在开发测试期间，必须在测试调度安排中考虑系统性能差异，并有备用计划来快速响应。

运行测试与评估

系统运行测试与评估的目的是验证系统设计是否满足其运行要求，以及确定系统供生产和以后运行使用的资质。

通常高优先级运行测试问题是：

- 设计来消除一个前置系统中缺陷的新特点；
- 对恶劣操作环境的敏感性（易受影响性）；
- 与相互作用的外部设备的可互操作性；
- 用户的系统控制接口。

有效的运行评价，重要特点包括：

- 使客户或客户机构的测试人员熟悉该系统；
- 充分准备和观察开发测试；
- 有效利用设施和测试结果的测试场景；
- 清楚、详细的测试手续和具体的分析计划；
- 全面培训测试操作和分析人员；
- 可复现运行环境的完备仪表化测试设施；
- 测试耗材、备件、手册等齐备；
- 用于诊断目的的精确数据采集；
- 对人-机接口的关注；
- 完善的测试人员和附近居民安全规定；
- 系统开发人员的技术支持；
- 及时、精确的测试报告。

习　题

13.1　图 13.3 描述了设计工程师、测试工程师和系统工程师的各自和共同的责任。除了责任上的差异外,这些类别的人员通常以截然不同的观点和目标来完成任务。讨论这些差异,并着重讨论系统工程师在协调整个工作中所起的重要作用。

13.2　图 13.4 描绘了一个部件或子系统的测试配置,在该配置下,该部件或子系统承受的控制输入和其响应,与被测单元的计算机模型进行相应的实时比较。如果单元的实时仿真不可用,测试配置会记录测试响应,以便稍后进行分析。画一个类似于图 13.4 的图来表示后一个测试配置,以及随后的测试分析操作。描述这种配置中每个单元的功能。

13.3　测试失败并非总是由于部件缺陷引起的,有时,是因为测试设备功能不正确造成的。描述你将在测试之前、期间和之后要采取哪些步骤,以便在测试故障时能够快速诊断。

13.4　本章导论中概述了集成与评估阶段中的系统工程方法,请为该过程的四个步骤构建功能流程图。

13.5　在设计系统测试时,将测试试探放在选定的内部测试点上,就像系统的输出一样,以快速、精确地诊断出任何差异的原因。列出选择适当测试点时必须考虑的因素(例如,应检验哪些特性)。以测试汽车防抱死制动系统为例来说明这些考虑。

13.6　描述开发测试与评估和运行测试与评估在目的、操作上的差异。以除草机为例说明你的观点。

13.7　定义术语“验证”和“证实”,描述它们各自所指的测试形式,并说明它们如何满足这些术语的定义。

扩展阅读

[1] Blanchard B, Fabrycky W. System Engineering and Analysis: Chapters 6, 12, 13. 4th ed. Prentice Hall, 2006.

[2] Chase W P. Management of Systems Engineering: Chapter 6. John Wiley & Sons, Inc. , 1974.

[3] Hitchins D K. Systems Engineering: A 21st Century Systems Methodology: Chapters 8, 11, 12. John Wiley & Sons, Inc. , 2007.

[4] International Council on Systems Engineering. Systems Engineering Handbook: A Guide for System Life Cycle Processes and Activities, INCOSE - TP - 2003 - 002 - 03,2: Section 4, July 2010.

［5］Montgomery D C. Design and Analysis of Experiments：Chapters 1，2. 6th ed. John Wiley & Sons，Inc.，2005.

［6］O'Connor P D T. Test Engineering：A Concise Guide to Cost-effective Design，Development and Manufacture：Chapters 6-8，10. John Wiley & Sons，Inc.，2005.

［7］Petroski H. Success through Failure：The Paradox of Design. Princeton University，2006.

［8］Rechtin E. Systems Architecting：Creating and Building Complex Systems：Chapter 7. Prentice Hall，1991.

［9］Reynolds M T. Test and Evaluation of Complex Systems. John Wiley & Sons，Inc.，1996.

［10］Shinners S M. A Guide for Systems Engineering and Management：Chapter 7. Lexington Books，1989.

［11］Stevens R，Brook P，Jackson K，Arnold S. Systems Engineering，Coping with Complexity：Chapter 5. Prentice Hall，1998.

［12］Systems Engineering Fundamentals：Chapter 7. Defense Acquisition University (DAU) Press，2001.

第四部分　后开发阶段

第四部分超出了大多数系统工程书籍，主要说明了系统工程在复杂系统的生产、安装、运行和支持中的作用。它还确定了系统工程师应获取的有关这些阶段的知识，以确保系统在其预期的运行环境中正常且有效。

系统从开发到生产的过渡阶段通常是造成严重困难和计划延迟的原因。如果系统设计不完全具备可靠性、可生产性和可维护性的特征，则过渡阶段可能会很缓慢且成本很高。第 14 章"生产"则讨论了这些问题，并将生产设备和操作描述为一个单独的系统。它还讨论了系统工程师需要学习哪些与自身所关注的系统类型相关的生产过程和问题，以有效地指导此类系统的开发和工程化。

与生产情况一样，复杂系统的运行和支持也要求系统工程的参与。在新的复杂系统的运行中出现意料之外的问题是必然，而不是偶然，并且它们需要面向紧急解决系统的人员。第 15 章讨论了此类问题，还有系统工程在系统升级和更新迭代过程中的应用。

第 14 章　生　产

14.1　工厂的系统工程

系统生命周期的生产阶段是系统开发过程的核心,它影响经过工程化和测试化系统的多个单元的制造和分配。此阶段的目标是将在工程开发阶段产生的工程设计和规范,体现为等同的硬件和软件部件集合,并将每组集合装配成适合交付给用户的系统。主要需求是,所生产的系统能按要求运行,价格合理,并且在满足需求的前提下长期可靠且安全地运行。为了满足这些需求,必须将系统工程原理应用于工厂的设计及其运行中。

本章中的大部分内容都与硬件系统单元的生产有关。另一方面,如第 11 章所述,几乎所有现代产品都由嵌入式微处理器控制。因此,生产测试又包括对相关软件的测试。

本章由四个部分组成。"生产的工程化"一节中,描述了既为确保最终产品的价格合适,又满足性能需求和可靠性的目标;在系统开发的每个阶段都必须要考虑的生产注意事项。"开发到生产的交付"一节中描述了从工程到制造组织责任转移中遇到的典型问题,以及系统工程在解决该问题中的作用。"生产运行"一节中,将整个系统制造计划的组织本身描述为一个复杂系统,特别是他们通常在各配套单位中的分配。在最后一节"获取生产的知识基础"中,描述了开发系统工程师为正确领导系统开发工作所必须具有的知识范围,以及可以最好地获取这些知识的一些方法。

生产阶段在系统生命周期中的地位

生产阶段是系统生命周期后开发阶段的第一部分,其关系如图 14.1 所示。该图是生产阶段与先前的集成与评估阶段以及后续运行和支持阶段相关联的功能流程图。集成与评估的输入是规格和生产系统的设计;输出是运行文档和交付的系统。

图 14.2 显示了生产阶段相对于先前阶段和后续阶段的时间安排。和集成与评估阶段的情况一样,每个阶段的结束与下一阶段的开始之间存在相当大的重叠,因此为了提前准备材料、获取生产工具和测试设备,在集成与评估结束与生产阶段开始之间必须有重叠。同样,最初生产的系统有望在后续单元继续进行生产时投入运行。

设计实例化状态

例如表 13.1 所示,系统的实例化状态似乎超出了先前图表的规模,这是由于系统

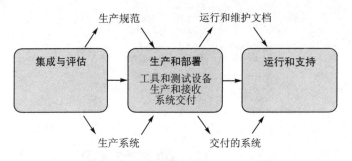

图 14.1　系统生命周期中的生产阶段

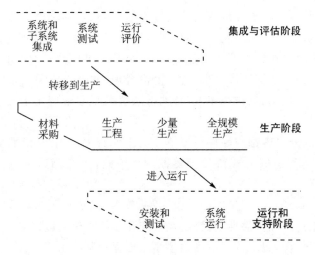

图 14.2　生产阶段与相邻阶段的重叠

开发过程的先前阶段已完全"实例化"了系统部件和整个系统。但是，由于大部分复杂系统是由在不同地点生产的部件组成的，直到将这些部件装配为一个完整的系统并被接受之前，不能认为实例化的过程已完成。制造工作的分散，产生了对供应商协调、接口控制、集成测试和校准标准的压力。这些问题将在下一节进一步讨论。

14.2　生产的工程化

在系统生命周期的开发阶段，尤其是在概念开发阶段，技术工作主要集中在与实现系统性能目标相关的问题上。但是，除非最终产品价格合适并且功能可靠，否则它将无法满足其运行要求。由于后一种因素会受到系统功能选择的影响，尤其是其物理实施的影响，因此必须从一开始就考虑整个开发过程。从开发到生产的过程通常称为"并行工程"或"产品开发"。本节介绍在系统开发的每个阶段如何应用此过程。

将生产考虑因素纳入开发过程的公认方法是将生产专家及其他专业工程师作为系统设计团队的成员。这些人员可能是可靠性、可生产性、安全性、可维护性和用户接口以及包装和运输等方面的专家。

为了提高这些专家的效率,需要让他们积极参与系统的设计过程。在这方面,他们有必要将专业知识应用于系统需求,并向系统设计团队的其他成员解释他们的专业术语。没有系统工程方面的领导、沟通技巧和坚持系统的平衡,并行工程过程就不可能有效。

贯穿系统开发的并行工程

以下各段描述了并行工程在系统开发后续阶段中的应用示例,以及系统工程师在使这些应用有效方面所扮演的角色。可以预见,随着系统设计的进展,这种工作的相关性在不断增加。但是,它应该在计划开始时就启动,甚至在最早的阶段就必须有效实施。

1. 需求分析

在需求分析中,针对需求驱动和技术驱动的情况都进行了生产和可靠性方面的考虑。开始新系统开发的决策,必须考虑将其作为可靠且价格合适的实体来生产的可行性。做出这样的决策,在很大程度上取决于系统工程分析,以及所提出的开发和制造过程的第一手资料。

2. 概念探索

概念探索阶段的主要产物是一组系统性能需求,这些需求将作为从备选项中选择最理想的系统概念的基础。在开发这些需求时,必须在性能、成本和进度安排之间取得平衡,这种平衡要求从整体系统的角度来考虑,其中生产过程是主要因素。

在"生产运行"一节中,正如固态电子技术发展迅速一样,在通信、系统自动化、材料、推进发动机及许多其他系统部件领域,也有类似的革新性生产过程。在表达实际的系统要求时,必须清楚地了解制造技术的现状和趋势。系统工程师必须对生产专家的建议做出合理的评价。例如,材料的选择将受到生产过程难度和成本的影响。

3. 概念定义

系统工程师最关键的贡献可能在于对首选系统概念设计的选择和确定。在开发这个阶段,需要对系统在硬件和软件中的实施有一个清晰的概念,以对制造和生命周期成本进行可靠估计。

选择建议的系统设计,需要在许多因素之间取得平衡,对于大多数因素而言,风险评估是一个主要因素。如第 8 章所述,利用先进技术,必然会在部件设计和过程设计方面带来一定程度的风险。风险的估算受相关制造方法的性质和成熟度的影响,在替代系统配置的权衡分析中必须对此进行权衡。在将生产专家的经验用于这些判断时,系统工程师在设计工程师和分析人员之间充当知情翻译和协调者。

4. 高级开发

在高级开发阶段,通过对关键子系统或部件进行分析、仿真、实验和验证,提供了降低项目风险的机会。同样,新的生产过程和材料必须在接受之前进行验证。由于所有此类活动（尤其是实验和证明）都涉及费用,因此,必须充分了解风险的性质和程度,使用此先进的技术和材料所预期的收益幅度,以及解决该问题所需的实验范围,才能确定哪些证据需要进行此类验证。同样,这是一个主要的系统工程问题,要求有生产、系统设计和性能方面的专业知识。

此阶段必须通过权衡分析考虑不同方法的风险和成本,为确定生产过程、关键材料、工具等提供合适的依据。系统工程必须密切关注此类研究的规划和评价,以保证将其适当集成到工程设计阶段的总体计划中。在这方面,必须特别注意,制造方法对部件接口兼容性的影响,以最大程度地减少生产、装配和测试问题。

5. 工程设计

在工程设计阶段,生产因素在系统部件的具体设计中变得尤为突出。部件和子部件接口公差规格必须与制造过程的能力和分配的成本兼容。工厂测试设备的设计和建造也必须在此阶段完成,以便在批准生产时做好准备。

在此阶段中,设计工程师会从专业工程师那里获取他们在生产性、可靠性、可维护性和安全性方面应用的经验。在这种集体工作里面,系统工程师将充当协调员、翻译、分析师和最终产品的验证者。要发挥这些角色的作用,系统工程师必须对交叉学科有足够的了解,以实现跨技术专业领域的有意义的交流,并为实现最佳结果提供指导。

工程设计阶段的重要部分是生产原型的设计和制造,以展示将被生产制造的产品性能。选择原型制造方法以复制实际制造工具和过程控制的程度,是需要系统工程判断以及设计和制造考虑的一件事。

通常,复杂系统的许多部件都是由分包商设计和制造的。部件承包商的选择必须对其制造和工程能力进行评估,尤其是当部件涉及高级材料和生产技术时,系统工程师应该能够帮助判断候选来源的专业水平,成为来源选择和确定产品验收要求的主要参与者,并能在子配套合同中充当技术负责人。

这些知识对于指导部件供应商之间的接口定义工作、接口公差的规格以及用于开发和生产验收测试的部件测试设备设计和校正标准的确定也是必不可少的。

以上考虑因素都会影响生产成本估算,系统工程师必须对此做出贡献并进行评价;在确定最终成本和调度安排时,还必须适当考虑不确定性和风险。

6. 集成与评估

在原型系统部件的集成和后续系统测试期间,通常会首先暴露部件接口上非期望的不兼容性。通常在最终发布产品之前,通过重新设计部件,改进部件测试设备等来纠正这些问题。但是,在随后的生产系统装配和测试期间,为纠正这些不兼容性而进行的设计变动,以及为促进生产和测试活动而进行的其他"次要"变动和调整,本身可能会产生新的不兼容。因此,系统工程师应监视初始生产装配和测试活动,以提醒计划管理人员在产品部署之前必须解决任何产品问题。为了尽早辨识并迅速处理此类问题,系统工程师必须对工厂生产和测试验收过程都非常了解。在某些情况下,验收测试程序由系统工程师编写。

在系统开发中部署应用的考虑

在前面的章节中已经强调,系统设计必须考虑整个生命周期中系统的行为。在许多系统中,部署或分配过程会使系统及其组成部件在运输、存储和运行现场安装期间承受巨大的环境压力。尽管在系统定义过程中考虑了这些因素,但在许多情况下,直到估计开发阶段甚至有时更后期,在许多场合它们都不是定量的特性。因此,必须在开发过程中尽早具体规划系统的部署。在部署过程中必须在系统设计要求或要遵守的限制中评估和反映诸多因素,如暴露在系统性能或可靠性的环境中的风险。在某些情况下,应要求用有防护性能的运输集装箱。在这种情况下如果仍然存在问题,应通过进一步的分析和/或试验来解决这些问题。

在许多情况下,前置系统提供了有关新系统从生产者移交到用户期间可能遇到的有关状况的主要信息源。当运行站点和系统物理配置与新系统相同或相似时,可以定量确定部署过程。

14.3　从开发到生产的交付

管理和参与者的转移

从生命周期模型可以推断,在一个新系统生产开始时,必定发生计划管理重点和参与者的大规模变动。以下归纳了这些变动的领域。

1. 管　理

生产阶段所需的管理程序、工具、经验基础和控制计划成功所需要的技巧,与系统开发阶段所需要的,在实质上有所不同。因此,新系统的生产几乎总是由一个不同于指导早期工程开发、集成和测试工作的团队来管理。而且,生产合同有时是在几家公司之间完成的,其中一些公司可能只是在外围参与了系统开发。由于这些原因,通常很少有关键人员从工程阶段持续到生产阶段。最好,当被要求向生产组织提供技术援助时,可以提供开发工程团队的选定成员。生产资金,通常作为工程开发期间有效的部分而体现在合同中,并单独进行管理以提供自己的审计跟踪和将来的成本数据。

2. 计划重点

如前所述,生产阶段专注于生产和销售产品设计的相同复制品。重点在于效率、经济和产品质量。在可行的情况下,采用自动化制造方法。配置控制非常严格。

3. 参加者

此阶段的参与者与参与开发工作的参与者截然不同。特别是,此阶段的绝大多数参与者是技术人员,其中许多人是具有娴熟技能的自动化设备和工厂测试操作员。工程参与者主要关注过程设计、工具和测试设备的设计与校正、质量控制、工厂监督以及故障排除。大多数是相应领域的专家。但是，如前面所述，要成功转移到生产，还必须有经验丰富的系统工程师团队来指导这个过程。

转移过程中的问题

新系统从开发转入生产是一个特别困难的过程。许多相关的问题可以归因于在第1章（即先进技术、公司间的竞争和技术专业化）中首先引用的那些特殊系统工程活动的决定因素。这些因素可进一步讨论，具体如下：

1．先进技术

可以看到，尽管在新系统的设计中融入先进技术，以实现预期的功能提升而防止不成熟和过时，但这也会在开发和生产过程中带来意想不到的复杂情况。尽管开发过程提供了辨识和减少性能问题的方法，但在生产原型被制造和测试之前，通常不会发现与生产相关的困难。到发现时，补救措施可能会导致生产进度延迟严重且延迟代价非常高。系统工程专业知识至关重要，既可以尽可能地预测意外结果，也可以快速辨识和解决那些仍会意外发生的问题。

在转移过程中必须考虑的一个技术进步的例子是数字处理器的速度，同时伴随着尺寸减小和价格降低。安装最新产品是无法阻止的，但要付出包装、测试和有时软件迭代的代价。

2．竞　争

竞争从多个方面向转移过程施加压力。资金竞争常常导致预算不足以进行生产准备；此外，它几乎消除了通过储备资金处理意外问题的可行性，而这些问题可能经常在复杂系统的开发中发生。这导致对生产原型的测试太少，或者将其制造推迟到必须做出有关工具、材料和其他生产因素的决策之后。尽管生产准备工作有所延误，但通常生产进度会保持不变，以避免出现外部的计划问题，因为这可能会引起客户的关注，甚至直接干预。组织中有经验的员工的竞争也可能导致关键工程师被重新指派到较高优先级的活动，即使他们可能已经被认为继续承担该项目。设备竞争可能会延误开始生产所需设备的可用性。这些都只是在管理转移过程中必须处理的竞争问题的示例。

3．专业化

从开发到生产的转移还包括将系统的主要技术责任从工程专家和开发专家转移到制造专家。而且，在这一点上，活动的主要地点也转移到制造设备及其支持组织，这些组织通常与工程技术在物理上是分离的，并且在管理上独立于工程设计，这种安排通常会严重削弱工程设计与生产组织之间的必要沟通。具有某些生产知识的系统工程师通常是唯一可以在工程人员和生产人员之间进行有效沟通的人员。

由于主要部件和子系统的开发和生产通常分散在几个专业配套商之间，所以上述问题变得更加棘手。在这种情况下，由于需要使制造、测试的时间和进度与系统组装和交付时间安排紧密同步，因此在生产阶段的协调要比在开发期间复杂许多倍。由于这些原因，成功的原型并不能保证有成功的生产系统。

产品准备

上述转移过程在商业开发和生产中的重要性,促使美国国家专业工程师协会(the National Society of Professional Engineers,NSPE)在其系统生命周期中专门划出一个阶段"商业证实和生产准备"。在此开发阶段的工程活动包括以下内容:

- 完成预生产原型;
- 选择制造程序和设备。

证明下面各项的效果:

- 最终的产品设计和性能;
- 生产过程的安装和启动计划、生产工具和技术的选择;
- 选择材料、部件和子系统的供应商和后勤支持,设计一个现场支持系统;
- 准备全面具体的部署/分配计划。

作为生产计划的一部分或单独的一部分,其他相关活动也必须在此时确定或细化。这些包括:

- 后勤支持计划;
- 配置控制计划;
- 文档控制计划和程序。

生产配置管理

先进技术、竞争和专业化都在施加压力,要求改变系统的工程设计,尤其是在部件和子部件层次。如前面提到的,新技术提供了引入性能更高或更便宜的元素的机会(例如,新材料、现成的商用)。此外,竞争要求成本更低的设计,而部件生产商的工程师可能会请求修改设计以适应其特定的生产工具。所有这些因素都趋向于产生大量的工程变更建议(Engineering Change Proposals,ECPs),每个工程变更建议都必须加以分析和接受,修改或排除。系统配套商的系统工程师在分析这些建议、规划和监督必要的测试工作,以及对更改建议采取适当的措施方面,发挥着至关重要的作用。采取这种行动的时间很短,风险很高。合同间的压力通常会使决策过程复杂化。

从这个角度来看,从工程设计到生产的转移,是配置管理过程中最关键的时期,要求系统工程师与项目经理进行有效的分析,工程管理和沟通技巧。最重要的是,不允许文档明显滞后于过程的变动,并且所有相关文档必须保存在沟通渠道中。系统工程是设计完整性的守护者。

因此,开始生产时,配置管理过程不能停止;在整个生产过程中,它甚至要继续加强。在生产开始后,发现以前未发现并消除的部件接口不兼容(或在产品设计中偶然产生的不兼容),必须尽快解决。每个不兼容都需要决定是否可以在继续生产的同时进行补救,或者是否应该中断生产,如果停止,在什么时候停止。由于这会影响成本和调度安排,因此这些决策是在管理层做出的,但是最关键的输入是由系统工程师提供的。这种输入来自配置管理团队与支持系统和生产工程人员之间的紧密合作。如果(经常)发生生产和工程组织之间的沟通不畅，则上述过程将效率低下且成本高昂。

14.4 生产运行

一个重要新系统的开发和评价的规划，需要经过深思熟虑并形成文件的计划，例如系统工程管理计划（SEMP）、测试和评估总体计划（TEMP），这些计划被广为用来协调系统开发的工作。出于相同的原因，生产阶段必须具有正式的系统生产计划，以提供系统生产组织、任务和调度安排的蓝图。

生产规划

生产规划的关键要素包括下列子计划和部分：

- 每个主要子装配件（部件）的职能和交付调度安排；
- 生产场地和设备；
- 工具需求，包括特殊工具；
- 工厂测试设备；
- 工程发布；
- 部件制造；
- 零部件检查；
- 质量控制；
- 生产监督和控制装配；
- 验收测试；
- 包装和运输；
- 差异报告；
- 调度安排和成本报告；
- 生产准备情况评审。

生产计划的准备工作应在工程设计过程中开始，并作为开始生产的基础。它必须是一份灵活文档，并且在生产过程中不断发展。其间的教训应记录在案，并传递给以后的计划。系统工程师不仅为计划做出了贡献，而且在此过程中，还可以通过学习生产过程中必须管理的各种活动而获益。

复杂系统的生产组织

制造一个新的复杂系统，通常需要具有大量设施、设备和技术人员协调工作的配套商团队，这些配套商通常在地理上是分散的，但按照统一的规格和调度安排工作。在一个工程化系统中，所有这些子系统及其单元必须有效、高效地协同工作，以执行集体任务，为用户生产有价值的系统单元。这种生产系统的规划、设计、实施和运作，是与开发系统本身所要求的复杂程度相当的任务。

图 14.3 是用于生产一个典型的新复杂系统的设备配置的示意图。大方块对应于主配套商的工程和生产设备。左侧的方框表示新开发部件的供应商，而顶部的方框表示标准部件的供应商。已开发部件的供应商，表示为在主配套商的技术指导下运行的工程单元。

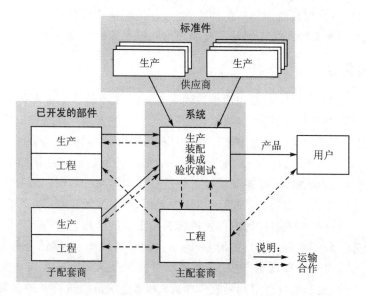

图 14.3　生产的运作系统

无论部件供应商是否由总配套商所有，从反面来看，它们都是独立的组织，必须由总配套商的工程组织在技术上进行协调。可以看出，这些设备的组合本身必须看作一个集成系统，以在产品性能、质量和调度安排方面严格控制所有接口。

建立这个实体的总体任务通常由主生产配套商组建的管理团队领导。尽管系统工程师没有领导这项工作，但由于他们对系统需求、体系结构、风险因素、接口及其他关键功能有广泛的了解，因此他们必须是重要的贡献者。

生产系统的"构建"因许多因素而变得复杂，包含：

（1）先进技术，特别是自动化生产机械的技术。该技术引发了何时引入最新的开发成果以及引入哪些过程的问题；在引入高级材料的程度和时间上，也需要做出同样的决策。

（2）要求确保新流程与劳动力组织和培训的兼容性。在许多情况下，技术驱动的变革会导致生产力下降。

（3）分布式生产设施之间的设计通信。信息交流不足和信息过载之间的平衡至关重要。

（4）工厂和验收的测试设备。在分布式系统中，必须有一套高度协调的部件测试设备，以确保在部件制造商、集成和装配设备处的验收标准相同，以及系统层次验收测试设备与集成部件公差结构设备的一致性。

（5）制造信息管理。在任何复杂的系统中，必须在所有系统各层次上收集大量数据,以便有效地管理和控制制造和装配过程;处理该信息所需的数据库管理系统本身就是一个大型软件系统,因此需要专家组来实施和运行。

(6)变动准备。对于预期会延长多年的生产运作,设备的设计应适应生产速度的变化和引入设计的变化;当生产因为资金原因而扩大时,许多系统首先以较低的速度生产来证实此过程;在保持有效运行的同时,使过程适应这些变化是一个重要的目标。

上述所有问题都要求应用系统工程原理来获得有效的解决方案。

部件的制造

我们已经看到,复杂系统的构建模块代表不同专业产品线的各部件。这些部件从子部件集成到完整的单元后,经过测试,然后运送到系统安装厂或备件分配设备间。因此,制造过程在许多独立的设施中进行,其中许多通常由不同的公司管理。如前一节所述,这种分布式操作管理存在许多特殊问题。例如部件制造商与系统制造商之间的生产调度安排、测试、检查和质量控制活动必须进行非常紧密的协调。为解决新的复杂系统管理分布生产过程的困难,需要集成团队的工作,其中系统工程师在帮助快速有效地应对可能遇到的这种不兼容问题方面发挥着至关重要的作用。

部件制造是最需要特殊工具的地方,例如自动材料成型、连接结合和处理的机械。自动化的使用可以大大降低生产成本,但同时可能涉及大量的开发成本和工人培训。如果是新引入的,也可能导致启动延迟。因此,为部件制造引进特殊的工具时,必须与生产配套商密切协调,以最大程度地减少调度安排问题。

需要特别注意生产公差,因为它们会受到工具以及可能为降低生产成本而进行的任何次要变化的直接影响。由于这些因素可能会影响与其他配套商制造部件进行的接口能力,也可能影响系统性能,因此必须由生产配套商进行系统工程的监督。

通常,生产一个给定新系统部件的公司,也是开发它的公司。但是,公司制造与工程运行的组织分离,会使沟通不到位而导致设计生产工具和测试设备出现错误的可能性。因此,为降低成本或其他有价值的目标而进行的设计变动偶然引入的不兼容性,可能会在最终部件测试甚至系统装配时被忽略。系统工程在一定程度上的监督非常重要,特别是要保证各部件制造商的测试设备与接受部件测试的集成设备之间的兼容性。这还应包括对通用校正标准的规范和定期重新检验。

在零件和子部件层次上建立商业标准,极大地简化了电子和机械部件的生产和集成中的许多问题。规模经济会降低成本,并使之具有广泛程序的互换性,尤其是在部件存储、组装和互连时。

系统验收测试

在客户接受每个生产系统交付之前,它必须通过正式的系统验收测试。通常,这是一个自动的端到端测试,以求了解关键的系统特性能否通过指标。

对于复杂的系统,设计和开发合适的验收测试手续和设备是一项主要任务,需要强大的系统工程领导才能。测试必须确定产品已正确构造和满足关键需求,并准备运行使用。对于成功或失败,其结果必须是明确的,并且要求最少的解释。同时,测试必须能够相对快速地执行,而又不显著增加制造的总成本。这种平衡需要系统工程判断:哪些测试是主要的,哪些不是。

系统验收测试通常要由客户代表见证,并在成功完成后签字结束。

制造技术

现代技术的爆炸性发展对产品和生产过程产生了巨大的影响。微电子芯片、高速计算设备、低成本光学器件、压电器件和微机电器件等少数几十项技术进步,从根本上改变了部件的组成和制造方法。随着自动化控制和机器人技术取代工厂操作人员,制造方法和设备发生了更大的变化。这些新方法大大提高了加工和其他过程的速度、精度和通用性。同样重要的是,将一台机器从一种操作转换为另一种操作所需的时间,从几天或几周减少到几分钟或几小时。这些变化几乎在制造业的每个方面都产生了很大的经济效益。它们也使生产更高质量和更统一的部件成为可能。

在广泛应用计算机辅助制造(Computer-Aided Manufacture,CAM)和部件设计之前,对接口的控制必须依靠多种特殊工具和夹具来检查和测试。今天,计算机控制制造和装配,以及基于计算机的配置管理工具的使用,这些工具可以在组织之间进行电子协调,使远程制造部件接口的管理比过去容易得多。然而,要有效地实施这种程度的自动化,需要有规划、合格的员工和大量的资金。这需要系统工程来思考组织生产过程的这些问题。

14.5　获取生产的基础知识

对于缺乏经验的系统工程师来说,获取有关生产阶段足够广泛和充分的具体知识,从而有效地影响开发过程,这似乎是一项特别艰巨的任务。然而,这个任务需要在各种不同工程专业、计划管理的各种要素,并且每个系统工程师必须按时完成的组织间沟通方面,有宽广的知识基础。下面总结了一些最有效的获取这些知识的方法。

系统工程部件的基础知识

为了指导一个新系统的工程,系统工程师必须掌握有关系统部件的基本设计和生产过程的基本知识。这意味着系统工程师必须能辨别各种因素对特定部件满足其在特定系统应用中的合适性。为了更容易获得这样一个知识基础,下列考虑可能会有所帮助:

(1) 重点关注那些使用先进技术和/或最近开发的生产过程的部件。这意味着可以放宽对成熟部件和已建立的生产过程的关注。

(2) 重点关注以前确定的可能影响或受生产影响的风险区域。

(3) 对于这些已辨识的风险范围,请确定与内部和配套商的关键工程师的专业知识来源建立联系。这对于帮助解决以后可能出现的问题将是非常宝贵的。

必要知识基础的类型和范围将随系统和部件领域而变化。下面介绍一些例子。

1. 电子部件

现代电子技术很大程度上是由半导体技术推动的，因此，熟悉电路芯片、线路板、固态存储器、微处理器和门阵列的性质是必要的，尽管只是了解它们是什么，能做什么，应该如何利用（更重要的是）和不能使用的情况。它们的发展又受到商业技术的驱动，在许多情况下，它们的能力根据摩尔定律成倍增加（每三年翻一番）。因此，重要的是要了解当前的技术水平（例如，部件密度、处理器速度、芯片能力等）及其变化率。

2. 光电部件

在通信和显示器中，由于激光、光纤和固态光电元件的发展中，光电部件起着关键作用。它们的开发也受到商业应用的推动，并在上述领域迅速发展。

3. 机电部件

顾名思义，这些部件结合了电气和机械设备（例如，天线、马达）的特点。它们的特点往往是特定应用所特有的，并且最好根据具体情况来学习。

4. 机械部件

机械部件的大多数应用已经成熟。但是，几个领域正在迅速发展。这些包括高级材料（例如，复合材料、塑料）、机器人技术和微型设备。它们的设计和生产已经通过计算机辅助工程（Computer-Aided Engineering，CAE）和计算机辅助制造技术（CAM）进行了革新。

5. 热机部件

这些部件大多数与能源和热控制有关。因此，安全性通常是其系统应用中的一个关键问题，相关的控制功能也是如此。

6. 软件部件

软件及其衍生的嵌入式固件，正在迅速成为所有设备（例如，通信、运输、玩具）的一部分。设计和生产可靠软件的过程也在迅速发展。当然，软件和固件的生产方面与硬件有很大不同。每个系统工程师都应了解软件质量、软件设计和实施的一般能力（包括优点和局限性），以及基于计算机的软件和固件之间的基本差别。第11章将更深入地讨论软件。

生产过程

生产过程不是系统工程师的责任。尽管如此，系统工程师也应该了解这些过程的一般性质以及与之相关的典型问题，以便为它们提供解决生产中出现的问题的知识，尤其是在启动过程中。

1. 观察生产操作

在生产过程中，工厂车间通常是观察有关过程的最清楚来源，尤其是对工厂人员进行询问时进行观察。现场访问、生产规划和其他活动中确实会产生观察生产运作的机会,但是这些机会都不足以提供对制造过程浅层的理解。系统工程师应尽量安排特殊的工厂参观,从而了解工厂的运作方式。这一点尤其重要,因为自动化程度的提高带来了制造工具和工艺的飞速发展。由于新部件的初始生产很可能会在工具、处理、材料、零件可用性、质量控制等方面遇到问题,因此,重要的是要对相关活动的性质和解决问题的可能方法有一种了解。当然,学习生产过程的最佳机会是在生产组织中安排短期工作。

2. 生产组织

先前曾指出过,重要系统的生产过程的组织和管理与系统开发过程的组织和管理不同。对于系统工程师来说,重要的是熟悉这种差异,无论是一般的还是特殊开发的系统。虽然这是规划管理最直接关注的问题,但它强烈地影响了如何规划从工程到生产的过程,包括设计知识从设计工程师到生产工程师的转移。特别是在许多公司中,工程人员和生产人员之间的沟通通常是形式的,而且在很大程度上是不充分的。在这种情况下,公司管理层应提供特殊的手段,在此关键接口建立充分的沟通——系统工程师可以在其中发挥领导作用。未能正确弥合这一潜在的通信鸿沟,一直是导致许多主要系统生产中严重延误和接近故障的主要原因。

3. 生产标准

所有类型的制造都受行业或政府标准的制约。美国政府正在用工业开发的标准取代自己的大部分标准,并在可能的情况下转向利用现成的商品零件和部件。这些标准主要是面向过程的,并确定了生产的各个方面。系统工程师必须熟悉他们自己的系统范畴中应用于部件和子系统的标准,以及将这些标准应用于制造过程的方法。这些标准通常表明可能要生产的部件质量,因此指示需要进行监视、特殊测试和其他管理措施的程度。尽管有关此类操作的决策是计划管理的责任,但系统工程判断是必不可少的要素。

14.6　小　结

工厂的系统工程

生产阶段的目标是生产相同的成套的硬件和软件部件,将部件装配成符合规格的系统,并将生产的系统分配给客户。

主要的需求是,所生产的系统可以按要求运行,价格合适,并且如要求那样长期可靠且安全地运行。

生产的工程化

并行工程或产品开发具有以下特点:这是在开发过程中引入生产注意事项的过程。

生产专家和其他专业工程师是设计团队的关键成员。因此，系统工程师必须促进团队成员之间的沟通。

开始新系统开发的决策必须证明其需求、技术可行性和可承担性。制定实际系统需求必须清楚地了解制造技术的现状和趋势。随着技术的发展，需求也必须不断发展以保持一致。

生产风险受相关制造方法的性质和成熟度的影响，并且在系统其他方案的权衡分析中占有很大的比重。

成功的生产要求在接受之前证实新的生产过程和材料，部件接口与制造过程兼容，并且工厂测试设备已经证实并准备就绪。后者通常由证明产品性能的生产原型来证明。

部件接口上的非期望的不兼容性具有以下特点：

- 它们通常是在原型部件集成期间首次发现的。
- 不兼容的纠正，本身可能会产生新的不兼容性。

系统工程师必须精通工厂生产和测试验收工程。生产的方向和控制不同于系统开发，在以下方面有所不同：

（1）不同的工具、经验基础和技能；

（2）不同的专家团队——很少有关键人员是从开发中继承下来的。

在制造和测试生产原型之前，通常不会发现生产风险。补救措施可能会造成代价高昂的延迟；因此，系统工程专业知识是解决问题的关键。

从开发到生产的交付

从开发到生产的转移，压力来自于：

- 生产准备资金不足；
- 很少或没有储备金来应对意外问题；
- 对生产原型的测试太少；
- 即使存在问题，调度安排也会保持不变。

过渡到生产是运行持续性的最关键时期，必须认识到特点。这种过渡将责任从开发专家转移到制造专家身上。制造设备通常是与工程分开且独立的。因此，工程人员和生产人员之间的沟通比较困难。因此，需要系统工程师来促进沟通。最后，要求系统生产计划作为转移的蓝图。

转移到生产对于配置管理过程至关重要，因为文档不能滞后于变动过程。系统工程师是设计完整性的守护者。

生产运行

"生产系统"的规划、设计、实施和运行是一项与开发系统本身具有相同的复杂性的任务。

生产系统的"构建"要求：

- 购置大量的工具和测试设备；
- 与部件制造设备进行协调；
- 组织紧密的配置管理功能；
- 建立一个与工程组织有效通信的系统；
- 对生产人员进行使用新工具的培训；
- 兼顾低生产率和高生产率；
- 增强灵活性以适应将来的产品变化。

专门的部件通常代表不同的产品线，并带来特殊的问题。部件制造商和系统生产商之间需要在生产计划、测试、检查和质量控制方面进行密切协调。在零件和子部件层次建立商业标准，可大大简化部件的生产和集成。

计算机控制的制造方法极大地提高了工厂运作的速度、精度和通用性。它们减少了在操作模式之间重新配置机器的时间，并生产出更高质量和更统一的部件。这通常可以大幅节约成本。

获取生产的基础知识

系统工程师必须掌握有关生产过程的基本知识，才能够指导新系统的工程设计。他们必须专注于先进的技术和新的生产过程，以及可能受到生产影响的风险范围。

习　题

14.1　因为复杂的系统包含大量子系统、部件和零件，所以通常有必要从外部子配套商和供应商那里购买大量的子系统、部件和零件。在许多情况下，有可能在内部生产或其他地方采购这些产品。两种方法都有优点和缺点。讨论确定给定情况下哪种方法是最佳的主要准则。

14.2　从事开发的优秀系统工程师的主要要求之一是对系统中所要制造的重要部件的工厂生产和验收测试过程必须了解。举两个例子说明这些知识在按时交付最终产品中的重要性。

14.3　从系统开发到生产的转移期间，配置管理尤为重要。辨识在此阶段转移期间密切关注配置管理的四个特定领域，并解释其原因。

14.4　讨论生产系统规划、设计、实施和运行与所开发实际系统本身具有同样复杂性的任务的原因。

14.5　描述"并行工程"的过程、目的，以及跨学科集成产品团队（IPT）的使用，及其在系统生命周期中的地位。描述系统工程师在团队中的角色。描述在组装 IPT 以及提高 IPT 的工作效率时可能遇到的问题以及如何解决这些问题。

14.6　讨论使从开发到生产转移困难的四个典型问题，以及使这些问题最小化的方法。

14.7 生产通常是独立于开发组织的公司部门的职责。曾指出过,向生产的过渡和生产过程本身,需要某些关键领域的系统工程专业知识。列出一些在医疗设备生产和生产组织中需要的系统工程专业知识的情况(例如植入式起搏器)。

14.8 讨论计算机辅助制造(CAM)对汽车制造领域的革命性变革。

扩展阅读

［1］Blanchard B，Fabrycky W. System Engineering and Analysis：Chapters 16，17. 4th ed. Prentice Hall,2006.

［2］Dieter G E，Schmidt L C. Engineering Design，Chapter 13. 4th ed：McGraw-Hill，2009.

［3］International Council on Systems Engineering. Systems Engineering Handbook：A Guide for System Life Cycle Processes and Activities. INCOSE－TP－2003－002－03,2：Sections 4 and 9，July 2010.

［4］Systems Engineering Fundamentals：Chapter 7. Defense Acquisition University (DAU) Press，2001.

第 15 章　运行和支持

15.1　安装、维护和升级系统

系统生命周期的运行和支持阶段,是系统开发和生产阶段的输出执行所设计运行功能的阶段。从理论上讲,系统工程的任务已经完成。然而,实际上,现代复杂系统的运行不可能没有故障。这样的系统通常在其初始安装时需要做大量的技术工作,并且在定期维护期间要进行大量的测试和部件更换。考虑到人员的操作失误、长时间高强度的运行或随机的设备故障,系统会出现偶发的运行故障。在这种情况下,系统操作员、维护人员或外界的工程支持人员必须应用系统工程原理来辨识问题的原因,并制定有效的补救措施。此外,大型的复杂系统,例如空中交通管制系统,由于成本太高而无法整体替换,因此随着它们老化,需要进行重大升级,引入新的子系统来代替过时的子系统。所有这些因素对系统工程在整个系统生命周期中的全部作用都十分重要,因此在系统工程的研究中占有特殊的位置。

本章主要概述了系统运行生命周期中发生的典型活动,从它被生产或集成交付到运行设备开始,直到它被更新的系统取代或因为过时被废弃。"安装与测试"一节,描述了如何处理有关系统与其运行环境的集成和系统内部与外部接口成功连接的各种问题。"运行支持"一节,涉及系统正常运行期间的活动,包括维护、现场服务、支持、后勤和处理非期望的运行紧急事件。"主要系统的升级:现代化"一节,描述了子系统的定期改进,即在面对不断变化的用户需求和引入先进技术的情况下,可以进行必要的子系统定期修改以保持系统有效性。此类系统升级需要与原始系统开发相同类型的系统工程专业知识,并且由于新旧部件的集成过程可能会施加额外的约束。最后一节关于系统开发中的运行因素,描述了系统工程师应寻求的与正在开发的系统运行特性有关的信息种类,以及他们可能获得这些知识的机会。此类知识对于指导系统开发的系统工程师很重要,因为它们是影响系统生产过程和成本的基础因素。

运行和支持阶段在系统生命周期中的地位

在讨论运行和支持阶段的系统工程活动之前,应注意,此阶段是系统生命周期的最后一步。

图 15.1 的功能流程图表明,来自生产阶段的输入运行文档和已交付的系统,输出

是已过时的系统和将以适当方式进行废弃的计划。

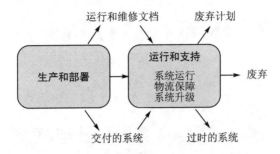

图 15.1　系统生命周期中的运行和支持阶段

运行和支持阶段中的系统工程

　　典型的复杂系统会在其运行过程中遇到多个由于中断事件导致的中断时期。这些事件如图 15.2 所示。图中横坐标表示从系统交付到废弃的时间。纵坐标表示系统工程（在图上部用标题注明）在各种事件应用的相对程度。在开始时，会看到一列表示安装和测试时间的立柱，表明安装和测试需要花费大量时间（通常数周或数月）和相对较大的系统工程工作量。四个较低的、规律间隔的立柱，表示计划的维护周期，这可能需要几天的系统停机时间。不规则间隔的窄立柱对应于要求对随机性的系统故障进行紧急故障识别和修理。这些故障通常可以快速解决，但可能需要应用大量系统工程活动才能找到可以在最短停机时间内实现的解决方案。右侧的宽立柱表示一次重要的系统升级，需要相当长的时间（数月）和较高的系统工程设计水平。后者可能与新系统开发中的工作量相同，并且本身可能需要多阶段方法。

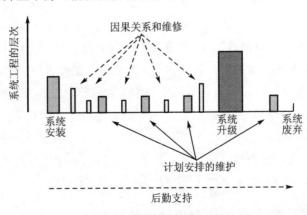

图 15.2　系统运行的历史

15.2　安装与测试

系统安装

在其运行地点上安装交付的系统所需的工作量,很大程度上取决于两个因素:(1)生产设施上已完成的物理和功能集成的程度;(2)在系统和运行环境(包括其他交互系统)之间接口的数量和复杂性。以飞机为例,实际上,所有重要的系统单元,通常都在主配套商的工厂现场装配和集成,因此,当飞机离开生产设施时,便准备好飞行了。对于汽车、军用卡车或几乎任何类型的车辆而言,情况也是如此。

在陆地或船舶平台上安装许多大型系统可能是一项重要的活动,尤其是某些子系统是由不同的配套商在不同的地方制造,并且只有在运送到作业现场后才进行装配。例如,一个空中控制系统通常由几个雷达、一个计算机综合系统和一个带有一系列显示器和通信设备的控制塔组成,所有这些设备都必须集成在一起才能作为系统运行,并连接到航路控制系统、跑道着陆控制系统,以及处理进出机场的空中交通所需的一系列相关设备。此类系统的安装和测试,本身就是一个大型系统工程活动。另一个此类示例是船舶导航系统,该系统由许多子系统组成,这些子系统通常在不同的地点由不同的配套商制造,并且具有与船舶要素相关的复杂接口。最初的船舶系统通过陆地测试后,后续生产的子系统通常仅在交付给造船厂后才进行装配和集成。系统单元与船舶结构、动力、控制和通信进行连接的任务通常由造船厂的安装专家在船坞中执行。

1. 内部系统接口

如前所述,系统工程师有责任保证在整个装配和安装过程中保持系统的完整一致性。安装的步骤和手续(程序)必须经过仔细规划,并得到所有相关组织的同意。系统工程师必须是这一工作的关键参与者,并确保其正确执行。但是,无论规划的程度如何,子系统接口的正确集成将始终是潜在的问题,因此值得特别关注。

如前所述,当主要子系统由不同配套商设计和制造时,子系统在运行现场的接口特别复杂。在舰载系统中,此类子系统的两个常见示例是推进系统和通信系统。这些子系统包括采用低功率和高功率数字和模拟信号的接口元件,以及众多的交换器和路由处理器。这些设备中的一些是专门为此项目设计的采用最新技术的单元,而另一些则是较旧的现成部件。

在这种情况下,安装和检查期间几乎肯定会遇到问题。此外,由于难以在安装现场获得必要的资源,例如测试专家和故障排除设备,因此某些问题将难以查明。在这种情况下,采办方通常会邀请特殊的"救急团队"提供帮助。如果可能,团队应该包括开发原始系统的人员,特别是拥有丰富的系统级别知识和管理技能的系统工程师,这些人员最有资格解决这些问题。

2．系统集成的站点

对于在操作现场难以完成主要子系统集成的系统，使用专门配置和支持的集成站点变得具有成本效益，在该站点中组装子系统和部件并在部分拆卸和装运之前执行各种级别的检查。这可能是在开发过程中用于测试与评估原型设备的各种单元的集成地点，也可能是用于培训操作人员和维护人员的一种独立设施。在任何一种情况下，这样的特殊地点对于检查、修复在初始运行过程中遇到的问题以及支持工程系统升级都非常有价值。

3．外部系统接口

除了众多内部子系统的接口之外，复杂的系统还具有许多关键的外部接口。这里有两个示例：主电源，通常由外部系统产生和分配电能，并且通过硬件电子线路或通过微波进行通信连接；通信，不但需要具备电子兼容，而且还必须具有通常由软件处理的合适的消息协议。

更加复杂的因素是，大型系统通常必须与不受主系统配套商或系统获取机构控制的开发者那里购买的系统相连接。这意味着设计变动、质量控制、交付调度安排等可能会成为主要的协调问题。这也使解决问题变得更加麻烦，例如，由于提出问题的人可能有误，因此应承担纠正任何由此产生的问题的责任。这种类型的问题，强调了在系统装配和集成期间拥有一个良好规划且执行的测试计划的重要性。

在系统开发过程中，必须特别注意外部交互的细节，这些细节在设计过程的早期就应该充分定义。在许多情况下，交互系统的文档不够详尽，有时过时，导致它们与新开发系统的接口连接不再有效。对系统环境有第一手经验的系统工程师通常会预料到许多与外部连接有关的关键因素，因此保证在开发过程中足够早地确定其特性，以避免在系统安装过程中出现问题。

众所周知，非标准的通信连接比标准的商业通信连接更容易遇到麻烦。它们通常使用特殊的连接和消息协议，这些连接和消息协议的详细规范很难提前获得，结果可能会导致在系统安装和初始运行期间出现意外情况，而没有明确的证据表明哪个组织应该对不兼容性负责，并能够解决不兼容问题。在这种情况下，通常建议开发配套商至少主动确定特定的技术问题并提出解决方案；否则，缺乏系统互操作性的责任通常会随意归咎于新系统和开发人员。

无中断安装

一些关键系统需要连续运行，并且在系统安装或升级期间无法终止或暂停。将某个系统安装到大型系统架构（SoS）中时，往往会出现这种情况。将新系统或升级的系统安装到系统架构中，不能中断当前的运行。例如，将系统安装到城市电网、复杂的工业广域网、国家通信网络、主要的防御系统架构以及国家空中交通管制系统架构。所有这些例子都需要 24 小时不间断运行。

在不中断的情况下，将核心系统安装到系统架构中需要精心规划并注意细节。最近,在这一领域出现了两种通用的方法:系统架构仿真维护和系统架构测试平台维护。图 15.3 描述了前一种方法。

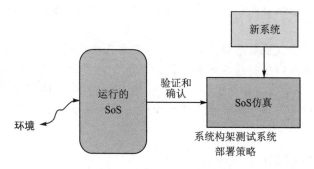

图 15.3　无中断安装中的仿真

通过这种策略,建立了一个硬件循环的 SoS 仿真。与单打独斗相比,这种仿真通常也是"用户"参与循环的。该仿真工具已根据从与环境交互的运行的 SoS 上收集的实际数据进行验证和确认。通常,仿真不会与环境交互(尽管有例外)。

SoS 仿真用作测试平台来确定:(1)在实际安装新系统之前新系统对 SoS 产生的影响;(2)将运行保持在可接受水平的安装策略。一旦使用 SoS 仿真工具制定并验证了策略,就可以获得有关如何将系统安装到实际 SoS 中的知识和信心。

这种无中断安装模式的优点是节约了成本,并且能够在将系统安装到实际 SoS 之前对安装过程和技术进行建模。SoS 仿真工具虽然昂贵且复杂,但它只是实际 SoS 的一种表现形式,可以限定在所需的预算和风险耐受度等级范围内。显然,如果讨论的 SoS 是负责国家安全的国防网络 SoS,那么将需要极高的风险耐受度。但是,如果 SoS 只是商业信息技术(IT)网络,则可以将风险耐受度放宽到合适的风险水平。

在无中断安装中使用的第二个概念涉及复制的 SoS 开发,该系统随可运行的系统按比例缩小,如图 15.4 所示。该概念与第一个概念相似,因为系统已安装到按比例缩小版本的 SoS 中,并且会进行测试。

在此过程中,通常将复制的 SoS 与运行的 SoS 连接断开,以避免任何干扰或破坏。根据经验开发出一种安装策略,应用到将系统安装到完整的 SoS 中。

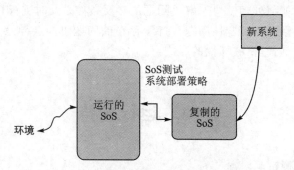

图 15.4　通过复制系统进行无中断安装

一旦系统中断风险的置信度是可接受的，系统将被安装到运行的 SoS 中。很多时候，在安装过程中，当运行的 SoS 与环境断开连接时，复制的 SoS 将被当作替代品使用。通常在低需求情况下或一段时间内执行此操作，以确保复制的 SoS 在有限容量情况下足够使用。

尽管这种无中断安装策略很昂贵（您基本上是在构建运行中的 SoS 的缩减版），但它有两个主要好处：（1）复制的 SoS 是运行的 SoS 的体系结构副本，并且是最接近的表示形式，无须复制原始结构和规模；（2）在高峰需求期间，可以使用复制的、按比例缩小的 SoS 来增强运行的 SoS。国家通信系统使用该技术来保持其网络连续运行，并允许意外的高峰需求期的出现。

设备和人员的局限

分配给系统安装和测试任务的设施和人员通常都没有能力应对重大困难。资金的预算不可避免地基于成功的假设。尽管安装人员可能具有类似设备安装和测试的经验，但是他们对所安装的特定系统了解很少，只有在他们安装了多个生产装置后才可能获得经验。此外，开发商的工作人员由现场测试工程师组成，而系统工程师在遇到问题之前很少被指派，当遇到问题时，再选择和分配这种额外支持则需要很高的代价。

要吸取的教训是，应给予生命周期的安装和测试部分足够的优先级，以避免对主要计划造成影响。这意味着在此过程的规划和执行中，必须特别注意系统工程指导的地位。这应该包括在安装和运行期间，遵循技术手册中描述的步骤进行准备和评审。

早期系统运行的困难

像许多新开发的设备零件一样，新系统由新部件和修改后的部件组成，因此在运行初期会有较多部件出现故障或产生其他令人困扰的运行问题。此类问题有时被称为"出生死亡率"。这是由于整个系统运行之前很难发现所有系统故障。此类问题在外部系统连接和操作控制功能中尤为常见，只有将系统完全安装在操作环境中才能进行全面测试。在这个系统振荡期，非常需要一个由用户领导、开发工程师支持的特殊团队，一旦出现问题，就可以快速识别和解决。系统工程负责人必须加快完成这些工作，并决定在系统设计和生产中应该结合什么做调整，何时可以最好地完成，以及可能已经装运或安装的其他单元如何处理。快速解决问题的必要条件是及时进行必要的变动以解决有关生产设计完整性的不确定性问题。持续存在的问题可能会导致生产和安装中断，进而对该项目造成高代价、破坏性的影响。

15.3 运行支持

运行的准备测试

系统并非连续运行，但必须随时准备就绪，才能在被调用时正常运行。通常必须在其待机期间进行定期检查,以确保它们在需要时能够以最大能力运行。闲置数天或数周的飞机在起飞之前要经过一系列测试流程。大多数复杂的系统都属于需要此类定期准备测试以确保可用性的系统。通常,准备测试旨在行使但不能完全应对对系统基本运行或运行安全至关重要的所有功能。

所有系统总会在使用过程中遇到问题。当它们遇到开发期间未知或未计划的环境状况时,可能会发生这种情况。定期的系统测试可提供有助于在此类问题发生时快速评估和解决问题的信息。

定期运行准备测试,还提供了一个机会来收集有关系统运行状态在其整个生命周期内的历史数据。当发生非期望的问题时,此类数据可立即用于故障排除和错误纠正。系统准备测试必须以高超的技术进行设计并配备仪器,以有效、经济的方式达到其目的,这是一项真正的系统工程任务。

系统安装后,准备测试通常需要被修改,以确保其更充分地满足系统操作人员和维护人员的需求和能力。系统开发工程师可以有效地完成此类任务。数据收集测试点的位置以及要收集的数据特性(例如,数据速率、准确度、记录时间等)也需要由系统工程来决定。

常见的运行问题

1. 软件故障

复杂的软件密集型系统中,故障特别难以消除,即使在最初的系统振荡期之后仍然持续存在。困难在于诸如软件功能的抽象性和缺乏可视性,文档说明稀少,软件模块之间交互的多样性,模糊的命名约定,故障解决期间发生的变化,以及许多其他因素。对于分散的自动化系统中常见的嵌入式实时软件来说尤其如此。

多种计算机语言和编程方法使系统软件的支持进一步复杂化。尽管在信号处理和许多其他应用中,大多数模拟线路已被数字电路所取代,但以用早期语言编写的计算机代码(如 COBOL、FORTRAN 和 JOVIAL)仍比较普遍。这种"遗留"代码,再加上较新的和现代的代码(例如 C++、Java)混合,使得维护和修改可运行的计算机程序变得更加困难。

软件故障的补救措施复杂且麻烦,特定程序模块中的修正补丁可能会影响几个交互模块的行为。跟踪程序中所有路径很困难,在数学上测试所有可能条件也不现实,实际上几乎不可能确保对纠正运行软件中的错误所做的更改所有是有效的。

软件更改太过容易通常会导致更改执行得太快,而没有进行大量分析和测试的情况。在这种情况下,系统更改的文档可能不完整,从而导致系统维护困难。

防止系统软件质量严重恶化的唯一途径是,按照工程设计和生产阶段的要求,持续对所有软件更改进行严格的配置控制流程以及正式的评审和验证。如本书其他地方指出的,在将测试的更改安装到运行系统之前,由经验丰富的软件工程师在测试设备中验证各种更改是一种极好的实践;此过程将通过最大程度地减少系统修复过程中无意引入的其他故障来收回成本。第 11 章专门讨论了软件工程的所有特殊问题。

2. 复杂的接口

在有关系统"安装与测试"一节(15.2节)中,指出外部系统连接始终是潜在的问题根源。在安装期间,应争取尽快完成安装,以保持运行时的调度安排。因此,虽然遵循文档规定的安装程序,但通常没有分配充分的时间来执行必要的检查过程。如前面指出的示例,运行问题(通常)出现在舰载系统上的显示、导航和通信子系统。这些子系统的控制面板一般分布在各个位置,因此具有强大的功能和物理交联。在这种情况下,应提醒操作人员潜在的问题,并向他们提供所有交互系统单元的位置和接口的明确信息。

现场服务的支持

对于已部署的复杂系统,在系统生命周期内通常需要现场支持。就军事系统而言,通常是由服务分队中的工程支持班提供的。这个班通常会与民间机构签订合同,以提供常规工程支持,以保持系统按期运行。

当检测到系统运行问题时,首先必须确定问题是由于运行系统故障还是由于内置故障指示器功能不正常引起的。例如,设备可能错误地发出故障信号(错误警报)或将其归因于错误的功能。因此,被要求对问题进行故障排除的现场工程师应充分了解系统运行方面的知识,尤其是内置测试设备的功能。

当在系统运行期间遇到任何故障时,所要求的补救措施要比开发期间甚至安装和测试期间要更难执行。这是因为:(1)用户人员不是技术专家;(2)安装期间使用的特殊检查和校验设备已被拆除;(3)大多数分析和故障排除工具(例如,仿真器)在运行现场均无法获得;(4)最初分配给开发项目的大多数具有专业知识的人很可能已经离职。因此,为了可靠地进行运行修复,通常必须对其进行远程开发。也就是说,必须在运行地点收集数据并将其回传到适当的开发地点进行分析;必须制定纠正措施;最后,必须由特殊的工程团队在运行现场实施所要求的更改。

如前面指出,具有开发人员和测试设备的地点是进行后续系统工作的最佳场所,因为其有经验丰富的人员、灵活的配置、广泛的数据采集和分析设备以及进行严格和良好记录的测试和分析机会。

定期维护和现场变动

大多数复杂的系统都要经过定期维护、测试和重新验证。非紧急情况的现场变动最好在这样的计划维护期间完成,在此期间,可以由专家在可控的情况下进行变动,并能进行正确的测试和记录。幸运的是,这通常可以适合大部分的重大更改。在大多数情况下,如在商用客机中,这种操作要使用带有成套检查设备的特殊设施,拥有大量的零件储备和自动化的仓库系统,并由受过专门训练的人员执行。

对运行系统的任何更改,无论大小都要求仔细计划。如前所述,更改应在配置控制下进行,并应符合具体说明如何实施的文件要求。应该从系统角度看待所有变动,避免因一处的更改在其他地方引起新的问题。对运行系统的任何技术更改,通常还要求更改硬件/软件系统文档、维护手册、备件清单和运行程序手册。在此过程中,要求系统工程人员关注并确保合理解决了所有问题,并将这些问题与负责总体运行的人员进行沟通。

严重的操作损坏

前面的一些章节中,介绍了在运行期间或短期调度安排中可以纠正的运行问题。必须假设,一个已运行了十几年(或更长时间)的复杂系统可能会突然遭受严重的故障,以致它在被纠正前完全失效,例如火灾、碰撞或其他重要损坏。这种情况下,通常要求系统在维修和重新评价时停止使用。但是,在采取延长中断服务的重大步骤之前,必须组建一个系统工程团队来研究所有可用的备选方案,并提出最经济、有效的行动方案来恢复运行。这个严重的损坏构成了一个经典的系统问题,在这个问题中,必须仔细权衡所有因素,并制定一个恢复计划,以适当地平衡运行需求、成本和调度。

后勤支援

一个重要运行系统的后勤支持所涉及的材料和过程本身就是一个复杂的系统。一个重要现场系统的后勤支持,可能包括从工厂延伸到运行地点的一系列供应站,这些地方提供大量的备件、修理套件、文档,并在必要时提供必要的专家协助,以维持运行系统始终处于就绪状态。技术手册和培训材料应被视为系统支持的一部分。重要运行系统的开发、生产和有效的后勤支持工作可能占系统总开发、生产和运行成本的主要部分。

后勤支持中的一个基本问题是,必须根据估计哪些系统部件(尚未设计)需要最多的备件,不同子系统的最佳替代水平(尚未完全确定),什么运输方式,在潜在的(假设的)运行现场可得到重新供应的时间,以及其他许多假设的基础上来规划和实施。这些估计可以受益于强大的系统工程参与,并且必须根据在开发期间和运行中获得的经验定期进行调整。这意味着,后勤计划、存储的地点、运输设备及库存水平需要不断地评审和修改。

后勤支持系统与系统设计和生产之间也存在直接联系。大部分备件的来源通常是制造相应部件的生产设施,并且可能包括系统生产的配套商和系统部件的生产商。而且,子部件和零件通常包括商业元件,因此会受到过时设计变更或停用的影响。

系统现场的变动,也直接影响受影响部件和其他部件的后勤供应。由于库存反映这种变化的过程不可能是瞬时的,因此必须加快它的反应速度,并完整记录每个受影响零件的状态。

从上述可以看出,后勤系统提供的整体支持的质量和及时性将直接影响可运行性。对于在现场运行的系统而言尤其如此,及时交付备件对于维持正常运转至关重要。就商业航空公司而言,及时交付所需零件对于维持调度安排也至关重要。管理这样的物流企业对系统的成功运行能力来说,是一项至关重要且巨大的任务。

15.4　主要系统的升级：现代化

在有关新系统来源的章节中曾指出，系统通常是为响应先进技术和竞争而开发的，它们共同创造了技术机遇并产生了新的需要。同样，在系统的开发和运行生命周期中，这些相同因素的动态影响仍在继续，从而导致系统的有效运行价值相对于其潜在的竞争对手或对手取得的进步来说，会逐渐降低。

在构成现代复杂系统的许多部件上，技术的进步并不一致。增长最快的是半导体技术和光电技术，这对计算机速度、存储器和传感器产生了巨大影响。机械技术也有所进步，但主要是在相对有限的领域，例如特殊材料和计算机辅助设计和制造。例如，在制导导弹系统中，制导部件可能会过时，而导弹结构和发射器仍然有效。

因此，大型复杂系统的过时往往是因为有限数量的部件或子系统，而不是整个系统。这里提供了一个机会，通过更换少数子系统中有限数量的关键部件来恢复其相对的整体有效性，而只需更改整个系统成本的一小部分。这种改进通常被称为系统升级。飞机在其使用寿命期间通常会经历几次升级，除其他修改外，还将最先进的计算机、传感器、显示器和其他设备整合到其航空电子成套设备中。经常遇到的一个复杂情况是生产源的停产，这就需要调整系统接口以适配替代品。

系统升级的生命周期

一个重要系统升级的开发、生产和安装，可以视为其具有自己的微型生命周期，其各阶段与主生命周期的阶段类似。因此，系统工程的积极参与是任何升级计划的重要组成部分。

1. 概念发展阶段

就像新系统刚开发时一样，升级的生命周期通过需求分析过程被认识到，由于任务需求的增长以及当前系统对这些需求的响应不足，需要对任务效率进行重大改进。

接下来是概念探索研究阶段，该过程比较了是对当前系统进行部分升级还是用新的高级系统整体进行替代的不同选择，以及实现目标的不同方式。通过比较显示，如果一个有限的系统改进或升级策略比较有说服力，并且在技术和经济上都是可行的，则启动此计划的决定是适当的。

除了系统架构和功能配置的范围限于系统的待设计部分和包含要替换系统零件的部件之外，系统升级的概念确定阶段类似于一个新系统的概念确定阶段。要实现与系统未改进部分的兼容性，同时保持原来的功能和物理结构不变，需要付出更多的工作量。上述约束要求高阶系统工程设计成功地适应系统保留元素和新部件之间的各种接口和交互，并在假定性能和可靠性没有受到损害的前提下，以最少的返工完成这一工作。

2．工程开发阶段

升级程序的高级开发阶段和大部分的工程设计阶段，仅限于要引入的新部件。同样，特殊的工作必须将新部件与系统的保留部分连接。

升级系统的集成所面临的困难远远超出了通常与新系统集成相关的困难。这至少是由以下两个因素引起的。

首先，被修改的系统可能会在几年之内经历多次维修和维护。在此期间，除已经强制执行了严格配置管理手续的情况以外，各种变动可能未必一直受到严格的控制和记录。因此，随着时间的推移，部署的系统彼此之间可能变得越来越不一样。在软件更改的情况下，这种情况尤为麻烦，因为软件更改本身经常以补丁来修复编码错误。上述每个现场系统具体配置中的不确定性要在集成过程中进行大量的诊断测试和适当调整。

其次，虽然通常将车辆和其他便携式系统送到特殊的集成设施中安装升级部件，但许多大型陆地和舰载系统必须在其运行地点进行升级，这使集成过程变得复杂。用新的显示器和新增的自动化功能来升级一艘货船船队的导航系统，要求结合配套商现场工程师和船坞安装技术人员在船上进行这些改动。安装和集成计划应提供特殊的管理监督、必要的额外支持和充足的调度安排，以确保成功完成任务。

3．系统测试与评估

重要系统升级后，要求系统测试与评估的程度和范围，可以从评价升级所提供的新功能开始到重复原来的系统工作。通常这取决于改进对可单独测试的系统能力的独特有限部分的程度。因此，当升级改变系统的核心功能时，习惯上对整个系统进行全面的重新评价。

4．运行和支持

系统的重大升级，总是需要对后勤保障系统进行相应的改动，尤其是在备件库存中。另外，还必须提供操作培训以及相应的手册和系统文档。

这些阶段要求与基本系统开发相同的系统工程专家指导。尽管工作范围较小，但设计决策的紧迫性同样重要。

软件升级

如第 11 章所述，软件比硬件更容易更改。此类更改通常不需要大量的系统停运或特殊的设备。

随着越来越多的系统功能被软件控制，软件升级的压力使得软件升级比主要的硬件升级更加频繁。

但是，为了确保这种运作的成功，需要特殊的系统工程和项目管理监督来处理系统软件变更中存在的困难：

（1）重要的是，在将建议的更改装入到运行软件之前，必须在原开发地进行彻底、仔细的检查。

（2）必须将更改输入配置管理数据库，以记录更改后的系统配置。

（3）必须进行分析，以确定回归测试的必要程度，并证明没有意外后果。

（4）运行和维护文件必须适时更新。

上述操作对于任何系统更改都是必需的，但是对于明显较小的软件更改常常被忽略。必须记住，在一个复杂的系统中，没有一种更改可以认为是"小"的。

过时的遗留程序有两个缺点。首先，愿意从事遗留软件工作的软件支持人员的数量正在减少，并且变得不足；其次，现代高性能数字处理器没有处理遗留语言的编译器。另一方面，用现代语言重写程序的任务量与原始开发的任务量是相当的，并且通常代价高昂。这对处于上述地位的系统来说，是一个困难的系统问题。一些程序已经成功地使用了软件语言转换，从而大大降低了将遗留程序转换为现代语言的成本。

有计划的产品改进(Preplanned Product Improvement, P^{3}I)

对于可能需要一次或多次重大升级的系统，通常采用一种称为预先规划的产品改进(P^{3}I)的策略。这种策略要求在系统开发期间确定一个未来升级计划，该计划将包含一组特定的先进功能，从而以特定的方式增强系统的能力。

P^{3}I的优点是，可以提前预测变化，因此，当需要时，规划已经就位，该设计能够以最少的重新配置来适应预期的变化，并且升级过程可以顺利进行，对系统操作的干扰最小。根据适当技术的需要和可用性，这些预先计划变动的规模和复杂性将有所不同。例如，商业航空公司通常会计划在现有飞机的基础上增加一个加长版，以运载更多乘客，并整合更大的发动机和新的控制系统。通过改进现有飞机而不是开发新飞机，通常可以避免政府重新认证的问题。在军事方面，计划的升级过程具有事先确定任务的优势。由于现行系统正在运行并执行所需的功能，所建议的系统变动不会影响已获批准的任务和系统目标。

对于在初始系统开发过程中确定的未来改进，通常将实施这些改进的合同授予开发配套商。这是进行重要系统升级最简易的合同安排，也最有可能确保熟悉当前系统特性的工程师参与系统变更的规划和执行。在这种情况下，即使最初的开发团队可能已经在很大程度上分散了，但剩下的部分仍然通过其对系统的了解提供了主要优势。但是，正如政府赞助计划中有时会发生的那样，竞争的压力可能会变得尤为激烈，甚至可能导致选择其他配套商团队来进行升级合同。在这种情况下，新团队需要强化培训计划，以学习系统环境和具体运行的细节。

15.5　系统开发中的运行因素

在第14章"生产"中，指出了指导新系统开发的系统工程师，必须对相关的生产过程、边界和典型问题具有丰富的第一手知识，以便协调将可生产性考虑因素引入系统设计过程中。同样重要的是，系统工程师必须充分了解系统的运行性能和环境，包括它们与用户的交互，以知晓系统设计如何最好地满足用户需要并适应系统使用的所有条件范围。

遗憾的是,如第 14 章中描述的,开发组织中的系统工程师有机会了解制造过程,而在了解系统操作环境时却没有这些机会。除提供技术支持服务的人员以外,开发配套商的人员很少接触到后者,他们更可能是技术人员或设备专家,而不是系统工程师。另一个阻碍因素是,运行环境通常是特定于系统的,系统工程师可以熟悉一种现有运行系统的环境,但并不一定能洞悉正在开发的特定系统将在何种条件下运行。

系统工程师必须掌握的运行知识类型,可以通过为空中交通管制终端开发新显示器的示例来说明。在这种情况下,系统工程师必须对管制人员的工作方式有充分的了解,例如他们需要的数据,他们在向飞机发送消息中的相对重要性,预期的空中交通量波动,被认为是至关重要的交通状况和许多影响管制人员功能的其他数据。开发民用航站楼控制台的工程师通常可以直接观察操作并采访管制人员和飞行员。

无论有多困难,负责系统设计的工程师都必须对要开发的系统将在何种条件下运行有充分的了解。没有这些知识,他们就无法阐明为指导开发而提供的正式需求,因为这些需求几乎不是完整的且不能完全代表用户需求。因此,可能只有在系统运行期间,才会发现由于错误操作接口引起的缺陷,这时弥补它们的代价就会非常高,甚至无法补救。

此处使用的术语"运行环境"不仅包括系统运行的外部物理条件,还包括其他因素,如所有系统接口的特性,达到系统运行准备不同程度的程序,影响人-机操作的因素,维护和后勤问题,等等。图 3.4 显示了客机例行操作的复杂环境。

根据所考虑的系统类型,运行环境可以有很大的不同。例如,信息系统(如电话交换机或机票预订系统)在建筑物内的受控环境中运行。相比之下,大多数军事系统(飞机、坦克和军舰)都是在恶劣的物理、电子和气候条件下运行的,这些条件会严重影响它们所携带的系统。系统工程师必须理解这些环境的关键特征和影响,包括如何在系统需求中规定和表达它们,以及如何在操作中测量它们。

运行知识来源

在某些情况下,可能有许多的运行知识来源。这些包括类似系统的运行测试、系统安装期间的集成测试、系统的准备测试和维护操作。

这些活动都解决了将系统的外部接口与站点和相关的外部系统成功集成的相关问题。这些通常会暴露一些严重的问题,而这些问题并没有被提供给开发人员的接口规范充分地显示出来。

为了获得必要的运行背景,系统工程师应该努力见证尽可能多的待考虑类型的系统运行。作为系统测试操作的积极参与者,甚至仅仅作为一个观察者,都是一个很好的学习机会。在这种测试中,系统工程师应该充分利用这个机会,在适当的时候向系统操作人员提问。特别重要的是,系统的哪些部分是大多数问题的来源及其原因的信息。了解可运行的人-机接口是特别有价值的,因为在开发期间,很难真实地表示它们。

1. 系统的准备测试

运行知识的一个有用来源是观察用于决定系统准备程度的程序。所有复杂系统在运行前都要经过某种形式的检查表或快速测试序列,通常在操作人员控制下利用自动测试设备。一架商用客机在每次起飞前都要经过一次详尽的检查,在定期维护之前和期间,还要进行一系列全面彻底的检查。观察操作人员对故障指示的反应,采取了什么补救措施,对这些操作人员进行了什么程度的培训,提供了什么类型的文件,这些都很有意义。

2. 运行模式

大多数复杂的系统都包含许多运行模式,以便有效地响应其环境或运行状态的差异。某些必须在各种外部条件下运行的系统(例如军事系统)通常具有几个级别的运行准备状态,例如"威胁可能"、"威胁可能发生"、"完全敌意"以及调度安排的维护或待命。如果系统降级运行或电源故障,那么还有许多备用模式。系统工程师应观察引发每种模式的条件以及系统如何响应每种模式变更。

来自运行人员的帮助

考虑到开发人员的系统工程师获得足够水平的操作专业知识的机会有限,通常采用这种明智的做法来处理,即在开发过程中,操作人员积极参与并获得丰富的经验。特别有效的安排是,在系统工程、集成和测试期间,用户将一个指定为系统操作员的团队部署在开发配套商的设备处。这些人带来了系统与预期运行地点交互作用的特殊环境的知识,并代表了系统操作人员的观点。

运行专业知识的另一个来源是系统维护人员,他们在操作现场和后勤支持方面对类似系统的维修问题有丰富的经验。系统工程师可以通过与此类人员精心规划的会晤面谈来获得大量知识。如早先指出,复杂的系统通常有维护支持设备,它可能是极好的运行知识来源。

15.6　小　结

安装、维护和升级系统

在系统的整个使用寿命期间,仍需要应用系统工程原理和专业知识。运行和支持阶段包括安装和测试,运行使用中的支持以及主要系统升级的实施。

由于各种组织单位的混合,复杂的外部接口(连接)以及不完整或定义不当的接口的结合,接口的集成和测试可能具有挑战性。

安装与测试

安装和测试问题可能很难解决,因为安装人员的系统知识有限。在遇到问题之前,系统工程师很少被分配。但是,对于不能连续运行的系统,必须进行定期的运行准备状态测试。这有助于最大程度地减少意外的系统问题。

在需要无中断安装的情况下,绝对有必要通过混合仿真或并行运行的复现系统来计划安装过程。

运行支持

系统软件必须受到严格的配置控制,以防止软件质量严重恶化。因此,尽管有时会产生假警报,内置故障指示器对于检测内部故障非常有用。所以,现场工程师应该对内置测试设备有所了解。

纠正运行问题的补救行动很难执行:运行人员不是技术专家。此外,故障排除工具是有限的,并且后勤支持所涉及的材料和过程本身构成了一个复杂的系统。

主要系统的升级:现代化

后勤成本是系统成本的很大一部分。因此,P^3I 有助于在重大升级期间改进系统。在系统开发过程中确定先进的特点,并且先进的规划使对系统运行的干扰降到最低成为可能。

系统开发中的运行因素

可能的运行知识来源包括运行和安装测试,通过观察系统在其环境中的运行。当然,运行和维护人员的帮助是无价的。

习　题

15.1　确定并讨论与跨洋货船上复杂的导航和通信系统的安装和测试有关的四个可能问题。假设某些子系统在装运前已在陆地上集成。假设一些配套商以及货运公司和政府检查人员都参与其中。

15.2　在最终系统集成期间,通常难以诊断和纠正接口问题。为什么会这样呢?应该采取什么措施来最小化此类问题的影响?

15.3　运行准备测试是已部署系统的一项重要功能。

作为熟悉大型复杂系统的设计和运行的系统工程师,你建议运行人员如何确定和进行此类测试?

15.4　许多复杂的系统都包含一个内置的故障指示器子系统。该子系统本身可能很复杂,成本很高,并且要求专门的培训和维护。列出并讨论在内置测试子系统的总体设计中必须考虑的关键需求和问题。必须解决的主要权衡是什么?

15.5　有效的后勤支持系统是系统成功运行的重要组成部分。当支持系统属于交付系统之外时,讨论为什么系统工程师应该参与支持系统的设计和确定。讨论一些必须考虑的某些特性的功能,例如供应链、备件、可替换部件的程度、培训和文档。

15.6　讨论在设计阶段最适合应用 P^3I 的系统类型。描述证明采用 P^3I 方法增加成本的关键因素。

15.7 在维护一个运行系统时,常采用备用零件替换有问题的子部件来纠正硬件故障。软件故障通常是编码错误,必须通过更正代码来消除。在复杂的系统中,必须极其小心地进行软件更改,然后进行证实。讨论在运行系统远离开发机构的情况下,可以以受控方式处理软件故障的途径和方法。

扩展阅读

[1] Blanchard B，Fabrycky W. System Engineering and Analysis：Chapter 15. 4th ed. Prentice Hall,2006.

[2] Performance Based Logistics：A Program Manager's Product Support Guide. Defense Acquisition University (DAU) Press，2005.

[3] Reilly N B. Successful Systems for Engineers and Managers：Chapter 11. Van Nostrand Reinhold，1993.

[4] Systems Engineering Fundamentals：Chapter 8. Defense Acquisition University (DAU) Press，2001.